Python

数据科学与人工智能应用实战

陈允杰 ◎ 著

中国水利水电出版社
www.waterpub.com.cn
·北京·

内 容 提 要

《Python 数据科学与人工智能应用实战》以实务的形式探索、实践数据科学和人工智能的观念与理论，从网络爬虫、数据分析、数据清理、数据可视化、数据挖掘到机器学习，涵盖获取数据、探索数据和预测数据的全过程，全面整合基础理论与实战演练，开启你的数据科学和机器学习之路！

《Python 数据科学与人工智能应用实战》分 4 篇共 16 章，具体内容包括数据科学概论与开发环境建立、Python 程序语言、HTML 网页结构与 JSON、网络爬虫和 Open Data——获取数据、数据清理与存储、网络爬虫实战案例、向量与矩阵运算——NumPy 包、数据处理与分析——Pandas 包、数据可视化——Matplotlib 包、概率与统计、估计与检验、探索性数据分析实战案例、人工智能与机器学习概论，以及回归、分类与分群等机器学习算法的实战案例等。

《Python 数据科学与人工智能应用实战》是一本 Python 数据科学和机器学习的入门书，适合作为大中专院校尤其是应用型本科院校相关专业数据科学、人工智能和机器学习的教材。

著作权声明

图书在版编目（CIP）数据

Python 数据科学与人工智能应用实战 / 陈允杰著.
--北京 : 中国水利水电出版社, 2021.1

ISBN 978-7-5170-8876-9

I. ①P… II. ①陈… III. ①软件工具－程序设计
IV. ①TP311.561

中国版本图书馆 CIP 数据核字(2020)第 176866 号

书　　名	Python 数据科学与人工智能应用实战 Python SHUJU KEXUE YU RENGONG ZHINENG YINGYONG SHIZHAN
作　　者	陈允杰　著
出版发行	中国水利水电出版社 （北京市海淀区玉渊潭南路 1 号 D 座　100038） 网址：www.waterpub.com.cn E-mail：zhiboshangshu@163.com 电话：（010）68367658（营销中心）
经　　售	北京科水图书销售中心（零售） 电话：（010）88383994、63202643、68545874 全国各地新华书店和相关出版物销售网点
排　　版	北京智博尚书文化传媒有限公司
印　　刷	河北华商印刷有限公司
规　　格	190mm×235mm　16 开本　28.5 印张　703 千字　1 插页
版　　次	2021 年 1 月第 1 版　2021 年 1 月第 1 次印刷
印　　数	0001—5000 册
定　　价	108.00 元

前　言

PREFACE

数据科学（Data Science）是一门艺术，也是一门科学，其主要目的是从数据（Data）中获得知识（Knowledge）。人工智能（Artificial Intelligence，AI）是让机器变得更聪明的一种科技，即让机器具备和人类一样的思考逻辑与行为模式。

事实上，机器学习就是一种人工智能，也是一种数据科学的技术，可以让计算机使用现有的数据进行训练和学习，以便创建预测模型。我们可以使用其创建的模型来预测未来的行为、结果和趋势，或进行数据的分类与分群等。

本书是一本使用 Python 3 语言介绍数据科学和机器学习的学习手册，可以作为大中专院校尤其是应用型本科院校人工智能、数据科学或机器学习专业的教材。在内容上，本书从基础开始说明如何获取数据、探索数据和预测数据，强调不只是让读者单纯学习 Python 数据科学和机器学习的编程知识，更希望读者能够创建正确的数据科学、人工智能和机器学习的相关理念。全书操作性比较强，从实务角度详细说明数据科学家和人工智能工程师需要具备的理论、观念和技能，通过阅读本书，读者可以轻松了解当今盛行的数据科学、大数据分析、人工智能和机器学习等相关知识。

因为数据科学需要的背景知识与技能相当多，不仅需要会 Python 编程知识，更需要了解各种相关 Python 包和模块的使用，再加上机器学习的基础就是概率和统计，所以本书也详细说明了数据科学必备的概率和统计相关知识。

为了方便初学者能够深入了解数据科学和机器学习，本书从数据获取的网络爬虫开始，详细说明数据科学必备的 Python 包之后，再从概率、统计和探索式数据分析进入人工智能的机器学习，为读者提供一个完整的数据科学和机器学习历程。通过本书的学习，可以为成为一名高级数据科学家或更进一步的深度学习打下坚实的基础。

本书在定位上是一本 Python 数据科学和机器学习的入门书，除了基础概率和统计的数学外，作者使用大量范例和图例说明来取代复杂的数学公式，并且使用多个小型数据集，直接使用 Scikit-learn 包来介绍常见的机器学习算法。

本书结构

本书循序渐进，从数据科学的基础知识开始，在说明 Python 语言、HTML 网页结构和 JSON 后，从网络爬虫开始学习如何获取数据，接着学习 Python 数据科学必备软件包来帮助读者探索数据，最后才进入人工智能与机器学习，创建所需的预测模型来预测数据。

全书分 4 篇共 16 章，具体结构如下。

第 1 篇：数据科学和 Python 基础

第 1 篇包括第 1～3 章，介绍了数据科学相关知识、Python 编程和 HTML 网页基础。其中，第 1 章介绍了什么是数据科学、数据种类和源于数据挖掘的数据科学的基本步骤，并且使用 Anaconda 包创建本书 Python 开发环境；第 2 章介绍 Python 程序语言，以使读者拥有写出本书范例的 Python 程序的编程基础；第 3 章是学习网络爬虫必须了解的 HTML 网页结构与 JSON 格式。

第 2 篇：网络爬虫和 Open Data——获取数据

第 2 篇包括第 4～7 章，介绍如何使用网络爬虫来获取网络数据。其中，第 4 章说明如何发出 HTTP 请求来获取 HTML 网页和 Open Data 的 JSON 数据；第 5 章使用 BeautifulSoup 对象剖析 HTML 网页，使用函数、CSS 选择器或正则表达式来获取所需的数据；第 6 章使用 Python 字符串处理和正则表达式来清理和转换获取的数据，并且将数据存储为 CSV 和 JSON 格式文件，或将数据存入 SQL 和 NoSQL 数据库；第 7 章是几个网络爬虫的实战案例。

第 3 篇：Python 数据科学包——探索数据

第 3 篇包括第 8～13 章，其重点是 Python 数据科学包、概率和统计。其中，第 8 章介绍向量与矩阵运算的 NumPy 包；第 9 章介绍数据处理与分析的 Pandas 包（可以理解为 Python 程序版的 Excel 电子表格）；第 10 章介绍数据可视化的 Matplotlib 包，可以绘制各种图表来展示或探索数据；第 11 和 12 章介绍数据科学必备的概率与统计知识，以及数理统计中两个最基本也是最重要的内容——估计和检验；第 13 章说明探索性数据分析的主要工作后，使用一个完整实战案例来说明数据预处理的数据转换与清理和实战可视化的探索性数据分析。

第 4 篇：人工智能与机器学习——预测数据

第 4 篇包括第 14～16 章，开始进入人工智能与机器学习。其中，第 14 章介绍人工智能与机器学习的相关知识，并且说明什么是深度学习；第 15 和 16 章使用实际案例说明多种机器学习算法，包括线性回归、复回归、Logistic 回归、决策树、K 近邻算法和 K-means 算法。

本书资源下载及服务方式

本书配套资源包括案例源文件和视频等，读者可以扫描右侧的二维码，关注公众号后输入 Data769 获取资源下载链接。

读者可以加入 QQ 群 1168052567，与其他读者交流学习。

特别感谢杭州电子科技大学的苏文宏老师为本书录制视频。

特别感谢左云飞同志对本书部分案例进行改写。

本书作者、视频录制老师、编辑及所有出版人员力求完美，但学识和经验有限，难免有疏漏之处，请读者多多包涵。如果对本书有其他意见或建议，请直接将信息反馈到邮箱 2096558364@QQ.com，我们将在后续图书中根据您的意见或建议做出调整，谢谢！

祝您学习愉快，一切顺利！

编　者

目 录

CONTENTS

第 3 篇 Python 数据科学包——探索数据

第 1 篇

数据科学和 Python 基础

CHAPTER 1

第 1 章

数据科学概论与开发环境建立

1.1 数据科学的基础

数据科学（Data Science）是一门艺术，也是一门科学，其主要目的是从数据（Data）中获得知识（Knowledge）。对于公司或组织来说，数据是重要的资产，如何从庞大的数据中找出获利模式或开发出产品，已经成为现今各大公司发展的主战场。

1.1.1 认识数据科学

在 19 世纪的工业时代（Industrial Age），因为发明了机器，人们快速从农业社会进入工业制造的年代，到了 20 世纪，人们已经可以轻而易举地建造出超大型工厂和各种大型机具。现在，我们的目标已经转移至更小更快的芯片、CPU 和计算机，工业时代已经被信息时代（Information Age）取代，我们开始使用计算机存储和处理信息，并且开始大量使用电子数据（Electronic Data）。

1. 数据时代

随着全球因特网（Internet）的兴起，数据的获取变得非常容易。例如，某些社交网站无时无刻不在获取用户数据、手机定位数据、用户产生的数据（留言、点赞和上传图片等）、社交网络数据（加入朋友）、传感器接收数据和计算机系统自动产生的记录数据等，如图 1-1 所示。

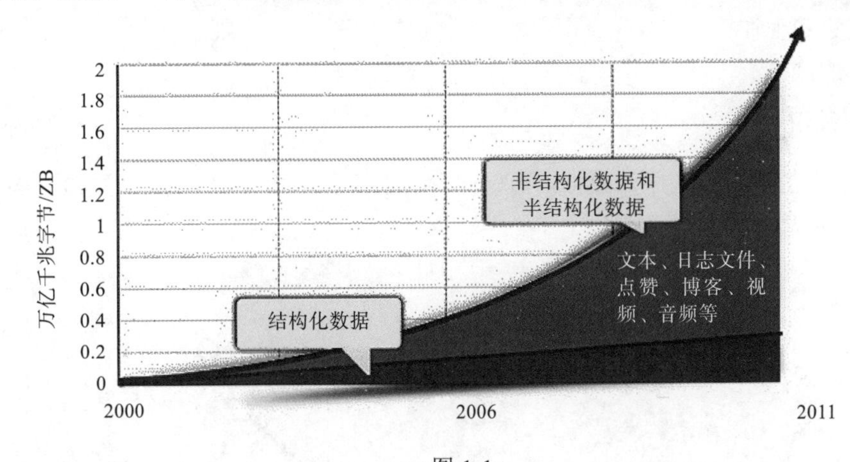

图 1-1

图 1-1 所示统计数据是全世界存储的数字数据，以 Zettabyte（ZB）为单位，1ZB = 1024 Exabyte（EB），那么 1 EB 大约有 100 多万 GB（Gigabyte）。从 2006 年到 2011 年，数字数据已经增长了 5 倍以上，而且绝大部分新产生的数据是非结构化数据（Unstructured Data）或是半结构化数据（Semistructured Data），并不是结构化数据（Structured Data）。详细数据种类的说明请参阅第 1.2.1 节。

21 世纪是数据时代（Data Age），庞大且持续产生的数据已经成为重要的数据源和资产，再加上硬件运算能力的快速成长，人工智能、机器学习（Machine Learning）已经跃升为当前热门学科。如何从大量数据中获得知识，通过数据来学习和产生智能，这就是数据科学家（Data Scientist）的工作。

2. 数据科学

因为数据科学的目标是数据，所以在定义数据科学之前，需要先了解什么是数据科学的数据，其概念如下所示：

数据就是有组织或没有组织格式的一个信息集合。

基本上，数据的格式分为 2 种，如下所示。

- 有组织的数据（Organized Data）：数据已经排列成行（Rows）和列（Columns）的表格形式，其中每一行代表一个单一的观测结果（Observation），每一个字段代表观测结果的单一特点（Characteristics），如数据库的数据表或 Excel 电子表格等。
- 没有组织的数据（Unorganized Data）：自由格式的数据，通常是一些原始数据（Raw Data），需要进一步将其转换和清理成有组织的数据。

数据科学是一个完整的研究方法过程，可以使用数据做出科学性的研究成果，简单地说，就是从数据中获得知识。数据科学家需要搜集数据、观察数据、探索数据和提出假设，然后使用统计或方法数学验证结果，以便我们从数据中获得的知识能够起到以下作用：

- 帮助我们制定决策。
- 预测未来。
- 了解过去和现在。
- 建立新的产品。

3. 数据与知识

数据科学使用的数据不是原始数据，而是一种有意义的数据，称为信息（Information）。知识就是相连接的信息，如图 1-2 所示。

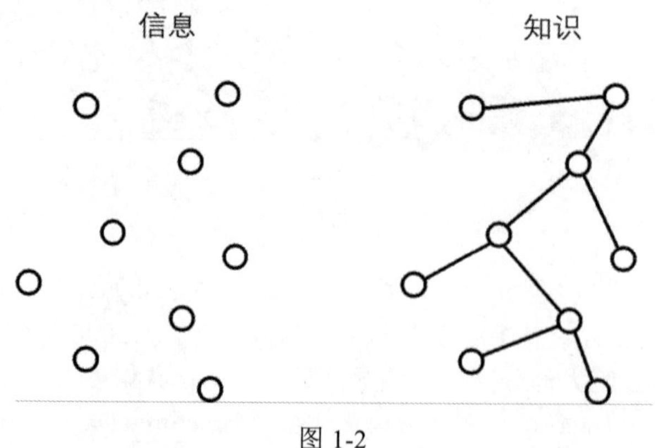

图 1-2

换句话说，数据科学家的工作就是建立具体步骤和程序来发现数据（信息）之间的关联性和因果关系，然后连接信息产生知识，接着应用知识来产生智能，这就是机器学习。

1.1.2 数据科学的文氏图

数据科学需要的背景知识与技能非常多，可以使用数据科学文氏图（Venn Diagram）来呈现这些知识与技能的关系，如图 1-3 所示。

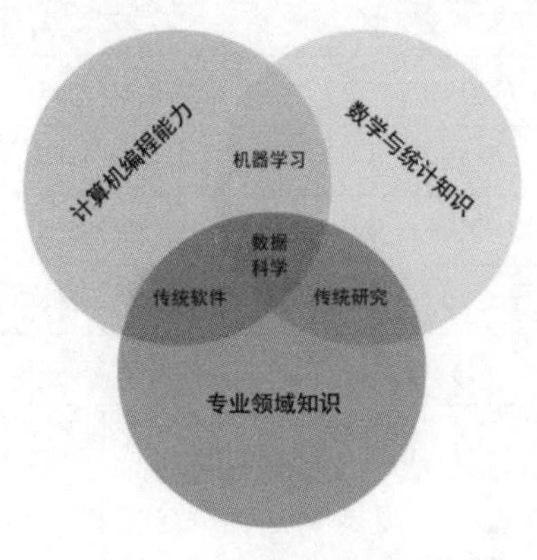

图 1-3

图 1-3 中列出的主要知识与技能有 3 种，其说明如下所示。

- 数学与统计知识（Math/Statistics Knowledge）：使用数学（线性代数）、统计公式或表达式来分析数据，建立预测模型和验证结果。
- 计算机编程能力（Computer Programming）：编写程序代码来转换和清理数据，以便分析和训练数据，本书中使用的是 Python 语言。
- 专业领域知识（Domain Knowledge）：因为获取的数据属于不同的领域，如医疗、财务、社会科学等，所以在分析数据时，需要拥有该领域的相关知识，如此才能正确地认知和分析数据。

1.2 数据的种类

数据科学研究的目标是数据，且通常是大量的数据。因此，只有进一步了解我们面对的数据，才能真正了解第 1.3 节数据科学的处理过程。

1.2.1 结构化、非结构化和半结构化数据

数据根据结构来划分，可以分成 3 种：结构化数据（Structured Data）、非结构化数据（Unstructured Data）和半结构化数据（Semistructured Data）。

1. 结构化数据

结构化数据就是第 1.1.1 节说明的有组织的数据，这是一种已经预先定义格式，而且可以让计算机读取的数据，通常是使用表格方式呈现，如数据库或 Excel 电子表格，如表 1-1 所示。

表 1-1　以表格方式呈现的结构化数据

编　号	姓　名	地　址	电　话	生　日	电子邮件地址
1	李小双	北京市上地西路 2 号	010-11111111	1967/7/5	lxs75@163.com
2	高万林	河北保定市莲花池东路 112 号	0312-22222222	1980/8/15	gwl815@163.com
3	马会方	河北石家庄市和平东路 115 号	0310-33333333	1983/9/20	mhf920@163.com
4	杨树明	天津市和平区成都道 100 号	022-44444444	1970/2/25	ysm225@163.com
5	刘安	北京市望京南湖中园 3 号	010-55555555	1976/7/9	la7679@163.com
6	王斌斌	北京市上地南路 10 号	010-66666666	1990/8/10	wbb810@163.com
7	周玲玲	山东青岛市商水路 9 号	0531-77777777	1987/12/11	zll1211@163.com

表 1-1 是一个通信录数据表，这是一种结构化数据，表格的每一行是一项观测结果，第 1 行中已经定义了每一个字段的特点，字段定义是预先定义的格式。

2．非结构化数据

非结构化数据是没有组织的自由格式数据，这些数据无法直接使用，通常需要进行数据转换或清理后才能使用，如文字、网页内容、原始信号和音效等。

第 2 篇介绍的是如何从网页内容获取数据，这些单纯的文字数据就是非结构化数据，需要将它转换成结构化数据。例如，从“编程论坛”网页获取非结构化数据后，将其整理转换成表格数据，如图 1-4 所示。

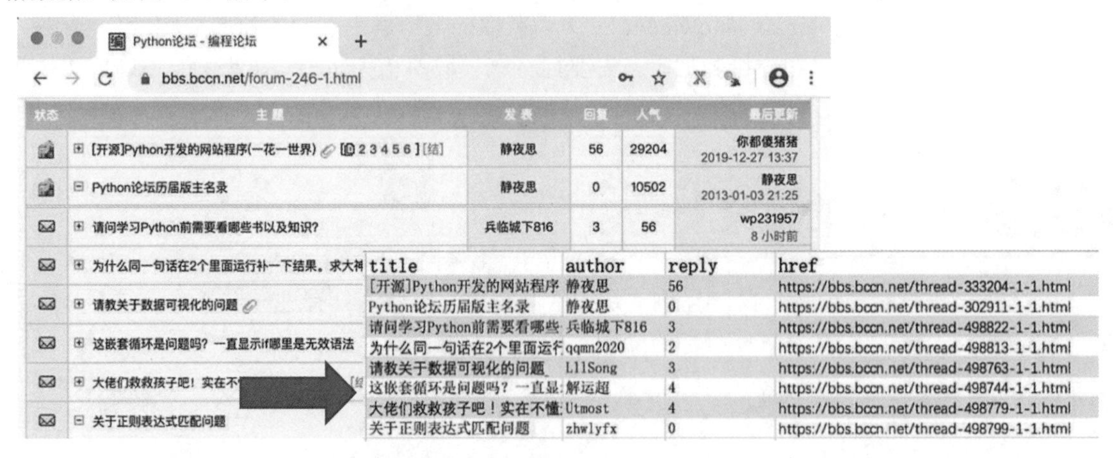

图 1-4

3．半结构化数据

半结构化数据是介于结构化数据和非结构化数据之间的一种数据，这是结构没有规则且快速变化的数据。简单地说，半结构化数据虽然有字段定义的结构，但是每一项数据的字段定义可能都不同，而且在不同时间点存取时，其结构也可能不一样。

最常见的半结构化数据是 JSON（在第 3 章说明）或 XML（类似 HTML 的标签文件，详见第 3 章）。例如，从“编程论坛”文章内容转换成的 JSON 数据，如图 1-5 所示。


```
[{
    "title": "[开源]Python开发的网站程序(一花一世界)",
    "author": "静夜思",
    "reply": "56",
    "href": "https://bbs.bccn.net/thread-333204-1-1.html"
}, {
    "title": "Python论坛历届版主名录",
    "author": "静夜思",
    "reply": "0",
    "href": "https://bbs.bccn.net/thread-302911-1-1.html"
}]
```


图 1-5

1.2.2 质的数据与量的数据

对于数据科学来说，每一项观察结果的特性是一个字段，这些字段数据可以区分成 2 种形态（源于统计学）：质的数据（Qualitative Data）与量的数据（Quantitative Data）。

1. 质的数据

质的数据是使用文字描述性质、顺序和分类的文字型数据，无法量化，即质的数据无法使用数值和基本数学运算来呈现。

虽然质的数据可以是数值数据，但是这些数值数据本身并没有数值的性质，只是一个符号。例如，使用 1 代表男性，2 代表女性。

2. 量的数据

量的数据是观察结果的数值数据，可以使用数值和基本数学运算来呈现。量的数据可以分为 2 种，如下所示。

- 连续数据（Continuous Data）：以连续数值呈现的数据，在数据之间可以比较大小或先后顺序，任何 2 个数值之间可以插入无限多个数值数据。例如，时间、身高、体重、血压和经济增长率等。
- 离散数据（Discrete Data）：以不连续数值呈现的数据，此类型数据的数值都是离散的数值，即任何 2 个数值之间不可以插入无限数量的数值数据。例如，骰子点数和考试分数等。

例如，从一间咖啡店观察出的数据，这里只列出字段定义，如图 1-6 所示。

店名	年营业额	邮政编码	月平均来客数	咖啡产地

图 1-6

上述各字段数据种类及说明如表 1-2 所示。

表 1-2　字段数据种类及说明

字　段	数 据 种 类	说　明
店名	质的数据	文字内容，无法使用数值来描述和计算
年营业额	量的数据	每年的营业额是金额的数值数据，可以进行计算，如每月的平均营业额
邮政编码	质的数据	邮政编码虽然使用数值数据，但这些数值并不能计算，如加总邮政编码没有意义，所以这是质的数据
月平均来客数	量的数据	每月来客数是数值数据，可以加总计算年来客数
咖啡产地	质的数据	产地是地区名称的文字内容，无法使用数值描述和计算

1.2.3　4 种尺度的数据

数据除了可以分为质的数据和量的数据外，还可以分为是否可计算数据和不同运算能力的 4 种尺度数据，如图 1-7 所示。

这 4 类尺度数据是统计学中依据测量方式定义的测量数据，可以分成 4 种测量尺度（Level of Measurement）。简单地说，测量尺度就是指获取的数据可以执行哪些数学运算或操作。例如，从某员工中找出的 4 种尺度数据，如图 1-8 所示。

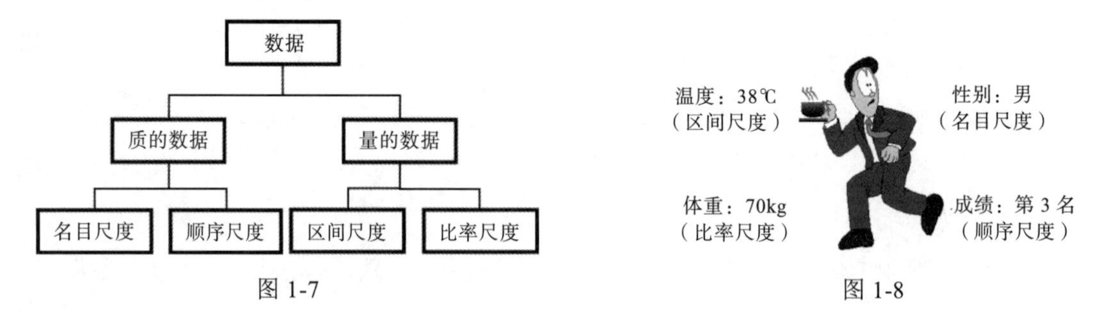

图 1-7　　图 1-8

1．名目尺度

名目尺度（The Nominal Level）数据是文字内容的名称或分类，如动物性别、动物种类、人类的种族、国籍、眼睛颜色、宗教信仰和咖啡产地等。因为名目尺度数据是一种定性数据，所以不能进行加法或减法等运算，只能进行分类或计数，同时名目尺度也不具有特定的顺序。

名目尺度数据可以进行的运算或操作如下所示。

- 相等：名目尺度数据可以比较是否相等，如同一个咖啡产地、相同性别等。
- 集合的成员：名目尺度数据可以进行成员运算，即是否属于此集合，如是否属于此国的咖啡产地、是否是亚洲国籍等。

2．顺序尺度

因为名目尺度数据没有顺序性，所以可进行的运算十分有限。如果名目尺度的数据拥有顺序性，那就成为顺序尺度（The Ordinal Level）（也称次序尺度）数据。顺序尺度数据是使用不同顺序来区别的数据，但是无法判断不同顺序之间的差异或意义。

例如，满意度是 1～10 分、快乐程度是 1～5 分等。满意度 10 分大于 9 分、9 分大于 8 分，以此类推；或使用饮料品牌来区分，可口可乐排第 1、百事可乐排第 2，雪碧排第 3，以此类推等。

顺序尺度数据虽然使用数值来表示，但是进行加法和减法等运算仍然没有意义。顺序尺度数据除了可以进行名目尺度数据的运算和操作外，还可以进行的运算或操作如下所示。

- 顺序性：顺序尺度数据拥有顺序性，可以使用图表呈现其原始顺序。例如，可见光色彩是顺序尺度数据，其顺序是红、橙、黄、绿、青、蓝、紫。
- 比较：顺序尺度数据可以使用顺序性来进行比较。例如，快乐程度 5 高于 1，满意度 8 小于 10 等。

3. 区间尺度

区间尺度（The Interval Level）数据包含顺序尺度数据的所有特性，还增加了不同数值数据之间的等距特性（也称为等距尺度）。简单地说，在各数据区间的数据可以进行减法运算，如摄氏温度、华氏温度、服装尺寸区间等。

0 在区间尺度并不是代表没有。

以摄氏温度来说，台北 25℃，高雄 35℃，高雄比台北温暖，因为 2 个城市之间差了 10℃。

温度 0℃并不是表示没有温度，这只是测量温度的单位（绝对 0 度是 -273.15℃）。

区间尺度数据除了可进行顺序尺度数据的运算和操作外，还可以进行的运算和操作有加法和减法。

4. 比率尺度

在比率尺度（The Ratio Level）（也称为等比尺度）数据中，0 值表示没有、数据之间的差距与比率都是有意义的，即比率尺度和区间尺度的最大差异是可以计算比率，而且 0 值就是没有。例如，工资、银行存款、生产单位和股票价格等。

以银行存款来说，账户的存款余额是比率尺度数据，可以是 0（没有存款），存款余额 20000 是 10000 的两倍。比率尺度数据除了可进行区间尺度数据的运算和操作外，还可以进行的运算和操作有乘法和除法。

1.3 数据科学的五大步骤

在说明数据科学和数据种类后，本节介绍数据科学的五大基本步骤，这也是数据科学和数据分析（Data Analytics）之间的最大差异。

事实上，数据科学是一种现代版的数据挖掘（Data Mining）。数据挖掘是数据科学的子集，在说明数据科学的处理过程前，先来看一看数据挖掘。

1.3.1 数据挖掘

数据挖掘是指使用软件技术分析数据库存储的庞大数据，以便从这些数据中找出隐藏的规则性或因果关系，即找寻样式（Patterns）。

1. 认识数据挖掘

数据挖掘能够帮助公司或组织专注于最重要的数据和预测未来的趋势与行为，也称为数据库的知识探索（Knowledge Discovery in Database，KDD）。数据挖掘的目的分为 4 种，如下所示。

- 预测（Prediction）：使用现有数据预测未来情况。例如，分析消费者的购买习惯，即预测消费者可能购买的商品；分析以往打折促销的业绩，预测再降低折扣可能增加的业绩。
- 识别（Identification）：当找出特定样式后，可以标识项目是否存在。例如，分析计算机病毒特征，找出特定的病毒样式，可以通过计算机杀毒程序识别出是否中了病毒。
- 分类（Classification）：将数据以不同等级、参数和特性进行分类。例如，分析信用卡消费金额的大小，可以将客户分为经常使用、偶尔使用和不曾使用信用卡，然后通过客户分类寄送邮购目录来进一步分析不同消费者的购物习惯。
- 优化（Optimization）：可以在目前已知的有限资源中创造出有限资源的最大效益。例如，便利店因为卖场面积有限，只能销售 1000 种商品，因此需要优化商品的选择、选购动线设计和商品排列的架位，以便创造最大的营业额。

2. 数据挖掘的步骤

尤萨马•费亚德（Usama Fayyad）和伊文盖尔斯•西穆迪斯（Evangelos Simoudis）提出的数据挖掘步骤也称为 KDD 步骤，其从原始数据开始，经过多个步骤的处理后，直到从数据中探索出知识为止，其步骤如图 1-9 所示。

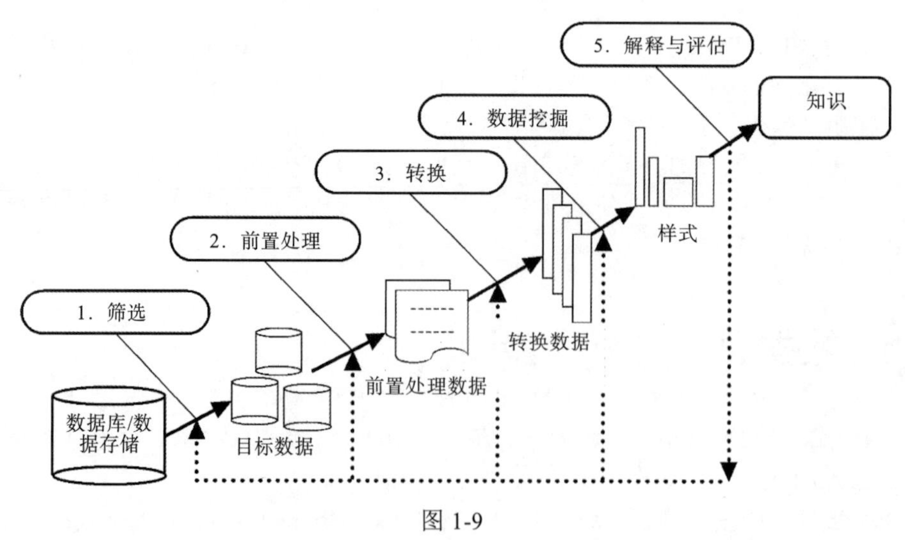

图 1-9

上述数据挖掘的各步骤说明如下所示。

- 筛选（Selection）：使用一些标准或准则来选取或筛选数据，以便从数据中获取所需的数据子集。例如，获取拥有车的客户数据、年收入超过 100 万元的客户数据。
- 前置处理（Preprocessing）：进行数据清理，删除错误或不一致的数据，因为一些不需要的数据可能降低查询速度。例如，针对男性用品来说，性别数据就是多余数据。在前置处理时还需要整合数据，即将不同格式的数据整合成相同格式的数据。例如，月薪整合成人民币计价、性别以 F 和 M 代表女和男。
- 转换（Transformation）：为了进行数据挖掘，在此步骤需要将数据进行分割或合并等，以便将数据转换成可用和操作的数据。例如，将销售数据切割成月、季、周和日的销售数据；信用卡种类有 3 种，转换成数值 0～3 来代表，以方便数据操作。
- 数据挖掘：最主要的数据分析步骤，使用数据挖掘方法从数据中找出样式和规则。
- 解释与评估（Interpretation and Evaluation）：解释和评估找出的样式和规则是否为具有参考价值的知识，如果没有，就需要回到前面步骤进行调整后重新进行数据挖掘，直到找到足以支持经理人决策的有用结果。

1.3.2 数据科学的处理过程

数据科学包含第 1.3.1 节数据挖掘的所有步骤，只需将数据挖掘第四步骤的数据挖掘转换成建立模型，即成为数据科学处理过程的步骤。

数据科学和数据分析在本质上没有什么不同，其最大的差异在于数据科学必须遵循结构化步骤，需要遵循这些步骤来维护分析结果的完整性。数据科学处理过程的五大步骤（源于乔•布利茨林 Joe Blitzstein 和汉斯彼得•普菲斯特 Hanspeter Pfister 哈佛大学 CS 109 课程）如图 1-10 所示。

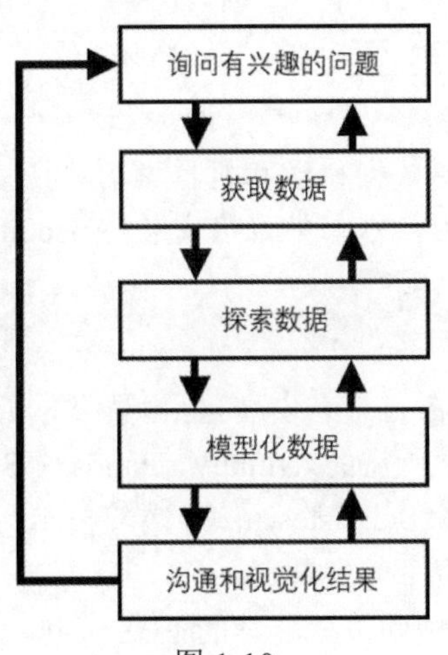

图 1-10

上述数据科学处理过程的五大步骤说明如下所示。

- 询问有兴趣的问题（Ask an Interesting Question）：在实际解决问题前，需要先定义问题是什么。这需要具有科学、专业领域知识和好奇心，可以发起头脑风暴活动，写下所有可能的问题，然后在这之中选出可以通过获取数据来解决的问题。

- 获取数据（Get the Data）：在选择好问题后，接着需要获取所有与问题相关的原始数据。数据源可以是公开数据、内部数据或向外面购买的数据，需要使用网络爬虫、Open Data、数据清理和查询数据库等技能来获取这些数据。
- 探索数据（Explore the Data）：当成功获取数据后，需要进一步整理、归纳和描述数据，以便进行数据分析。在此步骤有 2 项主要工作，如下所示。
    - 数据前处理（Data Preprocessing）：依据第 1.2 节所讲述的数据种类，分辨各种数据属于哪一种尺度的数据，然后学习相关的领域知识，才能正确地转换和清理数据。因为获取数据通常会有些问题，如重复数据和遗漏值等大大小小的问题，解决这些问题称为数据转换与清理（Data Munging）。
    - 探索性数据分析（Exploratory Data Analysis，EDA）：在完成数据转换和清理后，可以开始探索数据，直接利用数据集（Data Sets）的统计摘要信息和可视化图表方式进行判断，以便找出隐藏在数据之间的关系、样式或异常情况，然后提出假设（Hypotheses），如解释为什么此群组客户的业绩会下滑、目标客户不符合年龄层造成产品销售不佳等。
- 模型化数据（Model the Data）：使用统计方法和机器学习模型来验证提出的假设，如统计和检测机器学习的线性回归等。简单地说，此步骤是在证明你的假设是否正确无误。
- 沟通和视觉化结果（Communicate and Visualize the Results）：最后需要沟通和说明分析结果来让人了解如果是一个数据科学项目，更需要说服客户相信这个分析结果。其中，最常使用的方式是使用图表等可视化方式来呈现结果。

1.4 开发环境的建立

本书使用 Python 语言来介绍数据科学和机器学习，所以建立的开发环境是 Python 语言开发环境和相关包。为了方便使用，本书中直接安装 Anaconda 整合安装包。

1.4.1 认识 Anaconda

Anaconda 是著名的 Python 语言整合安装包，内置 Spyder 集成开发环境，除了 Python 语言的标准模块外，还包含数据科学所需的 Numpy、Pandas、Scipy（本书使用此包学习统计）和 Matplotlib 等包，以及机器学习的 Scikit-learn 包。Anaconda 整合安装包的特点如下所示。

- Anaconda 完全开源且免费下载安装。
- 内置众多科学、数学、工程和数据科学的 Python 包。
- 跨平台支持：Windows、Linux 和 Mac 操作系统。
- 同时支持 Python 2 和 Python 3 版。
- 内置 Spyder 集成开发环境、IPython Shell 和 Jupyter Notebook 环境。

1.4.2 下载与安装 Anaconda

Anaconda 整合安装包可以在官网免费下载，本节在 Windows 操作系统环境下下载和安装 Anaconda 整合安装包。

1. 下载 Anaconda

在 Anaconda 官方网站可以免费下载 Anaconda 整合安装包，如图 1-11 所示（网址：https://www.anaconda.com/download）。

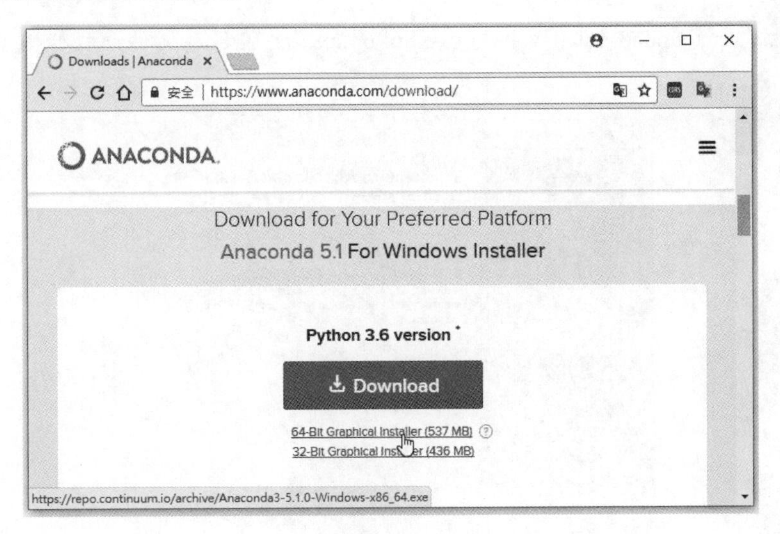

图 1-11

找到 Windows 版 Python 3.x 的安装程序，单击 64-Bit Graphical Installer 超链接，即可下载 Anaconda 安装程序并显示一个 HTML 界面，如图 1-12 所示。

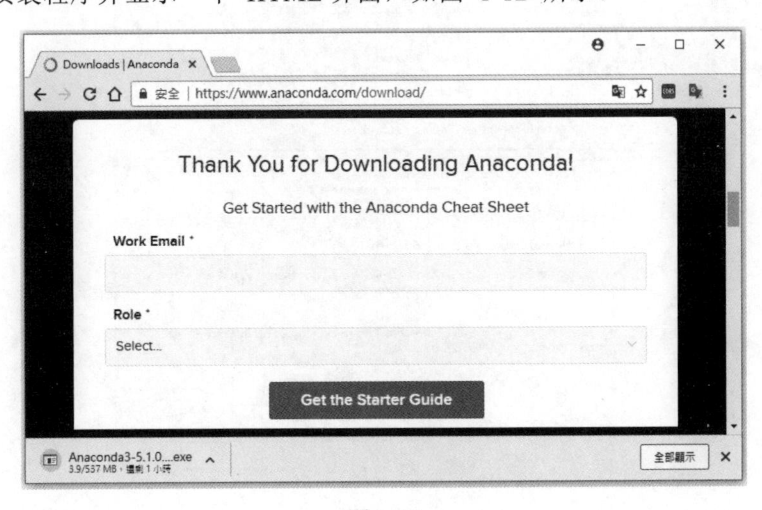

图 1-12

在图 1-12 所示界面中填写电子邮件地址和选择角色后，单击 Get the Starter Guide 按钮，即可免费获取 Anaconda Distribution Starter Guide 初学者手册（英文内容）。本书写作时使用的 Anaconda 安装程序文件名是 Anaconda3-5.1.0-Windows-x86_64.exe。

2. 安装 Anaconda

当成功下载 Anaconda 安装程序后，就可以在 Windows 操作系统中安装开发环境了。这里是在 Windows 10 操作系统中进行安装（如果已经安装旧版 Anaconda，请先卸载包），其步骤如下所示。

Step 1 双击 Anaconda3-5.1.0-Windows-x86_64.exe 安装程序文件，打开图 1-13 所示的欢迎安装界面。

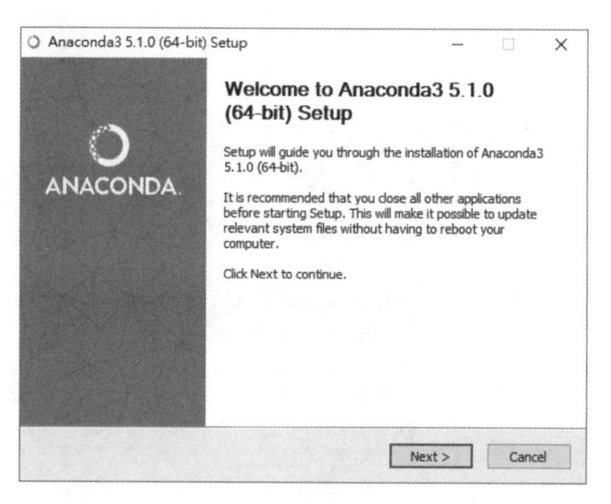

图 1-13

Step 2 单击 Next 按钮，可以看到图 1-14 所示的用户许可界面。

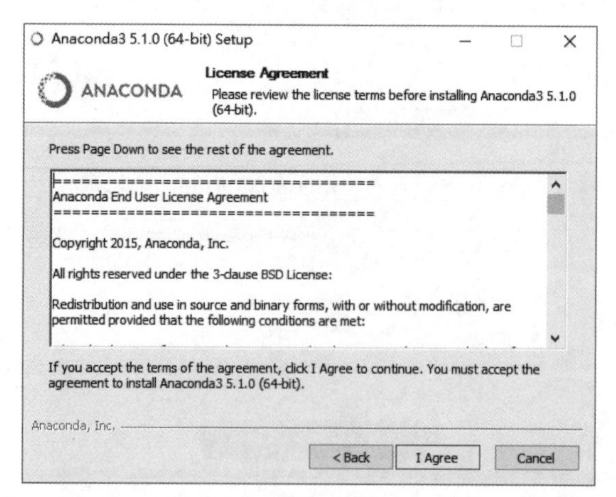

图 1-14

Step3 单击 I Agree 按钮，即可进入图 1-15 所示的选择安装类型界面。

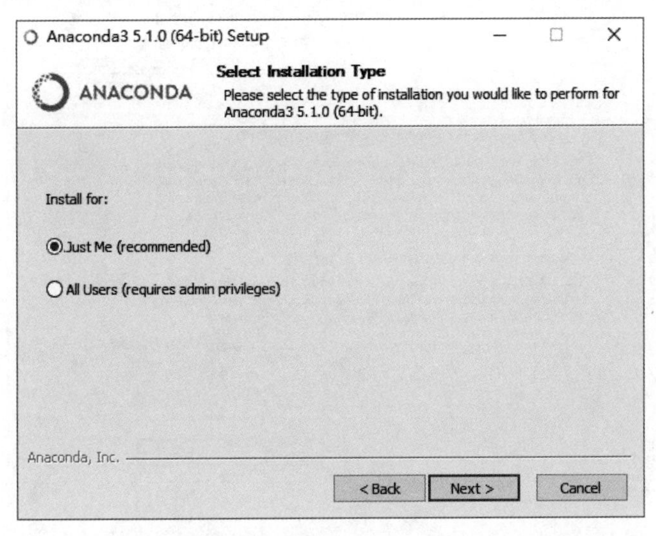

图 1-15

Step4 选中 Just Me（recommended）单选按钮安装仅用户使用（建议），或选中 All Users（requires admin privileges）单选按钮安装给所有用户使用。这里保持默认选项，单击 Next 按钮，进入图 1-16 所示的选择安装目录界面。

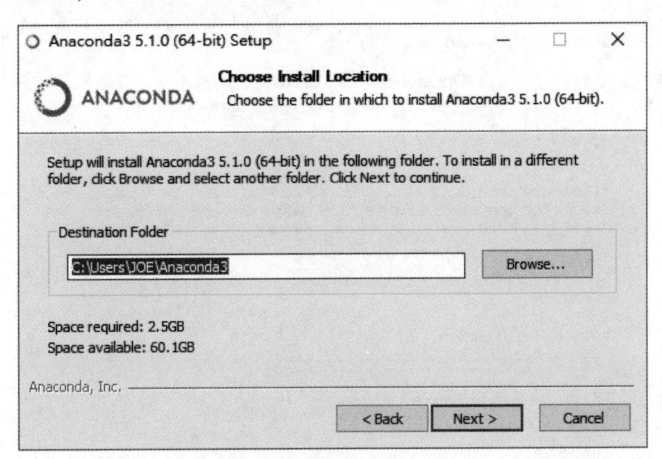

图 1-16

Step5 单击 Browse 按钮可以更改安装目录，在此保持默认路径。单击 Next 按钮，选中图 1-17 所示的高级安装选项。

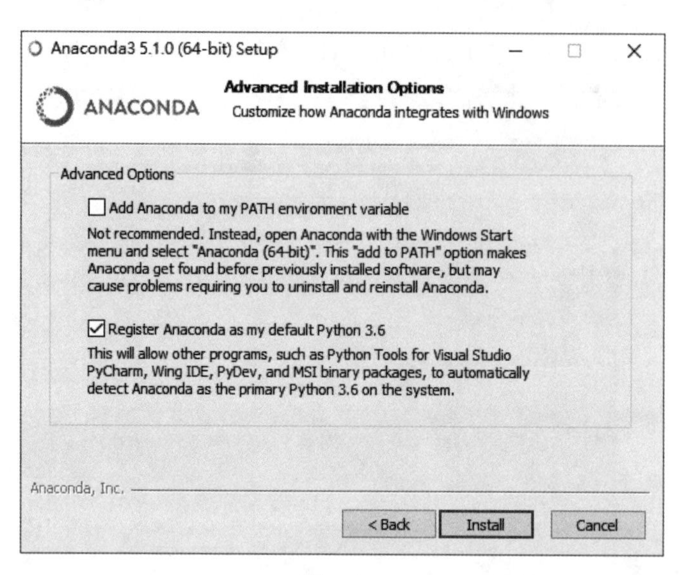

图 1-17

Step6 默认选中 Register Anaconda as my default Python 3.6 复选框，不用更改，单击 Install 按钮开始安装，可以看到目前的安装进度。

Step7 因为安装文件非常大，所以需要等待一段时间才能安装完成。单击 Next 按钮，可以看到图 1-18 所示的是否安装 Visual Studio Code 的界面。

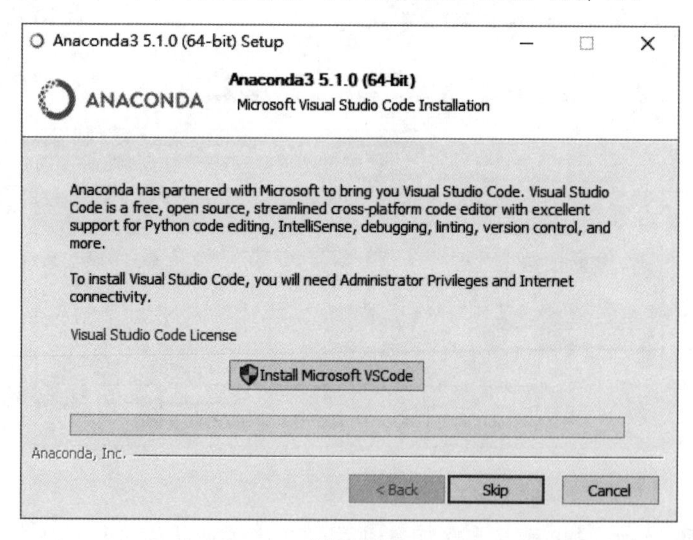

图 1-18

Step8 单击 Install Microsoft VSCode 按钮，可以安装 Visual Studio Code。如果不需安装，则单击 Skip 按钮，进入图 1-19 所示的完成安装界面。

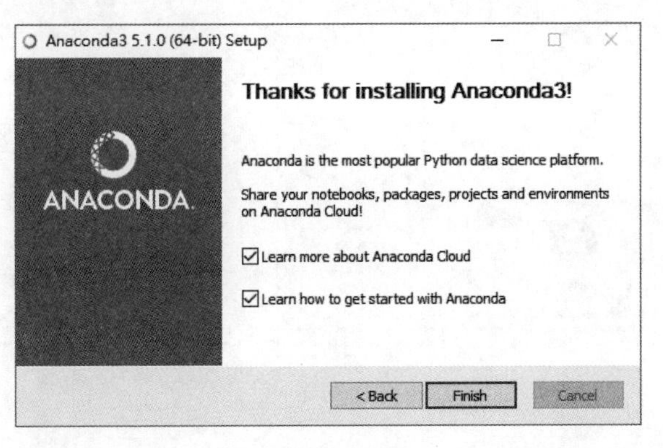

图 1-19

Step9 单击 Finish 按钮，完成 Anaconda 整合安装包的安装，同时可以看到浏览器中打开的相关说明文件。

1.4.3 启动 Anaconda Navigator

Anaconda Navigator 是 Anaconda 整合安装包的桌面图形使用接口（不需下达命令行指令来使用 Anaconda），可以通过此接口来启动所需应用程序和管理 Anaconda 安装的包。

在成功安装 Anaconda 包后，可以从 Windows“开始”菜单中启动 Anaconda Navigator，其步骤如下所示。

Step1 选择“开始”→Anaconda3 (64-bit)/Anaconda Navigator 命令，打开图 1-20 所示的欢迎安装 Anaconda 界面。

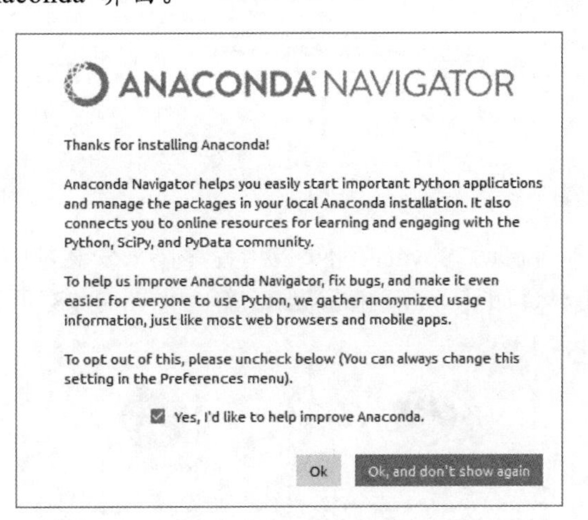

图 1-20

Step2 单击 Ok 按钮，打开 Anaconda Navigator 管理面板，如图 1-21 所示。

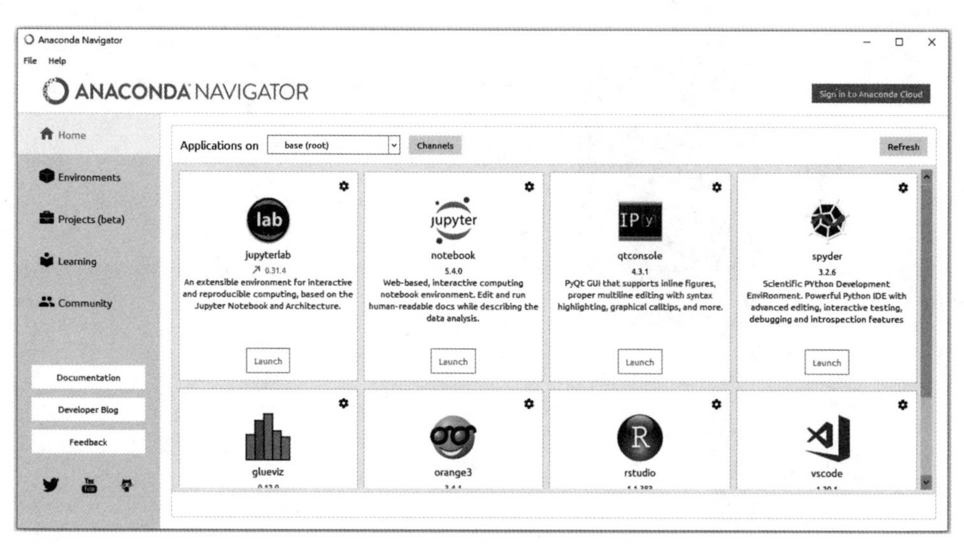

图 1-21

图 1-21 中显示的图框是管理的应用程序列表，在各图框下方均有一个按钮，如 spyder 下方的 Launch 按钮，如图 1-22 所示。

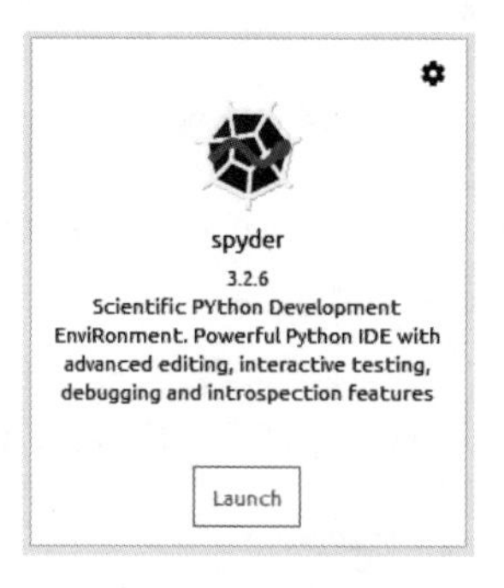

图 1-22

单击 Launch 按钮，即可启动 Spyder。如果应用程序尚未安装，则图框下方是 Install 按钮，单击该按钮即可安装此工具，如 rstudio 和 vscode 等，如图 1-23 所示。

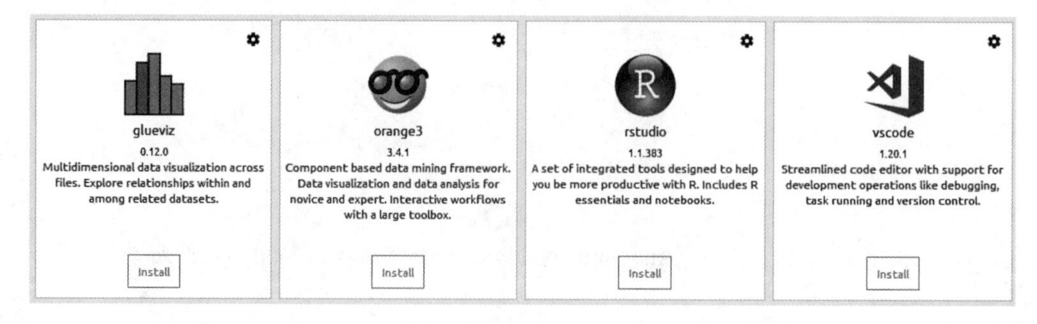

图 1-23

1.4.4 Spyder 集成开发环境的使用

Spyder 是一套开源、跨平台的 Python 集成开发环境（Integrated Development Environment，IDE），是功能强大的互动开发环境，支持程序代码编辑、互动测试、侦错、执行 Python 程序。同时，Spyder 还是一套功能强大的 Python 数值运算环境，支持 IPython 和常用 Python 包 NumPy、Pandas、SciPy 和 Matplotlib 等。

1. 启动与关闭 Spyder

可以从 Anaconda Navigator 中启动 Spyder，也可以直接从“开始”菜单中启动，其步骤如下所示。

Step 1 选择“开始”→Anaconda3 (64-bit)/Spyder 命令，打开图 1-24 所示的欢迎界面。

图 1-24

Step 2 如果是第一次使用 Python，就会显示图 1-25 所示的“Windows 安全警报”对话框。

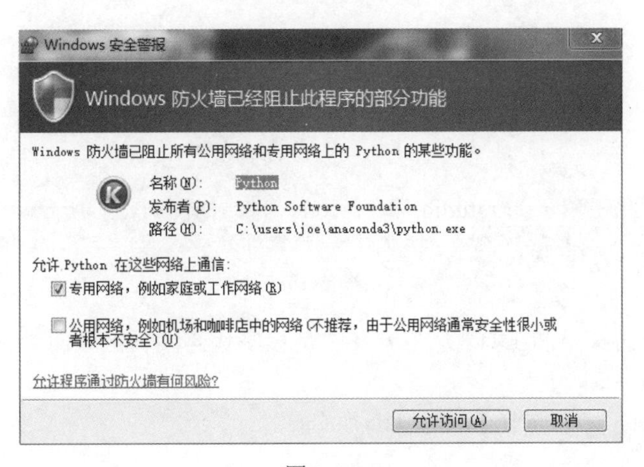

图 1-25

Step 3 单击“允许访问”按钮，如果该程序有新版发布，则可以看到图 1-26 所示的显示 Spyder 升级信息的 Spyder updates 窗口。

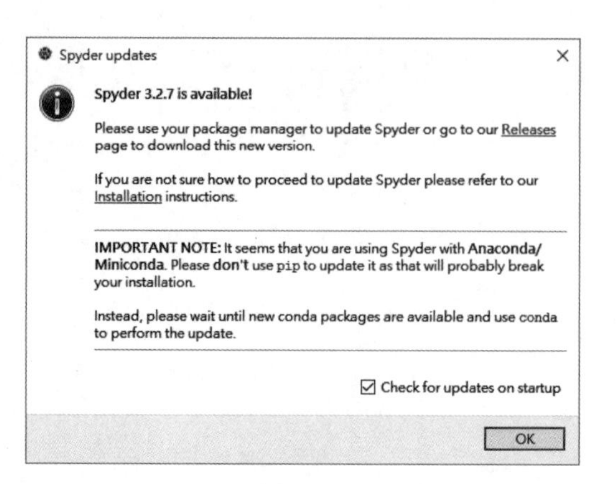

图 1-26

Step4 图1-26中的信息表明，如果使用 Anaconda 包内置的 Spyder，则不要自行升级，建议 Spyder 随着 Anaconda 包来更新。单击 OK 按钮，即可看到图 1-27 所示的 Spyder 界面。

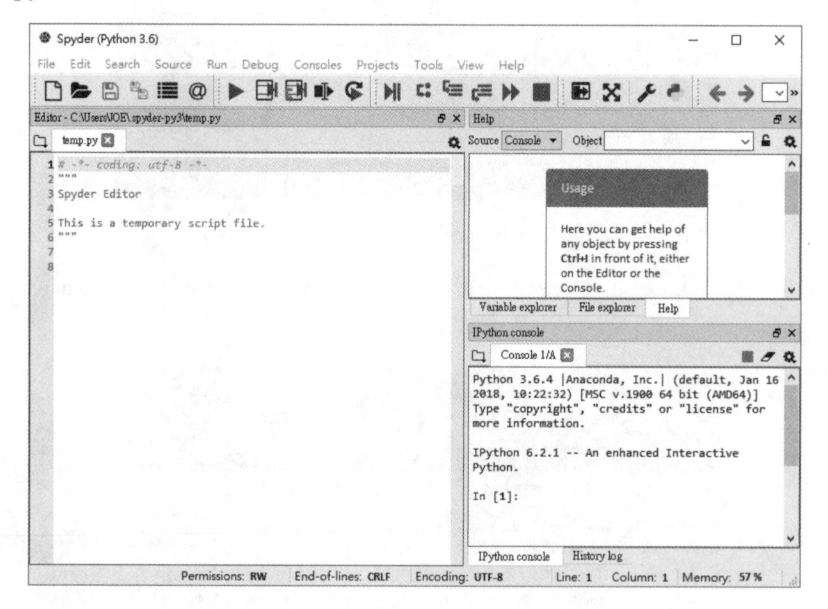

图 1-27

图 1-27 中，上方是菜单和工具栏，下方左边是程序代码编辑区域的卷标页，右边是 IPython console 的 IPython Shell。

若要关闭 Spyder，则可选择 File→Quit 命令。

2. 使用 IPython console

Spyder 集成开发环境内置 IPython，这是功能强大的互动运算和测试环境。在启动 Spyder 后，可以在右下方看到 IPython console 窗口，这就是 IPython Shell，如图 1-28 所示。

因为 Python 是一种解释性语言，IPython Shell 提供了互动模式，所以可以在“In [?]:”后输入 Python 程序代码来测试进行。例如，输入 5+10，按 Enter 键，可以看到运行结果 15，如图 1-29 所示。

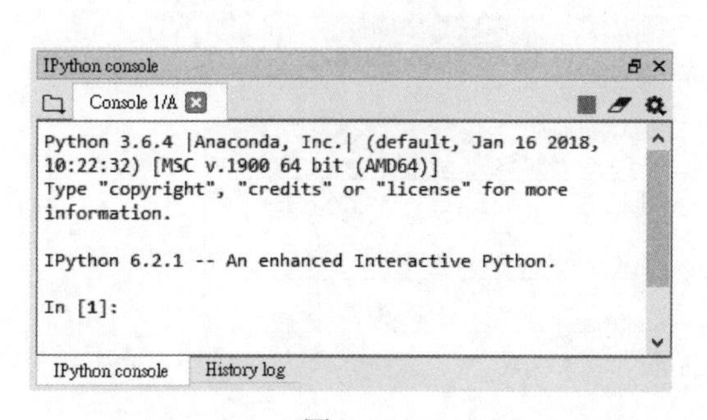

图 1-28

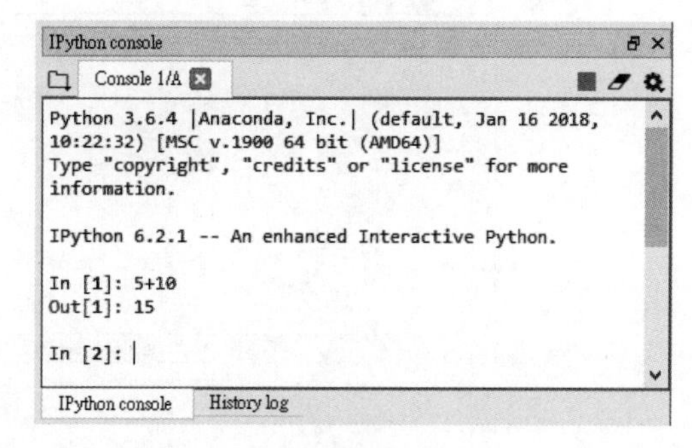

图 1-29

另外，还可以定义变量 num = 10，然后调用 print() 函数来输出变量值，如图 1-30 所示。

同理，可以测试 if 条件，在输入“if num>= 10:”后，按 Enter 键，就会自动缩进 4 个空格符，完成程序代码后按 Enter 键，可以看到运行结果，如图 1-31 所示。

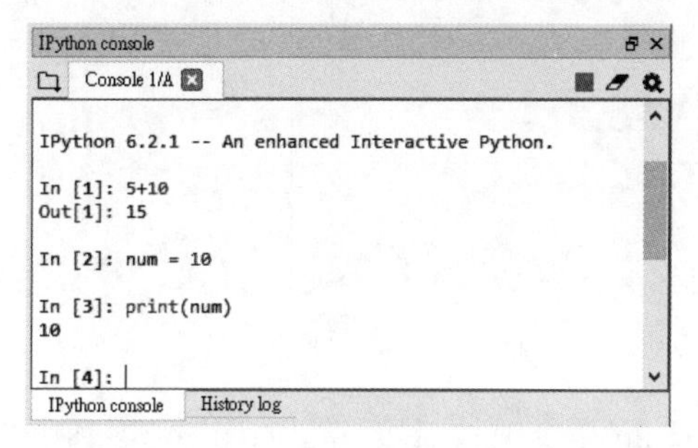

图 1-30

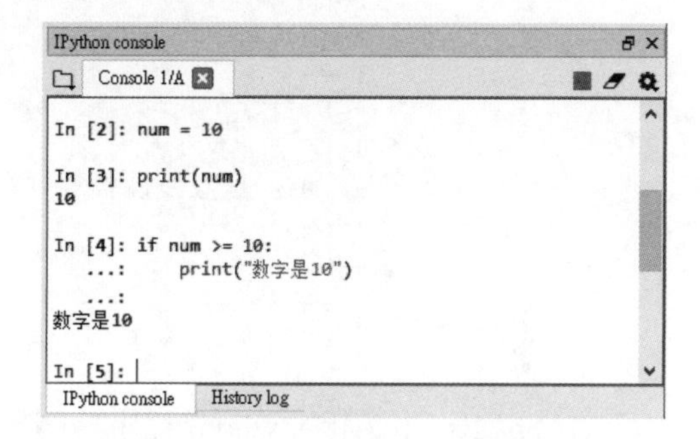

图 1-31

3. 使用 Spyder 新建、编辑和运行 Python 程序文件

在 Spyder 集成开发环境中可以新增和打开已有的 Python 程序文件来编辑和运行。选择 File→New file 命令，新建一个 Python 程序文件，可以看到名为“untitled0.py*”的 Python 程序代码编辑器的标签页，如图 1-32 所示。

在上述程序代码编辑标签页中输入之前 IPython Shell 输入的 Python 程序代码，完成 Python 程序代码的编辑后，选择 File→Save 命令，在弹出的“另存为”对话框中选择保存路径，在“文件名”文本框中输入 Ch1_4_4.py，单击“保存”按钮，保存名为 Ch1_4_4.py 的 Python 程序文件，如图 1-33 所示。

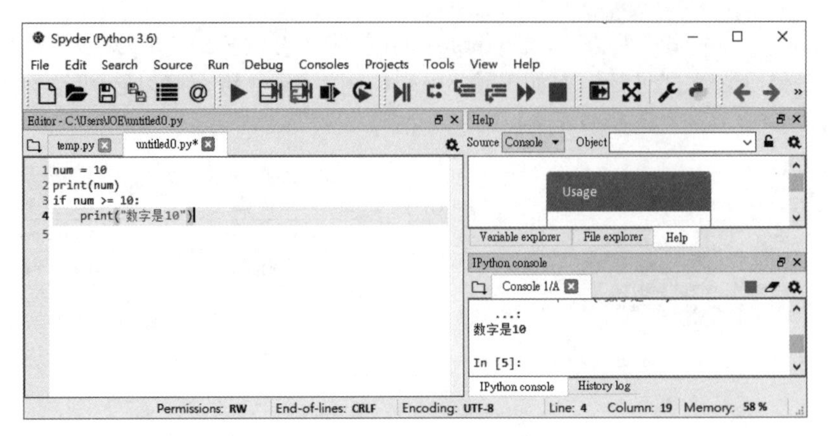

图 1-32

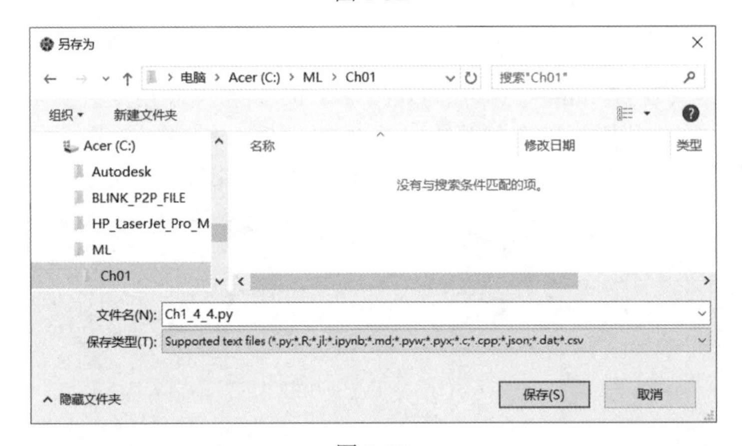

图 1-33

要在 Spyder 中运行 Python 程序，可选择 Run→Run 命令或按 F5 键，如图 1-34 所示。

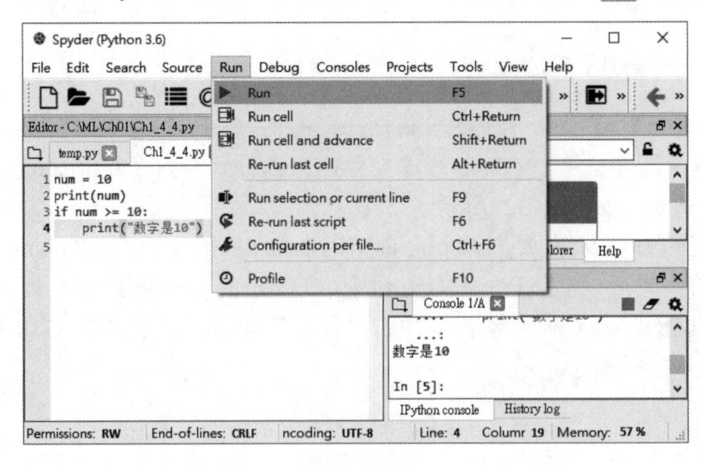

图 1-34

运行 Python 程序后，在右下方 Python console 中可以看到 Python 程序 Ch1_4_4.py 的运行结果，如图 1-35 所示。如果程序需要输入，也是在此窗口中进行。

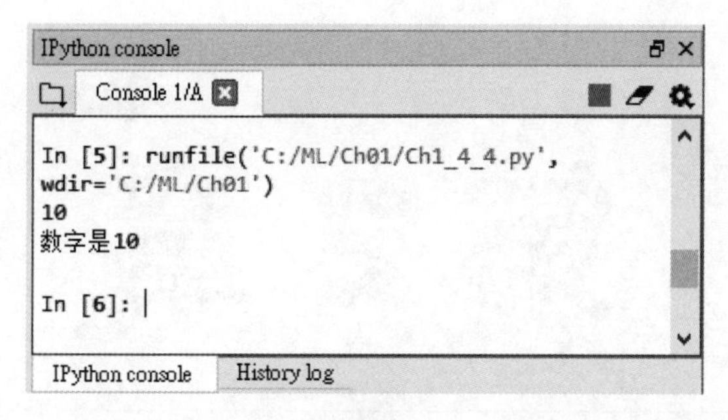

图 1-35

对于已经存在的 Python 程序文件，可在 Spyder 中选择 File→Open 命令打开 Python 程序文件，如本书所附的 Python 范例程序文件。

◇ 学习检测 ◇

1．说明什么是数据科学。
2．举例说明什么是结构化、非结构化和半结构化数据。
3．简单说明 4 种尺度的数据，以及什么是质的数据，什么是量的数据。
4．简单说明什么是数据挖掘，以及数据科学的处理过程步骤是什么。
5．Anaconda 安装包是什么？
6．试着在计算机中下载与安装 Anaconda 包，建立数据科学的 Python 开发环境。
7．简单说明什么是 Spyder 工具。
8．启动 Spyder 并新建名为 Ch1_5.py 的 Python 范例程序文件。

CHAPTER 2

第 2 章

Python 程序语言

2.1 认识 Python 语言

Python 语言是由 Guido Van Rossum 开发的一种通用用途（General Purpose）程序语言，是拥有优雅语法和高可读性程序代码的程序语言，可以开发 GUI 窗口程序、Web 应用程序、系统管理工作、财务分析和大数据分析等各种不同的应用程序。

Python 语言有两大版本，即 Python 2 和 Python 3，本书中使用的是 Python 3。

1. Python 是一种解释性语言

Python 是解释性语言（Interpreted Language），Python 程序使用解释器（Interpreters）来执行，解释器并不输出可执行文件，而是一个指令一个动作，将程序逐行转换成机器语言后，马上运行程序代码，如图 2-1 所示。

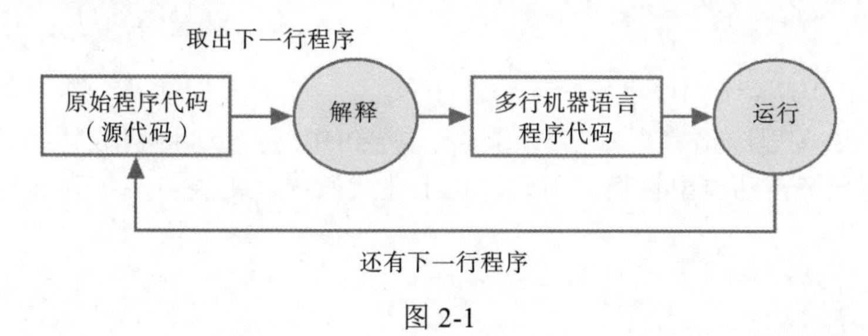

图 2-1

因为解释器是一行一行转换和执行，所以 Python 语言的执行效率较 C/C++ 语言低。C/C++语言是编译语言（Compiled Language），用其编写的程序代码需要使用编译程序（Compilers）来检查，如果程序没有错误，就会翻译成机器语言的目标代码（Object Code）文件，如图 2-2 所示。

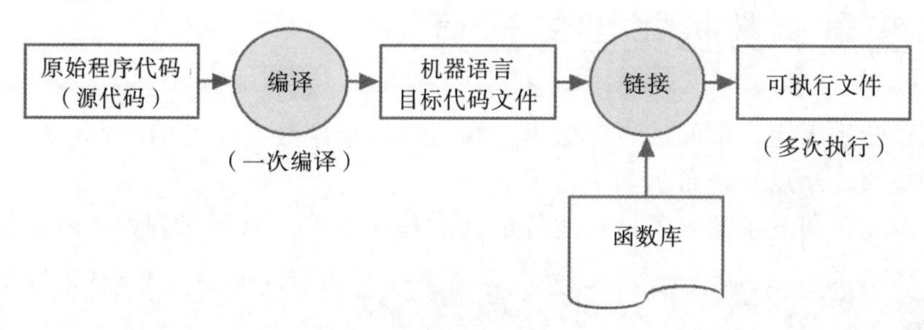

图 2-2

上述源代码文件在编译成机器语言的目标代码文件后，因为通常会参考外部程序代码，所以需要使用链接器（Linker）将程序使用的外部函数库链接创建成可执行映像文件（Executable Image），即在操作系统上可运行的程序文件。

2. Python 是一种动态型程序语言

Python 是一种动态型（Dynamically Typed）语言，在 Python 程序代码中声明的变量

（Variables）不需要默认声明使用的数据类型（Data Types），Python 解释器会依据变量值来自动判断使用的数据类型，如下所示：

```
a = 1
b = "Hello World!"
```

上述 Python 程序代码中，变量 a 赋值为整数 1，所以此变量的数据类型是整数，变量 b 赋值为字符串，所以其数据类型是字符串。

3. Python 是一种强类型程序语言

虽然 Python 变量并不需要默认声明使用的数据类型，但是 Python 语言是一种强类型（Strongly Typed）程序语言，并不会自动转换变量的数据类型，如下所示：

```
# 字符串 + 整数
v = "计算结果 = " + 100
```

上述 Python 程序代码中，以符号“#”开头的一行文字为注释，表明这是字符串加上整数的表达式。很多程序语言，如 JavaScript 或 PHP 会自动将整数转换成字符串，但是 Python 语言并不允许自动类型转换。因此，在上述代码中，需要将变量强制转换成同一类型，如下所示：

```
# 字符串 + 字符串
v = "计算结果 = " + str(100)
```

上述 Python 程序代码中，需要调用 str() 函数将整数转换成字符串，然后才能和前一个字符串进行字符串连接。

2.2 变量、数据类型与运算符

变量可以存储程序运行期间的暂存数据，其内容是指定数据类型的数据。Python 语言的基本数据类型有整数、浮点数、布尔和字符串。

可以使用运算符和变量建立表达式进行所需的程序运算，以便得到程序所需的运行结果。

2.2.1 Python 变量

Python 变量不需要先声明，只需指定变量值，即可创建变量。但是 Python 变量在使用前必须先指定初值（Python 程序：Ch2_2_1.py），如下所示：

```
grade = 76
height = 175.5
weight = 75.5
```

上述程序代码中，变量 grade 为整数，因为初值是整数；同理，变量 height 和 weight 是浮点数，因为初值皆为小数。可以调用 3 个 print() 函数输出这三个变量值，如下所示：

```
print("成绩 = " + str(grade))
print("身高 = " + str(height))
print("体重 = " + str(weight))
```

上述程序代码中，str() 函数将整数和浮点数变量转换成字符串，其中“+”号是字符串连接运算符，在连接字符串字面值和转换成字符串的变量值后，就可以输出 3 个变量的值。另一种方式是使用“,”号分隔，此时不需要使用 str() 函数转换类型，因为 print() 函数会自动转换变量类型，如下所示：

```
print("成绩 =", grade)
print("身高 =", height)
print("体重 =", weight)
```

2.2.2 Python 运算符

Python 提供了算术（Arithmetic）、赋值（Assignment）、位（Bitwise）、关系/比较（Relational）和逻辑（Logical）运算符。Python 语言运算符默认的优先级（越上面越优先）及说明见表 2-1。

表 2-1 Python 语言运算符默认的优先级及说明

运算符	说明
()	括号运算符
**	指数运算符
~	位运算符 not
+、-	正号、负号
*、/、//、%	算术运算符的乘法、除法、整数除法和余数
+、-	算术运算符的加法和减法
<<、>>	位运算符左移和右移
&	位运算符 and
^	位运算符 xor
|	位运算符 or
in、not in、is、is not、<、<=、>、>=、<>、!=、==	成员、识别和关系运算符、小于、小于等于、大于、大于等于、不等于和等于
not	逻辑运算符 not
and	逻辑运算符 and
or	逻辑运算符 or

如果 Python 表达式的多个运算符拥有相同的优先级，如下所示：

```
3 + 4 - 2
```

上述表达式中，“+”和“-”运算符拥有相同的优先级，此时的运算顺序是从左至右依序进行运算，即先运算 3+4=7，然后运算 7-2=5，如图 2-3 所示。

但是，Python 语言的多重赋值表达式是一个特殊情况，如下所示：

```
a = b = c = 25
```

上述多重指定表达式的运算顺序是从右至左，先执行 c = 25，然后是 b = c 和 a = b（所以变量 a、b 和 c 的值都是 25），如图 2-4 所示。

```
3 + 4 - 2
    7 - 2
        5
```

图 2-3

```
a = b = c = 25
a = b = c
a = b
```

图 2-4

2.2.3 基本数据类型

Python 语言的数据类型分为基本数据类型和容器类型[列表（List）、字典（Dictionaries）、集合（Sets）和元组（Tuple）]，本节介绍基本数据类型中的整数（Integer）、浮点数（Float）、布尔（Boolean）和字符串（String），容器类型的介绍请参阅第 2.5 节。

1．整数

整数数据类型指变量存储的数据是整数值，没有小数点，其数据长度可以是任何长度，视内存空间而定。例如，一些整数值范例如下所示：

```
a = 1
b = 100
c = 122
d = 56789
```

Python 变量可以指定成整数值，并进行相关运算（Python 程序：Ch2_2_3.py），如下所示：

```
x = 5
print(type(x))            # 输出 "<class 'int'>"
print(x)                  # 输出 "5"
print(x + 1)              # 加法：输出 "6"
print(x - 1)              # 减法：输出 "4"
print(x * 2)              # 乘法：输出 "10"
print(x / 2)              # 浮点数除法：输出 "2.5"
print(x // 2)             # 整数除法：输出 "2"
```

```
print(x % 2)                    # 余数：输出 "1"
print(x ** 2)                   # 指数：输出 "25"
x += 1
print(x)                        # 输出 "6"
x *= 2
print(x)                        # 输出 "12"
```

上述程序代码指定变量 x 的值是整数 5 后，依序使用 type(x) 输出数据类型进行加法、减法、乘法、除法、整数除法、余数和指数运算。最后的 x+=1 和 x *=2 是表达式的简化写法，其简化的表达式如下所示：

```
x = x + 1
x = x * 2
```

2. 浮点数

浮点数数据类型指变量存储的是整数加上小数，其精确度可以达到小数点后 15 位。实际上，整数和浮点数的区别就是是否有小数点，如 5 是整数，5.0 是浮点数。一些浮点数的范例如下所示：

```
e = 1.0
f = 55.22
```

Python 浮点数的精确度只能到小数点后 15 位。同样，Python 变量可以指定成浮点数，并进行相关运算（Python 程序：Ch2_2_3a.py），如下所示：

```
y = 2.5
print(type(y))                          # 输出 "<class 'float'>"
print(y, y + 1, y * 2, y ** 2)          # 输出 "2.5 3.5 5.0 6.25"
```

上述程序代码指定变量 y 的值是 2.5 后，输出数据类型并进行相关数学运算。

3. 布尔

布尔数据类型可以使用 True 和 False 关键字来表示，如下所示：

```
x = True
y = False
```

除了可以使用 True 和 False 关键字，下列变量值也视为 False。

- 0、0.0：整数值 0 或浮点数 0.0。
- [ ]、()、{}：容器类型的空列表、空元组和空字典。
- None：关键字 None。

在实践中，当表达式使用关系运算符（==、!=、<、>、<=、>=）或逻辑运算符（not、and、

or）时，其运算结果就是布尔值。首先介绍逻辑运算符（Python 程序：Ch2_2_3b.py），如下所示：

```
a = True
b = False
print(type(a))                  # 输出"<class 'bool'>"
print(a and b)                  # 逻辑 and: 输出"False"
print(a or b)                   # 逻辑 or: 输出"True"
print(not a)                    # 逻辑 not: 输出"False"
```

上述程序代码指定变量是布尔值后，依序执行 and、or 和 not 运算。

然后介绍关系运算符（Python 程序：Ch2_2_3c.py），如下所示：

```
a = 3
b = 4
print(a == b)                   # 相等: 输出 "False"
print(a != b)                   # 不等: 输出 "True"
print(a > b)                    # 大于: 输出 "False"
print(a >= b)                   # 大于等于: 输出 "False"
print(a < b)                    # 小于: 输出 "True"
print(a <= b)                   # 小于等于: 输出 "True"
```

4. 字符串

Python 字符串并不能更改字符串内容，所有字符串的变更都是建立一个全新字符串。Python 字符串是使用单引号“'”或双引号“"”括起的一系列 Unicode 字符，如下所示：

```
s1 = "学习 Python 语言程序设计"
s2 = 'Hello World!'
```

上述程序代码的变量是字符串数据类型。Python 语言并没有字符类型，当引号括起的字符串只有 1 个时，就是字符，如下所示：

```
ch1 = "A"
ch2 = 'b'
```

上述程序代码的变量是字符。当在 Python 程序创建字符串后，就可以输出字符串、计算字符串长度、连接 2 个字符串和格式化输出字符串内容（Python 程序：Ch2_2_3d.py），如下所示：

```
str1 = 'hello'                          # 使用单引号创建字符串
str2 = "python"                         # 使用双引号创建字符串
print(str1)                             # 输出 "hello"
```

```
print(len(str1))                    # 字符串长度：输出 "5"
str3 = str1 + ' ' + str2            # 字符串连接
print(str3)                         # 输出 "hello python"
str4 = '%s %s %d' % (str1, str2, 12)  # 格式化字符串
print(str4)                         # 输出 "hello python 12"
```

上述程序代码创建字符串变量 str1 和 str2 后，调用 print() 函数输出字符串内容；调用 len() 函数计算字符串长度；使用加号“+”连接字符串；调用类似 C 语言 printf() 函数的格式字符串来创建字符串内容；格式字符“%s”表示字符串，“%d”表示整数，“%f”表示浮点数。

Python 字符串对象提供了一些好用的方法来处理字符串（Python 程序：Ch2_2_3e.py），如下所示：

```
s = "hello"
print(s.capitalize())         # 第 1 个字符大写：输出 "Hello"
print(s.upper())              # 转成大写：输出 "HELLO"
print(s.rjust(7))             # 靠右对齐，默认左方填入空格符：输出 "  hello"
print(s.center(7))            # 置中输出：输出 " hello "
print(s.replace('l', 'L'))    # 取代字符串：输出 "heLLo"
print(' python '.strip())     # 删除空格符：输出 "python"
```

2.3 流程控制

Python 流程控制可以配合条件表达式（Conditional Expressions）的条件来执行不同程序块（Blocks）或重复执行指定区块的程序代码。流程控制主要分为两种，如下所示。

- 条件控制：条件控制是选择题，分为单选（if）、二选一（if/else）或多选一（if/elif/else），依照条件表达式的结果决定执行哪一个程序块的程序代码。
- 循环控制：循环控制是重复执行程序块的程序代码，拥有一个结束条件可以结束循环的执行。

Python 程序块是程序代码缩排相同数量的空格符，一般使用 4 个空格符。所以，相同缩排的程序代码属于同一个程序块。

2.3.1 条件控制

Python 条件控制语句是使用条件表达式，配合程序块创建的选择语句，其可以分为 3 种：单选、二选一或多选一。

1. if 条件语句

if 条件语句是一种是否执行的单选题，决定是否执行程序块内的程序代码，如果条件表达

式的结果为 True，就执行程序块的程序代码。

例如，判断气温以决定是否加件外套的 if 条件语句（Python 程序：Ch2_3_1.py）如下所示：

```
t = int(input("请输入气温 => "))
if t < 20:
    print("加件外套!")
print("今天气温 = " + str(t))
```

上述程序代码调用 input() 函数输入字符串，然后调用 int() 函数将其转换成整数值，当 if 条件语句的条件成立时，才会执行缩排的程序语句。更进一步，可以活用逻辑表达式，当气温在 20～22℃ 时，输出“加一件薄外套!”，如下所示：

```
if t >= 20 and t <= 22:
    print("加一件薄外套!")
```

2. if/else 条件语句

if 条件语句是只能选择执行或不执行程序块的单选题，更进一步，如果是排他情况的两个执行区块，只能二选一，则可以加上 else 关键字，依条件决定执行哪一个程序块。

例如，学生成绩以 60 分区分是否及格的 if/else 条件语句（Python 程序：Ch2_3_1a.py）如下所示：

```
s = int(input("请输入成绩 => "))
if s >= 60:
    print("成绩及格!")
else:
    print("成绩不及格!")
```

上述程序代码中成绩有排他性，60 分及以上为及格，60 分以下为不及格。

3. if/elif/else 条件语句

if/elif/else 条件语句是 if/else 条件语句的扩充，其中 elif 关键字可以新增一个条件判断，即创建“多选一”条件语句。在输入时，注意不要忘记条件表达式和 else 后面的英文冒号“:”。

例如，输入年龄值来判断不同范围的年龄，小于 13 岁是儿童，小于 20 岁是青少年，大于等于 20 岁是成年人。因为条件不止一个，所以需要使用“多选一”条件语句（Python 程序：Ch2_3_1b.py），如下所示：

```
a = int(input("请输入年龄 => "))
if a < 13:
    print("儿童")
elif a < 20:
    print("青少年")
```

```
else:
    print("成年人")
```

上述 if/elif/else 条件语句从上而下如同阶梯一般，一次判断一个 if 条件，如果为 True，就执行程序块，并且结束整个“多选一”条件语句；如果为 False，就进行下一次判断。

4. 单行条件语句

Python 语言并不支持条件表达式，可以使用单行 if/else 条件语句来代替，其语法如下所示：

```
变量 = 变量 1 if 条件表达式 else 变量 2
```

其中，等号“=”右边是单行 if/else 条件语句，如果条件成立，就将变量指定为变量 1 的值；否则就指定为变量 2 的值。例如，12/24 制的时间转换表达式（Python 程序：Ch2_3_1c.py）如下所示：

```
h = h-12 if h >= 12 else h
```

上述程序代码开始是条件成立指定的变量值或表达式，接着是 if 加上条件表达式，最后 else 之后为不成立。所以，当条件为 True 时，h 变量值为 h-12；当条件为 False 时，则是 h。

2.3.2 循环控制

Python 循环控制语句包括 for 计数循环（Counting Loop）和 while 条件循环。

1. for 计数循环

在 for 循环的程序语句中拥有计数器变量，计数器可以每次增加或减少一个值，直到循环结束条件成立为止。实际上，如果已经知道需重复执行几次，就可以使用 for 计数循环来重复执行程序块。

例如，在输入最大值后，可以计算出 1 加至最大值的总和（Python 程序：Ch2_3_2.py），如下所示：

```
m = int(input("请输入最大值 =>"))
s = 0
for i in range(1, m + 1):
    s = s + i
print("总和 = " + str(s))
```

上述 for 计数循环调用了内置 range() 函数，此函数的范围不包含第 2 个参数本身，所以 1～m 的范围是 range(1, m + 1)。

2. for 计数循环与 range() 函数

Python 的 for 计数循环需要调用 range() 函数来产生指定范围的计数值。range()函数是 Python 内置函数，可以有 1、2 和 3 个参数，如下所示。

- 拥有 1 个参数的 range() 函数：此参数是终止值（不包含终止值），默认的起始值是 0，如表 2-2 所示。

表 2-2　拥有 1 个参数的 range() 函数整数值范围

range() 函数	整数值范围
range(5)	0～4
range(10)	0～9
range(11)	0～10

例如，创建计数循环，输出值 0～4，如下所示：

```
for i in range(5):
    print("range(5)的值 = " + str(i))
```

- 拥有 2 个参数的 range() 函数：第 1 个参数是起始值，第 2 个参数是终止值（不包含终止值），如表 2-3 所示。

表 2-3　拥有 2 个参数的 range() 函数整数值范围

range() 函数	整数值范围
range(1, 5)	1～4
range(1, 10)	1～9
range(1, 11)	1～10

例如，创建计数循环，输出值 1～4，如下所示：

```
for i in range(1, 5):
    print("range(1, 5)的值 = " + str(i))
```

- 拥有 3 个参数的 range() 函数：第 1 个参数是起始值，第 2 个参数是终止值（不包含终止值），第 3 个参数是间隔值，如表 2-4 所示。

表 2-4　拥有 3 个参数的 range() 函数整数值范围

range() 函数	整数值范围
range(1, 11, 2)	1、3、5、7、9
range(1, 11, 3)	1、4、7、10
range(1, 11, 4)	1、5、9
range(0, -10, -1)	0、-1、-2、-3、-4、…、-7、-8、-9
range(0, -10, -2)	0、-2、-4、-6、-8

例如，创建计数循环，从 1 到 10 输出奇数值，如下所示：

```
for i in range(1, 11, 2):
    print("range(1, 11, 2)的值 = " + str(i))
```

3. while 条件循环

while 条件循环语句需要在程序块自行处理计数器变量的增减，在程序块开头检查条件，条件成立才允许进入循环执行。

例如，使用 while 循环来计算阶乘函数值（Python 程序：Ch2_3_2a.py），如下所示：

```
m = int(input("请输入阶乘数 =>"))
r = 1
n = 1
while n <= m:
    r = r * n
    n = n + 1
print("阶乘值! = " + str(r))
```

上述 while 条件循环的执行次数是直到条件为 False 为止，假设 m 为 5，就是计算 5! 的值，n 是计数器变量。如果符合条件 n ≤ 5，就进入循环执行程序块，循环结束条件是 n>5。

在程序块中注意更新计数器变量 n=n+1。

2.4 函数、模块与包

Python 函数（Functions）是一个独立程序单元，可以将大工作分割成一个个小型工作。可以重复使用之前创建的函数或直接调用 Python 语言的内置函数。

Python 之所以拥有强大的功能，就是因为其有众多标准和网络上现成模块（Modules）与包（Packages）来扩充程序功能。可以导入 Python 模块与包来直接使用模块与包提供的函数，而不用自己编写相关函数。

2.4.1 函数

函数名称是一种标识符，其命名方式和变量相同，程序设计者需要自行命名。在函数的程序块中，可以使用 return 关键字返回函数值并结束函数的执行。函数的参数（Parameters）行是函数的使用接口，在调用时，需要传入对应的自变量（Arguments）。

1. 定义函数

在 Python 程序中定义没有参数行和返回值的 print_msg() 函数（Python 程序：Ch2_4_1.py），如下所示：

```
def print_msg():
    print("欢迎学习 Python 程序设计!")
```

上述函数名称是 print_msg，在名称后的括号中定义传入的参数行，如果函数没有参数，则为空括号，在空括号后注意输入英文冒号“:”。

Python 函数如果有返回值，则需要使用 return 关键字来返回函数值。例如，判断参数值是否在指定范围的 is_valid_num() 函数如下所示：

```
def is_valid_num(no):
    if no >= 0 and no <= 200.0:
        return True
    else:
        return False
```

上述函数使用 2 个 return 关键字来返回值，返回 True 表示合法，返回 False 表示不合法。再如，执行运算的 convert_to_f() 函数如下所示：

```
def convert_to_f(c):
    f = (9.0 * c) / 5.0 + 32.0
    return f
```

上述函数使用 return 关键字返回函数的执行结果，即表达式的运算结果。

2. 函数调用

Python 程序代码调用函数的方法是使用函数名称加上括号中的自变量行。因为 print_msg() 函数没有返回值和参数行，所以调用时只需使用函数名称加上空括号，如下所示：

```
print_msg()
```

函数如果拥有返回值，那么在调用时可以使用指定语句来获取返回值，如下所示：

```
f = convert_to_f(c)
```

上述程序代码中的变量 f 可以获取 convert_to_f() 函数的返回值。如果函数返回值为 True 或 False，如 is_valid_num() 函数，则可以在 if 条件语句中调用该函数作为判断条件，如下所示：

```
if is_valid_num(c):
    print("合法!")
else:
    print("不合法")
```

上述程序代码使用函数返回值作为判断条件，可以输出数值是否合法。

2.4.2 使用 Python 模块与包

Python 模块是单一的 Python 程序文件，即扩展名为 .py 的文件。包是一个目录内含多个模块的集合，而且在根目录中包含 Python 文件_ _init_ _.py（说明：在程序中实际输入时 init 两边各两个底线，中间没有空格，此处分开只为方便理解）。

为了方便说明，当本书的 Python 程序中导入 Python 模块与包后，无论调用模块的对象方法还是函数，都会统一使用函数来表示。

1. 导入模块或包

Python 程序中使用 import 关键字导入模块或包。例如，导入名为 random 的模块，然后直接调用此模块的函数来产生随机数值（Python 程序：Ch2_4_2.py），如下所示：

```
import random
```

上述程序代码导入名为 random 的模块后，就可以调用模块中的 randint() 函数，产生指定范围内的整数随机数值，如下所示：

```
target = random.randint(1, 100)
```

上述程序代码产生 1～100 的整数随机数值。

2. 模块或包的别名

在 Python 程序文件导入模块或包，除了使用模块或包名称来调用函数外，也可以使用 as 关键字为模块取一个别名，然后使用别名来调用函数（Python 程序：Ch2_4_2a.py），如下所示：

```
import random as R

target = R.randint(1, 100)
```

上述程序代码在导入 random 模块时，使用 as 关键字为 random 模块取了别名 R，所以可以使用别名 R 来调用 randint() 函数。

3. 导入模块或包的部分名称

当 Python 程序使用 import 关键字导入模块后，导入的模块默认是全部内容。但实际上，可能只会使用到模块的 1 或 2 个函数或对象，此时可使用 form/import 程序语句导入模块的部分名称。例如，在 Python 程序导入 BeautifulSoup 模块（Python 程序：Ch2_4_2b.py），如下所示：

```
from bs4 import BeautifulSoup
```

上述程序代码导入 BeautifulSoup 模块后，就可以创建 BeautifulSoup 对象，如下所示：

```
html_str = "<p>Hello World!</p>"
soup = BeautifulSoup(html_str, "lxml")
print(soup)
```

form/import 程序语句导入的变量、函数或对象是导入目前的程序文件，成为目前程序文件的范围，所以使用时并不需要使用模块名称来指定所属的模块，直接使用 BeautifulSoup 即可。

2.5 容器类型

Python 语言支持的容器类型有列表、字典、集合和元组。容器类型如同一个放东西的盒子，可以将元素或元素的东西存储在盒子中。

2.5.1 列表

Python 语言的列表（List）类似于其他程序语言的数组（Arrays），中文译名有清单、串行和阵列等。不同于字符串类型的不能更改，列表允许更改（Mutable）内容，因此可以新增、删除、插入和更改列表中的元素（Items）。

1. 列表的基本使用

Python 列表是使用中括号“[]”括起的多个元素，每一个元素使用逗号“,”分隔（Python 程序：Ch2_5_1.py），如下所示：

```
ls = [6, 4, 5]                # 创建列表
print(ls, ls[2])              # 输出 "[6, 4, 5] 5"
print(ls[-1])                 # 负索引从最后开始：输出 "5"
ls[2] = "py"                  # 指定字符串类型的元素
print(ls)                     # 输出 "[6, 4, 'py']"
ls.append("bar")              # 新增元素
print(ls)                     # 输出 "[6, 4, 'py', 'bar']"
ele = ls.pop()                # 取出最后元素
print(ele, ls)                # 输出 "bar[6, 4, 'py']"
```

上述程序代码首先创建包括 3 个元素的列表 ls，然后使用索引取出第 3 个元素（索引从 0 开始），负索引 -1 是最后 1 个，将列表元素更改为字符串后，再使用 append() 函数在最后新增元素，pop() 函数可以取出最后 1 个元素。

2. 切割列表

Python 列表可以在中括号“[]”中使用符号“:”，即指定开始和结束来分割列表，使其成为子列表（Python 程序：Ch2_5_1a.py），如下所示：

```
nums = list(range(5))         # 创建一个整数列表
print(nums)                   # 输出 "[0, 1, 2, 3, 4]"
print(nums[2:4])              # 切割索引 2～4(不含 4)：输出 "[2, 3]"
print(nums[2:])               # 切割索引从 2 至最后：输出 "[2, 3, 4]"
print(nums[:2])               # 切割从开始至索引 2(不含 2)：输出 "[0, 1]"
print(nums[:])                # 切割整个列表：输出 "[0, 1, 2, 3, 4]"
print(nums[:-1])              # 使用负索引切割：输出 "[0, 1, 2, 3]"
```

```
nums[2:4] = [7, 8]              # 使用切割来指定子列表
print(nums)                     # 输出 "[0, 1, 7, 8, 4]"
```

3. 遍历列表

Python 程序使用 for 循环遍历输出列表的每一个元素（Python 程序：Ch2_5_1b.py），如下所示：

```
animals = ['cat', 'dog', 'bat']
for animal in animals:
    print(animal)
```

上述 for 循环可以一一取出列表中的每一个元素并输出，其运行结果如下所示：

```
cat
dog
bat
```

如果需要输出列表中各元素的索引值，需要调用 enumerate() 函数（Python 程序：Ch2_5_1c.py），如下所示：

```
animals = ['cat', 'dog', 'bat']
for index, animal in enumerate(animals):
    print(index, animal)
```

上述 enumerate() 函数中有 2 个返回值，第 1 个 index 就是索引值，其运行结果如下所示：

```
0 cat
1 dog
2 bat
```

4. 列表包含

列表包含（List Comprehension）是一种创建列表的简洁语法，可以在中括号“[]”中使用 for 循环产生列表元素，如果需要，还可以加上 if 条件子句筛选出所需的元素（Python 程序：Ch2_5_1d.py），如下所示：

```
list1 = [x for x in range(10)]
```

上述程序代码的第 1 个变量 x 是列表元素，这里使用 for 循环来产生元素。以此例是 0～9，可以创建列表 [0, 1, 2, 3, 4, 5, 6, 7, 8, 9]。

另外，中括号中第 1 个 x 是变量，其也可以是一个表达式。例如，使用 x+1 产生元素，如下所示：

```
list2 = [x+1 for x in range(10)]
```

上述程序代码可以创建列表 [1, 2, 3, 4, 5, 6, 7, 8, 9, 10]。如果需要，还可以在 for 循环后加

上 if 条件子句。例如，只输出偶数元素，如下所示：

```
list3 = [x for x in range(10) if x % 2 == 0]
```

上述程序代码在 for 循环后是 if 条件子句，可以判断 x % 2 的余数是否为 0，即只输出值是 0 的元素，即偶数元素，可以创建列表 [0, 2, 4, 6, 8]。

同样地，可以使用表达式来产生元素，如下所示：

```
list4 = [x*2 for x in range(10) if x % 2 == 0]
```

上述程序代码可以创建列表[0, 4, 8, 12, 16]。

2.5.2 字典

Python 中的字典是一种存储键值数据的容器类型，可以使用键（Key）来取出和更改值（Value），或使用键来新增和删除元素，对比其他程序语言，就是关联数组（Associative Array）。

1. 字典的基本使用

Python 字典使用大括号“{}”定义成对的键和值（Key-Value Pairs），每一对使用逗号“,”分隔，其中的键和值使用冒号“:”分隔（Python 程序：Ch2_5_2.py），如下所示：

```
d = {"cat": "white", "dog": "black"} # 创建字典
print(d["cat"])                      # 使用 Key 获取元素：输出 "white"
print("cat" in d)                    # 是否有 Key：输出 "True"
d["pig"] = "pink"                    # 新增元素
print(d["pig"])                      # 输出 "pink"
print(d.get("monkey", "N/A"))        # 获取元素+默认值：输出 "N/A"
print(d.get("pig", "N/A"))           # 获取元素+默认值：输出 "pink"
del d["pig"]                         # 使用 Key 删除元素
print(d.get("pig", "N/A"))           # "pig" 不存在：输出 "N/A"
```

上述程序代码创建字典变量 d 后，使用键“cat”获取值，然后使用 in 运算符检查是否有此键值，接着新增“pig”键值（如果键值不存在，就是新增）和显示此键值，最后使用 get() 函数用键取出值，如果键值不存在，就返回第 2 个参数的默认值，del 表示删除元素。

2. 遍历字典

与列表类似，Python 程序也是使用 for 循环来遍历字典（Python 程序：Ch2_5_2a.py），如下所示：

```
d = {"chicken": 2, "dog": 4, "cat": 4, "spider": 8}
for animal in d:
    legs = d[animal]
    print(animal, legs)
```

上述程序代码创建字典变量 d 后，使用 for 循环遍历字典的所有键，输出各种动物有几只脚，其运行结果如下所示：

```
chicken 2
dog 4
cat 4
spider 8
```

如果需要同时遍历字典的键和值，则可以使用 items() 函数（Python 程序：Ch2_5_2b.py），如下所示：

```
d = {"chicken": 2, "dog": 4, "cat": 4, "spider": 8}
for animal, legs in d.items():
    print("动物: %s 有 %d 只脚" % (animal, legs))
```

上述 for 循环是遍历 d.items()，可以返回键 animal 和值 legs，其运行结果如下所示：

```
动物: chicken 有 2 只脚
动物: dog 有 4 只脚
动物: cat 有 4 只脚
动物: spider 有 8 只脚
```

3. 字典包含

字典包含（Dictionary Comprehension）是一种创建字典的简洁语法，可以在大括号“{}”中使用 for 循环产生字典元素，如果需要，还可以加上 if 条件子句来筛选出所需的元素（Python 程序：Ch2_5_2c.py），如下所示：

```
d1 = {x:x*x for x in range(10)}
```

上述程序代码的第 1 个 x:x*x 是字典元素，位于“:”之前的是键；位于“:”之后的是值，这是使用 for 循环产生元素。此例中是 0～9，可以创建字典{0: 0, 1: 1, 2: 4, 3: 9, 4: 16, 5: 25, 6: 36, 7: 49, 8: 64, 9: 81} 。

另外，还可以在 for 循环后加上 if 条件子句。例如，只显示奇数元素，如下所示：

```
d2 = {x:x*x for x in range(10) if x % 2 == 1}
```

上述程序代码在 for 循环后是 if 条件子句，可以判断 x % 2 的余数是否为 1，即只输出值是 1 的元素，即奇数元素，可以创建字典{1: 1, 3: 9, 9: 81, 5: 25, 7: 49}。

2.5.3 集合

Python 的集合是一种无顺序的元素集合，每一个元素是唯一、不可重复的。在集合中可以更新、新增和删除元素，并进行数学集合运算，如交集、并集和差集等。

1. 集合的基本使用

Python 集合使用大括号“{}”括起，每一个元素使用逗号“,”分隔（Python 程序：Ch2_5_3.py），如下所示：

```
animals = {"cat", "dog", "pig"}             # 创建集合
print("cat" in animals)                     # 检查是否有此元素：输出"True"
print("fish" in animals)                    # 输出 "False"
animals.add("fish")                         # 新增集合元素
print("fish" in animals)                    # 输出 "True"
print(len(animals))                         # 元素数：输出 "4"
animals.add("cat")                          # 新增存在的元素
print(len(animals))                         # 输出 "4"
animals.remove('cat')                       # 删除集合元素
print(len(animals))                         # 输出 "3"
```

上述程序代码创建集合变量 animals 后，使用 in 运算符检查集合中是否有指定的元素，然后调用 add() 函数新增元素，调用 len() 函数输出元素数。可以看到，如果新增集合中已经存在元素“cat”，并不会再次新增。删除元素使用 remove() 函数。

2. 遍历集合

遍历集合和遍历列表是相同的，只是因为集合没有顺序，所以其无法通过创建顺序来遍历（Python 程序：Ch2_5_3a.py），如下所示：

```
animals = {"cat", "dog", "pig", "fish"}  # 创建集合
for index, animal in enumerate(animals):
print('#%d: %s' % (index + 1, animal))
```

上述程序代码创建集合后，使用 for 循环和 enumerate() 函数遍历集合的所有元素，可以看到运行结果的顺序和创建时的顺序并不相同，如下所示：

```
#1: dog
#2: fish
#3: pig
#4: cat
```

3. 集合运算

Python 集合可以进行交集（Set Intersection）、并集（Set Union）、差集（Set Difference）、对称差集（Set Symmetric Difference）运算。本节测试的 2 个集合（Python 程序：Ch2_5_3b.py）如下所示：

```
A = {1, 2, 3, 4, 5}
B = {4, 5, 6, 7, 8}
```

- 交集：交集是 2 个集合都存在的相同元素的集合，如图 2-5 所示。

Python 交集使用“&”运算符或 intersection() 函数，如下所示：

```
C = A & B
C = A.intersection(B)
```

上述表达式的结果是集合{4, 5}。

- 并集：并集是 2 个集合所有元素合并在一起组合的集合（集合中的元素不能重复），如图 2-6 所示。

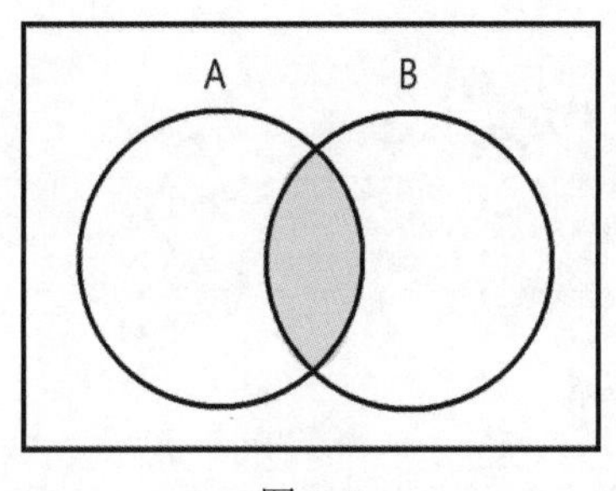

图 2-5

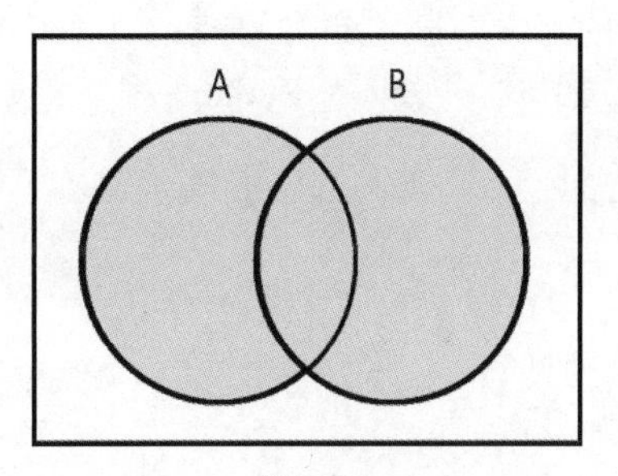

图 2-6

Python 并集使用“|”运算符或 union() 函数，如下所示：

```
C = A | B
C = A.union(B)
```

上述表达式的结果是集合{1, 2, 3, 4, 5, 6, 7, 8}。

- 差集：差集是 2 个集合 A－B，只存在集合 A，不存在集合 B（B－A 就是只存在集合 B，不存在集合 A）的元素集合，如图 2-7 所示。

Python 差集使用“-”运算符或 difference() 函数，如下所示：

```
C = A - B
C = A.difference(B)
```

上述表达式的结果是集合{1, 2, 3}。

- 对称差集：对称差集是 2 个集合的元素，不包含 2 个集合都拥有的元素，如图 2-8 所示。

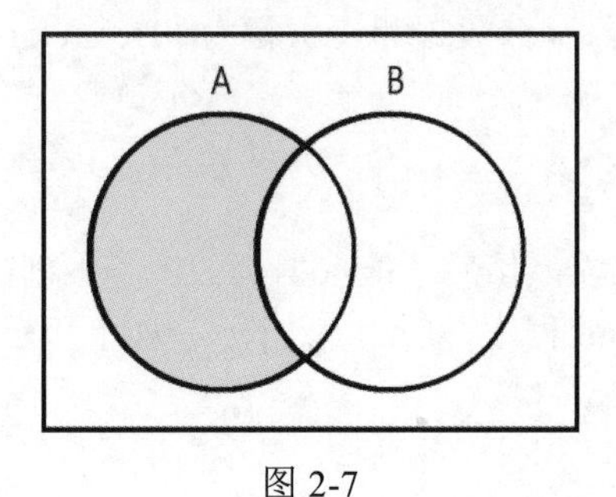

图 2-7

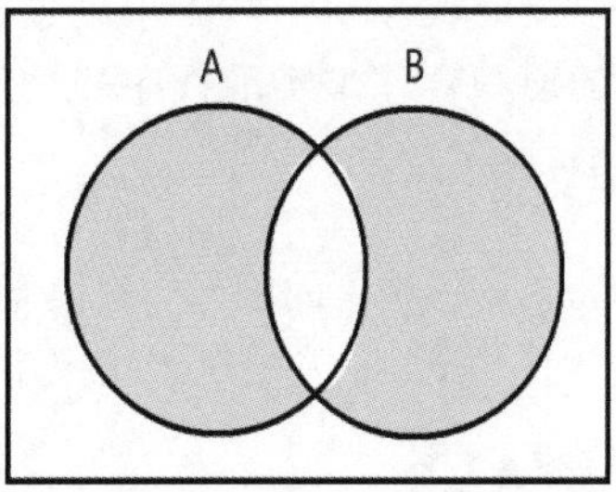

图 2-8

Python 对称差集使用“^”运算符或 symmetric_difference() 函数，如下所示：

```
C = A ^ B
C = A.symmetric_difference(B)
```

上述表达式的结果是集合{1, 2, 3, 6, 7, 8}。

2.5.4 元组

元组是一种类似于列表的容器类型。简单地说，元组是一个只读列表，一旦 Python 程序指定元组的元素，就不再允许更改元组中的元素。Python 元组使用“()”括号来创建，每一个元素使用逗号“,”分隔（Python 程序：Ch2_5_4.py），如下所示：

```
t = (5, 6, 7, 8)              # 创建元组
print(type(t))                # 输出 "<class 'tuple'>"
print(t)                      # 输出 "(5, 6, 7, 8)"
print(t[0])                   # 输出 "5"
print(t[1])                   # 输出 "6"
print(t[-1])                  # 输出 "8"
print(t[-2])                  # 输出 "7"
for ele in t:                 # 遍历元素
    print(ele, end=" ")       # 输出 "5, 6, 7, 8"
```

上述程序代码创建元组变量 t 后，输出类型名称，在输出元组内容后，使用索引取出指定的元素，最后使用 for 循环遍历元组中的元素。

2.6 类与对象

Python 是一种面向对象的程序语言，事实上，Python 所有内置数据类型都是对象，包括模块和函数等。

2.6.1 定义类和创建对象

面向对象的程序使用对象来创建程序，每一个对象存储数据和提供行为（Behaviors），通过对象之间的通力合作来实现程序的功能。

1. 定义类

类（Class）是对象的模子，也是蓝图，需要先定义类，然后才能依据类的模子来创建对象。Python 语言使用 class 关键字来定义 Student 类（Python 程序：Ch2_6_1.py），如下所示：

```
class Student:
    def __init__(self, name, grade):
```

```
        self.name = name
        self.grade = grade

    def displayStudent(self):
        print("姓名 = " + self.name)
        print("成绩 = " + str(self.grade))

    def whoami(self):
        return self.name
```

上述程序代码使用 class 关键字来定义类，接着是类名称 Student，然后是冒号“:”，最后是类定义的函数块（Function Block）。

一般来说，类包括存储数据的数据字段（Data Field）和定义行为的方法（Methods）。另外，拥有一个特殊名称的方法称为构造器（Constructors），其名称一定是“__init__”。

2. 类构造器

类构造器是每一次使用类创建新对象时，就会自动调用的方法。Python 类的构造器名为“__init__”，不能更名，在 init 前后是 2 个底线“_”，如下所示：

```
def __init__(self, name, grade):
    self.name = name
    self.grade = grade
```

上述构造器的写法和 Python 函数相同，在创建新对象时，可以使用参数来指定数据字段 name 和 grade 的初始值。

3. 构造器和方法的 self 变量

Python 类构造器和方法的第 1 个参数是 self 变量，这是一个特殊变量，其功能相当于 C# 和 Java 语言的 this 关键字。

self 不是 Python 语言的关键字，只是约定俗成的变量名称，self 变量的值是参考调用构造器或方法的对象。以构造器__init__() 方法为例，参数 self 的值是参考新创建的对象，如下所示：

```
self.name = name
self.grade = grade
```

上述程序代码 self.name 和 self.grade 就是指定新对象数据字段 name 和 grade 的值。

4. 数据字段

类的数据字段也称为成员变量（Member Variables），在 Python 中，只要是使用 self 开头存取的变量就是数据字段。Student 类中的数据字段有 name 和 grade，如下所示：

```
self.name = name
self.grade = grade
```

上述程序代码是在构造器指定数据字段的初始值，name 和 grade 就是类的数据字段。

5. 方法

类的方法就是 Python 函数，只是第 1 个参数必须为 self 变量，而且在存取数据字段时必须使用 self 变量（因为只有 self 才是存取数据字段），如下所示：

```
def displayStudent(self):
    print("姓名 = " + self.name)
    print("成绩 = " + str(self.grade))
```

6. 使用类创建对象

定义类后，可以使用类创建对象，也称为实例（Instances）。同一个类可以如同工厂生产一般创建多个对象，如下所示：

```
s1 = Student("陈会安", 85)
```

上述程序代码创建对象 s1，Student() 就是调用 Student 类的构造器方法，其使用 2 个参数来创建对象。可以使用“.”运算符调用对象方法，如下所示：

```
s1.displayStudent()
print("s1.whoami() = " + s1.whoami())
```

同样的语法，可以存取对象的数据字段，如下所示：

```
print("s1.name = " + s1.name)
print("s1.grade = " + str(s1.grade))
```

2.6.2 隐藏数据字段

Python 类定义的数据字段和方法默认可以被其他 Python 程序代码存取和调用，对比其他面向对象程序语言就是指 public 公开成员。

如果数据字段需要隐藏，或方法只能在类中调用，并不是类对外的使用接口，需要使用 private 私有成员。Python 数据字段和方法名称只要使用 2 个底线“_”开头，就表示是私有（Private）数据字段和方法（Python 程序：Ch2_6_2.py），如下所示：

```
def __init__ (self, name, grade):
    self.name = name
    self.__grade = grade
```

上述构造器的 __grade 数据字段是隐藏的数据字段。

也可以创建只能在类中调用的私有方法（Private Methods），如下所示：

```
def __getGrade(self):
    return self.__grade
```

上述方法名称是 __getGrade()，该方法只能在定义类的程序代码中调用，调用时必须加上 self，如下所示：

```
print("成绩 = " + str(self.__getGrade()))
```

◇ 学习检测 ◇

1．什么是 Python 语言？Python 语言有哪几种版本？
2．Python 语言支持的数据类型有哪些？
3．说明 Python 语言流程控制支持的条件和循环语句种类。
4．举例说明 Python 语言的函数。
5．Python 程序如何导入模块或包？在导入后如何使用？
6．什么是 Python 语言的容器类型？
7．举例说明 Python 语言的列表、字典、集合和元组类型。
8．Python 语言如何创建类与对象？

CHAPTER 3

第 3 章

HTML 网页结构与 JSON

3.1 HTML 5 标签结构

HTML 5 标签结构和旧版 HTML 并没有什么不同，只是新增了一些语意与结构标签并重新定义了标签的意义。

3.1.1 建立第一个 HTML 5 网页

HTML 5 网页和 HTML 4.x 与 XHTML 网页的标签结构十分相似，其基本标签结构如下所示：

```
<!DOCTYPE html>
<html lang="zh-cn">
<head>
<meta charset="utf-8">
<title>页标题文字</title>
</head>
<body>
网页内容
</body>
</html>
```

上述 HTML 网页的标签结构分为如下几个部分。

1. <!DOCTYPE>

<!DOCTYPE> 并不是 HTML 标签，它位于 <html> 标签前，其目的是告诉浏览器使用的 HTML 版本，以便浏览器使用正确的引擎来生成 HTML 网页内容。关于 DOCTYPE 的进一步说明请参阅第 3.1.2 节。

在 <!DOCTYPE> 之前不可有任何空格符，否则浏览器可能会产生错误。

2. <html> 标签

<html> 标签是 HTML 网页的根元素，一个容器元素，其内容是其他 HTML 标签，包括 <head> 和 <body> 两个子标签。如果需要，<html> 标签可以使用 lang 属性指定网页使用的语言，如下所示：

```
<html lang="zh">
```

上述标签的 lang 属性值，常用 2 码值包括 zh（中文）、en（英文）、fr（法文）、de（德文）、it（意大利文）和 ja（日文）等。

在 lang 属性值中也可以加上“-”分隔的 2 码国家或地区，如 en-US 是美式英文、zh-TW 是我国台湾地区的繁体中文等。如果不是特别指出地区代码，可以使用 zh-cmn-Hans 表示简体中文，使用 zh-cmn-Hant 表示繁体中文。

3．<head> 标签

<head> 标签的内容是标题元素，包含 <title>、<meta>、<script> 和 <style> 标签。<meta> 标签可以指定网页的编码为 utf-8，如下所示：

```
<meta charset="utf-8">
```

关于 <head> 标签的进一步说明请参阅第 3.1.4 节。

4．<body> 标签

<body> 标签是真正的网页内容，包含文字、超链接、图片、表格、列表和窗体等网页内容，详见第 3.2 ～ 3.4 节的说明。

动手练——HTML 网页：Ch3_1_1.html

使用 HTML 5 标签建立一个简单的 HTML 网页内容，如图 3-1 所示。

HTML 网页的扩展名是 .html 或 .htm。因为图 3-1 所示网页只是一份纯文本内容，所以可以使用 Windows 的记事本来编辑 HTML 网页，注意保存时指定编码 utf-8 和扩展名 .html，如图 3-2 所示。

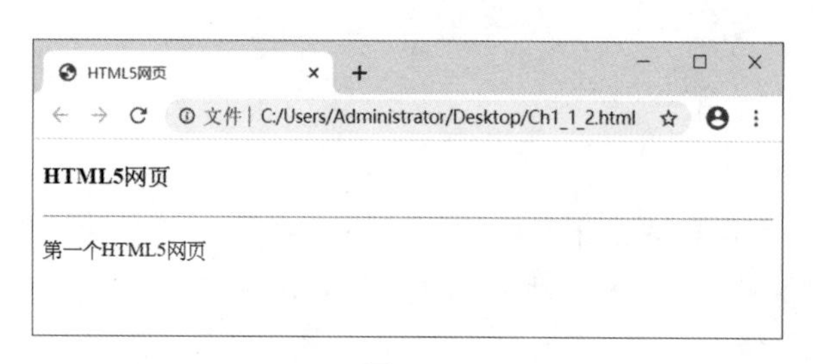

图 3-1

图 3-2

1．标签内容

```
01: <!DOCTYPE html>
02: <html lang="zh-cn">
03: <head>
04: <meta charset="utf-8"/>
05: <title>HTML5 网页</title>
06: </head>
07: <body>
08: <h3>HTML5 网页</h3>
09: <hr/>
10: <p>第一个 HTML5 网页</p>
11: </body>
12: </html>
```

2. 标签说明

- 第 1 行：DOCTYPE 声明，告诉浏览器的 HTML 版本是 HTML 5。
- 第 2～12 行：在 <html> 标签中使用 lang 属性指定简体中文。
- 第 3～6 行：在 <head> 标签中包括 <meta> 和 <title> 标签。
- 第 7～11 行：在 <body> 标签中包括 <h3><hr> 和 <p> 标签。

3.1.2 HTML 的 DOCTYPE

DOCTYPE 位于 HTML/XHTML 网页的 <html> 标签之前，其功能：告诉浏览器是哪一个版本的 HTML，以便浏览器正确地生成文档内容。

DOCTYPE 可以指明文档遵循的 HTML DTD 规格，DTD 原来是 XML 1.0 规格的一部分，是一种文档验证机制，用来定义文档的元素架构、元素标签和属性，检查内容是否符合定义规则。

HTML 5 使用的 DOCTYPE 非常简单，如下所示：

```
<!DOCTYPE html>
```

XHTML 1.1 使用的 DOCTYPE 如下所示：

```
<!DOCTYPE html PUBLIC "-//W3C//DTD XHTML 1.1//EN">
```

3.1.3 HTML 5 基本语法与共同属性

HTML 5 语法比 XHTML 语法松散，而且并不用遵循 XML 语法。

1. HTML 5 基本语法

HTML 5 基本的语法规则如下所示。

- <html> <head> 和 <body> 标签都可有可无，而 XHTML 中必须有这些标签。
- 元素和属性不区分英文大小写，如 <html> <Html> <HTML> 都是指相同标签。
- 元素不一定需要结尾标签（End-Tag），如果是没有内容的元素，也不需要使用“/>”符号代替结尾标签。一些合法的 HTML 5 标签写法如下所示：

```
<p>这是一个测试</p>
<p>这是一个测试
<br>
<br/>
```

- 标签属性值的引号可有可无。例如，在 HTML 标签的合法 HTML 5 属性写法如下所示：

```
<img src="sample.jpg" width=20 height=30 />
```

- 如果属性没有属性值，则只需使用属性名称，并不需要加上属性值，如下所示：

```
<option selected>
<input type="radio" checked>
```

- 网站显示的文字可以单独存在，并不用位于 HTML 开始与结束标签中。
- 一些旧版 XHTML 属性已经不再需要，如 <script> 标签的 type 属性和 <html> 标签的 xmlns 属性等。

2. HTML 标签的共同属性

HTML 标签有很多共同属性，常用共同属性及说明如表 3-1 所示。

表 3-1　HTML 标签常用共同属性及说明

属　性	说　明
id	指定 HTML 元素唯一的识别名称。在整页 HTML 网页中，名称必须唯一，不能重复
accesskey	指定元素的快捷键来取得焦点
class	指定元素套用的样式类别
dir	指定元素内容的文字方向是从左至右或从右至左，其值可以是 ltr、rtl 或 auto
lang	指定 HTML 元素使用的语言
style	指定 HTML 元素套用的 CSS 样式，CSS 是格式化 HTML 标签显示的样式码
tabindex	指定按 Tab 键移动元素取得焦点的顺序
title	指定 HTML 元素的额外信息

3.1.4　<head> 标签

<head> 标签是 <html> 标签的子标签，是一个容器元素，可以包含 <title> <meta> <script> 和 <style> 等标签，如表 3-2 所示。

表 3-2　<head>标签及说明

标　签	说　明
<title>	显示浏览器窗口上方标题栏或标签页的标题文字
<meta>	提供 HTML 网页的 metadata 数据，如网页描述、关键词、作者和最近修改日期等信息
<script>	此标签的内容是客户端的脚本程序代码。例如，JavaScript，HTML 4.0 需要指定 type 属性，而 HTML 5 版可有可无
<style>	定义 HTML 网页套用的 CSS 样式
<link>	连接外部资源的文档，主要是连接 CSS 样式表单文档

表 3-2 中，<meta> 标签可以使用 charset 属性指定网页编码，如下所示：

```
<meta charset="utf-8">
```

<meta> 标签是 HTML 5 中的写法，之前版本的写法比较复杂，如下所示：

```
<meta http-equiv="content-type" content="text/html;charset=utf-8" />
```

动手练——HTML 网页：Ch3_1_4.html

在 HTML 网页指定标题文字是文件名，并且使用 <meta> 标签指定编码和 metadata 数据，如图 3-3 所示。

图 3-3

上述浏览器没有网页内容（<body> 标签是空的），在上方标签页可以看到标题文字的文件名，即 <title> 标签的内容。

1. 标签内容

```
01: <!DOCTYPE html>
02: <html>
03: <head>
04: <meta name="description" content="Head 元素"/>
05: <meta name="keywords" content="HTML, CSS, JavaScript"/>
06: <meta name="author" content="陈会安"/>
07: <meta charset="utf-8"/>
08: <title>Ch3_1_4.html</title>
09: </head>
10: <body>
11: </body>
12: </html>
```

2. 标签说明

- 第 4 ～ 7 行：<meta> 标签在第 7 行指定编码为 utf-8。
- 第 8 行：网页的标题文字。

3.2 HTML 5 文字编排标签

HTML 5 沿用了 HTML 4.x 版的绝大部分标签，只是删除了一些不常使用或过时的标签和属性，并且给予 HTML 4.x 版标签全新的意义。

第 3.2 ～ 3.4 节介绍源于 HTML 4.x 版的常用标签（位于 <body> 标签中的内容），以便读者拥有足够的能力分析 HTML 网页，建立本书后的 Python 爬虫程序。完整 HTML 标签的详细说明请参阅配套资源中的 HTML 电子书或其他相关 HTML 书籍。

3.2.1 标题文字

HTML 网页的标题文字可以提纲挈领地说明文档内容，其中 <hn> 标签可以定义标题文字；<h1> 最重要，依序递减至 <h6>，提供 6 种不同尺寸变化的标题文字。其基本语法如下所示：

```
<hn>...</hn> , n=1 ～ 6
```

上述 <h> 标签加上数字 1～6，可以表示 6 种大小的字型，数字越大，字型尺寸越小，重要性也越低。

动手练——HTML 网页：Ch3_2_1.html

在 HTML 网页显示 6 种尺寸的标题文字，如图 3-4 所示。

图 3-4

1. 标签内容

```
01: <!DOCTYPE html>
02: <html>
03: <head>
04: <meta charset="utf-8"/>
05: <title>Ch3_2_1.html</title>
06: </head>
07: <body>
08: <h1>网页内容的标题文字</h1>
09: <h2>网页内容的标题文字</h2>
10: <h3>网页内容的标题文字</h3>
11: <h4>网页内容的标题文字</h4>
12: <h5>网页内容的标题文字</h5>
13: <h6>网页内容的标题文字</h6>
14: </body>
15: </html>
```

2. 标签说明

第 8 ～ 13 行：显示 <h1> ～ <h6> 标签提供的 6 种字型尺寸。

3.2.2 段落、换行与水平线

对于网页中的文字内容来说，可能需要根据内容长度将其分为段落、换行，或使用水平线来分割网页内容。

1. 段落与换行

HTML 网页中的文字内容使用段落编排，即 <p> 标签。<p> 标签可以定义段落，浏览器默认在之前和之后增加边界尺寸（可以使用 CSS 的 margin 属性来更改），如下所示：

```
<p>JavaScript 原为网景公司开发的脚本语言，
提供该公司浏览器 Netscape Navigator 开发互动网页的功能。</p>
```

HTML 5 已经不再支持 align 属性的对齐方式，如需对齐元素，可使用 CSS 的 text-align 属性。

一般来说，在文字处理器，如记事本或 Word 等中，编辑文字时按 Enter 键换行或建立新段落。而在 HTML 网页中，换行需要使用换行标签（并不是建立段落），只按 Enter 键并不会显示换行，如下所示：

```
<br/>
```

2. 水平线

HTML 的 <hr> 标签可以在浏览器中显示一条水平线。但是 HTML 5 的 <hr> 标签不再只是为了美化版面，而是给予了其内容上主题分割的意义，可以分割网页内容，如下所示：

```
<h3>HTML</h3>
<p>HTML 语言是 Tim Berners-Lee 在 1991 年建立…</p>
<hr/>
<h3>JavaScript</h3>
<p>JavaScript 原为网景公司开发的脚本语言…</p>
```

上述内容分割成 HTML 和 CSS 的定义，使用的是 <hr> 标签。

动手练——HTML 网页：Ch3_2_2.html

HTML 网页使用段落、换行与水平线标签来建立名词索引的网页内容，如图 3-5 所示。

上述网页使用 <hr> 标签分割网页内容，上方超链接使用
 标签换行（关于超链接标签的说明请参阅第 3.3.2 节），单击该超链接可以跳转至下方的名词说明。

图 3-5

1. 标签内容

```
01: <!DOCTYPE html>
02: <html>
03: <head>
04: <meta charset="utf-8"/>
05: <title>Ch3_2_2.html</title>
06: </head>
07: <body>
08: <h3>名词索引</h3>
09: <a href="#html">HTML</a><br/>
10: <a href="#script">JavaScript</a><br/>
11: <hr/>
12: <h3 id="html">HTML</h3>
13: <p>HTML 语言是 Tim Berners-Lee 在 1991 年建立，
14: 经过 3.2 版到 HTML 4.01 版，它是一种文件内容的格式编排语言。</p>
15: <hr/>
16: <h3 id="script">JavaScript</h3>
17: <p>JavaScript 原为网景公司开发的脚本语言，
18: 提供该公司浏览器 Netscape Navigator 开发互动网页的功能。</p>
19: </body>
20: </html>
```

2. 标签说明

- 第 9～10 行：2 个超链接标签使用
 标签换行，超链接链接的目的地是第 12 行和第 16 行的 id 属性值，这是 HTML 元素的唯一识别名称。
- 第 11 行和第 15 行：使用 <hr> 标签来分割网页内容。
- 第 13 行和第 14 行、第 17 行和第 18 行：段落标签 <p>。

3.2.3 标示文字内容

HTML 网页显示的文字内容可能有些名词或词组需要特别标示，此时可以使用本节标签来标示文字内容。只需将文字包含在这些标签之中，就可以显示不同的标示效果，如表 3-3 所示。

表 3-3 用来标示文字内容的标签及说明

标 签	说 明
<b>	使用粗体字标示文字，在 HTML 5 中表示文体上的差异，如关键词和印刷上的粗体字等
<i>	使用斜体字标示文字，在 HTML 5 中表示另一种声音或语调，通常用来标示其他语言的技术名词、词组和想法等
<em>	显示强调文字的效果，在 HTML 5 中是强调发音上有细微改变句子的意义，如因发音改变而需强调的文字
<strong>	在 HTML 4.x 中是更强的强调文字，在 HTML 5 中是重要文字
<cite>	在 HTML 4.x 中是引言或参考其他来源；在 HTML 5 中是定义产品名称，如一本书、一首歌、一部电影或画作等
<small>	在 HTML 4.x 中是显示缩小文字；在 HTML 5 中是辅助说明或小型印刷文字，如网页最下方的版权声明等

表 3-3 所示标签在 HTML 4.x 中主要是为文字套用不同的显示样式，在 HTML 5 中进一步给予元素内容的意义，即语意（Semantics）。

一般来说，<b> 标签是标示特别文字内容的最后选择，首选是 <h1> ～ <h6>，强调文字使用 <em>，重要文字使用 <strong>，需要做记号的重点文字使用第 3.5 节 HTML 5 的 <mark> 标签。

动手练——HTML 网页：Ch3_2_3.html

在 HTML 网页的段落中使用表 3-3 所示标签来标示特定的文字内容，如图 3-6 所示。

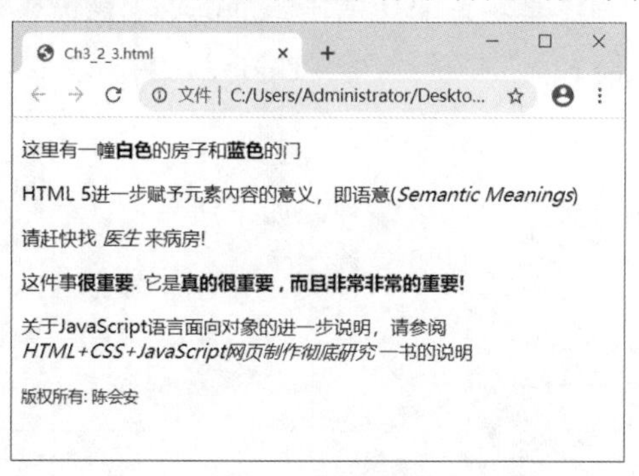

图 3-6

1. 标签内容

```
01: <!DOCTYPE html>
02: <html>
03: <head>
04: <meta charset="utf-8"/>
05: <title>Ch3_2_3.html</title>
```

```
06: </head>
07: <body>
08: <p>这里有一幢<b>白色</b>的房子和<b>蓝色</b>的门</p>
09: <p>HTML 5 进一步赋予元素内容的意义,
10: 即语意(<i>Semantic Meanings</i>)</p>
11: <p>请赶快找 <em>医生</em> 来病房!<p>
12: <p>这件事<strong>很重要</strong>.
13: 它是<strong>真的很重要<strong>
14: ,而且非常非常的重要!</strong></strong></p>
15: <p>关于 JavaScript 语言面向对象的进一步说明,
16: 请参阅 <cite>HTML+CSS+JavaScript 网页制作彻底研究</cite>
17: 一书的说明</p>
18: <small>版权所有: 陈会安</small>
19: </body>
20: </html>
```

2. 标签说明

- 第 8 ～ 10 行：<b> 和 <i> 标签。
- 第 11 ～ 14 行：<em> 和 <strong> 标签。
- 第 16 ～ 18 行：<cite> 和 <small> 标签。

3.2.4 HTML 列表

HTML 列表有很多种，列表是一种文档编排，可以将文档内容的重点纲要一一列出。本节介绍常用的项目编号（Ordered List）、项目符号（Unordered List）和定义列表（Definition List）。

1. 项目编号

HTML 列表中可以使用有顺序的项目编号，如下所示：

```
<ol>
    <li>项目 1</li>
    <li>项目 2</li>
    …
</ol>
```

上述 <ol> 标签建立项目编号，每一个项目都是一个 <li> 标签。<ol> 标签的属性如表 3-4 所示。

表 3-4 <ol> 标签的属性及说明

属 性	说 明
start	指定项目编号的开始，HTML 4.x 不支持此属性
type	指定项目编号是数字、英文等，如 1、A、a、I、i，HTML 4.x 不支持此属性
reversed	HTML 5 新增属性，指定项目编号是反向由大至小

2. 项目符号

HTML 列表可以使用无编号的项目符号，即项目前的小圆形、正方形等符号，如下所示：

```
<ul>
    <li>项目 1</li>
    <li>项目 2</li>
    …
</ul>
```

3. 定义列表

HTML 5 定义列表是任何名称和值成对群组的结合列表，如词汇说明的是每一个项目的定义和说明，如下所示：

```
<dl>
    <dt>JavaScript</dt>
        <dd>客户端脚本语言</dd>
    <dt>HTML</dt>
        <dd>网页制作语言</dd>
</dl>
```

上述 <dl> 标签建立定义列表，其中 <dt> 列表定义项目，<dd> 标签描述项目。

动手练——HTML 网页：Ch3_2_4.html

在 HTML 网页中依次输出项目编号、项目符号和定义列表，如图 3-7 所示。

图 3-7

图 3-7 中，上方是项目编号（从 2 开始），中间是项目符号，下方是定义列表。

1. 标签内容

```
01: <!DOCTYPE html>
02: <html>
03: <head>
04: <meta charset="utf-8"/>
05: <title>Ch3_2_4.html</title>
06: </head>
07: <body>
08: <h3>客户端网页技术</h3>
09: <ol start="2">
10:  <li>Java Applet</li>
11:  <li>JavaScript</li>
12:  <li>VBScript</li>
13: </ol>
14: <h3>服务器端网页技术</h3>
15: <ul>
16: <li>ASP.NET</li>
17:  <li>PHP</li>
18:  </ul>
19: <h3>名词解释</h3>
20: <dl>
21:    <dt>JavaScript</dt>
22:      <dd>客户端脚本语言</dd>
23:    <dt>HTML</dt>
24:      <dd>网页制作语言</dd>
25: </dl>
26: </body>
27: </html>
```

2. 标签说明

- 第 9 ～ 13 行：项目编号，start 属性值为 2，所以从 2 开始。
- 第 15 ～ 18 行：项目符号。
- 第 20 ～ 25 行：定义列表。

3.3 HTML 5 图片与超链接标签

在 HTML 中，图片和超链接是非常重要的元素，图片可以让网页成为多媒体舞台，超链接可以让我们轻松连接全世界的资源。

3.3.1 图片

HTML 网页是一种超媒体（Hypermedia）文档，除了可以输出文字内容外，还可以输出图片，其基本语法如下所示：

```
<img src="filename" width="value" height="value" alt="替换文字"/>
```

上述<img>标签中的 src 和 alt 属性是必须属性，图片数据并没有真正插入网页之中。<img>标签只是建立长方形区域来连接输出外部的图片文件，支持 gif、jpg 或 png 格式的文件。<img>标签的属性及说明如表 3-5 所示。

表 3-5 <img> 标签的属性及说明

属　性	说　明
src	图片文件名和路径的 URL 网址
alt	指定图片无法输出的替换文字
width	图片宽度，可以是小数或百分比
height	图片高度，可以是小数或百分比

HTML 5 不再支持旧版中的 align、border、hspace 和 vspace 属性。

动手练——HTML 网页：Ch3_3_1.html

在 HTML 网页显示多张不同尺寸的图片，文件名是 views.gif，如图 3-8 所示。

图 3-8

1. 标签内容

```
01: <!DOCTYPE html>
02: <html>
03: <head>
04: <meta charset="utf-8"/>
05: <title>Ch3_3_1.html</title>
06: </head>
07: <body>
08: <img src="views.gif" width="100" height="100" alt="风景"/>
09: <img src="views.gif" width="100" height="150" alt="风景"/>
10: <img src="views.gif" width="50" height="100" alt="风景"/>
```

```
11: <img src="views.gif" width="100" height="50" alt="风景"/>
12: </body>
13: </html>
```


2. 标签说明

第 8 ～ 11 行：依次插入 4 张文件名为 views.gif 的图片，并指定不同尺寸。

3.3.2 超链接

HTML 网页是一种超文本（Hypertext），内含超链接，可以连接全世界不同服务器的资源。超链接不仅可以连接同网站的其他 HTML 网页，还可以连接其他网站的网页，其基本语法如下所示：

```
<a href="URL" target="frame_name">超链接名称</a>
```

上述 <a> 超链接标签在浏览器中默认显示蓝色带下划线文字，访问过的超链接显示紫色带下划线文字，启动的超链接是红色带下划线文字。

HTML 5 超链接不仅可以使用 <img> 子元素建立图片超链接，还可以在 <a> 元素中使用区块元素，如<h3>，如下所示：

```
<a href="http://www.waterpub.com.cn/">
  <h3>中国水利水电出版社</h3></a>
```

1. 超链接 <a> 标签的属性

超链接 <a> 标签的属性及说明如表 3-6 所示。

表 3-6 超链接 <a> 标签的属性及说明

属　性	说　明
href	指定超链接连接的目的地，其值可以是相对 URL 网址，即指定同网站的文件名，如 index.html；或绝对 URL 网址，如 http://www.baidu.com
hreflang	指定连接 HTML 网页的语言，如 en、zh 等
media	HTML 5 的新属性，可以指定哪一种媒体或装置可以优化处理连接的网页文档
rel	指定目前网页和连接网页之间的关系，当 href 属性存在时才能指定。例如，alternate 是替代文档，bookmark 作为书签等
target	指定超链接如何打开目的地的 HTML 网页，其属性值的说明详见表 3-7
type	指定连接 HTML 网页的 MIME 类型

HTML 5 不再支持旧版的 charset、coords、name、rev 和 shape 属性。

2. target 属性值

<a> 标签的 target 属性值及说明如表 3-7 所示。

表 3-7 <a> 标签的 target 属性值及说明

属 性 值	说 明
_blank	在新窗口或新标签打开 HTML 网页
_self	在原窗口或标签打开 HTML 网页
_top	在全屏幕打开 HTML 网页
_parent	在父框架打开 HTML 网页
iframeName	在指定名称的 <iframe> 框架打开 HTML 网页

因为 HTML 5 不再支持框架页，所以表 3-7 中的 _top、_parent 和 iframeName 属性值是使用在 <iframe> 标签的内嵌式框架。

动手练——HTML 网页：Ch3_3_2.html

在 HTML 网页建立文字和图片超链接，分别连接 HiNet 网站和本章其他 HTML 网页，如图 3-9 所示。

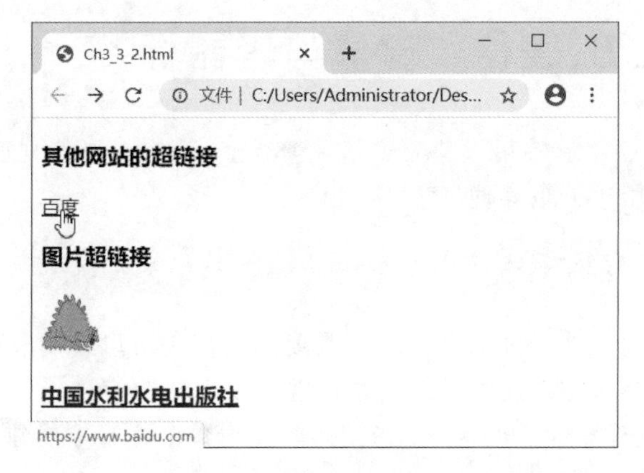

图 3-9

当鼠标指针移动到上方蓝色带下划线文字或中间的图片时，可以看到光标成为手的形状，表示是一个超链接，在浏览器下方状态栏可以显示目的地的 URL 网址，单击即可连接此资源。

1. 标签内容

```
01: <!DOCTYPE html>
02: <html>
03: <head>
04: <meta charset="utf-8"/>
05: <title>Ch3_3_2.html</title>
06: </head>
07: <body>
08: <h3>其他网站的超链接</h3>
```

```
09: <a href="https://www.baidu.com/">百度</a>
10: <h3>图片超链接</h3>
11: <a href="Ch3_3_1.html">
12:  <img src="dragon.jpg" width="50" height="50"></a>
13: <a href="http://www.waterpub.com.cn/">
14:  <h3>中国水利水电出版社</h3></a>
15: </body>
16: </html>
```

2．标签说明

- 第 9 行：连接百度网站的超链接。
- 第 11 ～ 12 行：图片超链接，标签 <a> 的内容是图片的 <img> 标签，该图片超链接连接的是 Ch3_3_1.html。
- 第 13 行和第 14 行：在标签 <a> 中是区块元素标签 <h3>。

3.4 HTML 5 表格、窗体与容器标签

HTML 的 <table> 表格标签可以建立表格；<form> 标签可以建立窗体；<div> 和 <span> 标签是一种容器，可以用来群组其他 HTML 元素。

3.4.1 HTML 的表格标签

表格是一种数据编排方式，如果网页内容需要分类，则可以使用表格对数据进行分类和系统化处理，将原本杂乱的数据重新编排来清楚呈现想要表达的信息。

HTML 表格是一组相关标签的集合，需要同时使用数个标签才能建立表格。表格相关的标签及说明如表 3-8 所示。

表 3-8 表格相关的标签及说明

标 签	说 明
<table>	建立表格，其他表格相关标签都在此标签之中
<tr>	定义表格的每一个表格行
<th>	定义表格的标题栏
<td>	定义表格的每一个单元格
<caption>	定义表格的标题文字，这是 <table> 标签的第 1 个子元素
<thead>	群组 HTML 表格的标题内容
<tbody>	群组 HTML 表格的文本内容
<tfoot>	群组 HTML 表格的脚注内容

HTML 5 表格只支持 <table> 标签的 border 属性，且属性值只能是 1 或空字符串 " "。HTML 5 的 <td> 标签属性及说明如表 3-9 所示。

表 3-9　<td> 标签属性及说明

属　性	说　明
colspan	指定表格列需要扩充几个单元格，即合并单元格
rowspan	指定表格行需要扩充几个单元格，即合并单元格
headers	指定的属性值对应标题栏单元格的 id 属性值

1. 建立基本 HTML 表格

HTML 表格由一个 <table> 标签和多个 <tr> <th> 和 <td> 标签组成，每一个 <tr> 标签定义一个表格行，<th> 标签定义标题栏，每一行使用 <td> 标签建立单元格，如下所示：

```
<table border="1">
<tr>
   <th id="client">客户端</th>
   <th id="server">服务器端</th>
</tr>
<tr>
   <td colspan="2">Ajax</td>
</tr>
<tr>
   <td headers="client">JavaScript</td>
   <td headers="server">ASP.NET</td>
</tr>
<tr>
   <td>VBScript</td>
   <td>PHP</td>
</tr>
</table>
```

上述 <table> 标签有 4 行 2 列单元格，第 1 行是标题栏；第 2 行使用 colspan 属性扩充 2 个单元格，表示此表格行只有 1 个单元格；第 3 行的单元格 <td> 标签指定 headers 属性指向 <th> 标签的 id 属性值。

2. 建立复杂 HTML 表格

复杂的 HTML 表格可以使用 <caption> 标签指定标题文字，<thead> <tbody> 和 <tfoot> 标签将表格内容群组成标题、文本和脚注，如下所示：

```
<table border="">
    <caption>每月存款金额</caption>
    <thead>
    <tr>
        <th>月份</th>
        <th>存款金额</th>
    </tr>
    </thead>
    <tbody>
    <tr>
        <td>一月</td>
        <td>¥ 5,000</td>
    </tr>
    <tr>
        <td>二月</td>
        <td>¥ 1,000</td>
    </tr>
    </tbody>
    <tfoot>
    <tr>
        <td>存款总额</td>
        <td>¥ 6,000</td>
    </tr>
    </tfoot>
</table>
```

动手练——HTML 网页：Ch3_4_1.html

在 HTML 网页使用 <table> 表格标签建立 2 个表格，可以显示网页设计技术和每月的存款金额，如图 3-10 所示。

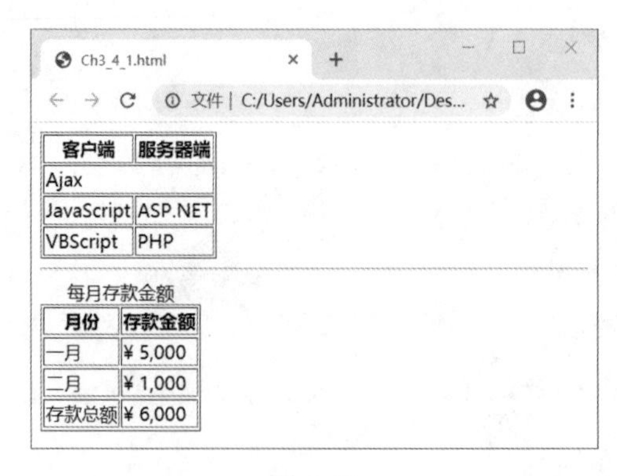

图 3-10

图 3-10 输出的 2 个表格中，上方是 4×2 的表格，第 2 行合并成 1 个单元格；下方是带标题文字的表格。

1. 标签内容

```
01: <!DOCTYPE html>
02: <html>
03: <head>
04: <meta charset="utf-8"/>
05: <title>Ch3_4_1.html</title>
06: </head>
07: <body>
08: <table border="1">
09: <tr>
10:     <th id="client">客户端</th>
11:     <th id="server">服务器端</th>
12: </tr>
13: <tr><td colspan="2">Ajax</td></tr>
14: <tr>
15:     <td headers="client">JavaScript</td>
16:     <td headers="server">ASP.NET</td>
17: </tr>
18: <tr>
19:     <td>VBScript</td>
20:     <td>PHP</td>
21: </tr>
22: </table>
23: <hr/>
24: <table border="">
25:     <caption>每月存款金额</caption>
26:     <thead>
27:     <tr>
28:        <th>月份</th>
29:        <th>存款金额</th>
30:     </tr>
31:     </thead>
32:      <tbody>
33:     <tr>
34:        <td>一月</td>
35:        <td>¥ 5,000</td>
36:     </tr>
37:     <tr>
38:        <td>二月</td>
```

```
39:         <td>¥ 1,000</td>
40:      </tr>
41:      </tbody>
42:      <tfoot>
43:      <tr>
44:         <td>存款总额</td>
45:         <td>¥ 6,000</td>
46:      </tr>
47:      </tfoot>
48: </table>
49: </body>
50: </html>
```

2. 标签说明

- 第 8 ～ 22 行：HTML 表格的第 1 行是标题栏，第 13 行的单元格 <td> 标签使用 colspan 属性合并单元格，第 15 ～ 16 行的单元格 <td> 标签使用 headers 属性指向第 10 ～ 11 行同 id 的单元格 <th>。
- 第 24 ～ 48 行：HTML 表格的第 25 行是标题文字，第 26 ～ 31 行是 <thead> 标签，第 32 ～ 41 行是 <tbody> 标签，第 42 ～ 47 行是 <tfoot> 标签。

如果 HTML 表格需要更多列或更多行，可以增加 <tr> 标签（增加行）和 <td> 标签（增加单元格）。

3.4.2 <div> 和 <span> 容器标签

HTML 的 <div> 和 <span> 标签是容器标签，用来群组元素，这是 HTML 4.x 的结构元素，<div> 和 <span> 标签本身并没有任何默认样式，如同一个网页中的透明方框。

1. <div> 标签

HTML 的 <div> 标签用于在 HTML 网页中定义一个区块，其目的是建立文档结构和使用 CSS 来格式化群组的元素，如下所示：

```
<div style="color:blue">
   <h3>JavaScript</h3>
   <p>客户端网页技术</p>
</div>
```

上述 style 属性定义的是 CSS 样式码，此例是设置文字颜色为蓝色。

2. <span> 标签

HTML 的 <span> 标签也是群组元素，这是一个单行元素，不会建立区块，即产生换行效果，如下所示：

```
<p>外国人很多都是<span style="color:lightblue">淡蓝色</span>眼睛</p>
```

动手练——HTML 网页：Ch3_4_2.html

在 HTML 网页使用 <div> 和 <span> 标签来群组元素，可以看到 <div> 标签自成一个区块，<span> 标签仍然位于父元素的区块中，如图 3-11 所示。

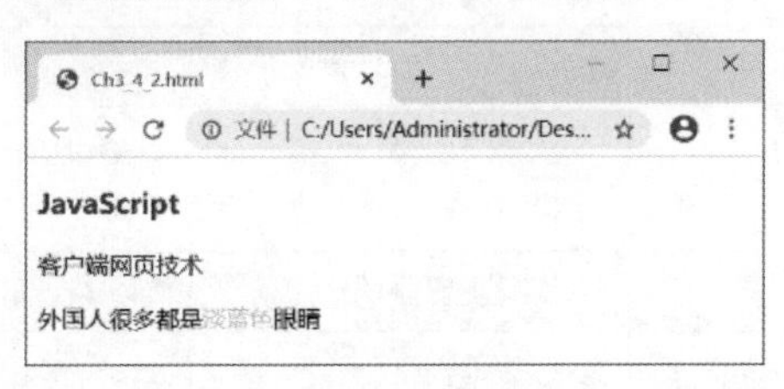

图 3-11

图 3-11 中，蓝色字使用 <div> 标签格式化输出 h3 和 p 元素，最后一行的“淡蓝色”是 <span> 标签格式化的文字内容。

1．标签内容

```
01: <!DOCTYPE html>
02: <html>
03: <head>
04: <meta charset="utf-8"/>
05: <title>Ch3_4_2.html</title>
06: </head>
07: <body>
08: <div style="color:blue">
09:     <h3>JavaScript</h3>
10:     <p>客户端网页技术</p>
11: </div>
12: <p>外国人很多都是
    <span style="color:lightblue">淡蓝色</span>眼睛</p>
13: </body>
14: </html>
```

2．标签说明

- 第 8 ～ 11 行：<div> 标签，使用 style 属性指定颜色为蓝色。
- 第 12 行：<span> 标签，使用 style 属性指定颜色为淡蓝色。

3.4.3 HTML 的窗体标签

HTML 窗体也需要用一组标签来建立，其根标签是 <form> 标签，内含输入数据或选项的字段标签。HTML 基本窗体标签及说明如表 3-10 所示。

表 3-10　HTML 基本窗体标签及说明

标　签	事件处理	说　明
<input type=…>	onchange	文字输入或选择字段，type 属性值决定字段种类，其中 radio 是单选按钮，checkbox 是复选框，button 是按钮，text 是文本框。type 属性值 hidden 是隐藏域，没有事件处理
<input type="submit| reset">	onclick	按钮字段，可以提交窗体或重设字段值
<select>	onchange	下拉列表字段，包括 <option> 标签的选项。其中，size 属性值为 1，表示下拉菜单；大于 1，表示列表框
<option>	N/A	下拉列表字段的选项
<textarea>	onchange	多行文本框字段
<label>	N/A	搭配指定字段的标题文字，可以使用 for 属性指定所属的字段元素
<button type=…>	onclick	按钮字段，type 属性值可以是 button、submit 和 reset

表 3-10 中的 <button> 和 <input> 标签都可以建立按钮，其主要差异是 <button> 标签可以建立图片按钮。HTML 窗体就是表 3-10 中标签的组合，其基本结构如下所示：

```
<form id="name" name="name" method="post | get"
      action="URL">
   <input type=...>
   <textarea> ... </textarea>
   <select>
      <option> ... </option>
   </select>
   <input type="submit" ...>
</form>
```

上述 <form> 标签中包括 <input> <textarea> <select> 字段标签的窗体，在 <select> 标签中有 <option> 标签的选项。<form> 标签的相关属性说明如表 3-11 所示。

表 3-11　<form> 标签的相关属性说明

属　性	说　明
id/name	窗体 id 和名称
method	数据传送到服务器端的方法，其中 get 使用 URL 网址的参数来传递数据，post 使用 HTTP 通信协议的标头数据传递数据
action	服务器端执行的窗体处理程序，如 ASP、ASP.NET、PHP 或 JSP 等程序的 URL 网址，或 MVC 路由

3.5 HTML 5 语意与结构标签

HTML 5 继承了大部分 HTML 4 标签，并更改了部分标签的使用、意义和属性，其他新增部分是语意与结构标签。HTML 5 语意与结构标签的简单说明如表 3-12 所示。

表 3-12 HTML 5 语意与结构标签的简单说明

标 签	说 明
<article>	建立自我包含的完整内容成分，如博客或 BBS 文章
<aside>	建立非网页主题但相关的内容片段，只是有些离题
<bdi>	设定部分文字来格式化成不同的文字显示方向
<command>	建立用户可使用的命令按钮
<details>	建立可展开的文本块，用户可以自行显示或隐藏详细的说明文字
<summary>	建立 <details> 标签的标题文字
<figure>	建立自我说明的图形、照片或程序片段等内容
<figcaption>	定义 <figure> 标签的标题文字
<footer>	建立网页或区段内容的脚注区块
<header>	建立网页的标题区块，可以包含说明、商标和导览
<hgroup>	群组 <h1> ～ <h6> 标签来建立多层次的标题文字，如副标题文字等
<mark>	建立需要做记号的重点文字
<meter>	显示可测量单位的使用量，如硬盘使用量等
<nav>	建立网页导览区块，即连接其他网页的超链接
<progress>	显示文档下载等长时间操作的进度
<ruby><rt><rp>	<ruby> 标签可以建立支持 Ruby 符号的标签，<rt> 标签定义文字的说明与发音，<rp> 标签是当浏览器不支持时显示的内容
<section>	建立一般用途的文件或应用程序区段，如报纸的体育版、财经版等
<wbr>	定义可能的文字断行

3.6 HTML 网页结构与 DOM

DOM（Document Object Model，文件对象模型）可以将 HTML 元素转换成一棵节点树，每一个标签和文字内容都是一个节点（Nodes），使用程序代码访问节点来存取 HTML 元素。

3.6.1 认识 DOM 对象模型

DOM 对象模型提供了一组标准程序接口来存取对象的属性和方法，程序设计者可以直接使用此程序接口来浏览 HTML 网页或 XML 文件，或新增、删除和修改节点数据。

对于 HTML 网页来说，DOM 主要由两大部分组成，如下所示。

- DOM Core：提供 HTML 网页或 XML 文件浏览、处理和维护阶层结构，主要提供两种功能，如下所示。
    - 浏览（Navigator）：在网页的树状结构中访问节点。
    - 参考（Reference）：存取节点的集合对象。
- DOM HTML：HTML 网页专属的 DOM API 接口，其目的是将网页元素都视为一个一个的对象，以便让程序语言存取元素来建立动态网页内容。

DOM Core 同时支持 XML 和 HTML，因此可以使用相同的属性和方法来访问和存取对象；DOM HTML 是 HTML 网页，可以存取各种不同的 HTML 元素。

3.6.2 DOM 基础的 HTML 节点树

DOM 可以将 HTML 网页的标签和文字内容视为节点，根据各节点之间的关系连接成树状结构。如一个简单的 HTML 网页，如下所示：

```
<html>
<head>
<title>范例文件</title>
</head>
<body>
    <h2>网页语言</h2>
    <p>JavaScript 是一种<i>Simple</i>语言</p>
</body>
</html>
```

从 DOM 角度来看，上述 HTML 网页就是一棵树状结构的节点树，如图 3-12 所示。

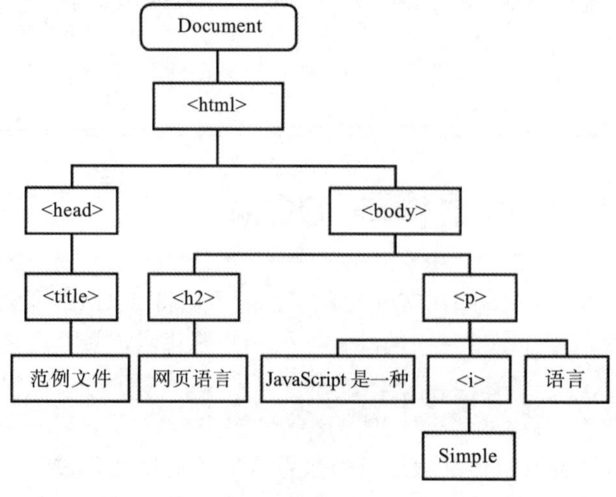

图 3-12

从图 3-12 可以看出各节点之间的关系，每一个节点都是一个对象，DOM HTML 提供各节点对象的属性和方法，DOM Core 提供属性和方法以访问上述树状结构的节点。

进一步分析上述树状结构，在节点之下包括的下一层是子节点（Child Node），上一层是父节点（Parent Node），左右同一层是兄弟节点（Sibling Node），在最下层的节点称为叶节点（Leaf Node），HTML 网页显示的内容是文字节点（Text Node）。

3.7 JSON 的基础

JSON（JavaScript Object Notation）是类似于 XML 的一种数据交换格式，事实上，JSON 就是 JavaScript 对象的文字表示法，其内容只有文字（Text Only）。

3.7.1 认识 JSON

JSON 是由 Douglas Crockford 定义的一种轻量化数据交换格式，比 XML 快速且简单。JSON 数据结构就是 JavaScript 对象文字表示法，无论 JavaScript 语言还是其他程序语言都可以轻易解读，这是一种和语言无关的数据交换格式。

1. 为什么使用 JSON

因为 JSON 格式就是文字内容，可以很容易地在客户端和服务器端之间传送数据，所以 JSON 已经取代 XML 成为异步浏览器与服务器之间通信使用的数据交换格式。另外，很多网络公司也都支持 REST API，其可以获取 JSON 格式的数据。即获取网络数据时，除了自行从 HTML 标签获取外，也可以通过 AJAX 下载 JSON 格式文件。

不只如此，JSON 格式文件还是数据存储的格式，很多 NoSQL 数据库存储的数据就是 JSON 格式，详见第 6 章的说明。

2. JSON 文件的内容

JSON 是一种可以自我描述和容易了解的数据交换格式，使用大括号定义成对的键和值（Key-Value Pairs），相当于对象的属性和值，类似于 Python 语言的字典和列表，如下所示：

```
{
   "key1": "value1",
   "key2": "value2",
   "key3": "value3",
   …
}
```

JSON 如果是对象数组，则可以使用中括号来定义，如下所示：

```
[
   {
   "title": "ASP.NET 网页设计",
```

```
    "author": "陈会安",
    "category": "Web",
    "pubdate": "06/2015",
    "id": "W101"
    },
    {
    "title": "PHP 网页设计",
    "author": "陈会安",
    "category": "Web",
    "pubdate": "07/2015",
    "id": "W102"
    },
    …
]
```

3.7.2 JSON 的语法

JSON 使用 JavaScript 语法来描述数据，是一种 JavaScript 语法的子集。以 Python 语言为例，JSON 对象类似于 Python 字典，JSON 数组类似于 Python 列表。

1. JSON 的语法规则

JSON 语法并没有关键词，其基本语法规则如下所示。

- 数据是成对的键和值，中间使用冒号“:”分隔。
- 数据与数据之间使用逗号“,”分隔。
- 使用大括号定义对象。
- 使用中括号定义对象数组。

JSON 文件的扩展名为 .json，MIME 类型为 application/json。

2. JSON 的键和值

JSON 数据是成对的键和值，首先是字段名，然后是冒号“:”，再加上值，如下所示：

```
"author": "陈会安"
```

上述代码中，“author”是字段名，“陈会安”是值。JSON 的值可以是整数、浮点数、字符串（使用“"”括起）、布尔值（True 或 False）、数组（使用中括号括起）和对象（使用大括号括起）。

3. JSON 对象

JSON 对象是由大括号包围的多个 JSON 键和值，如下所示：

```
{
    "title": "ASP.NET 网页设计",
    "author": "陈会安",
    "category": "Web",
    "pubdate": "06/2015",
    "id": "W101"
}
```

4. JSON 对象数组

JSON 对象数组可以包括多个 JSON 对象。例如，Employees 字段的值是一个对象数组，拥有 3 个 JSON 对象，如下所示：

```
{
  "Boss": "陈会安",
  "Employees": [
   { "name" : "陈允杰", "tel" : "03-22222222" },
   { "name" : "江小鱼", "tel" : "03-33333333" },
   { "name" : "陈允东", "tel" : "04-44444444" }
  ]
}
```

◇ 学习检测 ◇

1. 什么是 HTML 文件？HTML 5 网页的基本结构是什么？
2. 说明下列 HTML 标签的用途，如下所示：

```
<meta><i>…</i><br/><hr/><ul><li>
```

3. 项目符号和项目编号之间的差异是什么？<div> 和 <span> 容器标签之间的差异是什么？
4. 写出 HTML 窗体标签的结构。下拉列表是_____标签，各选项是_____标签。单选按钮和复选框由 <input> 标签的_____属性值决定。
5. 什么是 DOM 对象模型？JSON 格式是什么？
6. 建立 HTML 网页，内含 <h1> 标签的本书章名，在水平线下方是本题内容的 <p> 标签。
7. 将第 3 章目录各节的名称建立成列表项目的 HTML 网页。
8. 在 HTML 网页显示一个 4×3 的表格。

第 2 篇

网络爬虫和 Open Data——获取数据

CHAPTER 4

第 4 章

获取网络数据

4.1 认识网络爬虫

数据科学的第一步是获取数据，因为有数据才能进行分析。如果不能获得整理好的数据，就需要使用网络爬虫（Web Scraping）自己从网络获取所需的数据。

4.1.1 网络爬虫的基础

网络爬虫是一个从 Web 资源获取所需数据的过程，即直接从 Web 资源获取所需的信息，而不是使用网站提供的现成的 API 访问接口。

网络爬虫也称为网页数据获取（Web Data Extraction），是一种数据获取技术。通过该技术，我们可以直接从网站的 HTML 网页获取所需的数据，其过程包含与 Web 资源进行通信、剖析文件获取所需数据并整理成信息，即转换成所需的数据格式。

实际上，网络爬虫的整个过程需要使用不同的工具和函数库（Python 是模块和包）来完成，如下所示。

- Chrome 开发人员工具：Chrome 浏览器的开发人员工具可以帮助我们在 HTML 网页指出数据所在位置和找到此数据的特征，如标签名称和属性值。
- HTTP 函数库：与 Web 服务器进行 HTTP 通信的函数库，以便获取响应文件的 HTML 网页内容，本书中使用 Requests 包。
- 网络爬虫工具或函数库：在获取响应文件后，需要使用工具或函数库来剖析文件，以便获取所需的数据，本书中使用 BeautifulSoup 包。

4.1.2 网络爬虫的基本步骤

网络爬虫是一个从 Web 资源获取所需数据的过程，完整网络爬虫的基本步骤如下所示。

Step1 识别出目标 URL（Uniform Resource Locations，统一资源定位符）网址：网络爬虫的第一步是识别出目标 Web 资源的 URL 网址，可以是一个 URL 网址，也可以是一组 URL 网址。

Step2 使用 HTTP 函数库获取 HTML 网页：使用 Requests 发送 HTML 请求，获取 HTTP 响应的 HTML 网页。

Step3 使用浏览器的开发人员工具分析 HTML 网页：使用工具在 HTML 网页定位出所需数据，并且分析如何搜索和访问此标签来获取数据。

Step4 使用网络爬虫函数库剖析 HTML 网页：使用 BeautifulSoup 剖析（Parse）响应文件的 HTML 网页，可以建立树状结构的标签对象集合。

Step5 从剖析后的网页中获取所需数据：通过搜索和遍历方式来获取所需数据，在整理成所需格式后，即可将其存储为 CSV 或 JSON 文件。

4.1.3 HTTP 通信协议

HTTP 通信协议（Hypertext Transfer Protocol）是一种在服务器端（Server）和客户端（Client）之间传送数据的通信协议，如图 4-1 所示。

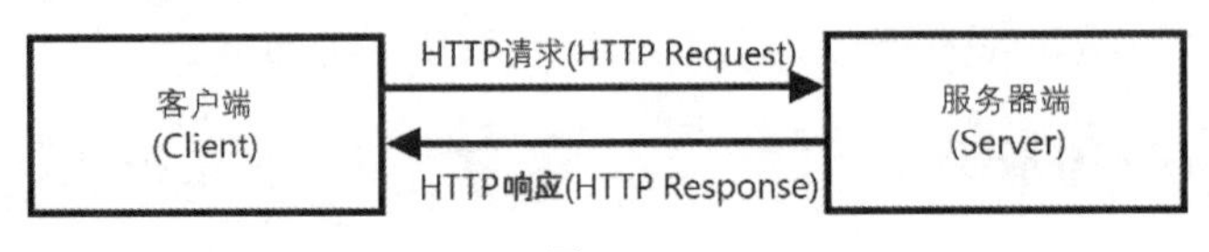

图 4-1

图 4-1 所示的 HTTP 通信协议的应用程序是一种主从架构（Client-Server Architecture）应用程序，在客户端使用 URL 指定联机的服务器端资源，发送 HTTP 信息（HTTP Message）进行沟通，可以请求指定文件，其过程如下所示。

Step1 客户端请求联机服务器端。

Step2 服务器端允许客户端的联机。

Step3 客户端发送 HTTP 请求信息，内含 GET/POST 请求，以获取服务器端的指定文件。

Step4 服务器端以 HTTP 响应消息来响应客户端的请求，返回信息包含请求的文件内容。

4.2 使用 Requests 发送 HTTP 请求

Python 语言内置的 urllib2 模块也可以发送 HTTP 请求，但是 Requests 包可以使用更简单的方式来发送 GET/POST 的 HTTP 请求。这时需要导入模块，如下所示：

```
import requests
```

4.2.1 发送 GET 请求

一般来说，在大部分浏览器 URL 网址中输入网址发送的请求都是 GET 请求，这是向 Web 服务器获取资源的请求。Requests 即调用 get() 函数来发送 GET 请求。

动手学——发送简单的 GET 请求：Ch4_2_1.py

发送 Baidu 网站的 GET 请求，URL 网址为 http://www. baidu.com，如下所示：

```
import requests

r = requests.get("http://www.baidu.com")
print(r.status_code)
```

上述程序代码导入 requests 模块后，调用 get() 函数发送 HTTP 请求，参数是 URL 网址字符串，变量 r 是响应的 response 对象。可以使用 status_code 属性获取请求的状态代码，其运行结果如下所示：

```
200
```

上述运行结果为 200，表示请求成功；如果值是 400 ～ 599，表示有错误，如 404 表示网页不存在。

实际上，可以通过 if/else 条件检查状态代码来判断 GET 请求是否成功（Python 程序：Ch4_2_1a.py），如下所示：

```
if r.status_code == 200:
    print("请求成功...")
else:
    print("请求失败...")
```

动手学——发送带有参数的 GET 请求：Ch4_2_1a.py

URL 网址可以传递参数字符串，参数位于问号“?”之后。如果参数不止一个，则使用“&”符号分隔，如下所示：

```
http://httpbin.org/get?name=陈会安&score=95
```

上述 URL 网址传递参数 name 和 score，其值分别为“陈会安”和“95”。发送 http://httpbin.org/get（HTTP 请求/响应的测试网站）的 GET 请求，并且加上参数，如下所示：

```
import requests

url_params = {'name': '陈会安', 'score': 95}
r = requests.get("http://httpbin.org/get", params=url_params)
print(r.url)
```

上述程序代码需要建立字典的参数，键是参数名称，值是参数值，在 get() 函数的 params 参数指定 url_params 变量值，r.url 属性可以获取完整 URL 网址字符串，其运行结果如下所示：

```
http://httpbin.org/get?name=%E9%99%B3%E6%9C%83%E5%AE%89&score=95
```

上述运行结果的 URL 网址，name 参数经过编码，可以在网络上找到在线 URL Encode/Decode 网站，只需复制此字符串，即可译码成原来的字符串，如图 4-2 所示。

在 http://httpbin.org 网站响应的是 JSON 数据，可以使用 text 属性输出响应字符串（Python 程序：Ch4_2_1c.py），如下所示：

```
print(r.text)
```

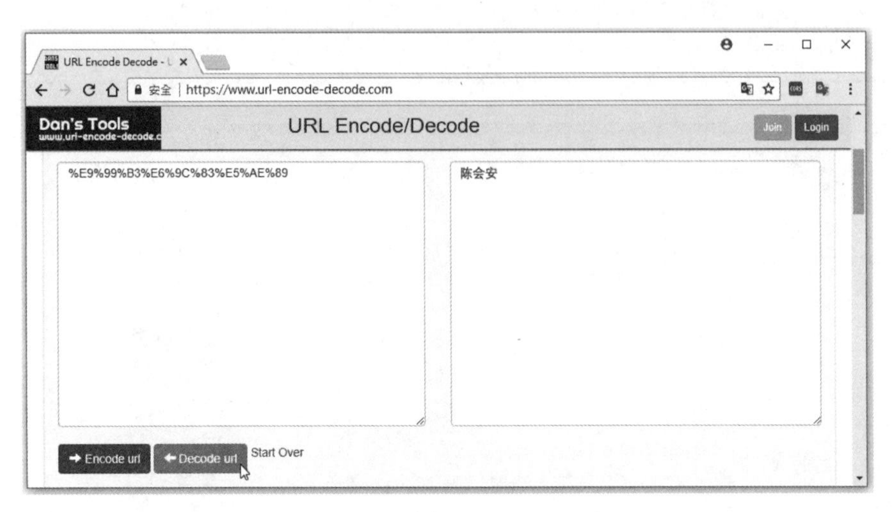

图 4-2

程序的运行结果如下所示，可以看到我们传递的参数。

```
{
  "args": {
    "name": "\u9673\u6703\u5b89",
    "score": "95"
  },
...
    "origin": "1.163.81.109",
    "url": "http://httpbin.org/get?name=\u9673\u6703\u5b89&score=95"
}
```

4.2.2 发送 POST 请求

Requests 包调用 get() 函数发送 GET 请求，同理，POST 请求调用 post() 函数。POST 请求就是发送窗体，如同 URL 参数，需要发送表单域的输入数据。

动手学——发送简单的 POST 请求：Ch4_2_2.py

调用 post() 函数发送 http://httpbin.org/post 的 POST 请求，发送的数据和第 4.2.1 节的参数相同，如下所示：

```
import requests

post_data = {'name': '陈会安', 'score': 95}
r = requests.post("http://httpbin.org/post", data=post_data)
print(r.text)
```

上述程序代码需要建立字典的发送数据，在 post() 函数中指定 data 参数是 post_data 变量值，r.text 属性可以输出响应字符串，其运行结果如下所示：

```
{
...
  "form": {
    "name": "\u9673\u6703\u5b89",
    "score": "95"
  },
...
  "origin": "1.163.81.109",
  "url": "http://httpbin.org/post"
}
```

从上述运行结果中可以看到发送的数据。

4.2.3 使用开发人员工具查看 HTTP 标头信息

实际上，我们使用 Requests 发送 HTTP 请求时并不知道发送的请求中到底送出了什么数据，为了方便测试 HTTP 请求和响应，可以使用 httpbin 服务来进行测试。

另外，当使用 Chrome 浏览器发送 URL 网址时，也可以打开开发人员工具来查看 HTTP 标头信息。

1. httpbin 服务

httpbin 提供 HTTP 请求/响应的测试服务，其类似于 Echo 服务，可以将发送的 HTTP 请求自动以 JSON 格式响应，支持 HTTP 方法的 GET 和 POST 等，其网址是 http://httpbin.org，如图 4-3 所示。

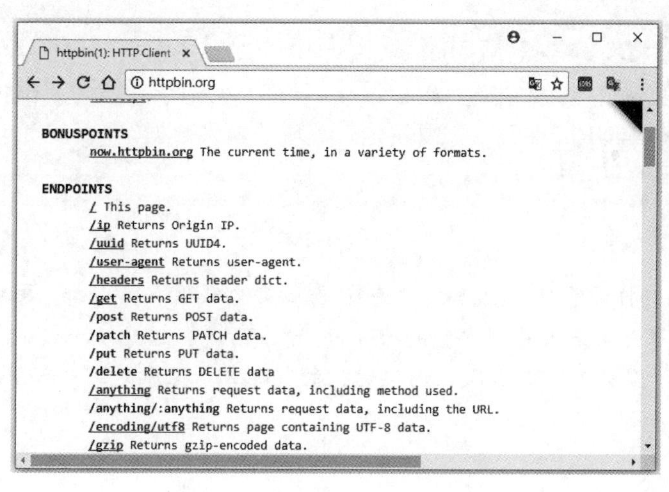

图 4-3

图 4-3 中列出了 httpbin 支持的服务，翻动网页，可以看到一些使用范例，如 http://httpbin.org/get 是 GET 请求，http://httpbin.org/post 是 POST 请求（第 4.2.2 节使用的就是此服务）。

在 Chrome 浏览器中输入 http://httpbin.org/user-agent 用户代理，可以获取客户端信息，如图 4-4 所示。

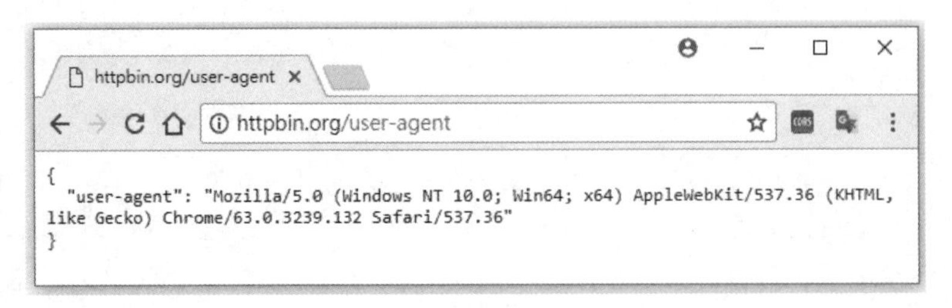

图 4-4

在图 4-4 中可以看到客户端计算机执行的操作系统、浏览器引擎和浏览器名称等信息。

2．查看 HTTP 标头信息

除了使用 httpbin 服务外，还可以使用开发人员工具查看 HTTP 标头信息，其步骤如下所示。

Step1 打开 Chrome 浏览器，进入水电知识网——中国水利水电出版社网站（http://www.waterpub.com.cn），如图 4-5 所示。

图 4-5

Step2 按 F12 键打开开发人员工具，再按 F5 键重载网页，选择 Network 标签中的 All 标签，可以在下方看到完整的 HTTP 请求清单，其中 www.waterpub.com.cn 是跳转进入中国水利水电出版社网站运行的 HTML 程序文件，如图 4-6 所示。

图 4-6

> 在浏览器中输入 URL 网址浏览网页并不是发送一个 HTTP 请求，HTML 网页的每一张图片、外部 JavaScript 和 CSS 文件都是独立的 HTTP 请求。

Step3 单击 www.waterpub.com.cn，可以在右方看到 HTTP 标头信息，如图 4-7 所示。

图 4-7

上述 General 区段是请求/响应的一般信息，如下所示：

```
Request URL: http://www.waterpub.com.cn/
Request Method: GET
Status Code: 200 OK
```

```
Remote Address: 114.255.61.249:80
Referrer Policy: no-referrer-when-downgrade
...
```

上述信息输出了 URL 网址、GET 请求方法、状态代码（200，表示请求成功）、服务器 IP 地址和端口号 80。在下方标头信息中可以看到 Response Headers 响应标头和 Request Headers 请求标头的相关信息，该内容将在第 4.3.3 节中进一步介绍。

4.3 获取 HTTP 响应内容

响应内容（Response Content）是发送 HTTP 请求后，Web 服务器回传给客户端的响应数据，其内容可能是 HTML 标签字符串、JSON 或二进制数据。

4.3.1 获取 HTTP 响应内容的方法

Python 程序调用 get() 和 post() 函数发送 HTTP 请求，如下所示：

```
r = requests.get("https://www.w3school.com.cn/")
```

上述程序代码中的变量 r 是响应内容的 Response 对象，可以使用相关属性来获取响应数据，如表 4-1 所示。

表 4-1　获取响应数据的属性及说明

属　性	说　明
text	编码的卷标字符串，可以使用 encoding 属性获取使用的编码
contents	没有编码的字节数据，适用于非文字请求
raw	服务器响应的原始 Socket 响应（Raw Socket Response），这是 HTTPResponse 对象

HTTP 响应内容如果是编码的 HTML 标签字符串，则 HTML 网页的编码在 <head> 的 <meta> 子标签指定，详见第 3.1.4 节的说明。

动手学——获取 HTML 编码字符串的响应内容：Ch4_3_1.py

发送 W3School 官网的 GET 请求来获取编码字符串的响应内容，URL 网址为 https://www.w3school.com.cn，共发送 2 次请求，如下所示：

```
r = requests.get("https://www.w3school.com.cn/")

print(r.text)
print(r.encoding)

r = requests.get("https://www.w3school.com.cn/")

```

```
r.encoding = 'gbk'
print(r.text)
print(r.encoding)
```

上述程序代码第 1 次调用 get() 函数发送 HTTP 请求后，使用 text 和 encoding 属性获取响应编码字符串和使用的编码；第 2 次请求更改 r.encoding 属性值为 gbk 编码，然后使用此编码获取响应内容的编码字符串。其运行结果如下所示：

```
<html lang="zh-cn">
<head>...</head>
<body id="homefrist">
<div id="wrapper">
    <div id=header_index>...</div>
    <div id=navfirst>...</div>
    <div id=navsecond>...</div>
    <div id=maincontent>...</div>
    <div id=sidebar>...</div>
    <div id=footer>...</div>
</div>
</body>
</html>

ISO-8859-1

<html lang="zh-cn">
<head>...</head>
<body id="homefrist">
<div id="wrapper">
    <div id=header_index>...</div>
    <div id=navfirst>...</div>
    <div id=navsecond>...</div>
    <div id=maincontent>...</div>
    <div id=sidebar>...</div>
    <div id=footer>...</div>
</div>
</body>
</html>

gbk
```

上述运行结果输出了 2 次网页内容，第 1 次是 ISO-8859-1 编码，第 2 次是 gbk 编码。

动手学——获取字节内容和原始 Socket 响应：Ch4_3_1a.py

同样地，发送 W3School 官网的 GET 请求来获取 3 种响应内容，URL 网址为 https://www.w3school.com.cn，共发送 3 次请求，如下所示：

```
r = requests.get("https://www.w3school.com.cn/")
print(r.text)
print("--------------------")

r = requests.get("https://www.w3school.com.cn/")
print(r.content)
print("--------------------")

r = requests.get("https://www.w3school.com.cn/", stream=True)
print(r.raw)
print(r.raw.read(15))
```

上述程序代码中，第 1 次是 text；第 2 次是 content 属性；第 3 次调用 get() 函数时指定了 stream=True 自变量，所以可以调用 r.raw.read() 函数读取前 15 个字节。其运行结果如下所示：

```
<html lang="zh-cn">
<head>...</head>
<body id="homefrist">
<div id="wrapper">
    <div id=header_index>...</div>
    <div id=navfirst>...</div>
    <div id=navsecond>...</div>
    <div id=maincontent>...</div>
    <div id=sidebar>...</div>
    <div id=footer>...</div>
</div>
</body>
</html>

----------------------
b'<!DOCTYPE html>\r\n<html lang="zh-cn">\r\n<head>\r\n\r\n<...
----------------------
<urllib3.response.HTTPResponse object at 0x11c0ee2d0>
b'\x1f\x8b\x08\x00\x00\x00\x00\x00\x04\x00\xac[\xfbs\x13'
```

上述运行结果中，第 1 次是 HTML 标签字符串；第 2 次因为没有编码，所以在输出的内容中可以看到换行符号；第 3 次是响应 HTTPResponse 对象，读取前 15 个字节。

动手学——获取 JSON 响应内容：Ch4_3_1b.py

使用 http://httpbin.org 网站获取响应的 JSON 数据，可以获取 user-agent 信息，即是谁发送的此 GET 请求，URL 网址为 http:// httpbin.org/user-agent，共发送 2 次请求，如下所示：

```
r = requests.get("http://httpbin.org/user-agent")
print(r.text)
print(type(r.text))
print("--------------------")
print(r.json())
print(type(r.json()))
```

上述程序代码第 1 次是 text 属性；第 2 次调用 json() 函数剖析 JSON 数据，并且分别调用 type() 函数获取响应内容的类型。其运行结果如下所示：

```
{
   "user-agent": "python-requests/2.18.4"
}

<class 'str'>
---------------------
{'user-agent': 'python-requests/2.18.4'}
<class 'dict'>
```

上述运行结果中，第 1 次是 str 字符串类型，可以看到这是 Python 程序 requests 包发送的请求；第 2 次调用 json() 函数剖析 JSON 数据，可以看到是 dict 字典类型。

4.3.2 内置的响应状态代码

第 4.2.1 节的 Python 程序中使用了 status_code 属性获取请求的响应状态代码（Response Status Codes），requests 提供了 2 个内置响应状态代码 requests.codes.ok 和 requests.code.all_good（这两个响应状态代码的功能相同），可以帮助我们检查请求是否成功。

动手学——检查响应状态代码：Ch4_3_2.py

发送 W3School 网站的 HTTP 请求，分别使用 2 个内置响应状态代码判断请求是否成功，True 表示成功，False 表示失败，共发送 3 次请求，如下所示：

```
r = requests.get("http://www.w3school.com.cn/")
print(r.status_code)
print(r.status_code == requests.codes.ok)

r = requests.get("http://www.w3school.com.cn/404")
print(r.status_code)
print(r.status_code == requests.codes.ok)

r = requests.get("http://www.w3school.com.cn/")
print(r.status_code)
print(r.status_code == requests.codes.all_good)
```

上述程序代码中，第 1 次比较 r.status_code 属性和 requests.codes.ok，第 2 次与第 1 次一样，第 3 次比较 requests.codes.all_good，其运行结果如下所示：

```
200
True
404
False
200
True
```

上述运行结果中，第 1 次是 200 和 True；第 2 次因为网页不存在，状态代码是 404，所以是 False；第 3 次是 200 和 True。

动手学——获取响应状态代码的进一步信息：Ch4_3_2a.py

当响应状态代码是 400～599 时，表示请求有错误，此时可以调用 raise_for_status() 函数获取请求错误的进一步信息，如下所示：

```
r = requests.get("http://www.w3school.com.cn/404")
print(r.status_code)
print(r.status_code == requests.codes.ok)

print(r.raise_for_status())
```

上述程序代码因为网页根本不存在，所以状态代码是 404。最后调用 raise_for_status() 函数获取进一步的信息，其运行结果如下所示：

```
404
False
Traceback (most recent call last):


  File "<ipython-input-10-7ac6c2f3c46e>", line 1, in <module>
     runfile('C:/ML/Ch04/Ch4_3_2a.py', wdir='C:/ML/Ch04')

  File "C:\Users\JOE\Anaconda3\lib\site-packages\spyder\utils\site\
sitecustomize.py", line 710, in runfile
    execfile(filename, namespace)


  File "C:\Users\JOE\Anaconda3\lib\site-packages\spyder\utils\site\
sitecustomize.py", line 101, in execfile
    exec(compile(f.read(), filename, 'exec'), namespace)
```

```
  File "C:/ML/Ch04/Ch4_3_2a.py", line 7, in <module>
   print(r.raise_ for_ status())

 File "C:\Users\JOE\Anaconda3\lib\site-packages\requests\models.py",
line 935, in raise_ for_ status
   raise HTTPError(http_ error_ msg, response=self)


HTTPError: 404 Client Error: Not Found for url: http://www.w3school.com.cn/404
```

从上述运行结果的追踪信息中，在最后可以看到 404 Client Error 错误，这是因为没有找到此网址的资源。

4.3.3 获取响应的标头信息

第 4.2.3 节使用了 Chrome 浏览器的开发人员工具查看标头信息，而 Response 对象是使用 headers 属性。

动手学——获取标头信息（一）：Ch4_3_3.py

获取标头信息的 Content-Type（内容类型）、Content-Length（内容长度）、Date（日期）和 Server（服务器名称）（注意：标头名称区分英文大小写），如下所示：

```
r = requests.get("http://www.w3school.com.cn")

print(r.headers['Content-Type'])
print(r.headers['Content-Length'])
print(r.headers['Date'])
print(r.headers['Server'])
```

上述程序代码使用字典方式获取指定标头名称的值，其运行结果如下所示：

```
text/html
4043
Thu, 20 Feb 2020 05:53:22 GMT
Microsoft-IIS/10.0
```

上述运行结果中，Content-Type 是 text/html，即 HTML 网页，长度为 4043，然后是日期和服务器名称。Content-Type 的值是 MIME 数据类型，其常用数据类型及说明如表 4-2 所示。

表 4-2　MIME 常用数据类型及说明

MIME 数据类型	说　明
text/html	HTML 网页文件
text/xml	XML 格式的文件
text/plain	一般文本文件
application/json	JSON 格式的数据
image/jpeg	JPEG 格式的图片文件
image/gif	GIF 格式的图片文件
image/png	PNG 格式的图片文件

动手学——获取标头信息（二）：Ch4_3_3a.py

标头信息的获取还可以调用 headers.get() 函数，参数是标头名称字符串，如下所示：

```
r = requests.get("http://www.w3school.com.cn")

print(r.headers.get('Content-Type'))
print(r.headers.get('Content-Length'))
print(r.headers.get('Date'))
print(r.headers.get('Server'))
```

上述程序代码获取的标头名称值和 Ch4_3_3.py 的结果完全相同。

4.4 发送进阶的 HTTP 请求

现在，我们已经学会如何使用 Requests 发送 HTTP 请求和获取响应内容，但是对于一些特殊 HTTP 请求，需要指定额外参数来发送这些进阶的 HTTP 请求。

4.4.1 存取 Cookie 的 HTTP 请求

Cookie 英文原义是小饼干，可以保留用户在浏览器中的浏览信息。因为 Cookie 存储在客户端，所以不会占用 Web 服务器的资源。

如果 HTTP 请求的响应内容有 Cookie，则可以使用 cookies 属性来获取 Cookie 值，如下所示：

```
r = requests.get("http://example.com/")
v = r.cookies["cookie_name"]
print(v)
```

上述程序代码获取 Cookie 字典的指定元素，其中“cookie_name”是 Cookie 名称。在发送 HTTP 请求时，也可以在 get() 函数中使用 cookies 参数来发送 Cookie 数据。

动手学——发送 Cookie 的 HTTP 请求：Ch4_4_1.py

在 http://httpbin.org/cookies 发送建立 Cookie 的 HTTP 请求，如下所示：

```
url = "http://httpbin.org/cookies"

cookies = dict(name='Joe Chen')
r = requests.get(url, cookies=cookies)
print(r.text)
```

上述程序代码建立字典的 Cookie 数据，然后在 cookies 参数中指定发送 Cookie，其运行结果会响应已建立的 Cookie 数据，如下所示：

```
{
  "cookies": {
    "name": "Joe Chen"
  }
}
```

4.4.2 建立自定义 HTTP 标头的 HTTP 请求

我们可以建立自定义 HTTP 标头的 HTTP 请求，当 Python 程序发送 HTTP 请求时，为了避免网站封锁此请求，可以更改 user-agent 标头信息（详见 Ch4_3_1b.py），改成 Chrome 浏览器的标头信息。

动手学——发送自定义 HTTP 标头的 HTTP 请求：Ch4_4_2.py

在 http://httpbin.org/user-agent 发送自定义 HTTP 标头的 HTTP 请求，将 HTTP 请求模拟成从 Chrome 浏览器发送，共发送 2 次，第 1 次没有更改，第 2 次更改标头信息，如下所示：

```
url = "http://httpbin.org/user-agent"

r = requests.get(url)
print(r.text)
print("                              ")

url_headers = {'user-agent': 'Mozilla/5.0 (Windows NT 10.0; Win64; x64)
AppleWebKit/537.36 (KHTML, like Gecko) Chrome/63.0.3239.132 Safari/537.36'}
r = requests.get(url, headers=url_headers)
print(r.text)
```

上述程序代码中，第 1 次只是获取响应信息；第 2 次建立 url_headers 变量的新标题，然后在 get() 函数中指定发送自定义标头信息，其运行结果如下所示：

```
{
  "user-agent": "python-requests/2.18.4"
}

----------------------
{
  "user-agent": "Mozilla/5.0 (Windows NT 10.0; Win64; x64)AppleWebKit/
537.36 (KHTML, like Gecko) Chrome/63.0.3239.132 Safari/537.36"
}
```

上述运行结果中，第 1 次是 Requests 包发送，第 2 次是模拟成 Chrome 浏览器发送的 HTTP 请求。

4.4.3 发送 RESTful API 的 HTTP 请求

Requests 包的 get() 函数也可以发送 RESTful API 的 HTTP 请求。例如，可以使用腾讯天气的 API 来查询天气预测信息，其返回数据是 JSON 数据，如下所示：

```
https://wis.qq.com/weather/common?source=xw&weather_type
=<预测种类>&province=<省>&city=<城市>
```

上述网址中的 weather_type 参数表示预测种类，如 forecase_1h 和 forecase_24h；province 参数表示哪一省；city 参数表示城市，如查询成都市 24 小时的天气预测信息，如下所示：

```
https://wis.qq.com/weather/common?source=xw&weather_type
=forecast_24h&province=四川&city=成都
```

动手学——发送 RESTful API 的 HTTP 请求：Ch4_4_3.py

发送 RESTful API 的 HTTP 请求，查询成都市 24 小时的天气预测信息，如下所示：

```
url = "https://wis.qq.com/weather/common?source=xw"

url_params = {'weather_type': 'forecast_24h',
              'province': '四川',
              'city': '成都'}
r = requests.get(url, params=url_params)
print(r.json())
```

上述程序代码的 get() 函数使用 params 参数指定 API 参数，因为返回值是 JSON 数据，所以调用 json() 函数剖析 JSON 数据，其运行结果如下所示：

```
{'data': {'forecast_24h': {'0': {'day_weather': '阴', 'day_weather_code':
'02', 'day_weather_short': '阴', 'day_wind_direction': '北风',
'day_wind_direction_code': '8', 'day_wind_power': '3',
```

```
'day_wind_power_code': '0',
'max_degree': '10', 'min_degree': '3', 'night_weather': '小雨',
...
```

从上述运行结果中可以看到，返回的查询结果为预测天气的 JSON 数据。

4.4.4 发送需要认证的 HTTP 请求

如果网站或 API 需要认证，那么在发送 HTTP 请求时，可以加上认证数据的用户名称和密码。例如，GitHub 网站的 API 需要认证数据，在测试本节 Python 程序前，请先注册 GitHub 获取用户名称和密码。

动手学——发送需要认证的 HTTP 请求：Ch4_4_4.py

发送需要认证的 HTTP 请求至 GitHub 网站，网址是 https:// api.github.com/user，如下所示：

```
url = "https://api.github.com/user"

r = requests.get(url, auth=('hueyan@ms2.hinet.net', '********'))
if r.status_code == requests.codes.ok:
    print(r.headers['Content-Type'])
    print(r.json())
else:
    print("HTTP 请求错误...")
```

上述程序代码中的 get() 函数使用 auth 参数指定认证数据，这是元组，第 1 个是用户名称，第 2 个是密码，if/else 条件判断请求是否成功，成功就依次输出 Content-Type 标头信息和响应的 JSON 数据，其运行结果如下所示：

```
application/json; charset=utf-8
{'login': 'hueyanchen', 'id': 35254525, 'avatar _ url': 'https://avatars2.
githubusercontent.com/u/35254525?v=4',
...
```

4.4.5 使用 timeout 参数指定请求时间

为了避免发送 HTTP 请求后 Web 网站的响应时间太久，进而影响 Python 程序的执行，可以在 get() 函数中指定 timeout 参数的期限时间，指定等待的响应时间不超过 timeout 参数的时间，单位是秒。

动手学——发送只等待 0.03 秒的 HTTP 请求：Ch4_4_5.py

发送 HTTP 请求至 Baidu 网站，而且只等待 0.03 秒（**注意：这是为了测试 Timeout 异常**），如下所示：

```
try:
    r = requests.get("http://www.baidu.com", timeout=0.03)
    print(r.text)
except requests.exceptions.Timeout as ex:
    print("错误: HTTP 请求已经超过时间...\n" + str(ex))
```

上述 try/except 异常处理可以处理 Timeout 异常（进一步说明请参阅第 4.5.1 节），在 get() 函数中指定 timeout 参数值是 0.03 秒，因为时间太短，所以会产生错误，其运行结果如下所示：

```
错误: HTTP 请求已经超过时间...
HTTPConnectionPool(host='www.baidu.com', port=80): Read timed out. (read timeout=0.03)
```

上述运行结果中第 1 行输出错误信息，其下进一步输出 Timeout 异常对象的消息正文。

4.5 错误/异常处理与文件存取

当 HTTP 请求发生错误时，就会产生对应的异常，可以针对不同异常进行错误处理。因为需要将获取的 HTML 网页保存成文件，所以 Python 文件存取也是网络爬虫的必备技能。

4.5.1 Requests 的异常处理

Python 程序可以使用 try/exception 异常处理和 Requests 异常对象来进行错误处理。Requests 常用异常对象及说明如表 4-3 所示。

表 4-3 Requests 常用异常对象及说明

异常对象	说明
RequestException	当 HTTP 请求有错误时，就会产生此异常对象
HTTPError	当响应不合法 HTTP 请求内容时，就会产生此异常对象
ConnectionError	当网络联机或 DNS 错误时，就会产生此异常对象
Timeout	当 HTTP 请求超过指定期限时，就会产生此异常对象
TooManyRedirects	当重新转址超过设定的最大值时，就会产生此异常对象

动手学——建立 Requests 的异常处理：Ch4_5_1.py

建立 HTTP 请求的异常处理，可以处理表 4-3 中的异常对象（Timeout 异常已经在第 4.4.5 节介绍），如下所示：

```
url = 'http://www.w3school.com.cn/404'
```

```
try:
    r = requests.get(url, timeout=3)
    r.raise_for_status()
except requests.exceptions.RequestException as ex1:
    print("Http 请求错误: " + str(ex1))
except requests.exceptions.HTTPError as ex2:
    print("Http 响应错误: " + str(ex2))
except requests.exceptions.ConnectionError as ex3:
    print("网络联机错误: " + str(ex3))
except requests.exceptions.Timeout as ex4:
    print("Timeout 错误: " + str(ex4))
```

上述 try/except 异常处理可以处理 4 种异常。因为此 URL 网址根本不存在，所以在运行结果中可以看到 404 的错误信息，如下所示：

```
Http 请求错误: 404 Client Error: Not Found for url: http://www.w3school.com.cn /404
```

4.5.2 Python 文件存取

Python 提供了文件处理（File Handling）的内置函数，可以将数据写入文件和读取文件中的数据。

动手学——将获取的响应内容写成文件：Ch4_5_2.py

将中国水利水电出版社官方网站的内容存储成 waterpub.txt 文件，如下所示：

```
r = requests.get("http://www.waterpub.com.cn")

fp = open("waterpub.txt", "w", encoding="utf-8")
fp.write(r.text)
print("写入文件 waterpub.txt...")
fp.close()
```

上述程序代码调用 open()函数打开文件，调用 close()函数关闭文件，如下所示：

```
fp = open("waterpub.txt", "w", encoding="utf-8")
```

上述函数的返回值是文件指标，第 1 个参数是文件名或文件完整路径，如果内含路径“\”符号，Windows 操作系统需要使用逸出字符“\\”；第 2 个参数是文件打开的模式字符串。模式字符串说明如表 4-4 所示。

表 4-4　模式字符串说明

模式字符串	当打开文件已经存在	当打开文件不存在
r	打开只读文件	产生错误
w	清除文件内容后写入	建立写入文件
a	打开文件从文档末尾开始写入	建立写入文件
r+	打开读写文件	产生错误
w+	清除文件内容后读写内容	建立读写文件
a+	打开文件从文档末尾开始读写	建立读写文件

第 3 个参数 encoding 指定编码，此例是 utf-8，在其运行结果中可以看到写入文件的消息正文，如下所示：

```
写入文件 waterpub.txt...
```

动手学——读取文件的全部内容（一）：Ch4_5_2a.py

读取和输出 Ch4_5_2.py 建立的 waterpub.txt 文件内容，如下所示：

```
fp = open("waterpub.txt", "r", encoding="utf-8")
str = fp.read()
print("文件内容:")
print(str)
```

上述 open() 函数的模式字符串是“r”，即读取文件内容；然后调用 read() 函数，该函数没有参数，故为读取文件的全部内容。其运行结果输出了文件内容，如下所示：

```
文件内容:
<!doctype html>
<html>
        <head>
        <meta charset="utf-8">
        <meta name="viewport" content="width=device-width,initial-
scale=1.0,minimum-scale=1.0">
        <title>水电知识网-中国水利水电出版社</title>
    ...
        </head>
        <body class="homepage">

      <!-- Demo -->
    ...
</body>

</html>
```

动手学——Python 的 with/as 程序区块：Ch4_5_2b.py

Python 文件处理需要在处理完后自行调用 close() 函数来关闭文件。对于这些需要善后的操作，如果担心忘记进行事后清理工作，则可以使用另一种更简洁的写法，改用 with/as 程序区块读取文件内容，如下所示：

```
with open("waterpub.txt", "r", encoding="utf-8") as fp:
    str = fp.read()
    print("文件内容:")
    print(str)
```

上述程序代码建立读取文件内容的程序区块（**注意**：fp 后的冒号“:”），当执行完程序区块后，就会自动关闭文件。

动手学——读取文件的全部内容（二）：Ch4_5_2c.py

读取和输出 Ch4_5_2.py 建立的 waterpub.txt 文件内容，如下所示：

```
with open("waterpub.txt", "r", encoding="utf-8") as fp:
    list1 = fp.readlines()
    for line in list1:
        print(line, end="")
```

上述程序代码调用 readlines() 函数读取文件内容，使其成为 list1 列表，其中每一行是一个项目，然后使用 for 循环输出每一行的文件内容。因为文件中的每一行都有换行，所以 print() 函数不需要换行。

4.6 使用 BeautifulSoup 剖析 HTML 文件

BeautifulSoup 是剖析 HTML 网页著名的 Python 包，可以将 HTML 网页标签转换成一棵 Python 对象树，帮助我们从 HTML 网页获取所需数据。

在第 5 章将使用 BeautifulSoup 对象的函数和属性来搜索 HTML 标签，以及在对象树中遍历标签。本节则介绍如何建立 BeautifulSoup 对象，以及通过剖析输出功能来储存 HTML 网页文档。

4.6.1 建立 BeautifulSoup 对象

Python 程序在使用前需导入 BeautifulSoup 模块，如下所示：

```
from bs4 import BeautifulSoup
```

导入 BeautifulSoup 模块后，就可以建立 BeautifulSoup 对象，有 3 种方法可以建立 BeautifulSoup 对象。

动手学——使用 HTML 标签字符串建立 BeautifulSoup 对象 Ch4_6_1.py

可以使用 HTML 标签字符串建立 BeautifulSoup 对象，如下所示：

```
from bs4 import BeautifulSoup

html_str = "<p>Hello World!</p>"
soup = BeautifulSoup(html_str, "lxml")
print(soup)
```

上述程序代码指定 html_str 变量的 HTML 标签字符串后，BeautifulSoup() 函数的第 1 个参数是标签字符串；第 2 个参数指定 TreeBuilders，即使用 Python 对象树剖析器，常用的有 3 种，即“lxml”、“html5lib”和内置“html.parser”，官方文件建议使用“lxml”。

在剖析 HTML 标签字符串后，调用 print() 函数输出内容，可以看到其自动补齐了缺少的 HTML 标签 <html> 和 <body>，其运行结果如下所示：

```
<html><body><p>Hello World!</p></body></html>
```

动手学——使用 HTTP 响应内容建立 BeautifulSoup 对象：Ch4_6_1a.py

可以使用本章前的 Requests 包，使用 HTTP 响应内容来建立 BeautifulSoup 对象，HTTP 请求的网址是“编程论坛”的首页（http://bbs.bccn.net），如下所示：

```
import requests
from bs4 import BeautifulSoup

r = requests.get("http://bbs.bccn.net")
r.encoding = "gbk"
soup = BeautifulSoup(r.text, "lxml")
print(soup)
```

上述程序代码导入 requests 和 BeautifulSoup 模块后，调用 get() 函数发送 HTTP 请求，指定 r.encoding 编码为 gbk，然后使用 r.text 属性的响应内容建立 BeautifulSoup 对象，最后调用 print() 函数输出内容，其运行结果为输出 HTML 标签内容，如图 4-8 所示。

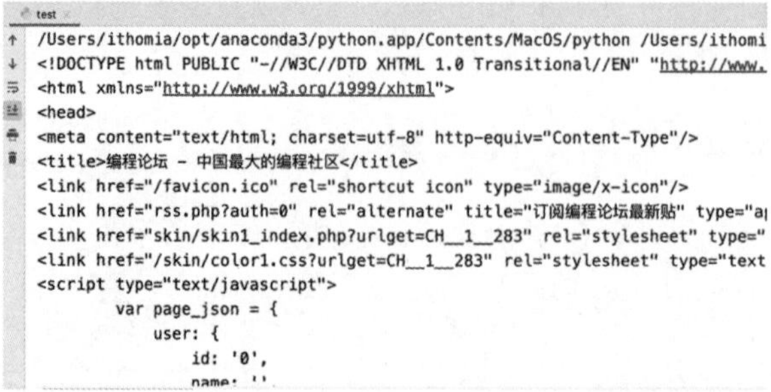

```
/Users/ithomia/opt/anaconda3/python.app/Contents/MacOS/python /Users/ithomi
<!DOCTYPE html PUBLIC "-//W3C//DTD XHTML 1.0 Transitional//EN" "http://www.
<html xmlns="http://www.w3.org/1999/xhtml">
<head>
<meta content="text/html; charset=utf-8" http-equiv="Content-Type"/>
<title>编程论坛 - 中国最大的编程社区</title>
<link href="/favicon.ico" rel="shortcut icon" type="image/x-icon"/>
<link href="rss.php?auth=0" rel="alternate" title="订阅编程论坛最新贴" type="a
<link href="skin/skin1_index.php?urlget=CH__1__283" rel="stylesheet" type="
<link href="/skin/color1.css?urlget=CH__1__283" rel="stylesheet" type="text
<script type="text/javascript">
        var page_json = {
            user: {
                id: '0',
```

图 4-8

动手学——打开文件建立 BeautifulSoup 对象：Ch4_6_1b.py

可以通过 Python 文件存取直接打开本机 HTML 文档来建立 BeautifulSoup 对象。例如，index.html 文档是编程论坛的首页，如下所示：

```
from bs4 import BeautifulSoup

with open("index.html", "r", encoding="utf-8") as fp:
    soup = BeautifulSoup(fp, "lxml")
    print(soup)
```

上述程序代码使用 with/as 程序区块，调用 open() 函数打开文件 index.html（此文件和 Python 程序位于同一目录），然后使用文件指针 fp 建立 BeautifulSoup 对象，最后调用 print() 函数输出内容，从其运行结果中可以看到和 Ch4_6_1a.py 相同的 HTML 标签。

4.6.2 输出剖析的 HTML 文件

BeautifulSoup 对象可以调用 prettify() 函数来格式化输出剖析的 HTML 网页或字符串。当然，也可以将输出内容存储成本机 HTML 文件。

动手学——格式化输出 HTML 网页：Ch4_6_2.py

文本文件 flag.txt 是从旗标网站（已用 Google 浏览器翻译为中文简体）中下载的 HTML 标签文档，其内容如图 4-9 所示。

```
<!doctype html>
<html>
		<head>
		<meta charset="utf-8">
		<meta name="viewport" content="width=device-width,initial-scale=1.0,minimum-scale=1.0">
		<title>旗标科技</title>
		<link rel="stylesheet" href="http://www.flag.tw/assets/css/home/normalize.css">
		<link rel="stylesheet" href="http://www.flag.tw/assets/css/home/style.css">
		<link rel="stylesheet" href="http://www.flag.tw/assets/css/home/animate.css">
		<link rel="stylesheet" href="http://www.flag.tw/assets/css/home/font-awesome.css">
		<link rel="stylesheet" href="http://www.flag.tw/assets/css/home/bigvideo.css">
		<script type="text/javascript" src="http://www.flag.tw/assets/js/jquery-3.2.1.min.js"></script>
   <script src="http://www.flag.tw/assets/js/jquery-ui.min.js"></script>
		<script src="//vjs.zencdn.net/4.3/video.js"></script>
		<script src="http://www.flag.tw/assets/js/bigvideo.js"></script>

<link rel="icon" href="http://www.flag.tw/assets/img/flag.png" sizes="32x32" />
		</head>
		<body class="homepage">
```

图 4-9

图 4-9 所示 HTML 标签并没有统一的缩排，现在，打开文本文件，然后调用 BeautifulSoup 对象的 prettify() 函数来格式化输出剖析的 HTML 标签，如下所示：

```
from bs4 import BeautifulSoup

with open("flag.txt", "r", encoding="utf-8") as fp:
    soup = BeautifulSoup(fp, "lxml")
    print(soup.prettify())
```

上述程序代码打开 flag.txt 文件后，调用 soup.prettify() 函数格式化输出 HTML 标签字符串，在其运行结果中，HTML 标签已经格式化编排成一致的缩进，如下所示：

```
<!DOCTYPE html>
<html>
  <head>
  <meta charset="utf-8"/>
  <meta content="width=device-width,initial-scale=1.0,minimum-scale=1.0" name="viewport"/>
  <title>
   旗标科技
  </title>
  <link href="http://www.flag.tw/assets/css/home/normalize.css" rel="stylesheet"/>
  <link href="http://www.flag.tw/assets/css/home/style.css" rel="stylesheet"/>
  <link href="http://www.flag.tw/assets/css/home/animate.css" rel="stylesheet"/>
  <link href="http://www.flag.tw/assets/css/home/font-awesome.css" rel="stylesheet"/>
  <link href="http://www.flag.tw/assets/css/home/bigvideo.css" rel="stylesheet"/>
  <script src="http://www.flag.tw/assets/js/jquery-3.2.1.min.js" type="text/javascript">
  </script>
  ...
```

动手学——将 Web 网页格式化输出保存为文件：Ch4_6_2a.py

调用 with open() 函数打开本地的旗标网站（已翻译为简体）的 HTML 标签文档，然后调用 BeautifulSoup 对象的 prettify() 函数来格式化输出剖析的 HTML 网页，并且保存为文件 flag2.txt，如下所示：

```
from bs4 import BeautifulSoup

with open("flag.txt", "r", encoding="utf-8") as fp:
    soup = BeautifulSoup(fp, "lxml")

fp = open("flag2.txt", "w", encoding="utf-8")
fp.write(soup.prettify())
print("写入文件 flag2.txt...")
fp.close()
```

上述程序代码打开 flag2.txt 文件后，写入 soup.prettify() 函数格式化输出的 HTML 标签，其运行结果如下所示：

```
写入文件 flag2.txt...
```

使用记事本打开 flag2.txt，可以看到文件内容和 flag.txt 的差别，如图 4-10 所示。

图 4-10

当成功将 Web 的 HTML 网页保存为本机 HTML 文件后，就可以脱机学习 BeautifulSoup 对象的函数和属性。第 5 章将直接打开本机 HTML 文件来运行 HTML 标签的搜索和遍历，获取所需数据。

4.6.3 BeautifulSoup 的对象说明

BeautifulSoup 对象可以将 HTML 网页剖析转换成 Python 对象树，其主要剖析成 4 种对象：Tag、NavigableString、BeautifulSoup 和 Comment。

动手学——Tag 对象：Ch4_6_3.py

Tag 对象是剖析 HTML 网页时由标签转换成的 Python 对象，提供多种属性和函数来搜索和访问 Python 对象树（详见第 5 章内容）。本节范例只介绍如何获取标签名称和属性值。例如，剖析 HTML 标签字符串，建立 BeautifulSoup 对象，获取 Tag 对象，如下所示：

```
html_str = "<div id='msg' class='body strikeout'>Hello World!</div>"
soup = BeautifulSoup(html_str, "lxml")
tag = soup.div
print(type(tag))
```

上述程序代码使用 HTML 标签字符串建立 BeautifulSoup 对象，<div> 标签拥有 2 个属性 id

和 class，class 属性是多重值属性，拥有空格符分隔的 2 个值 body 和 strikeout。

可以直接使用标签名称 soup.div 属性获取 Python 对象树中的第 1 个 <div> 标签对象，type() 函数输出类型是 Tag 对象，如下所示：

```
<class 'bs4.element.Tag'>
```

在获取 HTML 标签的 Tag 对象后，可以获取 Tag 对象的标签名称和属性值，如下所示。

- 获取标签名称。Tag 对象的 name 属性可以获取标签名称 div，如下所示：

```
print(tag.name)              # 标签名称
```

```
div
```

- 获取标签属性值。在 Tag 对象获取标签 <div> 的 id 属性值，如下所示：

```
print(tag["id"])             # 标签属性
```

```
msg
```

- 获取标签属性的多重值。在 Tag 对象获取标签 <div> 的 class 属性值，这是多重值属性，获取的是一个列表，如下所示：

```
print(tag["class"])          # 多重值属性的值列表
```

```
['body', 'strikeout']
```

- 获取标签的所有属性值。Tag 对象可以使用 attrs 属性获取标签的所有属性值，这是一个字典，如下所示：

```
print(tag.attrs)             # 标签所有属性值的字典
```

```
{'id': 'msg', 'class': ['body', 'strikeout']}
```

动手学——NavigableString 对象：Ch4_6_3a.py

NavigableString 对象是标签内容，即位于 <div> </div> 标签中的文字内容。使用 Tag 对象的 string 属性来获取 NavigableString 对象，如下所示：

```
html_str = "<div id='msg' class='body strikeout'>Hello World!</div>"
soup = BeautifulSoup(html_str, "lxml")
tag = soup.div
print(tag.string)            # 标签内容
print(type(tag.string))      # NavigableString 类型
```

上述程序代码输出标签内容和类型，其运行结果如下所示：

```
Hello World!
<class 'bs4.element.NavigableString'>
```

Tag 对象除了使用 string 属性外，还可以使用 text 属性和 get_text() 函数来获取标签内容，其说明如表 4-5 所示。

表 4-5　Tag 对象属性及说明

属性或函数	说　明
string	获取 NavigableString 对象的标签内容
text	获取所有子标签内容的合并字符串
get_text()	获取所有子标签内容的合并字符串，可以加上参数字符串的分隔字符，如 get_text("-")；也可以加上 strip=True 参数清除空格符

如果在标签内容中有子标签，则 string 属性无法成功获取标签内容，此时需要使用 text 属性或 get_text() 函数（Python 程序：Ch4_6_3b. py），如下所示：

```
html_str = "<div id='msg'>Hello World! <p> Final Test <p></div>"
soup = BeautifulSoup(html_str, "lxml")
tag = soup.div
print(tag.string)          # string 属性
print(tag.text)            # text 属性
print(type(tag.text))
print(tag.get_text ())     # get_text()函数
print(tag.get_text("-"))
print(tag.get_text("-", strip=True))
```

上述 HTML 标签字符串中有 <p> 子标签，tag.string 是 None 无法获取标签的文字内容，此时需要使用 text 属性来取出。get_text() 函数类似于 text 属性，还可以指定参数的分隔字符“-”。其运行结果如下所示：

```
None
Hello World!                Final Test
<class 'str'>
Hello World!                Final Test
Hello World! -              Final Test
Hello World! -              Final Test
```

上述运行结果的第 2 行是 text 属性值，最后 3 行是 get_text() 函数，第 4 行输出所有子孙标签的文字内容，第 5 行可以看到分隔字符“-”，第 6 行删除前后空格符。

动手学——BeautifulSoup 对象：Ch4_6_3c.py

BeautifulSoup 对象本身代表整个 HTML 网页，如果只是 HTML 标签字符串，也会自动补齐成为完整的 HTML 网页，name 属性值是 [document]，如下所示：

```
html_str = "<div id='msg'>Hello World!</div>"
soup = BeautifulSoup(html_str, "lxml")
tag = soup.div
print(soup.name)
print(type(soup))              # BeautifulSoup类型
```

上述程序代码可以输出 name 属性和类型，其运行结果如下所示：

```
[document]
<class 'bs4.BeautifulSoup'>
```

动手学——Comment 对象：Ch4_6_3d.py

Comment 对象是特殊的 NavigableString 对象，可以获取 HTML 网页的批注文字，如下所示：

```
html_str = "<p><!-- 批注文字 --></p>"
soup = BeautifulSoup(html_str, "lxml")
comment = soup.p.string
print(comment)
print(type(comment))          # Comment 类型
```

上述 HTML 标签字符串的 <p> 标签内容是批注文字，其运行结果如下所示：

```
批注文字
<class 'bs4.element.Comment'>
```

◇ 学习检测 ◇

1．什么是网络爬虫？

2．举例说明网络爬虫过程中需要使用的工具和函数库。

3．简单说明网络爬虫的基本步骤。什么是 HTTP 通信协议？

4．Python 语言内置_____模块也可以发送 HTTP 请求，但是本书使用的_____包可以使用更简单的方式来发送 GET/POST 的 HTTP 请求。

5．什么是 BeautifulSoup？BeautifulSoup 对象有哪 4 种？

6．使用常用的一个 Web 网站，如学校官网，建立 Python 程序发送 GET 请求，可以输出的响应码是什么？然后使用 Chrome 开发人员工具查看 Web 网站的标头信息。

7．继续第 6 题的 Python 程序，请输出响应的标头信息和响应内容。

8．继续第 7 题的 Python 程序，请将响应内容保存为 test.html 文件。

9．继续第 6 题的 Python 程序，请使用 BeautifulSoup 对象剖析响应内容，并且格式化输出成 test2.html。

10．现在有一个 HTML 标签字符串，建立 Python 程序剖析此字符串来输出 <div> 标签的名称、id 属性和内容，如下所示：

```
html_str = "<div id='title'>Python Data Science</div>"
```

CHAPTER 5

第 5 章

数据获取

5.1 网络爬虫概述

网络爬虫的主要工作是从 HTML 网页中抓取所需的数据，本章将使用 BeautifulSoup 从 HTML 网页中通过搜索和遍历来获取所需的数据。

5.1.1 网络爬虫的主要工作

使用 Requests 发送 HTTP 请求获取响应的 HTML 网页内容是一种半结构化数据，如果需要从 HTML 网页中抓取所需数据，其主要工作有 3 项，如下所示。

- 搜索 HTML 网页：从 HTML 网页中搜索特定 HTML 标签或标签集合，可以使用标签名称、属性、CSS 选择器（Selector）和正则表达式（Regular Expression）来获取特定 HTML 元素。
- 遍历 HTML 网页：当搜索出特定元素后，如果其位于目标数据的附近，则还需要从 HTML 网页结构中通过向上、向下、向左、向右遍历 HTML 元素来定位出数据真正的位置。
- 修改 HTML 网页：为了能够更顺利地获取数据，获取的 HTML 网页如果不完整或有遗失的数据，则需要修改 HTML 标签和属性值来帮助我们顺利地进行网络爬虫。

5.1.2 本章使用的范例 HTML 网页

为了方便学习 BeautifulSoup 相关搜索和遍历的函数及属性，本章以 Example.html 的 HTML 网页文件作为范例，如下所示：

```
<!DOCTYPE html>
<html lang="gbk">
  <head>
   <meta charset="utf-8"/>
   <title>测试数据爬取的 HTML 网页</title>
  </head>
  <body>
  <!DOCTYPE html>
  <html lang="gbk">
   <head>
    <meta charset="utf-8"/>
    <title>测试数据爬取的 HTML 网页</title>
   </head>
   <body>
    <!-- Surveys -->
    <div class="surveys" id="surveys">
```

```
    <div class="survey" id="q1">
     <p class="question">
      <a href="http://example.com/q1">请问你的性别?</a></p>
     <ul class="answer">
      <li class="response">男 -
       <span class="score selected">20</span></li>
      <li class="response">女 -
       <span class="score">10</span></li>
     </ul>
    </div>
    <div class="survey" id="q2">
     <p class="question">
      <a href="http://example.com/q2">请问你是否喜欢侦探小说?</a></p>
     <ul class="answer">
      <li class="response">喜欢 -
       <span class="score">40</span></li>
      <li class="response">普通 -
       <span class="score selected">20</span></li>
      <li class="response">不喜欢 -
       <span class="score">0</span></li>
     </ul>
    </div>
    <div class="survey" id="q3">
     <p class="question">
       <a href="http://example.com/q3">请问你是否会程序设计?</a></p>
     <ul class="answer">
      <li class="response">会 -
       <span class="score selected">34</span></li>
      <li class="response">不会 -
     <span class="score">6</span></li>
    </ul>
   </div>
   </div>
     <div class="emails" id="emails">
     <div class="question">电子邮件列表信息: </div>
     abc@example.com
     <div class="survey" data-custom="important">def@example.com</div>
     <span class="survey" id="email">ghi@example.com</div>
   </div>
  </body>
 </html>
```

上述 HTML 网页的 <body> 标签中有 2 个 <div> 标签，转换成的 HTML 标签树如图 5-1 所示。

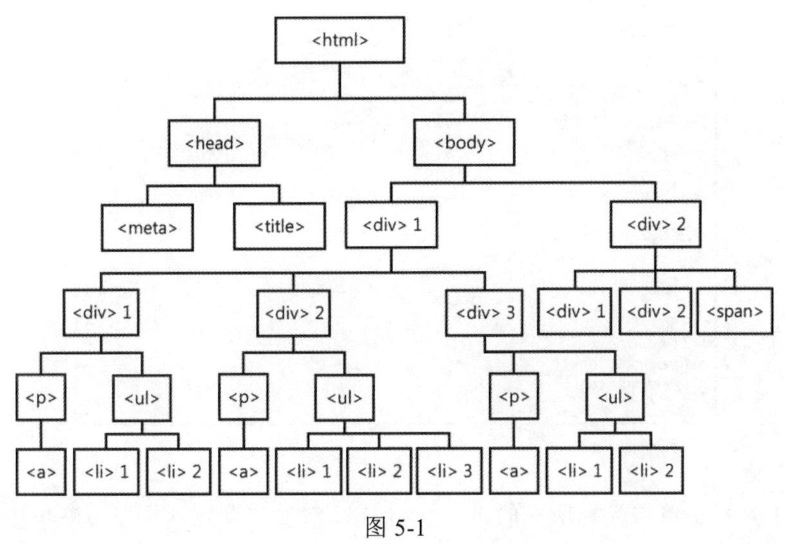

图 5-1

图 5-1 就是 HTML 网页各标签的阶层结构，只有了解了 HTML 网页的结构，才能搜索和遍历 HTML 网页。

动手学——加载和剖析范例 HTML 网页：Ch5_1_2.py

打开 Example.html 文件，然后使用 BeautifulSoup 剖析 HTML 网页，如下所示：

```
from bs4 import BeautifulSoup

with open("Example.html", "r", encoding="utf-8") as fp:
    soup = BeautifulSoup(fp, "lxml")

print(soup)
```

上述程序代码导入 BeautifulSoup 后，打开和读取 HTML 文件 Example. html，即可使用档案内容建立 BeautifulSoup 对象剖析 HTML 网页，运行结果中将输出整个 HTML 网页内容。

5.1.3 使用开发人员工具分析 HTML 网页

在进行网页数据抓取前，需要先分析 HTML 网页来搜索目标数据的特征。例如，数据位于哪一个标签，标签是否有唯一的 id 属性，如果有唯一的 id 属性就可以直接搜索，如果位于搜索到标签的附近，可以再次搜索，或使用遍历方式来处理。即需要分析 HTML 网页来找出搜索和遍历的策略，以便将所需数据抓取出来。

Google Chrome 浏览器的开发人员工具就是分析 HTML 网页的好工具。例如，加载范例 Example.htm 后，按 F12 键会打开开发人员工具，如图 5-2 所示。

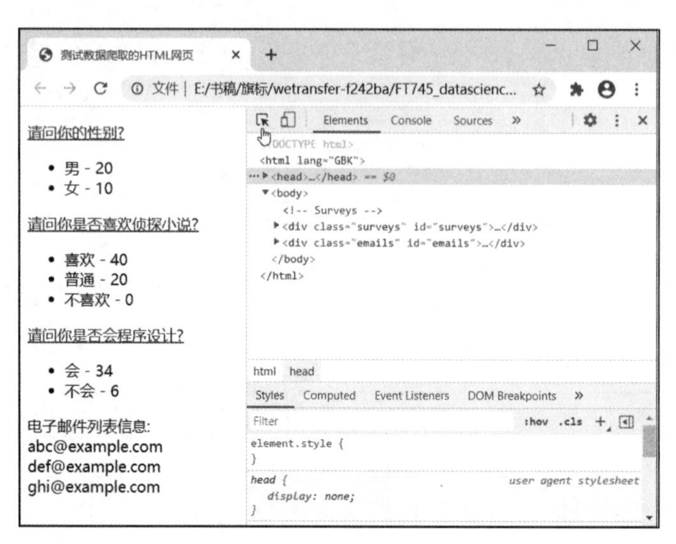

图 5-2

在右上方工具栏中单击光标所在的第 1 个按钮，然后移动光标至左边网页中的特定文字内容，即可检视对应的 HTML 标签，如图 5-3 所示。

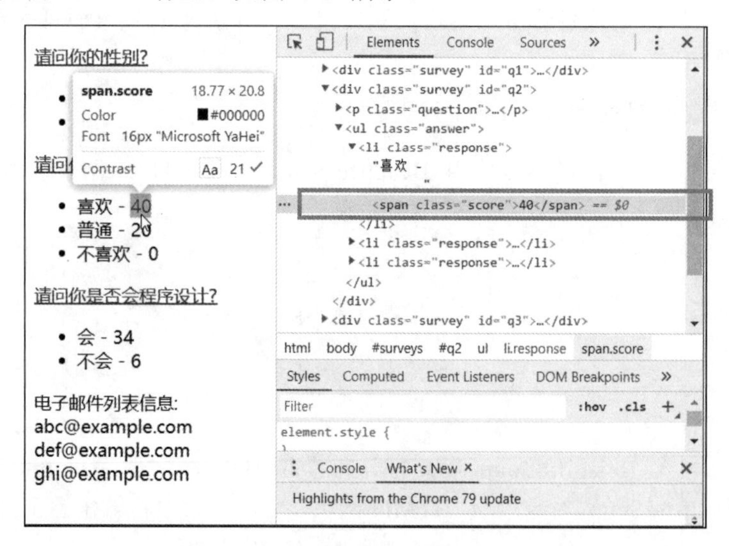

图 5-3

5.2 使用 find() 和 find_all() 函数搜索 HTML 网页

BeautifulSoup 本身和 Tag 对象支持多种使用 find 开头的函数来搜索 HTML 网页，本节即介绍 find() 和 find_all() 函数。其他函数多用于遍历 HTML 网页，这部分内容将在第 5.5 节中介绍。

5.2.1 使用 find() 函数搜索 HTML 网页

搜索 HTML 网页实际上就是搜索 BeautifulSoup 剖析成 Python 对象的标签树（第 5.1.2 节）。可以调用 find() 函数搜索 HTML 网页来搜索指定的 HTML 标签，其基本语法如下所示：

```
find(name, attribute, recursive, text, **kwargs)
```

上述 find() 函数可以搜索到第 1 个符合条件的 Python 对象，即 HTML 标签对象；若没有找到，则返回 None。find() 函数的参数说明如下所示。

- name 参数：指定搜索的标签名称，可以找到第 1 个符合条件的 HTML 标签，值可以是字符串的标签名称、正则表达式、列表或函数。
- attribute 参数：搜索条件的 HTML 标签属性。
- recursive 参数：此参数为布尔值且默认为 True，搜索会包含所有子孙标签；如为 False，搜索就只限下一层子标签，不包含再下一层的孙标签。
- text 参数：指定搜索的标签字符串内容。

find() 函数最后的 **kwargs 表示 find() 函数的参数个数是不定长度(有的话，才需指定)，而且参数格式是一种“键=值”参数。

动手学——使用标签名称搜索 HTML 标签：Ch5_2_1.py

搜索 Example.html 问卷第 1 题的题目，利用开发人员工具可以搜索 <a> 标签的内容，如图 5-4 所示。

```
... ▼<body> == $0
      <!-- Surveys -->
    ▼<div class="surveys" id="surveys">
      ▼<div class="survey" id="q1">
        ▼<p class="question">
            <a href="http://example.com/q1">请问你的性别?</a>
          </p>
        ▶<ul class="answer">…</ul>
        </div>
      ▶<div class="survey" id="q2">…</div>
      ▶<div class="survey" id="q3">…</div>
      </div>
    ▶<div class="emails" id="emails">…</div>
    </body>
  </html>
```

图 5-4

上述标签 <a> 是第 1 个 <a> 标签，可以调用 find() 函数搜索此 HTML 标签，如下所示：

```
tag_a = soup.find("a")
print(tag_a.string)
```

上述程序代码搜索 <a> 标签名称为 "a" 的字符串，可以找到第 1 个 <a> 标签的 Tag 对象，然后使用 string 属性获取内容，其运行结果如下所示：

```
请问你的性别？
```

再次观察 HTML 标签树，<a> 标签的上一层是 <p> 标签，可以先调用 find() 函数搜索 <p> 标签，然后在 <p> 标签中使用属性遍历至 <a> 标签，或再次调用 find() 函数搜索下一层 <a> 标签，如下所示：

```
tag_p = soup.find(name="p")
tag_a = tag_p.find(name="a")
print(tag_p.a.string)
print(tag_a.string)
```

上述程序代码首先搜索标签 <p>，find() 函数使用“键=值”参数，然后从 <p> 标签开始再调用 find() 函数搜查下一层标签 <a>，即可从 tag_p 开始使用 a 属性获取之下的 <a> 标签来获取内容，tag_a 因为是 <a> 标签，所以可以直接获取内容。从其运行结果中可以看到 2 行相同的标签内容，如下所示：

```
请问你的性别？
请问你的性别？
```

动手学——搜索 HTML 标签的 id 属性：Ch5_2_1a.py

HTML 标签的 id 属性值是唯一值，如果 HTML 标签拥有 id 属性，则可以直接使用 id 属性来搜索 HTML 标签。例如，搜索第 2 题的问卷题目，<div> 标签的 id 属性值是 q2，如下所示：

```
tag_div = soup.find(id="q2")
tag_a = tag_div.find("a")
print(tag_a.string)
```

上述程序代码使用 id="q2" 搜索 <div> 标签，找到后，再调用 find() 函数搜索 <a> 标签，可以获取标签内容的题目字符串，其运行结果如下所示：

```
请问你是否喜欢侦探小说？
```

动手学——搜索 HTML 标签的 class 样式属性：Ch5_2_1b.py

HTML 标签的 class 属性值套用的是 CSS 样式，可以使用此属性值来搜索 HTML 标签。但是，因为此属性值并非唯一值，所以找到的只是第 1 个，而且 class 是 Python 关键词，需要改用 attrs 属性来指定属性值。

例如，使用 class 样式属性值 score 搜索第 1 个 <span> 标签，如下所示：

```
tag_span = soup.find(attrs={"class": "score"})
print(tag_span.string)
```

上述 find() 函数的自变量是使用 attrs 属性指定 class 属性值为 score，这是字典，可以显示第 1 个 <span> 标签的分数，其运行结果如下所示：

```
20
```

因为 HTML 标签的 class 属性值是常用的搜索条件，BeautifulSoup 对象提供特殊常数 class_，在之后用 "_" 底线来快速指定 class 属性值的条件，例如，搜索问卷第 2 题 <div> 标签下的第 1 个 <span> 标签，如下所示：

```
tag_div = soup.find(id="q2")
tag_span = tag_div.find(class_="score")
print(tag_span.string)
```

上述程序代码先使用 id 属性找到第 2 题的 <div> 标签，然后调用 find() 函数，此时的 class 属性值 score 由 class_ 指定，可以输出 <span> 标签的分数，其运行结果如下所示：

```
40
```

动手学——使用 HTML 5 自定义属性搜索 HTML 标签：Ch5_2_1c.py

HTML 5 的标签可以指定以 data- 开头的自定义属性，因为自定义属性有 "-" 符号，并不能作为参数名称，所以需要使用 attrs 属性来指定自定义属性值。例如，在电子邮件的 <div> 标签中有 data-custom 属性值 important，如下所示：

```
tag_div = soup.find(attrs={"data-custom": "important"})
print(tag_div.string)
```

上述 attrs 属性指定 data-custom 自定义属性值的搜索条件，其运行结果是标签内容的电子邮件地址字符串，如下所示：

```
def@example.com
```

动手学——搜索 HTML 标签的文字内容：Ch5_2_1d.py

对于 HTML 标签的文字内容，可以使用 text 属性来指定搜索条件，如下所示：

```
tag_str = soup.find(text="请问你的性别?")
print(tag_str)
tag_str = soup.find(text="10")
print(tag_str)
print(type(tag_str))                    # NavigableString 类型
print(tag_str.parent.name)              # 父标签名称
tag_str = soup.find(text="男 -")
print(tag_str)
```

上述程序代码使用 text 参数指定文字内容的搜索条件，返回值是符合文字内容的 NavigableString 对象，tag_str.parent.name 使用 parent 属性遍历父标签（详见第 5.5.3 节），可以获取此文字内容的父标签名称，其运行结果如下所示：

```
请问你的性别？
10
<class 'bs4.element.NavigableString'>
span
None
```

上述运行结果输出文字内容后，可以看到其类型是 NavigableString 对象，父标签是 <span>，None 表示没有找到字符串 "男 -"。但是，在 HTML 网页内容中确实有此字符串，如下所示：

```
<li class="response">男 -
  <span class="score selected">20</span></li>
```

上述 <li> 标签的内容包括文字内容和子标签 <span>，BeautifulSoup 无法使用 text 搜索混合内容的字符串（Python 程序：Ch5_2_1e.py），如下所示：

```
tag_li = soup.find(class_="response")
print(tag_li.string)
print(tag_li.span.string)
```

上述程序代码搜索前述 <li> 标签，无法获取此标签的文字内容，但是可以获取 <span> 子标签的文字内容，其运行结果如下所示：

```
None
20
```

对于这种混合内容，或不是在 HTML 标签中的文字内容，可以使用第 5.4 节的正则表达式来进行搜索。

动手学——同时使用多个条件来搜索 HTML 标签：Ch5_2_1f.py

Example.html 的 class 属性值 question 分别套用在问卷的问题和第 2 个电子邮件列表的 <div> 标签，可以使用 2 个条件来分别搜索这 2 个不同的 HTML 标签，如下所示：

```
tag_div = soup.find("div", class_="question")
print(tag_div)
tag_p = soup.find("p", class_="question")
print(tag_p)
```

上述程序代码的第 1 个 find() 函数搜索 <div> 标签且 class 属性值是 question，第 2 个 find() 函数搜索 <p> 标签，从其运行结果中可以看到这 2 个 HTML 标签，如下所示：

```
<div class="question">电子邮件列表信息：</div>
<p class="question">
<a href="http://example.com/q1">请问你的性别?</a></p>
```

动手学——使用 Python 函数定义搜索条件：Ch5_2_1g.py

find() 函数的参数可以是一个函数调用，即可以调用函数来定义搜索条件。例如，建立 is_secondary_question() 函数，可以检查标签是否有 href 属性，而且属性值是 http://example.com/q2，如下所示：

```
def is_secondary_question(tag):
    return tag.has_attr("href") and \
        tag.get("href") == "http://example.com/q2"

tag_a = soup.find(is_secondary_question)
print(tag_a)
```

上述 find() 函数的参数是 is_secondary_question 函数，不需加上括号，可以获取第 2 个问题的 <a> 标签，其执行结果如下所示：

```
<a href="http://example.com/q2">请问你是否喜欢侦探小说?</a>
```

5.2.2 使用 find_all() 函数搜索 HTML 网页

BeautifulSoup 的 find_all() 函数可以搜索 HTML 网页，搜索所有符合条件的 HTML 标签，其基本语法如下所示：

```
find_all(name, attribute, recursive, text, limit, **kwargs)
```

上述函数的参数比 find() 函数多了一个 limit 参数，其说明如下所示。

limit 参数：指定搜索到符合 HTML 标签的最大值。所以，find() 函数就是 limit 参数值为 1 的 find_all() 函数。

find_all() 函数和 find() 函数的使用方式类似，在第 5.2.1 节中的参数都可以用于 find_all() 函数，只是其搜索结果是符合条件的列表，而不是第 1 个符合条件的 Tag 对象。

动手学——搜索所有问卷的题目字符串：Ch5_2_2.py

调用 find_all() 函数在 Example.html 中搜索所有问卷题目的列表，如下所示：

```
tag_list = soup.find_all("p", class_="question")
print(tag_list)

for question in tag_list:
    print(question.a.string)
```

上述 find_all() 函数的条件是所有 <p> 标签且 class 属性值是 question，然后使用 for/in 循环遍历列表一一获取题目字符串。因为题目字符串位于 <a> 子标签，所以使用 question.a.string 输出题目字符串。其执行结果如下所示：

```
[<p class="question">
<a href="http://example.com/q1">请问你的性别?</a></p>, <p class="question">
<a href="http://example.com/q2">请问你是否喜欢侦探小说?</a></p>, <p
class="question">
<a href="http://example.com/q3">请问你是否会程序设计?</a></p>]
请问你的性别?
请问你是否喜欢侦探小说?
请问你是否会程序设计?
```

上述运行结果中，首先输出搜索结果的 <p> 标签列表，最后是 3 个问卷题目字符串。

动手学——使用 limit 参数限制搜索数量：Ch5_2_2a.py

修改 Ch5_2_2.py，在 find_all()函数中加上 limit 参数，只搜索前两个数据，如下所示：

```
tag_list = soup.find_all("p", class_="question", limit=2)
print(tag_list)

for question in tag_list:
    print(question.a.string)
```

上述程序代码只差 find_all() 函数最后的 limit 参数，其运行结果只有前两个 <p> 标签，如下所示：

```
[<p class="question">
<a href="http://example.com/q1">请问你的性别?</a></p>, <p class="question">
<a href="http://example.com/q2">请问你是否喜欢侦探小说?</a></p>]
请问你的性别?
请问你是否喜欢侦探小说?
```

动手学——搜索所有标签：Ch5_2_2b.py

find_all() 函数的参数值如果是 True，就表示搜索所有 HTML 标签。例如，搜索问卷第 2 题的所有 HTML 标签，如下所示：

```
tag_div = soup.find("div", id="q2")
# 找出所有标签列表
tag_all = tag_div.find_all(True)
print(tag_all)
```

上述程序代码首先调用 find() 函数找到第 2 题的 <div> 标签，然后调用 find_all() 函数搜索所有标签，参数值是 True，其运行结果如下所示：

```
[<p class="question">
<a href="http://example.com/q2">请问你是否喜欢侦探小说?</a></p>, <a
href="http://example.com/q2">请问你是否喜欢侦探小说?</a>, <ul class="answer">
<li class="response">喜欢 -
      <span class="score">40</span></li>
<li class="response">普通 -
      <span class="score selected">20</span></li>
<li class="response">不喜欢 -
      <span class="score">0</span></li>
</ul>, <li class="response">喜欢 -
      <span class="score">40</span></li>, <span class="score">40</span>,
<li class="response">普通 -
      <span class="score selected">20</span></li>, <span class="score
selected">20</span>, <li class="response">不喜欢 -
      <span class="score">0</span></li>, <span class="score">0</span>]
```

动手学——搜索所有文字内容：Ch5_2_2c.py

如果 find_all() 函数参数是 text=True，就表示搜索所有文字内容。也可以使用列表来指定只搜索特定的文字内容，如下所示：

```
tag_div = soup.find("div", id="q2")
# 找出所有文字内容列表
tag_str_list = tag_div.find_all(text=True)
print(tag_str_list)
# 找出指定的文字内容列表
tag_str_list = tag_div.find_all(text=["20", "40"])
print(tag_str_list)
```

上述程序代码找到第 2 个问题的 <div> 标签后，第 1 个 find_all() 函数搜索所有文字内容，第 2 个 find_all() 函数只搜索“20”和“40”两个文字内容，其运行结果如下所示：

```
['\n', '\n', '请问你是否喜欢侦探小说?', '\n', '\n', '喜欢 - \n ', '40', '\ n',
 '普通 - \n          ', '20', '\n', '不喜欢 - \n      ', '0', '\n', '\n']
['40', '20']
```

上述运行结果有 2 个列表，第 1 个是第 2 题的所有文字内容，第 2 个只有 2 个项目“40”和“20”。HTML 标签的文字内容常常有一些特殊的符号字符，第 6.2 节会介绍如何清理这些多余字符。

动手学——使用列表指定搜索条件：Ch5_2_2d.py

在 find_all() 函数中可以使用列表指定搜索条件，此时的每一个项目是“或”条件，可以将其指定成标签名称列表或属性值列表，如下所示：

```
tag_div = soup.find("div", id="q2")
#找出所有 <p> 和 <span> 标签
tag_list = tag_div.find_all(["p", "span"])
print(tag_list)
#找出 class 属性值 question 或 selected 的所有标签
tag_list = tag_div.find_all(class_=["question", "selected"])
print(tag_list)
```

上述程序代码的第 1 个 find_all() 函数的参数是标签名称列表，第 2 个 find_all() 函数指定 class 属性值的列表，其运行结果如下所示：

```
[<p class="question">
<a href="http://example.com/q2">请问你是否喜欢侦探小说?</a></p>, <span
class="score">40</span>, <span class="score selected">20</span>, <span
class="score">0</span>]
[<p class="question">
<a href="http://example.com/q2">请问你是否喜欢侦探小说?</a></p>, <span
class="score selected">20</span>]
```

上述运行结果中，第 1 个列表项目是所有 <p> 和 <span> 标签，第 2 个标签的 class 属性值是 question 或 selected。

动手学——没有使用递归进行搜索：Ch5_2_2e.py

find() 函数和 find_all() 函数都支持 recursive 参数（默认值为 True），可以指定是否递归搜索子标签下的所有孙标签，如下所示：

```
tag_div = soup.find("div", id="q2")
#搜索所有 <li> 子孙标签
tag_list = tag_div.find_all("li")
print(tag_list)
#没有使用递归来搜索所有 <li> 标签
tag_list = tag_div.find_all("li", recursive=False)
print(tag_list)
```

上述程序代码的第 1 个 find_all() 函数没有指定 recursive 参数，默认搜索所有子孙标签；第 2 个 find_all() 函数将 recursive 参数指定为 False，只搜索子标签是否有 <li> 标签。其运行结果如下所示：

```
[<li class="response">喜欢 -
    <span class="score">40</span></li>, <li class="response">普通 -
    <span class="score selected">20</span></li>, <li class="response">不喜欢 -
    <span class="score">0</span></li>]
[]
```

上述运行结果的第 1 个列表项目是所有 <li> 标签；第 2 个是空列表，因为 <div> 标签的子标签是 <p> 和 <ul>，并没有 <li> 标签。

5.3 使用 CSS 选择器搜索 HTML 网页

CSS 选择器源于 CSS 层级式样式表单，可以从 HTML 网页选择出哪些 HTML 标签需要套用 CSS 样式。同理，BeautifulSoup 对象可以调用 select() 函数或 select_one() 函数，使用 CSS 选择器来搜索目标的 HTML 标签。

5.3.1 认识 CSS 选择器

CSS 选择器是一个模板，可以在 HTML 网页中比对需要套用 CSS 样式的 HTML 元素有哪些，CSS Level 1、2 和 3 版分别提供了多种 CSS 选择器。

动手学——CSS Level 1 选择器

CSS Level 1 选择器的语法、范例和说明如表 5-1 所示。

表 5-1 CSS Level 1 选择器的语法、范例和说明

语　法	范　例	说　明
.class	.test	选择所有 class="test" 的元素
#id	#name	选择 id="name" 的元素
element	p	选择所有 p 元素
element,element	div,p	选择所有 div 元素和所有 p 元素
element element	div p	选择所有是 div 后代子孙的 p 元素
:first-letter	p:first-letter	选择所有 p 元素的第 1 个字母
:first-line	p:first-line	选择所有 p 元素的第 1 行
:link	a:link	选择所有没有访问过的超链接
:visited	a:visited	选择所有访问过的超链接
:active	a:active	选择所有可用的超链接
:hover	a:hover	选择所有鼠标移动在其上的超链接

动手学——CSS Level 2 选择器

CSS Level 2 选择器的语法、范例和说明如表 5-2 所示。

表 5-2 CSS Level 2 选择器的语法、范例和说明

语　法	范　例	说　明
*	*	选择所有元素

续表

<table>
<tr><th>语　法</th><th>范　例</th><th>说　明</th></tr>
<tr><td>element>element</td><td>div>p</td><td>选择所有父元素是 div 元素的 p 元素</td></tr>
<tr><td>element+element</td><td>div+p</td><td>选择所有紧接着 div 元素之后的 p 兄弟元素</td></tr>
<tr><td>[attribute]</td><td>[count]</td><td>选择所有拥有 count 属性的元素</td></tr>
<tr><td>[attribute=value]</td><td>[target=_blank]</td><td>选择所有拥有 target="_blank" 属性的元素</td></tr>
<tr><td>[attribute~=value]</td><td>[title~=flower]</td><td>选择所有拥有 title 属性且包含“flower”的元素</td></tr>
<tr><td>[attribute|=value]</td><td>[lang|=en]</td><td>选择所有拥有 lang 属性且属性值以“en”开头的元素</td></tr>
<tr><td>:focus</td><td>input:focus</td><td>选择获取焦点的 input 元素</td></tr>
<tr><td>:first-child</td><td>p:first-child</td><td>选择所有是第 1 个子元素的 p 元素</td></tr>
<tr><td>:before</td><td>p:before</td><td>插入在每一个 p 元素之前的拟元素(Pseudo-elements)。这是一个没有实际名称或原来并不存在的元素，可以将它视为一个新元素</td></tr>
<tr><td>:after</td><td>p:after</td><td>插入在每一个 p 元素之后的拟元素</td></tr>
<tr><td>:lang(value)</td><td>p:lang(it)</td><td>选择所有拥有 lang 属性，且属性值以“it”开头的 p 元素</td></tr>
</table>

动手学——CSS Level 3 选择器

CSS Level 3 选择器的语法、范例和说明如表 5-3 所示。

表 5-3　CSS Level 3 选择器的语法、范例和说明

语　法	范　例	说　明
element1~element2	p~ul	选择所有之前是 p 元素的 ul 兄弟元素
[attribute^=value]	a[src^="https"]	选择所有 src 属性值以“https”开头的 a 元素
[attribute$=value]	a[src$=".txt"]	选择所有 src 属性值以“.txt”结尾的 a 元素
[attribute*=value]	a[src*="hinet"]	选择所有 src 属性值包含“hinet”子字符串的 a 元素
:first-of-type	p:first-of-type	选择所有是第 1 个 p 子元素的 p 元素
:last-of-type	p:last-of-type	选择所有是最后 1 个 p 子元素 的 p 元素
:only-of-type	p:only-of-type	选择所有是唯一 p 子元素的 p 元素
:only-child	p:only-child	选择所有是唯一子元素的 p 元素
:nth-child(n)	p:nth-child(2)	选择所有是第 2 个子元素的 p 元素
:nth-last-child(n)	p:nth-last-child(2)	选择所有倒数是第 2 个子元素的 p 元素
:nth-of-type(n)	p:nth-of-type(2)	选择所有是第 2 个 p 子元素的 p 元素
:nth-last-of-type(n)	p:nth-last-of-type(2)	选择所有倒数是第 2 个 p 子元素的 p 元素
:last-child	p:last-child	选择所有是最后 1 个 p 子元素的 p 元素
:root	:root	选择 HTML 网页的根元素
:empty	p:empty	选择所有没有子元素的 p 元素，包含文字节点

续表

语　法	范　例	说　明
:enabled	input:enabled	选择所有作用中的 input 元素
:disabled	input:disabled	选择所有非作用中的 input 元素
:checked	input:checked	选择所有已选择的 input 元素
:not(selector)	:not(p)	选择所有不是 p 元素的元素
::selection	::selection	选择用户选择的元素

BeautifulSoup 尚未完全实现 CSS 选择器。例如，本书使用的版本只支持表 5-3 的 nth-of-type()，并不支持其他 nth-??()。

5.3.2 使用 select() 函数搜索 HTML 网页

BeautifulSoup 支持 CSS 选择器，因此可以在 Tag 和 BeautifulSoup 对象调用 select() 函数，只需传入 CSS 选择器字符串，即可搜索 HTML 网页，返回值是符合条件的 Tag 标签对象列表。

动手学——搜索指定的标签名称：Ch5_3_2.py

搜索 <title> 标签和第 3 题的 <div> 标签，如下所示：

```
tag_title = soup.select("title")
print(tag_title[0].string)
tag_first_div = soup.find("div")
tag_div = tag_first_div.select("div:nth-of-type(3)")
print(tag_div[0])
```

上述程序代码第 1 次调用 select() 函数是搜索传入的标签名称字符串 "title"，因为返回的是列表，所以取出第 1 个 Tag 对象来输出标签内容；第 2 次先找到第 1 个 <div> 标签后，Tag 对象调用 select() 函数使用 nth-of-type(3) 搜索第 3 个子 <div> 标签，即第 3 题。其运行结果如下所示：

```
测试数据爬取的 HTML 网页
<div class="survey" id="q3">
<p class="question">
<a href="http://example.com/q3">请问你是否会程序设计?</a></p>
<ul class="answer">
<li class="response">会 -
      <span class="score selected">34</span></li>
<li class="response">不会 -
      <span class="score">6</span></li>
</ul>
</div>
```

动手学——搜索指定标签下的特定子孙标签：Ch5_3_2a.py

使用阶层关系搜索 <title> 标签，然后搜索 <div> 标签下所有 <a> 子孙标签，如下所示：

```
tag_title = soup.select("html head title")
print(tag_title[0].string)
tag_a = soup.select("body div a")
print(tag_a)
```

上述程序代码第 1 个 select() 函数的 CSS 选择器字符串是依次找到 <html>、下一层的 <head> 和下一层的 <title> 标签；第 2 个 select() 函数是找到 <body> 标签下的 <div> 标签，最后搜索所有 <a> 子孙标签。其运行结果如下所示：

```
测试数据爬取的 HTML 网页
[<a href="http://example.com/q1">请问你的性别?</a>, <a href="http://example.
com/q2">请问你是否喜欢侦探小说?</a>, <a href="http://example.com/q3">请问你是否
会程序设计?</a>]
```

动手学——搜索特定标签下的“直接”子标签：Ch5_3_2b.py

搜索特定标签下的直接子标签，可以同时使用 nth-of-type() 找出是第几个标签，也可以使用 id 属性，如下所示：

```
tag_a = soup.select("p > a")
print(tag_a)
tag_li = soup.select("ul > li:nth-of-type(2)")
print(tag_li)
tag_span = soup.select("div > #email")
print(tag_span)
```

上述程序代码第 1 个 select() 函数搜索所有 <p> 的 <a> 子标签，第 2 个 select() 函数搜索所有 <ul> 的 <li> 子标签，而且只取出第 2 个标签，第 3 个 select() 函数搜索所有 <div> id 属性值是 email 的标签的子标签，其运行结果如下所示：

```
[<a href="http://example.com/q1">请问你的性别?</a>, <a href="http://example.
com/q2">请问你是否喜欢侦探小说?</a>, <a href="http://example.com/q3">请问你是否
会程序设计?</a>]
[<li class="response">女 -
    <span class="score">10</span></li>, <li class="response">普通 -
    <span class="score selected">20</span></li>, <li class="response">不 会 -
    <span class="score">6</span></li>]
[<span class="survey" id="email">ghi@example.com</span>]
```

上述运行结果中有 3 个列表，第 1 个列表项目都是 <a> 标签；第 2 个列表项目是所有 <ul> 的第 2 个 <li> 标签；第 3 个列表项目是 <body> 下第 2 个 <div> 标签的 <span> 子标签，因

为其 id 属性值是 email。

动手学——搜索兄弟标签：Ch5_3_2c.py

可以使用 CSS 选择器“~”搜索之后的所有兄弟标签，“+”表示只有下一个兄弟标签。首先调用 find() 函数找出第 1 题 q1 的题目字符串，如下所示：

```
tag_div = soup.find(id="q1")
print(tag_div.p.a.string)
print("--------------------")
tag_div = soup.select("#q1 ~ .survey")
for item in tag_div:
    print(item.p.a.string)
print("--------------------")
tag_div = soup.select("#q1 + .survey")
for item in tag_div:
    print(item.p.a.string)
```

上述程序代码第 1 个 select() 函数使用“~”搜索 id 属性值 q1 之后所有 class 属性值是 survey 的兄弟标签，第 2 个 select() 函数使用“+”搜索 id 属性值 ql 之后 class 属性值是 survey 的下一个兄弟标签，其运行结果如下所示：

```
请问你的性别？
------------
请问你是否喜欢侦探小说？
请问你是否会程序设计？
------------
请问你是否喜欢侦探小说？
```

上述运行结果的第 1 部分是第 1 个题目，第 2 部分是之后的 2 个题目，第 3 部分只有下一题。

动手学——搜索 class 和 id 属性值的标签：Ch5_3_2d.py

在 select() 函数中可以搜索指定 class 和 id 属性值的 HTML 标签，前 2 个 select() 函数分别是搜索 id 属性值 q1 和 id 属性值是 email 的 <span> 标签，如下所示：

```
tag_div = soup.select("#q1")
print(tag_div[0].p.a.string)
tag_span = soup.select("span#email")
print(tag_span[0].string)
tag_div = soup.select("#q1, #q2")   # 多个 id 属性
for item in tag_div:
```

```
    print(item.p.a.string)
print("----------")
tag_div = soup.find("div")            # 第 1 个 <div> 标签
tag_p = tag_div.select(".question")
for item in tag_p:
    print(item.a["href"])
tag_span = soup.select("[class~=selected]")
for item in tag_span:
    print(item.string)
```

上述程序代码第 3 个 select() 函数同时搜索 id 属性值 q1 和 q2，for/in 循环输出 2 题的题目，第 4 个 select() 函数在使用 find() 函数找到第 1 个 <div> 标签后，搜索所有 class 属性值为 question 的 <p> 标签，for/in 循环输出每一个 <a> 标签的 href 属性值；最后一个 select() 函数是搜索 class 属性包含 selected 属性值的 HTML 标签。其运行结果如下所示：

```
请问你的性别？
ghi@example.com
请问你的性别？
请问你是否喜欢侦探小说？
-----------
http://example.com/q1
http://example.com/q2
http://example.com/q3
20
20
34
```

上述执行结果的第 1～2 行是前 2 个 select() 函数，接着 2 个题目字符串是第 3 个 select() 函数，3 个 URL 网址是第 4 个 select() 函数，最后是 3 个 <span> 标签值。

动手学——搜索特定属性值的标签：Ch5_3_2e.py

使用 select() 函数也可以搜索 HTML 标签是否拥有指定属性，或进一步指定属性值进行搜索，如下所示：

```
tag_a = soup.select("a[href]")
print(tag_a)
tag_a = soup.select("a[href='http://example.com/q2']")
print(tag_a)
tag_a = soup.select("a[href^='http://example.com']")
print(tag_a)
tag_a = soup.select("a[href$='q3']")
```

```
print(tag_a)
tag_a = soup.select("a[href*='q']")
print(tag_a)
```

上述程序代码第 1 个 select() 函数是搜索拥有 href 属性的 <a> 标签，第 2 个 select() 函数指定属性值，最后 3 个 select() 函数条件依序使用以此属性值为开头、结尾和包含此属性值的值，从其运行结果中可以看到第 1 个列表有 3 个、第 2 个列表有 1 个、第 3 个列表有 3 个、第 4 个列表有 1 个和第 5 个列表有 3 个 <a> 标签，如下所示：

```
[<a href="http://example.com/q1">请问你的性别?</a>, <a
href="http://example.com/q2">请问你是否喜欢侦探小说?</a>, <a
href="http://example.com/q3">请问你是否会程序设计?</a>]
[<a href="http://example.com/q2">请问你是否喜欢侦探小说?</a>]
[<a href="http://example.com/q1">请问你的性别?</a>, <a
href="http://example.com/q2">请问你是否喜欢侦探小说?</a>, <a
href="http://example.com/q3">请问你是否会程序设计?</a>]
[<a href="http://example.com/q3">请问你是否会程序设计?</a>]
[<a href="http://example.com/q1">请问你的性别?</a>, <a
href="http://example.com/q2">请问你是否喜欢侦探小说?</a>, <a
href="http://example.com/q3">请问你是否会程序设计?</a>]
```

动手学——使用 select_one() 函数搜索标签：Ch5_3_2f.py

BeautifulSoup 的 select_one() 函数和 select() 函数的使用方式相同，但是此函数只会返回符合的第 1 个标签，而不是列表，如下所示：

```
tag_a = soup.select_one("a[href]")
print(tag_a)
```

上述程序代码 select_one() 函数只会返回第 1 个符合 <a> 标签的 Tag 对象，其运行结果如下所示：

```
<a href="http://example.com/q1">请问你的性别?</a>
```

5.4 使用正则表达式搜索 HTML 网页

BeautifulSoup 对象的 find() 函数和 find_all() 函数可以使用正则表达式来搜索 HTML 网页，特别是用来搜索 HTML 网页中没有位于标签中的文字内容。

5.4.1 认识正则表达式

正则表达式是一个模板字符串，可以用来进行字符串比对。在正则表达式的模板字符串中，每一个字符都拥有特殊意义，这是一种小型的字符串比对语言。

正则表达式翻译器（或称为引擎）能够将定义的正则表达式模板字符串和字符串变量进行比较，返回布尔值，True 表示字符串符合模板字符串的定义，False 则表示不符合。

1. 字符集

正则表达式的模板字符串由英文字母、数字和一些特殊字符组成，其中最主要的就是字符集。可以使用“\”开头的默认字符集，或是使用“[”和“]”符号组合成一组字符集的范围，每一个字符集代表比对字符串中的字符需要符合的条件，其说明如表 5-4 所示。

表 5-4　字符集及说明

字　符　集	说　　明
[abc]	包含英文字母 a、b 或 c
[abc{]	包含英文字母 a、b、c 或符号“{”
[a-z]	任何英文小写字母
[A-Z]	任何英文大写字母
[0-9]	数字 0～9
[a-zA-Z]	任何大小写英文字母
[^abc]	除了 a、b 和 c 以外的任何字符，[^….] 表示之外
\w	任何字符，包含英文字母、数字和下划线，即 [A-Za-z0-9_]
\W	任何不是 \w 的字符，即 [^A-Za-z0-9_]
\d	任何数字的字符，即 [0-9]
\D	任何不是数字的字符，即 [^0-9]
\s	空格符，包含不会显示的逸出字符，如\n 和 \t 等，即 [\t\r\n\f]
\S	不是空格符的字符，即 [^ \t\r\n\f]

正则表达式的模板字符串中除了包含字符集外，还可以包含 Escape 逸出字符串代表的特殊字符，如表 5-5 所示。

表 5-5　Escape 逸出字符串及说明

Escape 逸出字符串	说　　明
\n	新行符号
\r	Carriage Return 的 Enter 键
\t	Tab 键
\.、\?、\/、\\、\[、\]、\{、\}、\(、\)、\+、*、|	在模板字符串中代表 .、?、/、\、[、]、{、}、(、)、+、* 和 | 特殊功能的字符
\xHex	十六进制的 ASCII 码
\xOct	八进制的 ASCII 码

正则表达式的模板字符串中不仅可以包含字符集和 Escape 逸出字符串，而且可以包含由序列字符组成的子模板字符串，可将其使用 ( ) 括号括起，如下所示：

```
"a(bc)*"
"(b | ef)gh"
"[0-9]+"
```

上述 a、gh、(bc)是子字符串，符号“*”“+”“|”是比较字符。

2. 比较字符

正则表达式的比较字符定义模板字符串比较时的比对方式，可以定义正则表达式模板字符串中字符出现的位置和次数。常用比较字符及说明如表 5-6 所示。

表 5-6 常用比较字符及说明

<table>
<tr><th>比较字符</th><th>说明</th></tr>
<tr><td>^</td><td>比对字符串的开始，即从第 1 个字符开始比对</td></tr>
<tr><td>$</td><td>比对字符串的结束，即字符串最后需符合模板字符串</td></tr>
<tr><td>.</td><td>代表任何一个字符</td></tr>
<tr><td>|</td><td>或，可以是前后 2 个字符的任一个</td></tr>
<tr><td>?</td><td>0 或 1 次</td></tr>
<tr><td>*</td><td>0 或很多次</td></tr>
<tr><td>+</td><td>1 或很多次</td></tr>
<tr><td>{n}</td><td>出现 n 次</td></tr>
<tr><td>{n,m}</td><td>出现 n ～ m 次</td></tr>
<tr><td>{n,}</td><td>至少出现 n 次</td></tr>
<tr><td>[…]</td><td>符合方括号中的任一个字符</td></tr>
<tr><td>[^…]</td><td>符合不在方括号中的任一个字符</td></tr>
</table>

3. 模板字符串的范例

一些正则表达式模板字符串的范例如表 5-7 所示。

表 5-7 一些正则表达式模板字符串的范例

<table>
<tr><th>模板字符串</th><th>说明</th></tr>
<tr><td>^The</td><td>字符串需要以 The 字符串开头，如 These</td></tr>
<tr><td>book$</td><td>字符串需要以 book 字符串结尾，如 a book</td></tr>
<tr><td>note</td><td>字符串中包括 note 子字符串</td></tr>
<tr><td>a?bc</td><td>包括 0 或 1 个 a，之后是 bc，如 abc、bc 字符串</td></tr>
<tr><td>a*bc</td><td>包括 0 到多个 a，如 bc、abc、aabc、aaabc 字符串</td></tr>
<tr><td>a(bc)*</td><td>在 a 之后有 0 到多个 bc 字符串，如 abc、abcbc、abcbcbc 字符串</td></tr>
<tr><td>(a | b)*c</td><td>包括 0 到多个 a 或 b，之后是 c，如 bc、abc、aabc、aaabc 字符串</td></tr>
</table>

续表

模板字符串	说　明
a+bc	包括 1 到多个 a，之后是 bc，如 abc、aabc、aaabc 字符串等
ab{3}c	包括 3 个 b，如 abbbc 字符串，不可以是 abbc 或 abc
ab{2,}c	至少包括 2 个 b，如 abbc、abbbc、abbbbc 等字符串
ab{1,3}c	包括 1 ～ 3 个 b，如 abc、abbc 和 abbbc 字符串
[a-zA-Z]{1,}	至少包括 1 个英文字符的字符串
[0-9]{1,}、[\d]{1,}	至少包括 1 个数字字符的字符串

5.4.2 使用正则表达式搜索 HTML 网页的方法

在 Python 程序使用正则表达式时需要导入 re 模块，如下所示：

```
import re
```

接着调用 compile() 函数建立正则表达式对象，如下所示：

```
regexp = re.compile("\w+ -")
```

上述程序代码的参数是模板字符串，可以建立 regexp 正则表达式对象，在 find() 函数和 fine_all() 函数中需要使用此对象来指定搜索条件。

动手学——使用正则表达式搜索文字内容：Ch5_4_2.py

在 find() 函数中使用正则表达式搜索文字内容，如下所示：

```
tag_str = soup.find(text="男 -")
print(tag_str)
regexp = re.compile("男 -")
tag_str = soup.find(text=regexp)
print(tag_str)
regexp = re.compile("\w+ -")
tag_list = soup.find_all(text=regexp)
print(tag_list)
```

上述程序代码的第 1 个 find() 函数直接指定字符串的搜索内容，第 2 个 find() 函数建立 regexp 正则表达式对象，最后搜索所有文字内容最后的 "-" 文字内容，其运行结果如下所示：

```
None
男 -

['男 - \n         ', '女 - \n        ', '喜欢 - \n          ', '普通 - \n',
'不喜欢 - \n       ', '会 - \n        ', '不会 - \n          ']
```

上述运行结果中，第 1 行 None 表示没有找到，因为无法搜索到混合内容的文字部分；第 2 行使用正则表达式，可以看到找到符合条件的文字内容；最后使用正则表达式搜索所有符合条件的文字内容。

动手学——使用正则表达式搜索电子邮件地址：Ch5_4_2a.py

可以使用电子邮件的正则表达式模板来搜索 HTML 网页中的所有电子邮件地址，如下所示：

```
email_regexp = re.compile("\w+@\w+\.\w+")
tag_str = soup.find(text=email_regexp)
print(tag_str)
print("---------------------")
tag_list = soup.find_all(text=email_regexp)
print(tag_list)
```

上述程序代码建立正则表达式对象后，搜索第 1 个和所有包含电子邮件地址的文字内容，其运行结果如下所示：

```
    abc@example.com

----------------------
['\n    abc@example.com\n    ', 'def@example.com', 'ghi@example.com']
```

动手学——使用正则表达式搜索 URL 网址：Ch5_4_2b.py

HTML 标签的属性值也可以使用正则表达式，可以搜索 href 属性值以“http:”开头的标签，如下所示：

```
url_regexp = re.compile("^http:")
tag_href = soup.find(href=url_regexp)
print(tag_href)
print("----------------------")
tag_list = soup.find_all(href=url_regexp)
print(tag_list)
```

上述程序代码建立正则表达式对象后，搜索 href 属性值以“http:”开头的标签，其运行结果如下所示：

```
<a href="http://example.com/q1">请问你的性别?</a>
----------------------
[<a href="http://example.com/q1">请问你的性别?</a>, <a
href="http://example.com/q2">请问你是否喜欢侦探小说?</a>, <a
href="http://example.com/q3">请问你是否会程序设计?</a>]
```

5.5 遍历 HTML 网页

现在已经知道如何调用 BeautifulSoup 的 find() 函数和 select() 函数搜索 HTML 网页。对于复杂数据，搜索只能缩小范围，无法马上获取数据，还需要遍历 HTML 网页的标签来定位和获取所需数据。

5.5.1 遍历 HTML 网页的方法

BeautifulSoup 除了提供相关函数外，还支持相关属性来帮助遍历 HTML 网页。可以在对象树中进行遍历，也可以使用上一个元素和下一个元素来遍历剖析 HTML 网页的标签顺序。

1. 遍历 Python 对象树

BeautifulSoup 剖析 HTML 网页，使其成为一棵阶层结构的 Python 对象树。因为是阶层结构，所以可以向上（父）、向下（子）和水平（兄弟）方向来进行遍历。例如，Example.html 第 2 个问题的 <div> 标签，如图 5-5 所示。

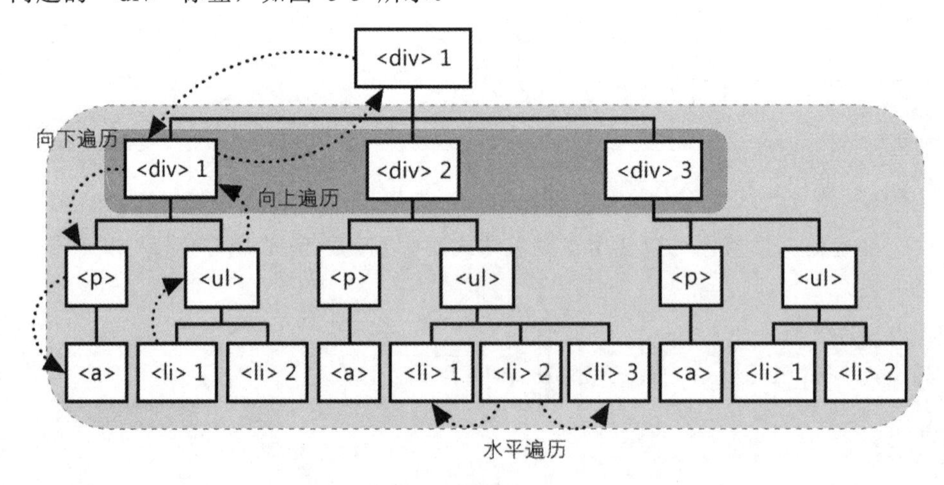

图 5-5

图 5-5 中的第 2 层 <div> 标签是第 1 层 <div> 标签的直接子标签（Direct Child），整个灰色大框的所有标签是其子孙标签（Descendants）。Python 对象树中各标签遍历方式的说明如下所示。

- 向下遍历：从 <div> → <div> → <p> → <a>。
- 向上遍历：从 <li> → <ul> → <div> → <div>。
- 水平遍历：对于 <ul> 标签的同一层 <li> 子标签，从 <li> 2 → <li> 1 和 <li> 2 → <li> 3 是水平遍历。

2. 遍历上一个元素和下一个元素

Python 对象树以类似上下楼梯方式来遍历标签，也可以使用 HTML 网页标签剖析顺序进行遍历，下一个元素是目前标签对象相邻的下一个对象，上一个元素是相邻的上一个对象，如图 5-6 所示。

```
▼<div class="survey" id="q2"> == $0
  ▼<p class="question">
     <a href="http://example.com/q2">请问你是否喜欢侦探小说?</a>
   </p>
  ▼<ul class="answer">
    ▼<li class="response">
       "喜欢 -
          "
       <span class="score">40</span>
     </li>
    ▶<li class="response">…</li>
    ▶<li class="response">…</li>
   </ul>
 </div>
```

图 5-6

上述程序代码中，<div> 的下一个元素是 <p>，再下一个是 <ul>，再下一个是 <li>，其顺序与树状结构的遍历不同。

3. 再谈 BeautifulSoup 解析 HTML 网页

使用 BeautifulSoup 解析 HTML 网页，就是将所有 HTML 标签建成 Tag 对象，将文字内容建成 NavigableString 对象，但是因为文字编排的 HTML 标签中大都会有空格符和换行符“\n”，如下所示：

```
  <div class="survey" id="q2">
...
   <ul class="answer">
    <li class="response">喜欢 -
     <span class="score">40</span></li>
    <li class="response">普通 -
     <span class="score selected">20</span></li>
    <li class="response">不喜欢 -
     <span class="score">0</span></li>
    </ul>
   </div>
```

上述程序代码是 Example.html 第 2 题的原始 <div> 标签，可以看到各标签之间有空格符，这些字符都会建成 NavigableString 对象，而不是只有 <span> 标签的内容，即实际遍历的 Python 对象树会多出很多 NavigableString 对象。

如果 HTML 网页在各标签之间没有任何空格符和换行符，全部连在一起，则剖析 HTML 网页的 Python 树就是图 5-5 所示的树状结构。

例如，使用第 5.5.2 节的 children 属性获取 <ul> 标签下的所有子标签（Python 程序：Ch5_5_1.py），如下所示：

```
tag_div = soup.select("#q2")          # 找到第 2 题
tag_ul = tag_div[0].ul                # 遍历到之下的<ul>
for child in tag_ul.children:
    print(type(child))
```

上述程序代码调用 select() 函数找到第 2 题的 <div> 标签，然后取出 <ul> 子标签，for/in 循环遍历 <ul> 标签的所有子标签，理论来说应该有 3 个 <li> 标签，但是运行结果如下所示：

```
<class 'bs4.element.NavigableString'>
<class 'bs4.element.Tag'>
<class 'bs4.element.NavigableString'>
<class 'bs4.element.Tag'>
<class 'bs4.element.NavigableString'>
<class 'bs4.element.Tag'>
<class 'bs4.element.NavigableString'>
```

上述运行结果中共有 3 个 <li> 标签的 Tag 对象，其他 NavigableString 对象是位于 <li> 标签前后的空格符和换行符。

实际上，可以使用 if 条件过滤这些多余的 NavigableString 对象。在 Python 程序中导入 NavigableString 对象，如下所示：

```
from bs4.element import NavigableString
```

然后修改 Ch5_5_1.py，不输出这些 NavigableString 对象（Python 程序：Ch5_5_1a.py），如下所示：

```
tag_div = soup.select("#q2")          # 找到第 2 题
tag_ul = tag_div[0].ul                # 遍历到之下的<ul>
for child in tag_ul.children:
    if not isinstance(child, NavigableString):
        print(child.name)
```

上述程序代码 if 条件使用 not 加上 isinstance() 函数判断是不是 NavigableString 对象，如果不是，则为 Tag 对象，可以只显示 3 个标签名称 li，其运行结果如下所示：

```
li
li
li
```

5.5.2 向下遍历

BeautifulSoup 的 BeautifulSoup 对象和 Tag 对象可以直接使用子标签名称来向下遍历（NavigatingDown），另一个方式是使用默认属性。

动手学——使用子标签名称向下遍历：Ch5_5_2.py

可以根据 Python 对象树的阶层顺序，依次使用子标签名称向下一层遍历。但是，因为同命名的标签可能不止一个，所以只能遍历同名的第 1 个子标签。例如，从 <html> 依次遍历至 <head> 下的 <title> 和 <meta> 子标签，如下所示：

```
print(soup.html.head.title.string)
print(soup.html.head.meta["charset"])
```

上述程序代码第 1 行获取 <title> 标签内容，第 2 行是 <meta> 标签的 charset 属性值。使用 div 属性获取第 1 个 <div> 标签，如下所示：

```
print(soup.html.body.div.div.p.a.string)
```

上述程序代码获取第 1 个 <div> 标签下的第 1 个 <div> 标签，使用属性并无法遍历第 2 个 <div> 标签，其执行结果如下所示：

```
测试数据爬取的 HTML 网页
utf-8
请问你的性别？
```

动手学——使用 contents 属性获取所有子标签：Ch5_5_2a.py

BeautifulSoup 可以使用 contents、children 和 descendants 3 个属性来获取之下的所有子标签。先是 contents 属性，可以返回子标签的列表，如下所示：

```
tag_div = soup.select("#q2")            # 找到第 2 题
tag_ul = tag_div[0].ul                  # 遍历到之下的<ul>
for child in tag_ul.contents:
    if not isinstance(child, NavigableString):
        print(child.span.string)
```

上述程序代码首先找到第 2 题的 <ul> 标签，然后使用 for/in 循环遍历 contents 属性获取的子标签列表，并且判断是不是 NavigableString，如果不是，则输出 <span> 子标签的内容，其运行结果如下所示：

```
40
20
0
```

动手学——使用 children 属性获取所有子标签：Ch5_5_2b.py

BeautifulSoup 的 children 属性和 contents 属性基本上是相同的，只是 children 属性返回的不是列表，而是列表生成器（List Generator），类似于 for 循环的 range() 函数。例如，<li> 标签内容是混合内容，包括文字内容和 <span> 子标签，现在获取 <li> 标签的文字内容，如下所示：

```
tag_div = soup.select("#q2")         # 找到第 2 题
tag_ul = tag_div[0].ul               # 遍历到之下的<ul>
for child in tag_ul.children:
    if not isinstance(child, NavigableString):
        print(child.name)
        for tag in child:
            if not isinstance(tag, NavigableString):
                print(tag.name, tag.string)
            else:
                print(tag.replace('\n', ''))
```

上述程序代码有 2 层 for/in 循环，第 1 层遍历 children 属性获取子标签的列表生成器，if 条件判断是不是 NavigableString，若不是，即为 <li> 标签。

如果是 <li> 标签，就再次使用 for/in 循环取出下一层文字内容的 NavigableString 和 <span> 子标签的 Tag 对象，if/else 条件判断是哪一种，Tag 对象就输出其标签名称和内容，NavigableString 调用 replace() 函数取代“\n”换行符，避免多输出换行。其运行结果如下所示：

```
li
喜欢 -
span 40
li
普通 -
span 20
li
不喜欢 -
span 0
```

动手学——使用 descendants 属性获取所有子孙标签：Ch5_5_2c.py

BeautifulSoup 的 children 和 contents 属性只能获取所有直接的子标签，descendants 属性可以获取之下的所有子标签和孙标签。例如，获取 <ul> 标签之下的所有 <li> 子标签和 <span> 孙标签，如下所示：

```
tag_div = soup.select("#q2")         # 找到第 2 题
tag_ul = tag_div[0].ul               # 遍历到之下的<ul>
for child in tag_ul.descendants:
```

```
    if not isinstance(child, NavigableString):
        print(child.name)
```

上述程序代码使用 for/in 循环遍历 descendants 属性获取子孙标签，if 条件判断是不是 NavigableString，如果不是，即输出标签名称。其运行结果如下所示：

```
li
span
li
span
li
span
```

动手学——使用 strings 属性获取所有子孙的文字内容：Ch5_5_2d.py

BeautifulSoup 的 strings 属性可以获取所有子孙的文字内容。例如，获取 <ul> 标签之下的所有文字内容，如下所示：

```
tag_div = soup.select("#q2")        # 找到第 2 题
tag_ul = tag_div[0].ul              # 遍历到之下的<ul>
for string in tag_ul.strings:
    print(string.replace('\n', ''))
```

上述程序代码使用 for/in 循环遍历 strings 属性获取子孙的文字内容，replace() 函数取代“\n”换行符。其运行结果如下所示：

```
喜欢 -
40

普通 -
20

不喜欢 -
0
```

上述运行结果中有 3 个空白行，因为有 3 个 NavigableString 对象是 <li> 标签前的空白和换行符。

5.5.3 向上遍历

BeautifulSoup 可以使用属性和函数来向上遍历，即遍历上一层的父标签，或更上一层的所有祖先标签。

动手学——向上遍历父标签：Ch5_5_3.py

可以使用 parent 属性和 find_parent() 函数遍历父标签，如下所示：

```
tag_div = soup.select("#q2")          # 找到第 2 题
tag_ul = tag_div[0].ul                # 遍历到之下的 <ul>
# 使用属性获取父标签
print(tag_ul.parent.name)
# 调用函数获取父标签
print(tag_ul.find_parent().name)
```

上述程序代码首先找到第 2 题的 <ul> 标签，然后分别使用 parent 属性和 find_parent() 函数输出父标签名称。其运行结果如下所示：

```
div
div
```

动手学——向上遍历祖先标签：Ch5_5_3a.py

可以使用 parents 属性和 find_parents() 函数遍历所有位于目前标签之上的祖先标签，如下所示：

```
tag_div = soup.select("#q2")          # 找到第 2 题
tag_ul = tag_div[0].ul                # 遍历到之下的 <ul>
# 使用属性获取所有祖先标签
for tag in tag_ul.parents:
    print(tag.name)
# 调用函数获取所有祖先标签
for tag in tag_ul.find_parents():
    print(tag.name)
```

上述程序代码首先找到第 2 题的 <ul> 标签，然后分别使用 parents 属性和 find_parents() 函数输出所有上层的祖先标签，直到 document。其运行结果如下所示：

```
div
div
body
html
[document]
div
div
body
html
[document]
```

5.5.4 向左右进行兄弟遍历

BeautifulSoup 可以使用属性和函数来向左右进行兄弟遍历，即遍历同一层的上一个兄弟标签或下一个兄弟标签。

动手学——遍历下一个兄弟标签：Ch5_5_4.py

可以使用 next_sibling 属性和 find_next_sibling() 函数遍历下一个兄弟标签，如下所示：

```
tag_div = soup.select("#q2")          # 找到第 2 题
first_li = tag_div[0].ul.li           # 第 1 个 <li>
print(first_li)
# 使用 next_sibling 属性获取下一个兄弟标签
second_li = first_li.next_sibling.next_sibling
print(second_li)
```

上述程序代码首先找到第 2 题的 <ul> 标签，然后使用 2 次 next_sibling 属性遍历下一个兄弟标签，因为有多个 NavigableString 对象。

调用 find_next_sibling() 函数遍历下一个兄弟标签（只需调用 1 次，因为此函数会自动跳过 NavigableString 对象），如下所示：

```
# 调用 next_sibling() 函数获取下一个兄弟标签
third_li = second_li.find_next_sibling()
print(third_li)
print("----------------------------------------")
# 调用 next_siblings() 函数获取所有兄弟标签
for tag in first_li.find_next_siblings():
    print(tag.name, tag.span.string)
```

上述程序代码最后调用 find_next_siblings() 函数获取第 1 个 <li> 标签之后的所有兄弟标签，可以使用 for/in 循环输出标签名称和 <span> 子标签的内容。其运行结果如下所示：

```
<li class="response">喜欢 -
     <span class="score">40</span></li>
<li class="response">普通 -
     <span class="score selected">20</span></li>
<li class="response">不喜欢 -
     <span class="score">0</span></li>
----------------------------------------
li 20
li 0
```

上述运行结果首先输出第 1 个 <li>；使用属性遍历下一个兄弟标签，即第 2 个 <li> 标签；接着调用函数遍历下一个兄弟标签，即第 3 个 <li> 标签；最后输出第 1 个 <li> 标签之后的 2 个 <li> 标签。

动手学——遍历前一个兄弟标签：Ch5_5_4a.py

可以使用 previous_sibling 属性和 find_previous_sibling() 函数遍历上一个兄弟标签。首先找到第 2 题 <ul> 标签的第 1 个 <li> 标签，然后调用 2 次 find_next_sibling() 函数遍历至第 3 个 <li> 标签，如下所示：

```
tag_div = soup.select("#q2")              # 找到第 2 题
tag_li = tag_div[0].ul.li                 # 第 1 个 <li> 标签
third_li = tag_li.find_next_sibling().find_next_sibling()
print(third_li)
# 使用 previous_sibling 属性获取上一个兄弟标签
second_li = third_li.previous_sibling.previous_sibling
print(second_li)
```

上述程序代码使用 2 次 previous_sibling 属性遍历上一个兄弟标签，因为其有多个 NavigableString 对象。

调用 find_previous_sibling() 函数遍历上一个兄弟标签（只需调用 1 次，因为此函数会跳过 NavigableString 对象），如下所示：

```
# 调用 previous_sibling() 函数获取上一个兄弟标签
first_li = second_li.find_previous_sibling()
print(first_li)
print("----------------------------------------")
# 调用 previous_siblings() 函数获取所有兄弟标签
for tag in third_li.find_previous_siblings():
    print(tag.name, tag.span.string)
```

上述程序代码最后调用 find_previous_siblings() 函数获取第 3 个 <li> 标签之前的所有兄弟标签，可以使用 for/in 循环输出标签名称和 <span> 子标签的内容。其运行结果如下所示：

```
<li class="response">不喜欢 -
      <span class="score">0</span></li>
<li class="response">普通 -
      <span class="score selected">20</span></li>
<li class="response">喜欢 -
      <span class="score">40</span></li>
---------------------------------------
li 20
li 40
```

上述运行结果和 Ch5-5-4.py 的运行结果相反，因为其是从最后的 <li> 标签向上遍历兄弟标签，最后输出第 3 个 <li> 标签之前的 2 个 <li> 标签。

5.5.5 上一个元素和下一个元素

BeautifulSoup 可以通过剖析 HTML 网页的顺序来进行遍历，使用 next_element 属性遍历下一个元素，这是目前标签对象相邻的下一个对象；使用 previous_element 属性遍历上一个元素，这是相邻的上一个对象。

动手学——遍历上一个元素和下一个元素：Ch5_5_5.py

以 Example.html 的 HTML 网页为例来介绍上一个元素和下一个元素的遍历，如下所示：

```
<html lang="big5">
 <head>
  <meta charset="utf-8"/>
  <title>测试数据爬取的 HTML 网页</title>
 </head>
 <body>
 ...
 </body>
</html>
```

以上述 HTML 标签为例，从 <html> 标签遍历至下一个元素至 <head> 标签，从 <title> 标签遍历至上一个 <meta> 标签，如下所示：

```
tag_html = soup.html          # 找到 <html> 标签
print(type(tag_html), tag_html.name)
tag_next = tag_html.next_element.next_element
print(type(tag_next), tag_next.name)
tag_title = soup.title        # 找到 <title> 标签
print(type(tag_title), tag_title.name)
tag_previous = tag_title.previous_element.previous_element
print(type(tag_previous), tag_previous.name)
```

上述程序代码首先找到 <html> 标签，使用 next_element 属性遍历下一个元素，共使用 2 次，因为其有多个 NavigableString 对象，可以遍历到下一个 <head> 标签；然后找到 <title> 标签，使用 2 次 previous_element 属性遍历上一个元素至 <meta> 标签。其运行结果如下所示：

```
<class 'bs4.element.Tag'> html
<class 'bs4.element.Tag'> head
<class 'bs4.element.Tag'> title
<class 'bs4.element.Tag'> meta
```

动手学——遍历所有下一个元素：Ch5_5_5a.py

可以使用 next_elements 属性遍历所有下一个元素。例如，首先使用 id 属性找到第 2 个 <div> 标签，如下所示：

```
...
<div class="emails" id="emails">
  <div class="question">电子邮件列表信息: </div>
  abc@example.com
  <div class="survey" data-custom="important">def@example.com</div>
  <span class="survey" id="email">ghi@example.com</div>
</div>
...
```

然后使用 next_elements 属性输出所有下一个元素的标签名称，如下所示：

```
tag_div = soup.find(id = "emails")
for element in tag_div.next_elements:
    if not isinstance(element, NavigableString):
        print(element.name)
```

上述程序代码中，for/in 循环遍历所有下一个元素，使用 if 条件跳过 NavigableString 对象。其运行结果如下所示：

```
div
div
span
```

动手学——遍历所有上一个元素：Ch5_5_5b.py

可以使用 previous_elements 属性遍历所有上一个元素。例如，首先使用 id 属性找到第 1 个问题的 <div> 标签，如下所示：

```
<html lang="gbk">
 <head>
  <meta charset="utf-8"/>
  <title>测试数据爬取的 HTML 网页</title>
 </head>
 <body>
  <!-- Surveys -->
  <div class="surveys" id="surveys">
   <div class="survey" id="q1">
   ...
```

然后使用 previous_elements 属性输出所有上一个元素的标签名称，如下所示：

```
tag_div = soup.find(id="q1")
for element in tag_div.previous_elements:
    if not isinstance(element, NavigableString):
        print(element.name)
```

上述程序代码中，for/in 循环遍历所有上一个元素，使用 if 条件跳过 NavigableString 对象。其运行结果如下所示：

```
div
body
title
meta
head
html
```

5.6 修改 HTML 网页

HTML 网页是一种半结构化数据，有些标签元素可能不完整或没有数据。因此，为了能够顺利地获取数据，需要修改 HTML 标签和属性来帮助顺利运行网络爬虫的 Python 程序。

这里修改的是 BeautifulSoup 剖析 HTML 网页建立的 Python 对象树，并不会修改原始的 HTML 网页。

动手学——修改 HTML 标签名称和属性：Ch5_6.py

可以直接修改 Tag 对象的标签名称和属性，也可以使用 del 来删除标签的属性，如下所示：

```
soup = BeautifulSoup("<b class='score'>Joe</b>", "lxml")
tag = soup.b
tag.name = "p"
tag["class"] = "question"
tag["id"] = "name"
print(tag)
del tag["class"]
print(tag)
```

上述程序代码使用 HTML 标签字符串建立 BeautifulSoup 对象，在获取 <b> 标签后，依次修改标签名称、class 属性值和新增 id 属性，最后删除 class 属性。在其运行结果中可以看到 HTML 标签已经被更改，如下所示：

```
<p class="question" id="name">Joe</p>
<p id="name">Joe</p>
```

动手学——修改 HTML 标签的文字内容：Ch5_6a.py

可以使用 Tag 对象的 string 属性来修改标签的文字内容，如下所示：

```
soup = BeautifulSoup("<b class='score'>Joe</b>", "lxml")
tag = soup.b
tag.string = "Mary"
print(tag)
```

上述程序代码在获取 <b> 标签后，修改 string 属性值。在其运行结果中可以看到 HTML 标签内容已经修改，如下所示：

```
<b class="score">Mary</b>
```

动手学——新增 HTML 标签和文字内容：Ch5_6b.py

可以建立 NavigableString 对象来新增文字内容，通过 new_tag() 函数新增标签，如下所示：

```
soup = BeautifulSoup("<b></b>", "lxml")
tag = soup.b
tag.append("Joe")
print(tag)
new_str = NavigableString(" Chen")
tag.append(new_str)
print(tag)
new_tag = soup.new_tag("a", href="http://www.example.com")
tag.append(new_tag)
print(tag)
```

上述程序代码建立空的 <b> 标签后，调用 append() 函数新增标签内容，然后建立 NavigableString 对象来新增文字内容，最后调用 new_tag() 函数（第 1 个参数是标签名称，第 2 个参数是属性值）新增标签。在其运行结果中可以看到 HTML 标签新增文字内容和 <a> 标签，如下所示：

```
<b>Joe</b>
<b>Joe Chen</b>
<b>Joe Chen<a href="http://www.example.com"></a></b>
```

动手学——插入 HTML 标签和删除标签内容：Ch5_6c.py

除了 NavigableString 对象外，也可以调用 new_string() 函数建立文字内容，insert_before()

函数是将新建标签插在获取标签之前，insert_after() 函数是将文字内容插在获取标签之后，clear() 函数是清除标签内容，如下所示：

```
soup = BeautifulSoup("<p><b>One</b></p>", "lxml")
tag = soup.b
new_tag = soup.new_tag("i")
new_tag.string = "Two"
tag.insert_before(new_tag)
print(soup.p)
new_string = soup.new_string("Three")
tag.insert_after(new_string)
print(soup.p)
tag.clear()
print(soup.p)
```

上述程序代码获取 <b> 标签后，建立 <i> Two </i> 标签，然后调用 insert_before() 函数插入在 <b> 标签之前，接着调用 new_string() 函数建立文字内容，调用 insert_after() 函数插入在 <b> 标签之后，最后调用 clear() 函数删除 <b> 标签的文字内容。其运行结果如下所示：

```
<p><i>Two</i><b>One</b></p>
<p><i>Two</i><b>One</b>Three</p>
<p><i>Two</i><b></b>Three</p>
```

上述运行结果中，首先插入 <i> 标签至 <b> 标签之前，接着插入文字内容“Three”至 <b> 标签之后，最后删除 <b> 标签的文字内容。

动手学——取代 HTML 标签：Ch5_6d.py

可以调用 replace_with() 函数取代现存的 HTML 标签，如下所示：

```
soup = BeautifulSoup("<p><b>One</b></p>", "lxml")
tag = soup.b
new_tag = soup.new_tag("i")
new_tag.string = "Two"
tag.replace_with(new_tag)
print(soup.p)
```

上述程序代码获取 <b> 标签后，建立 <i> Two </i> 标签，然后调用 replace_with() 函数用 <i> 标签取代 <b> 标签，其运行结果如下所示：

```
<p><i>Two</i></p>
```

◇ 学习检测 ◇

1. 网络爬虫的主要工作是什么？

2. 举例说明 find() 函数和 find_all() 函数的差异。

3. 如果使用 CSS 选择器，BeautifulSoup 对象可以调用______或______函数来搜索目标的 HTML 标签。

4. BeautifulSoup 对象的 find() 函数如何使用正则表达式？

5. BeautifulSoup 对象如何遍历 HTML 网页？

6. 建立 Python 程序，打开配套资源“Ch05\index.html”，搜索所有 class 属性值是“nav-item”的 HTML 标签。

7. 建立 Python 程序，打开配套资源“Ch05\index.html”，搜索所有 <a> 标签的 href 属性值。

8. 建立 Python 程序，打开配套资源“Ch05\index.html”，搜索所有以 http 开头的 URL 网址。

9. 建立 Python 程序，打开配套资源“Ch05\index.html”，搜索 id 属性值是“navbarResponsive”的 <div> 标签，然后输出 <ul> 子标签的所有列表项目，即 <li> 标签的内容。

10. 继续第 4 章学习检测第 6 题，输出 HTML 网页所有图文件的 URL 网址。

CHAPTER 6

第 6 章

数据清理与存储

6.1 Python 字符串处理

数据清理（Clean the Data）（也称为数据清洗）的主要工作是处理从网络获取的数据，因为这些数据都是字符串数据，所以需要使用 Python 字符串函数来处理获取的数据。

6.1.1 创建字符串

Python 字符串（Strings）是使用单引号“'”或双引号“"”括起的一系列 Unicode 字符，这是一种不允许修改（Immutable）内容的数据类型，所有字符串的修改实际上都是创建了一个全新的字符串。

动手学——创建 Python 字符串：Ch6_1_1.py

可以指定变量值是一个字符串，如下所示：

```
str1 = "学习 Python 语言程序设计"
str2 = 'Hello World!'
ch1 = "A"
```

上述程序代码中，前 2 行是创建字符串，最后 1 行是创建字符（只有 1 个字符的字符串就是字符）。也可以使用对象方式创建字符串，如下所示：

```
name1  = str()
name2  = str("陈会安")
```

上述程序代码中，第 1 行是创建空字符串，第 2 行是创建内容为“陈会安”的字符串对象。

在创建字符串后，可以调用 print() 函数输出字符串变量，如下所示：

```
print(str1)
print(str2)
```

在 print() 函数中也可以使用字符串连接表达式来输出字符串变量，因为是字符串变量，所以并不需要调用 str() 函数将其转换成字符串类型，如下所示：

```
print("ch1 = " + ch1)
print("name1 = " + name1)
print("name2 = " + name2)
```

动学手——访问 Python 字符串中的每一个字符：Ch6_1_1a.py

字符串是一系列的 Unicode 字符，可以使用 for 循环来访问输出每一个字符，其正式的说法是迭代（Iteration），如下所示：

```
str3 = 'Hello'

```

```
for e in str3:
    print(e)
```

上述程序代码的 for 循环中，在 in 关键词后的是字符串 str3，每执行一次 for 循环，就从字符串第 1 个字符开始获取一个字符指定给变量 e，并且移至下一个字符，直到最后一个字符为止。其操作如同从字符串的第 1 个字符访问至最后一个字符，可以依次输出 H、e、l、l 和 o。

6.1.2 字符串函数

Python 提供了多种字符串函数来处理字符串。如果要调用对象的字符串函数，需要使用对象变量并加上句号“.”来调用，如下所示：

```
str1 = 'welcome to python'
print(str1.islower())
```

上述程序代码创建字符串 str1 后，调用 islower() 函数检查内容是否都是小写英文字母。

字符串函数不仅可以在字符串变量中使用，也可以直接通过字符串字面值来调用（因为都是对象），如下所示：

```
print("1000".isdigit())
```

动手学——Python 内置的字符串函数：Ch6_1_2.py

Python 语言内置了一些字符串函数，可以获取字符串长度、字符串中的最大字符和最小字符，其说明如表 6-1 所示。

表 6-1 Python 内置字符串函数及说明

字符串函数	说明
len()	返回参数字符串的长度，如 len(str1)
max()	返回参数字符串的最大字符，如 max(str1)
min()	返回参数字符串的最小字符，如 min(str1)

以上的函数都可以从范例程序中看到调用的方法及程序结果，请读者配合标题的范例程序阅读与练习。

动手学——检查字符串内容的函数：Ch6_1_2a.py

检查字符串内容的函数及说明如表 6-2 所示。

表 6-2 检查字符串内容的函数及说明

检查字符串内容的函数	说明
isalnum()	如果字符串内容是英文字母或数字，返回 True；否则返回 False，如 str1.isalnum()
isalpha()	如果字符串内容只有英文字母，返回 True；否则返回 False，如 str1.isalpha()

续表

检查字符串内容的函数	说　　明
isdigit()	如果字符串内容只有数字，返回 True；否则返回 False，如 str1.isdigit()
isidentifier()	如果字符串内容是合法的标识符，返回 True；否则返回 False，如 str1.isidentifier()
islower()	如果字符串内容是小写英文字母，返回 True；否则返回 False，如 str1.islower()
isupper()	如果字符串内容是大写英文字母，返回 True；否则返回 False，如 str1.isupper()
isspace()	如果字符串内容是空格符，返回 True；否则返回 False，如 str1.isspace()

动手学——搜索子字符串函数：Ch6_1_2b.py

搜索子字符串函数及说明如表 6-3 所示。

表 6-3　搜索子字符串函数及说明

搜索子字符串函数	说　　明
endswith(str1)	如果字符串内容以参数字符串 str1 结尾，返回 True；否则返回 False，如 str2.endswith(str1)
startswith(str1)	如果字符串内容以参数字符串 str1 开头，返回 True；否则返回 False，如 str2.startswith(str1)
count(str1)	返回字符串内容出现多少次参数字符串 str1 的整数值，如 str2.count(str1)
find(str1)	返回字符串内容出现参数字符串 str1 的最小索引位置值，若没有找到，则返回 -1，如 str2.find(str1)
rfind(str1)	返回字符串内容出现参数字符串 str1 的最大索引位置值，若没有找到，则返回 -1，如 str2.rfind(str1)

动手学——转换字符串内容的函数：Ch6_1_2c.py

字符串对象支持转换字符串内容的相关函数，可以输出英文大小写转换的字符串或取代字符串内容，其说明如表 6-4 所示。

表 6-4　转换字符串内容的函数及说明

转换字符串内容的函数	说　　明
capitalize()	返回只有第 1 个英文字母大写的字符串，如 str1.capitalize()
lower()	返回小写英文字母的字符串，如 str1.lower()
upper()	返回大写英文字母的字符串，如 str1.upper()
title()	返回字符串中每一个英文单词第 1 个英文字母大写的字符串，如 str1.title()
swapcase()	返回英文字母大写变小写，小写变大写的字符串，如 str1.swapcase()
replace(old, new)	将字符串中参数 old 的旧子字符串取代成参数 new 的新字符串，如 str1.replace(old_str, new_str)

6.1.3 字符串切割运算符

Python 程序代码中的“[]”索引运算符不仅可以获取指定索引位置的字符，还是一种切割运算符（Slicing Operator），可以从原始字符串切割出所需的子字符串。

动手学——使用索引运算符获取字符：Ch6_1_3.py

Python 字符串可以使用“[]”索引运算符获取指定位置的字符，索引值从 0 开始，而且可以是负值，如下所示：

```
str1 = 'Hello'

print(str1[0])          # H
print(str1[1])          # e
print(str1[-1])         # o
print(str1[-2])         # l
```

上述程序代码依次输出字符串 str1 的第 1 个和第 2 个字符，-1 表示最后 1 个字符，-2 表示倒数第 2 个字符。

动手学——切割字符串：Ch6_1_3a.py

切割运算符的基本语法如下所示：

```
str1[start:end]
```

上述中括号“[]”中使用冒号“:”分隔 2 个索引位置，可以获取字符串 str1 从索引位置 start 开始到 end-1 之间的子字符串，如果没有 start，就是从 0 开始；如果没有 end，就是到字符串的最后 1 个字符。例如，本节范例字符串 str1 的字符串内容如下所示：

```
str1 = 'Hello World!'
```

上述字符串的索引位置值可以是正值，也可以是负值，如图 6-1 所示。

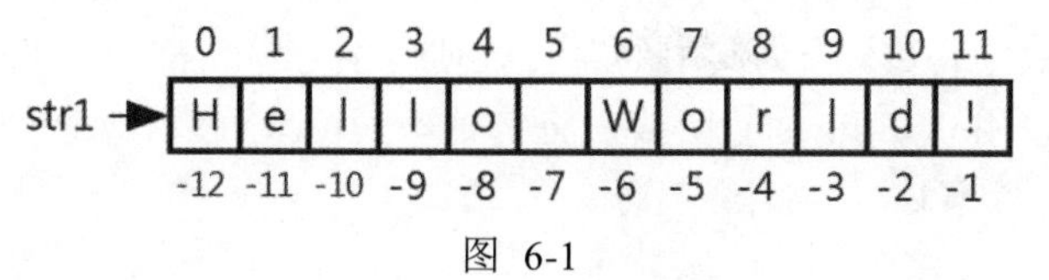

图 6-1

一些切割字符串的范例如表 6-5 所示。

表 6-5　切割字符串的范例

切割字符串	索引值范围	取出的子字符串
str1[1:3]	1～2	"el"
str1[1:5]	1～4	"ello"
str1[:7]	0～6	"Hello W"
str1[4:]	4～11	"o World!"
str1[1:-1]	1～(-2)	"ello World"
str1[6:-2]	6～(-3)	"Worl"

6.1.4 切割字符串使其成为列表和合并字符串

Python 中可以调用 split() 函数将字符串切换成列表；反之，也可以调用 join() 函数将列表以指定的连接字符串合并成一个字符串。

1. 切割字符串使其成为列表：split() 函数

字符串对象提供相关函数，可以使用分隔字符将字符串内容以分隔字符切割，使字符串成为列表，其说明如表 6-6 所示。

表 6-6 切割字符串函数

切割字符串函数	说明
split()	没有参数时使用空格符切割字符串，使其成为列表；也可以指定参数的分隔字符
splitlines()	使用换行符"\n"切割字符串，使其成为列表

例如，可以调用 split() 函数将一个英文句子的每一个单词切割成列表（Python 程序：Ch6_1_4.py），如下所示：

```
str1 = "This is a book."
list1 = str1.split()
print(list1)                    # ['This', 'is', 'a', 'book.']
```

我们也可以指定 split() 函数使用分隔字符","来切割字符串，使其成为列表，如下所示：

```
str2 = "Tom, Bob, Mary, Joe"
list2 = str2.split(",")
print(list2)    # ['Tom', 'Bob', 'Mary', 'Joe']
```

如果是从文件读取字符串，因为其中的每一行使用换行符"\n"来分隔。除了调用 split("\n") 函数外，也可以直接调用 splitlines() 函数，将字符串切割成列表，如下所示：

```
str3 = "23\n12\n45\n56"
list3 = str3.splitlines()
print(list3)    # ['23', '12', '45', '56']
```

上述字符串内容是使用换行符"\n"分隔的数字数据。在切割字符串创建成列表后，可以看到列表项目都是数值字符串，并不是整数。

2. 合并列表使其成为字符串：join() 函数

Python 字符串的 join() 函数可以将列表的每一个元素使用连接字符串连接成单一字符串（Python 程序：Ch6_1_4a.py），如下所示：

```
str1 = "-"
list1 = ['This', 'is', 'a', 'book.']
print(str1.join(list1))         # 'This-is-a-book.'
```

上述程序代码中的 str1 是连接字符串，list1 是要连接的列表，可以输出连接后的字符串内容 'This-is-a-book.'。

6.2 数据清理

在实际操作时，从网页获取的数据大多有多余字符、不一致格式、不同断行、拼字错误和数据遗失等问题，在将数据存入文档或数据库前，需要使用字符串函数和正则表达式来进行数据清理（Clean the Data）（也称为数据清洗）。

数据清理可以在获取数据和探索数据时进行，如下所示。

- 在获取数据时进行数据清理：当从网页抓取数据后，就可以使用字符串函数和正则表达式对数据进行清理。本节即介绍此部分的数据清理。
- 在探索数据时进行数据清理：第 9 章中介绍的 Pandas 包可以将获取的数据加载成列/行的表格数据，并且在探索数据时再次运行数据清理，其介绍请参阅第 13.3 节。

6.2.1 使用字符串函数处理文字内容

因为从网页获取的数据都是字符串类型的数据，所以可以使用第 6.1 节的 Python 字符串函数，将获取的数据处理成可以存入文档或数据库的数据。例如，删除字符串中的多余字符和不需要的符号字符等。

动手学——切割与合并文字内容：Ch6_2_1.py

可以调用 split() 函数将字符串使用分割字符切割成列表，然后调用 join() 函数将列表转换成 CSV（Comma-Separated Values）字符串，如下所示：

```
str1 = """Python is a programming language that lets you work quickly
and integrate systems more effectively."""

list1 = str1.split()
print(list1)

str2 = ",".join(list1)
print(str2)
```

上述程序代码创建字符串变量 str1 后，调用 split() 函数使用空格符将其分割成列表，然后使用“,”作为连接字符串，即可调用 join() 函数将其转换成 CSV 字符串。其运行结果如下所示：

```
['Python', 'is', 'a', 'programming', 'language', 'that', 'lets', 'you',
'work', 'quickly', 'and', 'integrate', 'systems', 'more', 'effectively.']
Python, is, a, programming, language, that, lets, you, work, quickly, and,
integrate, systems, more, effectively.
```

动手学——删除不需要的字符：Ch6_2_1a.py

因为从网页获取的字符串数据常常有一些不需要的字符，所以可以调用 replace() 函数删除这些字符（如“\n”和“\r”）和调用 strip() 函数删除前后的空格符，如下所示：

```
str1 = " Python is a \nprogramming language.\n\r "

str2 = str1.replace("\n", "").replace("\r", "")
print("'" + str2 + "'")
print("'" + str2.strip() + "'")
```

上述程序代码的 str1 字符串前后有空格符，内含“\n”和“\r”字符，首先调用 replace() 函数将第 1 个符号字符取代成第 2 个空字符串，即删除这些字符，然后调用 strip() 函数删除前后空格符。其运行结果如下所示：

```
' Python is a programming language. '
'Python is a programming language.'
```

replace(" ","") 函数会删除所有空格符，如果想删除过多的空格符，只保留一个，则需要使用第 6.2.2 节的正则表达式来处理。

动手学——删除标点符号字符：Ch6_2_1b.py

如果想删除字符串中多余的标点符号字符，可以使用 string.punctuation 获取所有标点符号字符，然后调用 strip() 函数将其删除，如下所示：

```
import string

str1 = "#$%^Python -is- *a* $%programming _ language.$"

print(string.punctuation)
list1 = str1.split(" ")
for item in list1:
    print(item.strip(string.punctuation))
```

上述程序代码导入 string 模块，因为字符串变量 str1 中有很多标点符号，所以首先调用 split()函数以空格符分隔字符串，然后一一删除各项目中的标点符号字符。其运行结果如下所示：

```
!"#$%&'()*+,-./:;<=>?@[\]^_`{|}~
Python
is
a
programming
language
```

动手学——处理 URL 网址：Ch6_2_1c.py

从网页内容获取的 URL 网址格式可能因为相对或绝对路径而有不一致的格式，此时可以创建函数来整理 URL 网址，使其格式一致。首先是基底 URL 网址和测试的网址列表，如下所示：

```
baseUrl = "http://example.com"
list1 = ["http://www.example.com/test", "http://example.com/word",
       "media/ex.jpg", "http://www.example.com/index.html"]

def getUrl(baseUrl, source):
    if source.startswith("http://www."):
        url = "http://" + source[11:]
    elif source.startswith("http://"):
        url = source
    elif source.startswith("www"):
        url = source[4:]
        url = "http://" + source
    else:
        url = baseUrl + "/" + source

    if baseUrl not in url:
        return None
    return url
```

上述程序代码调用 getUrl() 函数使用 if/elif/else 多选一条件判断 URL 网址的开头是什么，即可处理成格式一致的 URL 网址。使用 for/in 循环测试列表的 URL 网址，如下所示：

```
for item in list1:
    print(getUrl(baseUrl, item))
```

上述程序代码调用 getUrl() 函数，第 1 个参数是基底 URL 网址，第 2 个参数是可以测试不一致的 URL 网址。其运行结果如下所示：

```
http://example.com/test
http://example.com/word
http://example.com/media/ex.jpg
http://example.com/index.html
```

6.2.2 使用正则表达式处理文字内容

Python 正则表达式 re 模块可以调用 sub() 函数取代符合模板字符串的子字符串成为其他字符串，一样可以使用正则表达式来处理网页获取的文字内容。

动手学——删除不需要的字符：Ch6_2_2.py

类似第 6.2.1 节的字符串处理，可以使用 re 模块调用 sub() 函数来删除不需要的“\n”和多余的空格符，如下所示：

```
import re

str1 = "  Python, is   a, \nprogramming, \n\nlanguage.\n\r    "

list1 = str1.split(",")
for item in list1:
    item = re.sub(r"\n+", "", item)
    item = re.sub(r" +", " ", item)
    item = item.strip()
    print("'" + item + "'")
```

上述程序代码中，str1 字符串是测试字符串，当调用 split() 函数将其分割成列表后，调用 2 次 sub() 函数删除不需要的字符，第 1 次是删除 1 至多个“\n”字符，第 2 次是删除多余的空格符，但会保留 1 个，最后的 strip() 函数可以删除前后的空格符。其运行结果如下所示：

```
'Python'
'is a'
'programming'
'language.'
```

动手学——处理电话号码字符串：Ch6_2_2a.py

对于一些固定格式的数据，如金额或电话号码，可以调用 re 模块的 sub() 函数来进行处理，如下所示：

```
import re

phone = "0938-111-4567 # Phone Number"

num = re.sub(r"#.*$", "", phone)
print(num)
num = re.sub(r"\D", "", phone)
print(num)
```

上述电话号码中有“-”字符，之后是类似 Python 的注释文字，第 1 次的 sub() 函数删除之后的注释文字符号“#”，第 2 次的 sub() 函数删除所有非数字的字符。其运行结果如下所示：

```
0938-111-4567
09381114567
```

动手学——处理路径字符串：Ch6_2_2b.py

同样的技巧，可以调用 re 模块的 sub() 函数来处理路径字符串，如下所示：

```
import re

list1 = ["", "/", "path/", "/path", "/path/", "//path/", "/path///"]

def getPath(path):
    if path:
        if path[0] != "/":
            path = "/" + path
        if path[-1] != "/":
            path = path + "/"
        path = re.sub(r"/{2, }", "/", path)
    else:
        path = "/"

    return path

for item in list1:
    item = getPath(item)
    print(item)
```

上述程序代码调用 getPath() 函数使用嵌套 if/else 条件判断路径前后的“/”字符，以便决定是否需要补上“/”字符；调用 sub() 函数可以删除多余的“/”字符。其运行结果如下所示：

```
/
/
/path/
/path/
/path/
/path/
/path/
```

6.3 保存为文件

在成功从 HTML 网页抓取出所需数据后，可以将整理好的数据保存为文件，常用的文件格式有 CSV 和 JSON。如果需要网络中的图片，同样可以从 Web 网站下载这些图片。

6.3.1 保存为 CSV 文件

CSV 文件的内容是用纯文本方式表示的表格数据，这是一个文本文件，其中每一行表示表格的一行，每一个字段使用“,”逗号来分隔。例如，现在有一个表格数据，如表 6-7 所示，现将其转换成 CSV 数据。

表 6-7 表格信息

Data1	Data2	Data3
10	33	45
5	25	56

将表 6-7 中的数据转换成 CSV 数据，如下所示：

```
Data1, Data2, Data3
10, 33, 45
5, 25, 56
```

上述 CSV 数据的每一行最后由换行符“\n”来换行，每一个字段使用逗号“,”来分隔。可以直接使用 Excel 打开 CSV 文件。

动手学——读取 CSV 文件：Ch6_3_1.py

Python 程序使用 csv 模块读取 CSV 文件。例如，读取 Example.csv 文件的内容（表 6-7 中的数据），如下所示：

```
import csv

csvfile = "Example.csv"
with open(csvfile, 'r') as fp:
    reader = csv.reader(fp)
    for row in reader:
        print(','.join(row))
```

上述程序代码导入 csv 模块后，调用 open() 函数打开文件，然后调用 csv.reader() 函数读取文件内容，for/in 循环读取每一行数据，调用 join() 函数创建以逗号“,”分隔的字符串。其运行结果如下所示：

```
Data1, Data2, Data3
10, 33, 45
5, 25, 56
```

动手学——写入数据到 CSV 文件：Ch6_3_1a.py

除了读取 CSV 文件的数据外，也可以将 CSV 数据的列表写入 CSV 文件。例如，将 CSV 列表写入 Example2.csv 文件，如下所示：

```
import csv

csvfile = "Example2.csv"
list1 = [[10, 33, 45], [5, 25, 56]]
with open(csvfile, 'w+', newline='') as fp:
    writer = csv.writer(fp)
    writer.writerow(["Data1", "Data2", "Data3"])
    for row in list1:
        writer.writerow(row)
```

上述程序代码调用 open() 函数打开文件，参数 newline='' 表示删除每一列多余的换行；然后调用 csv.writer() 函数写入文件；writerow() 函数表示写入一行 CSV 数据，其参数是列表；for/in 循环可以将列表 list1 的每一个元素写入文件。在其运行结果中可以看到 Excel 打开的文件内容，如图 6-2 所示。

	A	B	C	D	E
1	Data1	Data2	Data3		
2	10	33	45		
3	5	25	56		
4					

图 6-2

动手学——从 W3School 获取表格数据并写入 CSV 文件：Ch6_3_1b.py

了解了 CSV 文件的读写后，可以将网页 HTML 表格数据存入 CSV 文件。例如，W3School 的“视频格式”说明如图 6-3 所示。

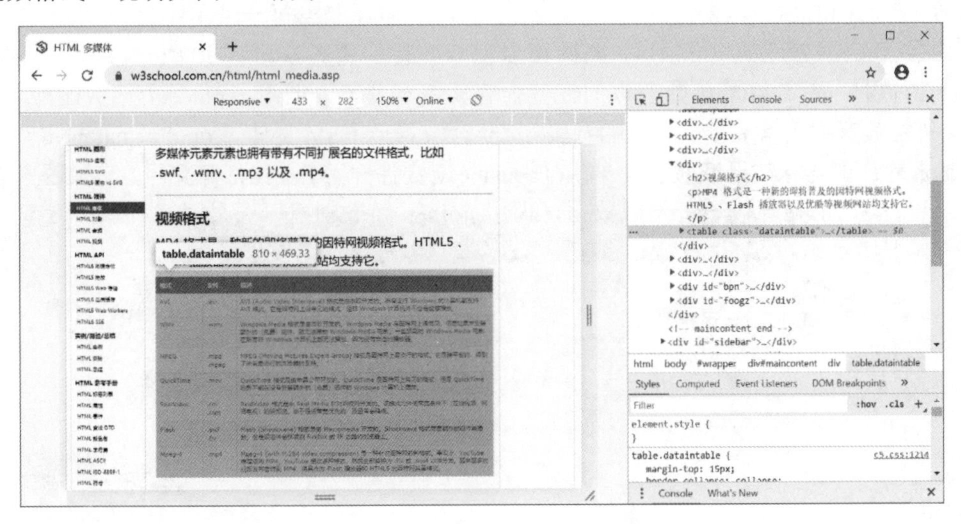

图 6-3

图 6-3 使用 Chrome 开发人员工具搜索 <table> 表格标签，可以看到 class 属性值是 dataintable。接着，创建 Python 程序，搜索 HTML 网页获取表格数据，并将其存入 CSV 文件，如下所示：

```
import requests
from bs4 import BeautifulSoup
import csv

url = "https://www.w3schools.com.cn/html/html_media.asp"
csvfile = "VideoFormat.csv"
r = requests.get(url)
r.encoding = "utf-8"
soup = BeautifulSoup(r.text, "lxml")
tag_table = soup.find(class_="dataintable")      # 搜索 <table> 标签
rows = tag_table.findAll("tr")                   # 搜索所有 <tr> 标签
```

上述程序代码导入相关模块后，调用 BeautifulSoup 对象的 dataintable find() 函数搜索第 1 个 <table> 标签，然后调用 findAll() 函数搜索表格的所有 <tr> 标签。接着打开 CSV 文件准备写入获取的数据，如下所示：

```
with open(csvfile, 'w+', newline='', encoding="utf-8") as fp:
    writer = csv.writer(fp)
    for row in rows:
        rowList = []
        for cell in row.findAll(["td", "th"]):
            rowList.append(cell.get_text().replace("\n", "").replace("\r", ""))
        writer.writerow(rowList)
```

上述程序代码调用 open() 函数指定编码是 utf-8，row 列表变量是所有 <tr> 标签的表格行，第 1 层 for/in 循环取出每一行，第 2 层 for/in 循环取出每一个单元格。

在内层 for/in 循环的 findAll() 函数可以搜索此行的所有 <td> 和 <th> 标签，这里调用 append() 函数将 get_text() 函数获取的标签内容新增至列表，调用 replace() 函数删除“\n”和“\r”字符，最后调用 writerow() 函数写入每一行数据至 CSV 文件 VideoFormat.csv。

Python 程序的运行结果可以创建 VideoFormat.csv 文件。用 Excel 打开文件内容如图 6-4 所示。

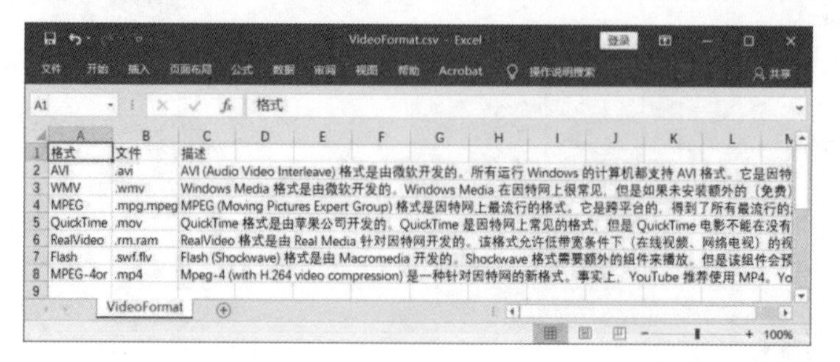

图 6-4

6.3.2 保存为 JSON 文件

Python 的 JSON 处理使用 json 模块，配合文件处理即可将 JSON 数据写入文件和读取 JSON 文件内容。

动手学——JSON 字符串和 Python 字典的转换：Ch6_3_2.py

通过 json 模块的 dumps() 函数可以将 Python 字典转换成 JSON 字符串，loads() 函数将 JSON 字符串转换成 Python 字典，如下所示：

```
import json

data = {
    "name": "Joe Chen",
    "score": 95,
    "tel": "0933123456"
}

json_str = json.dumps(data)
print(json_str)
data2 = json.loads(json_str)
print(data2)
```

上述程序代码首先调用 dumps() 函数，将 Python 字典转换成 JSON 数据内容的字符串；然后调用 loads() 函数，再将 JSON 字符串转换成 Python 字典。其运行结果如下所示：

```
{"name": "Joe Chen", "score": 95, "tel": "0933123456"}
{'name': 'Joe Chen', 'score': 95, 'tel': '0933123456'}
```

动手学——将 JSON 数据写入文件：Ch6_3_2a.py

可以调用 dump() 函数将 Python 字典写入 JSON 文件，如下所示：

```
import json

data = {
    "name": "Joe Chen",
    "score": 95,
    "tel": "0933123456"
}

jsonfile = "Example.json"
```

```
with open(jsonfile, 'w') as fp:
    json.dump(data, fp)
```

上述程序代码创建字典 data 后，调用 open() 函数打开写入文件，然后调用 dump() 函数将第 1 个参数的 data 字典写入第 2 个参数的文件，可以在 Python 程序的目录中看到创建的 Example.json 文件。

动手学——读取 JSON 文件：Ch6_3_2b.py

可以调用 load() 函数将 JSON 文件内容读取成 Python 字典，如下所示：

```
import json

jsonfile = "Example.json"
with open(jsonfile, 'r') as fp:
    data = json.load(fp)
json_str = json.dumps(data)
print(json_str)
```

上述程序代码打开 JSON 文件 Example.json 后，调用 load() 函数读取 JSON 文件，将其转换成字典，接着转换成 JSON 字符串，输出 JSON 内容。其运行结果如下所示：

```
{"name": "Joe Chen", "score": 95, "tel": "0933123456"}
```

动手学——将北京市天气查询的 JSON 数据写入文件：Ch6_3_2c.py

天气查询的 Web 服务可以通过输入城市代码来查询天气信息。例如，北京市的城市代码为 101010100，如图 6-5 所示（http://www.weather.com.cn/data/sk/101010100.html）。

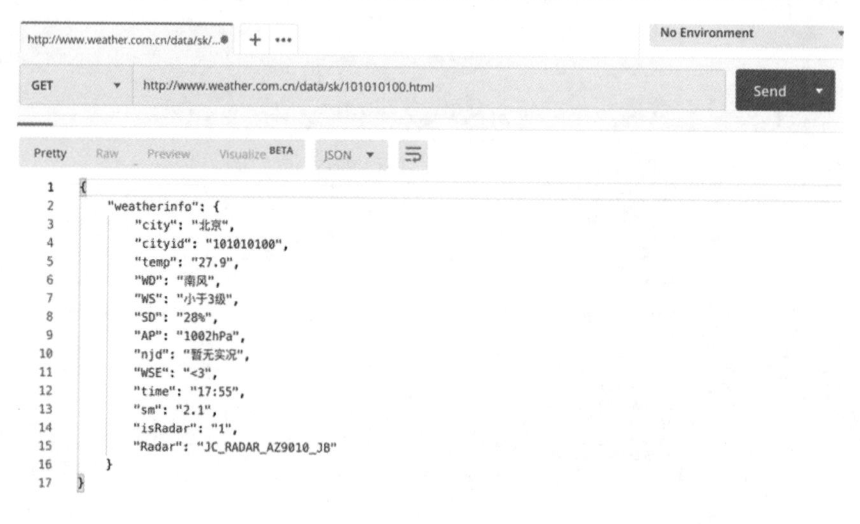

图 6-5

上述 URL 中 sk 后面的数字代码为城市代码。Python 程序如下所示：

```
import json
import requests

url = "http://www.weather.com.cn/data/sk/101010100.html"
jsonfile = "Weather.json"
r = requests.get(url)
r.encoding = "utf-8"
json_data = json.loads(r.text)
with open(jsonfile, 'w') as fp:
json.dump(json_data, fp, ensure_ascii=False)
```

上述程序代码调用 requests.get() 函数发送 HTTP 请求后，调用 json.loads() 函数将读取的数据转换成字典，然后打开写入文件，调用 json.dump() 函数写入 JSON 文件，可以在 Python 程序的目录中看到创建的 Weather.json 文件。

6.3.3 下载图文件

Python 程序可以使用 requests 模块和内置 urllib 模块打开串流来下载图文件，即将 Web 网站显示的图片下载保存为本地计算机的图文件。

动手学——使用 requests 模块下载图文件：Ch6_3_3.py

从 URL 网址 https://www.baidu.com/img/bd_logo1.png 下载 PNG 格式的图文件，如下所示：

```
import requests

url = "https://www.baidu.com/img/bd_logo1.png"
path = "logo.png"
response = requests.get(url, stream=True)
if response.status_code == 200:
    with open(path, 'wb') as fp:
        for chunk in response:
            fp.write(chunk)
    print("图文件已经下载")
else:
    print("错误! HTTP 请求失败...")
```

上述程序代码调用 requests 模块发送 HTTP 请求，第 1 个参数是图文件的 URL 网址，第 2 个参数 stream=True 表示响应的是串流；if/else 条件判断请求是否成功，成功就打开二进制的写入文件。文件处理的 with 程序区块如下所示：

```
with open(path, 'wb') as fp:
    for chunk in response:
        fp.write(chunk)
```

上述程序代码中，for/in 循环读取 response 响应串流，调用 write() 函数写入文件。在其运行结果中可以看到成功下载图文件的消息正文，如下所示：

```
图文件已经下载
```

上述信息表示已成功在 Python 程序所在目录下载名为 logo.png 的图文件。

动手学——使用 urllib 模块下载图文件：Ch6_3_3a.py

Python 的 urllib 模块也可以发送 HTTP 请求和下载图文件（本书使用 requests 包），为了增加图文件的下载效率，Python 程序使用缓冲区方式进行图文件下载。导入 urllib.request 模块，调用 urlopen() 函数发送 HTTP 请求，参数是图文件的 URL 网址，如下所示：

```
import urllib.request

url = "https://www.baidu.com/img/bd_logo1.png"
response = urllib.request.urlopen(url)
fp = open("logo.png", "wb")
size = 0
while True:
    info = response.read(10000)
    if len(info) < 1:
        break
    size = size + len(info)
    fp.write(info)
print(size, "个字符下载...")
fp.close()
response.close()
```

上述程序代码用 while 循环每次调用响应的 response.read() 函数下载 10000 个字符并写入二进制文件，可以计算出共下载了多少个字符。如果数据长度小于 1，就跳出 while 循环结束图文件下载。在其运行结果中可以看到下载了多少个字符，如下所示：

```
7877 个字符下载...
```

上述信息表示已成功在 Python 程序所在目录下载名为 logo.png 的图文件，图文件尺寸是 7877 个字符。

动手学——下载 Baidu 网站的 Logo 图文件：Ch6_3_3b.py

现在，整合正则表达式和图文件下载，直接从网络下载 Baidu 网站的 Logo 图文件，其 URL 网址为 http://www.baidu.com。

使用 Chrome 开发人员工具找到 Logo 图文件的 id 属性值（lg）（Python 程序：Ch6_3_3c.py），调用 BeautifulSoup 对象的 find() 函数获取 <img> 标签，如图 6-6 所示。

```
▼<div id="lg" class="s-p-top"> == $0
    <img id="s_lg_img" class="s_lg_img_gold_show" src="//
    www.baidu.com/img/bd_logo1.png?where=super" width=
    "270" height="129" onerror="this.src='https://
    dss0.bdstatic.com/5aV1bjqh_Q23odCf/static/superman/
    img/logo/bd_logo1-2885cdb57f.png';this.onerror=null;"
    usemap="#mp">
```

图 6-6

上述标签的图文件路径可以通过正则表达式取出来，如下所示：

```
"www(.+?)+\.(?:jpg|gif|png)"
```

上述正则表达式的模板字符串是从字符串中获取图文件的完整路径。Python 程序分成两部分实现，首先发送 HTTP 请求，然后剖析 HTML 网页搜索 id 属性值为 lg 的 <div> 标签，如下所示：

```
import re
import requests
from bs4 import BeautifulSoup

url = "http://www.baidu.com"
path = "logo.png"
r = requests.get(url)
r.encoding = "utf-8"
soup = BeautifulSoup(r.text, "lxml")
tag_a = soup.find(id="lg")
```

上述程序代码导入相关模块后，调用 requests 模块发送 HTTP 请求，使用 BeautifulSoup 对象剖析响应文件，调用 find() 函数获取 <div> 标签字符串。然后使用正则表达式获取 Logo 图片的图文件路径，如下所示：

```
match = re.search(r"(www(.+?)+\.(?:jpg|gif|png))", str(tag_a))
url = url + str(match.group())
response = requests.get(url, stream=True)
if response.status_code == 200:
    with open(path, 'wb') as fp:
        for chunk in response:
```

```
            fp.write(chunk)
    print("图文件 logo1.png 已经下载")
else:
    print("错误! HTTP 请求失败...")
```

上述程序代码调用 search() 函数比对路径字符串，在加上 Baidu 网址后，使用源自 Ch6_3_3.py 的程序代码来下载图文件。其运行结果如下所示：

```
图文件 logo1.png 已经下载
```

显示 logo.png 图文件已经下载。图文件如图 6-7 所示。

图 6-7

6.4 将数据存入 SQL 数据库

SQLite 是单一文件著名的免费数据库系统，Python 内置模块支持 SQLite 数据库，可以将从网页获取的数据存入 SQL 数据库。

6.4.1 认识 SQLite 数据库

SQLite 是目前世界上广泛使用的免费数据库引擎，是一套实现大部分 SQL92 标准的函数库。它不需要管理，没有服务器，不但体积轻巧，而且是一套支持交易（Transaction）的 SQL 数据库引擎，其官方网址为 http://www.sqlite.org。

SQLite 数据库的记录数据存储在单一文件中，直接使用文件存储数据库的数据。但是，SQLite 的执行效率仍然超过目前一些常用的数据库系统，其主要特点如下所示。

- SQLite 数据库只是一个文件，直接使用文件权限来管理数据库，并不用自行处理用户权限管理，所以没有 SQL 的 DCL（Data Control Language，数据控制语言）访问控制。
- 单一文件的 SQLite 数据库很容易安装，并不用特别进行数据库系统的设置与管理，而且不需要启动，不会浪费额外的内存资源。

6.4.2 创建 SQLite 数据库

DB Browser for SQLite 是一套开源 SQLite 管理工具，读者可在网络中搜索下载、安装，本书使用的是免安装版本。

1. 新增 SQLite 数据库和数据表

创建名为 Books.sqlite（也可自行命名，如 .db）的数据库和新增 Books 数据表，其字段数据类型和说明如表 6-8 所示。

表 6-8 字段数据类型和说明

字段名称	数据类型	字段说明
id	TEXT	书号，主键
title	TEXT	书名，不可为 Null
price	INTEGER	书价

使用 DB Browser for SQLite 新增数据库和数据表的步骤如下所示。

Step1 选择本书配套资源中的 Tools 文件夹，双击 DB Browser for SQLite.exe 命令，即可启动 DB Browser for SQLite，如图6-8所示。

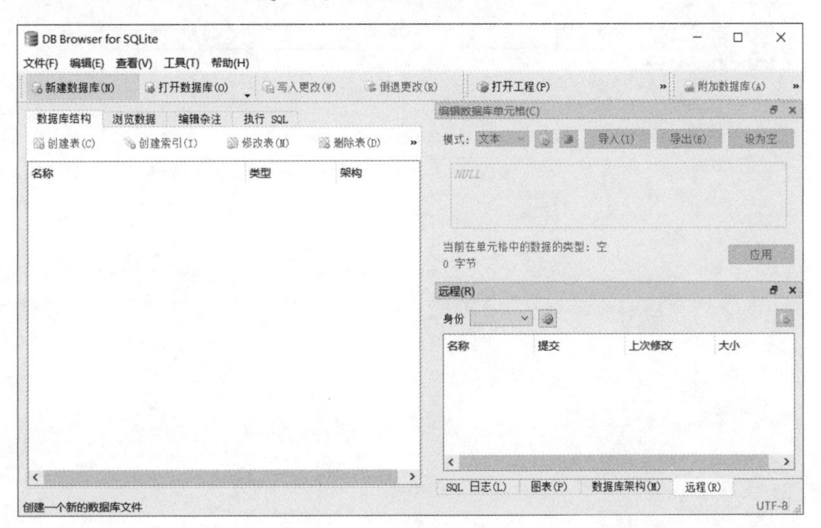

图 6-8

Step2 单击上方工具栏中的“新建数据库”按钮，或选择“文件”→“新建数据库”命令，弹出“选择一个文件名保存”对话框，如图 6-9 所示。

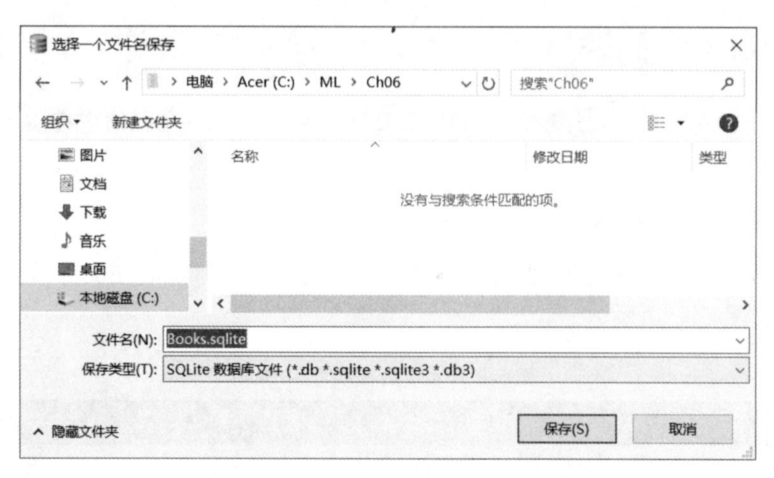

图 6-9

Step3 选择存储路径为"\ML\Ch06"后，在"文件名"文本框中输入 Books.sqlite，单击"保存"按钮，新建一个 SQLite 数据库，同时弹出"编辑表定义"对话框，如图 6-10 所示。

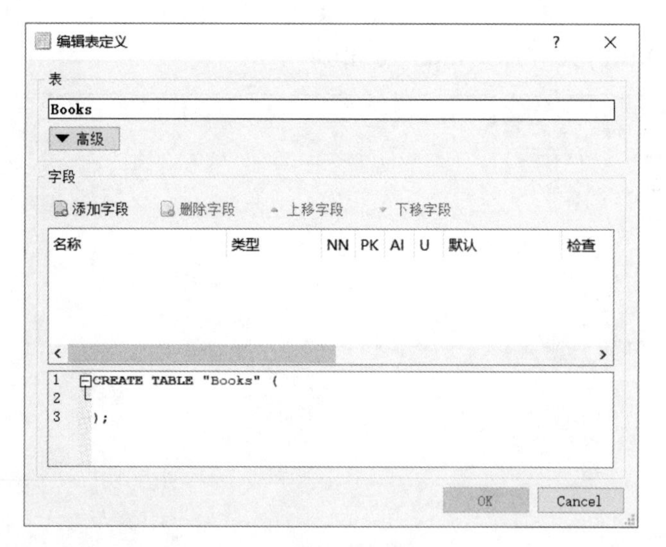

图 6-10

Step4 在"表"文本框中输入数据表名称 Books，新建一个数据表，在对话框下方可以看到对应的 SQL 指令。

Step5 在"字段"区域单击"添加字段"按钮，根据需要依次添加字段 id（TEXT）、title（TEXT）、price（INTEGER），并设置相应的类型，如图 6-11 所示。

编辑表定义

表

Books

▼ 高级

字段

添加字段 删除字段 上移字段 下移字段

名称	类型	NN	PK	AI	U	默认	检查
id	TEXT	☐	☑	☐	☑		
title	TEXT	☑	☐	☐	☐		
price	INTEGER	☐	☐	☐	☐		

```
1 CREATE TABLE "Books" (
2     "id"    TEXT UNIQUE,
3     "title" TEXT NOT NULL,
4     "price" INTEGER,
5     PRIMARY KEY("id")
6 );
```

OK Cancel

图 6-11

Step 6 选中 id 字段后的 PK（主键）和 U（唯一值）复选框，设置 title 字段为 NN（非空），单击 OK 按钮，即可在数据库项目下看到新创建的 Books 数据表，如图 6-12 所示。

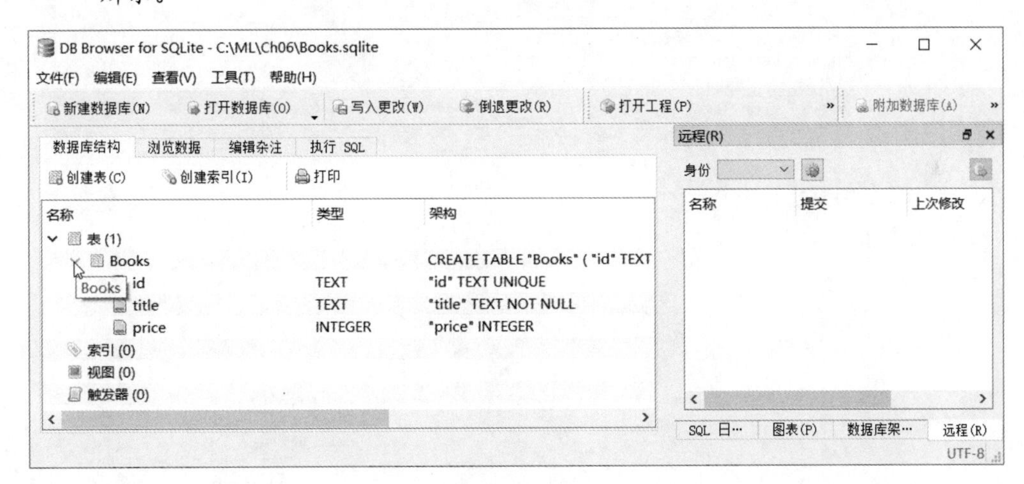

图 6-12

如果数据库中不只有一个数据表，可以单击工具栏中的“创建表”按钮，或选择“编辑”→“创建表”命令来新增其他数据表。

2．新增数据表的记录数据

在新增数据表后，即可在数据表中新增记录数据。可以使用 DB Browser for SQLite 输入 SQL 指令新增记录数据，或使用图形使用接口输入字段数据来新增记录数据，其步骤如下所示。

Step1 启动 DB Browser for SQLite，选择“文件”→“打开数据库”命令，打开 Books.sqlite 数据库，在左边展开数据库项目，选择 Books 数据表并右击，如图 6-13 所示。

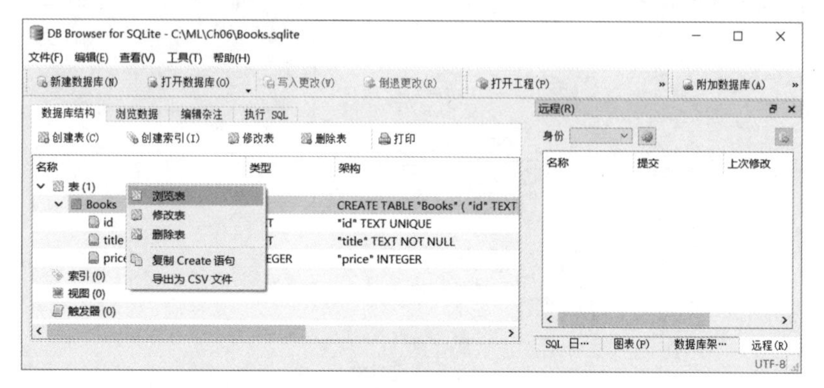

图 6-13

Step2 在弹出的快捷菜单中选择“浏览表”命令，或选择上方的“浏览数据”选项卡，可以看到以表格显示的 Books 数据表，在该数据表中即可新增记录数据，如图 6-14 所示。（此处只是为了介绍新增记录的方法，对于记录的数据大小，读者可不必太过注意）

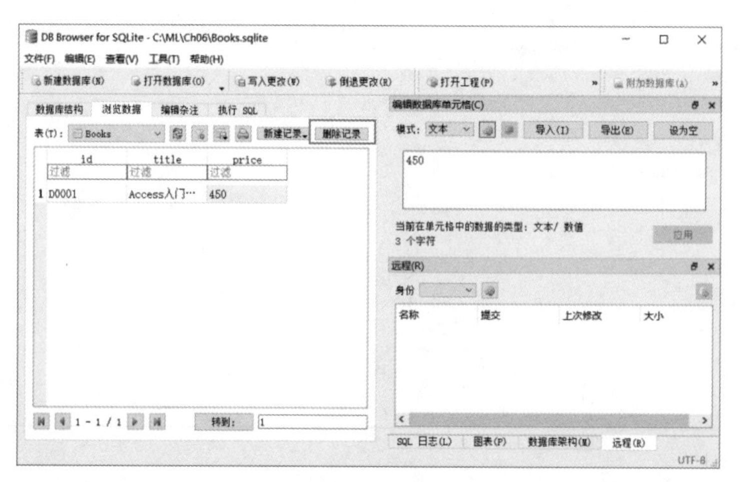

图 6-14

Step2 单击“新建记录”按钮，新增一项记录，然后依次输入书号、书名和书价字段。

3. 使用 SQL 指令新增记录

SQL 的 INSERT 指令可以新增一项记录到数据表，其基本语法如下所示：

```
INSERT INTO table (column1, column2, ...)
VALUES ('value1', 'value2 ', ...)
```

上述指令中，table 为准备插入记录的数据表名称，column1～n 为数据表的字段名，value1～n 为对应的字段值。例如，在 Books 数据表中新增一项图书记录，如下所示：

```
INSERT INTO Books (id, title, price)
VALUES ('P0001', 'C语言程序设计', 510)
```

在 DB Browser for SQLite 中执行 SQL 指令新增一笔记录的步骤如下所示。

Step1 在 DB Browser for SQLite 中选择“执行SQL”选项卡，在下方输入 SQL 指令字符串或单击“打开 SQL 文件”按钮，在配套资源中找到需要的 SQL 文件（SQL 程序：Ch6_4_2.sql），如图 6-15 所示。

Step2 单击工具栏中的三角箭头按钮执行 SQL 指令，可以在下方看到已经成功新增一项记录。选择“浏览数据”选项卡，可以看到新增的记录数据，如图 6-16 所示。

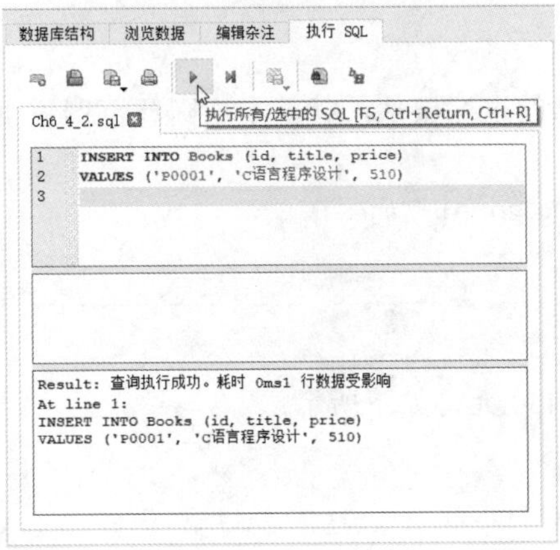

图 6-15

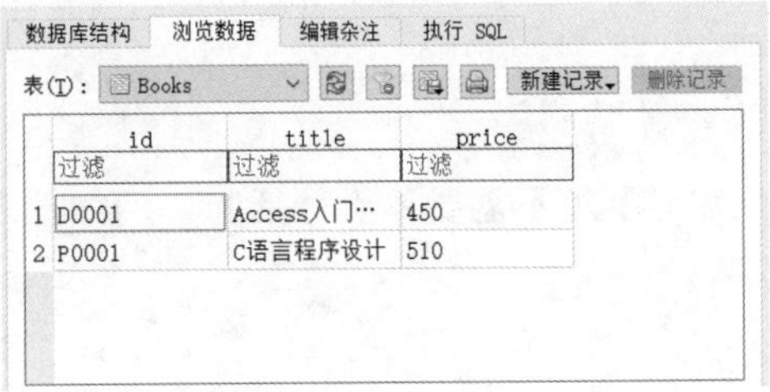

图 6-16

4. 使用 SQL 指令查询记录数据

SQL 使用 SELECT 指令查询记录数据，其基本语法如下所示：

```
SELECT column1, column2
FROM table
WHERE conditions
```

上述指令中，column1～2 获取记录字段，table 为数据表，conditions 为查询条件。上述指令的含义是从数据表 table 获取符合 WHERE 条件所有记录的字段 column1 和 column2。例如，查询 Books 数据表的所有记录数据，如下所示：

```
SELECT * FROM Books
```

单击工具栏中的“打开标签页”按钮，在打开的标签页中输入指令 SELECT * FROM Books，单击工具栏中的三角箭头按钮查看获取的记录数据。因为输入的指令没有指定 WHERE 过滤条件，所以运行结果可以获取数据表的所有记录和字段，如图 6-17 所示。

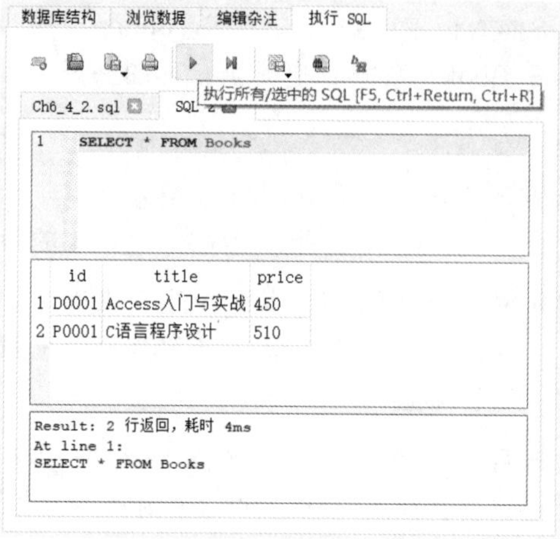

图 6-17

SELECT 指令中的 WHERE 子句是查询记录数据的过滤条件，其基本规则和范例说明如下所示。

- 文字字段需要使用单引号括起。例如，书号为 P0001，如下所示：

```
SELECT * FROM Books
WHERE id='P0001'
```

- 数值字段不需要单引号括起。例如，书价为 450 元，如下所示：

```
SELECT * FROM Books
WHERE price=450
```

- 文字和备注栏可以使用包含运算符 LIKE，只要包含此字符串即符合条件，配合通配符“%”或“_”，可以代表任何字符串或单一字符，所以，只要包含有指定子字符串就符合条件。例如，书名包含“程序”子字符串，如下所示：

```
SELECT * FROM Books
WHERE title LIKE '%程序%'
```

- 数值字段可以使用 <>（不等于）、>（大于）、<（小于）、>=（大于等于）和 <=（小于等于）等运算符创建查询条件。例如，书价大于 500 元，如下所示：

```
SELECT  * FROM Books
WHERE  price > 500
```

5. 导出 CSV 文件

DB Browser for SQLite 可以将数据表的记录数据导成 CSV 文件，其步骤如下所示。

Step1 启动 DB Browser for SQLite，选择“数据库结构”选项卡，如图 6-18 所示。

Step2 展开数据表 Books 并右击，在弹出的快捷菜单中选择“导出为 CSV 文件”命令，弹出“导出数据为 CSV”对话框，如图 6-19 所示。

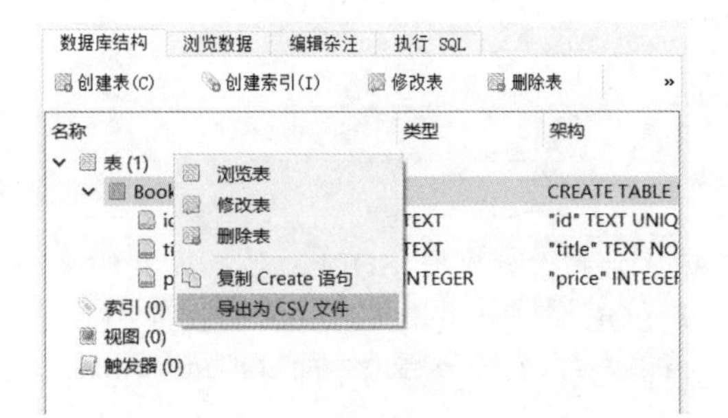

图 6-18

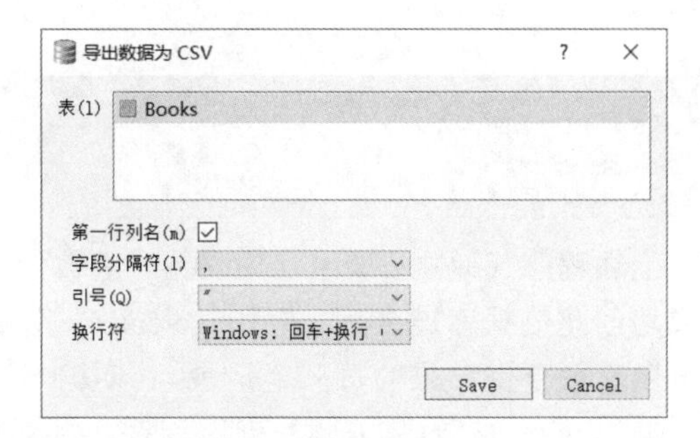

图 6-19

Step3 选中“第一行列名”复选框，单击 Save 按钮，弹出“选择导出数据的文件名”对话框，如图 6-20 所示。

Step4 默认文件名是数据表名称，单击“保存”按钮，导出 CSV 数据，如图 6-21 所示。

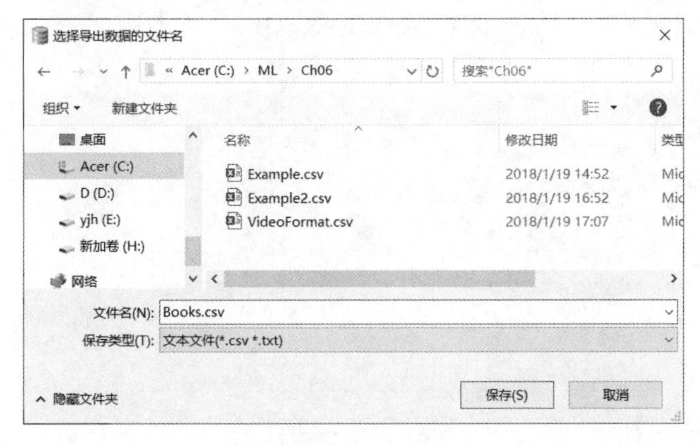

图 6-20

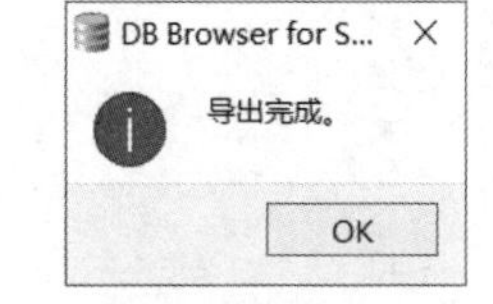

图 6-21

Step5 可以看到导出完成的信息窗口，单击 OK 按钮，完成 CSV 文件的导出。

6.4.3 使用 Python 程序将数据存入 SQLite 数据库

Python 程序使用 SQLite 数据库的第一步是导入 sqlite3 模块，如下所示：

```
import sqlite3
```

1. 查询 SQLite 数据库：Ch6_4_3.py

Python 程序在导入 sqlite3 模块后，可以创建数据库连接来执行 SQL 指令，如下所示：

```
# 创建数据库连接
conn = sqlite3.connect("Books.sqlite")
```

```
# 执行 SQL 指令 SELECT
cursor = conn.execute("SELECT * FROM Books")
# 获取查询结果的每一笔记录
for row in cursor:
    print(row[0], row[1])
conn.close() # 关闭数据库连接
```

上述程序代码中，调用 connect() 函数创建数据库连接，参数是 SQLite 数据库文件路径。在成功创建数据库连接后，调用 execute() 函数执行 SQL 指令，查询 SQLite 数据库。for/in 循环可以获取查询结果的每一笔记录，row[0] 和 row[1] 表示前 2 个字段，即 id 和 title 字段。最后调用 close() 函数关闭数据库连接。其运行结果如下所示：

```
D0001 Access 入门与实战
P0001 C 语言程序设计
```

2. 将 CSV 数据存入 SQLite 数据库：Ch6_4_3a.py

当将网页数据创建为 CSV 字符串后，即可将 CSV 数据存入 SQLite 数据库。首先将 CSV 字符串转换成列表 f，如下所示：

```
book = "P0002, Python 程序设计, 500"
f = book.split(",")

# 创建数据库连接
conn = sqlite3.connect("Books.sqlite")
# 创建 SQL 指令 INSERT 字符串
sql = "INSERT INTO Books (id, title, price) VALUES ('{0}', '{1}', {2})"
sql = sql.format(f[0], f[1], f[2])
print(sql)
cursor = conn.execute(sql)  # 执行 SQL 指令
print(cursor.rowcount)
conn.commit()               # 确认交易
conn.close()                # 关闭数据库连接
```

上述程序代码创建数据库连接后，调用 format() 函数创建 SQL 插入记录的 SQL 指令字符串，在字符串中的 3 个参数值“'{0}', '{1}', {2}”对应列表的 3 个项目。

创建 SQL 指令字符串后，调用 execute()函数新增记录，其中 rowcount 属性是影响的记录数，接着调用 commit() 函数变更数据库。其运行结果是新增一项记录，如图 6-22 所示。

```
INSERT INTO Books (id, title, price) VALUES ('P0002', 'Python 程序设计', 500)
1
```

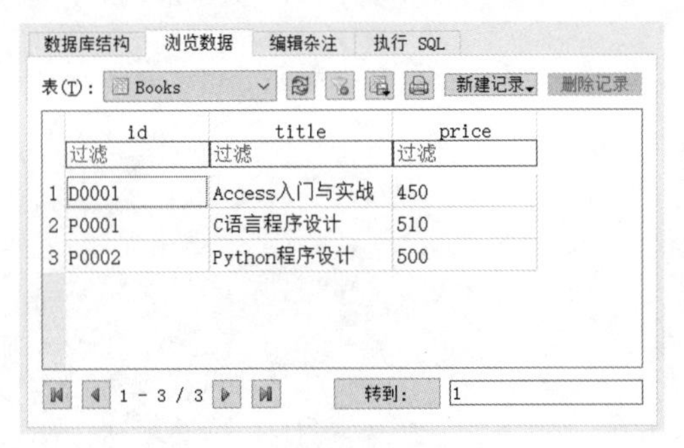

图 6-22

3. 将 JSON 数据存入 SQLite 数据库：Ch6_4_3b.py

同样地，可以将 JSON 数据存入 SQLite 数据库。先将 JSON 数据转换成 Python 字典 d，如下所示：

```
d = {
    "id": "P0003",
    "title": "Node.js 程序设计",
    "price": 650
}

# 创建数据库连接
conn = sqlite3.connect("Books.sqlite")
# 创建 SQL 指令 INSERT 字符串
sql = "INSERT INTO Books (id, title, price) VALUES ('{0}', '{1}', {2})"
sql = sql.format(d['id'], d['title'], d['price'])
print(sql)
cursor = conn.execute(sql) # 执行 SQL 指令
print(cursor.rowcount)
conn.commit()              # 确认交易
conn.close()               # 关闭数据库连接
```

上述程序代码创建数据库连接后，调用 format() 函数创建 SQL 插入记录的 SQL 指令字符串；然后调用 execute() 函数新增记录，其中 rowcount 属性是影响的记录数；接着执行 commit() 函数变更数据库。其运行结果是新增一项记录，如图 6-23 所示。

```
INSERT INTO Books (id, title, price) VALUES ('P0003', 'Node.js 程序设计', 650)
1
```

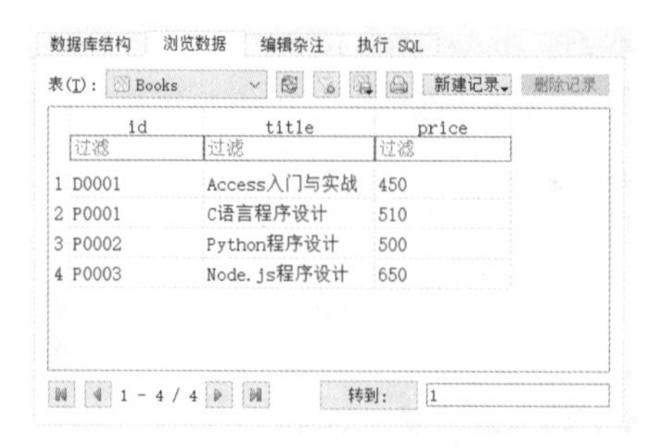

	id	title	price
1	D0001	Access入门与实战	450
2	P0001	C语言程序设计	510
3	P0002	Python程序设计	500
4	P0003	Node.js程序设计	650

图 6-23

6.5 将数据存入 NoSQL 数据库

MongoDB 是 Document Stores 数据模型的 NoSQL 数据库，其存储的数据是文件（Document，记录），即一种扩充的 JSON 格式文件，数据表称为 Collection 集合。

6.5.1 认识 NoSQL 和 MongoDB

NoSQL 是一个名词，并不是数据库，从英文字面解释其有两种说法：一是 No 和 SQL，表示没有 SQL，即不是使用 SQL 语法来存取数据库。所以，NoSQL 不是一种关系数据库模型的数据库，也不使用 SQL 语言。二是 Not Only SQL，这是最常见的解释，泛指从 21 世纪初发展的那些没有遵循关系数据库模型的各种数据库系统（大多是开源项目），即 NoSQL 数据库不使用表格的字段和记录存储数据，也不使用 SQL 语言进行数据操作和查询。

实际上，上述两种解释都是针对目前主流的关系数据库和 SQL 语言所做的对比和反弹。如果单纯从技术角度来说，NoSQL 是一组观念，其专注于提升效能、可靠性和灵活性，以快速和有效率地处理数据，包含结构化和非结构化数据。

MongoDB 是一套支持 Windows、Linux、Mac OS X 和 Solaris 操作系统的跨平台数据库系统，是可提供高效能、高可用性和高扩展性的 Document Stores 数据模型的数据库，所以将其归类在 NoSQL 数据库。下载和安装 MongoDB 数据库服务器请参阅附录 A（电子版）。

6.5.2 创建数据库与新增记录

MongoDB 数据库使用动态数据表，并不需像 SQL 数据库先定义数据表，就可以马上新增记录来创建数据库。请使用附录 A（电子版）的 Robo 3T 工具打开 .js 文件，执行相关的 Shell 指令。

1. 创建数据库

MongoDB 使用 use 指令创建新数据库。例如，创建名为 mydb 的数据库（Ch6_5_2.js），如下所示：

```
use mydb
```

上述指令创建名为 mydb 的数据库，单击 Execute 按钮即可执行。如果数据库已经存在，则切换至此数据库，使其成为目前使用的数据库，如图 6-24 所示。

然后输入 db，输出目前使用的数据库名称（Ch6_5_2a.js），如下所示：

```
db
```

当执行上述指令，即全局变量 db 后，可以输出目前使用的数据库，即 mydb，如图 6-25 所示。

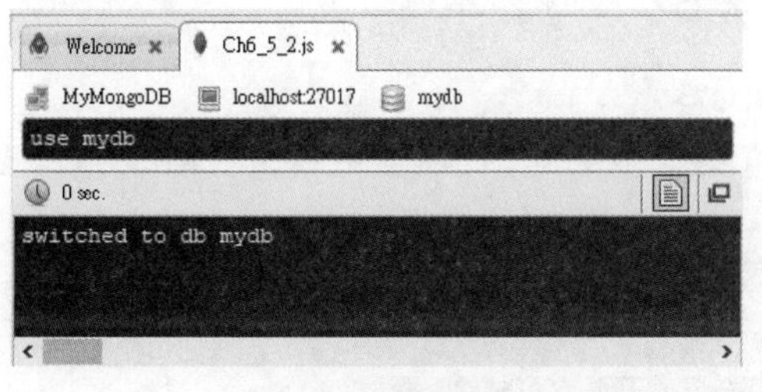

图 6-24

图 6-25

2．新增数据表和插入记录数据

在成功新增或切换至 mydb 数据库后，即可调用 insert() 函数插入记录数据，同时创建数据表。数据表在 MongoDB 数据库中称为集合。例如，创建 students 集合和插入 7 项学生记录（Ch6_5_2b.js），即 JSON 文件，如下所示：

```
db.students.insert({
    name: 'joe chen',
    dob: '21/04/1978',
    gender: 'm',
    favorite_color: 'yellow',
    nationality: 'China'
});
db.students.insert({
    name: 'james caan',
    dob: '03/26/1980',
    gender: 'm',
    favorite_color: 'black',
    nationality: 'America'
});
...
db.students.insert({
    name: 'judi dench',
    dob: '12/09/1984',
    gender: 'f',
```

```
    favorite_color: 'white',
    nationality: 'England'
});
```

上述程序代码调用了 7 次 insert() 函数（以分号“;”分隔），可以创建 students 集合和 7 项学生记录，字段依次为姓名、生日、性别、喜爱色彩和国籍。在插入记录创建集合后，调用 find() 函数即可输出刚刚存入的记录数据（Ch6_5_2c.js），如下所示：

```
db.students.find()
```

上述 find() 函数没有参数，其运行结果是获取集合全部的 7 项学生记录（Robo 3T 支持使用表格模式输出结果，可单击右上方的“表格”图标），如图 6-26 所示。

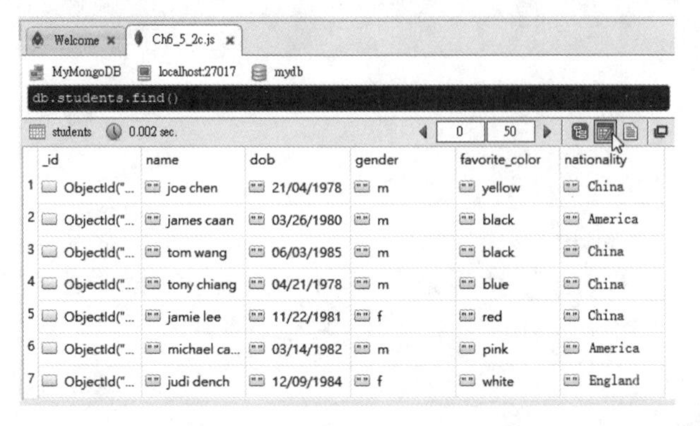

图 6-26

6.5.3 将 JSON 数据存入 MongoDB 数据库

Python 存取 MongoDB 数据库需要使用 Pymongo 包，Anaconda 默认没有安装。因此，需要自行安装此包后，才能将 JSON 数据存入 MongoDB 数据库。

动手学——安装 Pymongo 包

选择“开始”→Anaconda3 (64-bits)/Anaconda Prompt 命令，弹出 Anaconda Prompt 对话框，如图 6-27 所示。输入指令安装 Pymongo，如下所示：

```
C:\>pip install Pymongo Enter
```

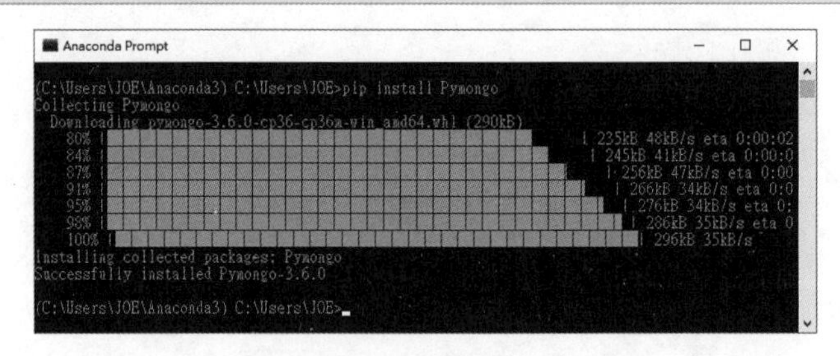

图 6-27

动手学——查询 MongoDB 数据库：Ch6_5_3.py

以第 6.5.2 节创建的数据库为例，使用 Python 程序查询 MongoDB 数据库，find_one() 函数可以搜索到第 1 笔，find() 函数可以搜索到多笔，如下所示：

```
import pymongo

client = pymongo.MongoClient("localhost", 27017)
db = client.mydb                # 选择 mydb 数据库
collection = db.students        # 选择 students
std = collection.find_one({"name": 'joe chen'})
print(std)
for item in collection.find({"gender":"f"}):
    print(item)
```

上述程序代码导入 pymongo 包后，创建 MongoClient 对象的数据库连接，参数是主机地址和端口号。在成功创建连接后，选择 mydb 数据库和 students 集合（数据表）。最后分别调用 find_one() 函数和 find() 函数查询 MongoDB 数据库，参数是 Python 字典。其运行结果如下所示：

```
{'_id': ObjectId('5a66d3501f487f37479928e8'), 'name': 'joe chen', 'dob':
'21/04/1978', 'gender': 'm', 'favorite_color': 'yellow', 'nationality':
'China'}
{'_id': ObjectId('5a66d3501f487f37479928ec'), 'name': 'jamie lee', 'dob':
'11/22/1981', 'gender': 'f', 'favorite_color': 'red', 'nationality':
'China'}
{'_id': ObjectId('5a66d3501f487f37479928ee'), 'name': 'judi dench', 'dob':
'12/09/1984', 'gender': 'f', 'favorite_color': 'white', 'nationality':
'England'}
```

上述第 1 项记录是条件 name 为 joe chen，条件 gender 为 m。

动手学——将 JSON 数据存入 MongoDB 数据库：Ch6_5_3a.py

可以将 JSON 数据存入 MongoDB 数据库，其中 JSON 数据已经转换成 Python 字典 std，如下所示：

```
import pymongo

client = pymongo.MongoClient("localhost", 27017)
db = client.mydb                # 选择 mydb 数据库
collection = db.students        # 选择 students

```

```
std = {
    'name': 'mary wang',
    'dob': '11/05/1978',
    'gender': 'f',
    'favorite_color': 'red',
    'nationality': 'China'
}

result = collection.insert_one(std)
print("新增 1 项: {0}".format(result.inserted_id))
```

上述程序代码调用 insert_one() 函数，将 Python 字典（文件）存入 MongoDB 数据库，result.inserted_id 属性获取插入的_id 字段值。其运行结果如下所示：

```
新增 1 项: 5a66d7c684573511d40a8a55
```

Python 程序 Ch6_5_3b.py 改用 insert_many() 函数，可以将参数 Python 字典列表[std1, std2]同时存入多项记录至 MongoDB 数据库，如下所示：

```
result = collection.insert_many([std1, std2])
print("新增 2 项: {0}".format(result.inserted_ids))
```

◇ 学习检测 ◇

1．什么是 Python 语言的字符串？Python 字符串可以使用 _____ 运算符获取指定位置的字符。

2．举例说明 Python 字符串的切割运算符。

3．当网络爬虫从网络获取数据后，进行数据清理的目的是什么？

4．什么是 SQLite 数据库？Python 程序如何存取 SQLite 数据库？

5．NoSQL 和 MongoDB 数据库是什么？在本书是使用 _____ 模块存取 MongoDB 数据库。

6．创建 Python 程序，新增 2 个字符串 str_a 和 str_b，然后连接 2 个字符串成为一个字符串，显示连接后的字符串内容。

7．使用第 6.4 节的 DB Browser for SQLite 创建名为 contacts.sqlite 联络人的 SQLite 数据库，在 contact 数据表中包括编号 id、姓名 name 和电话 tel 字段，然后输入一些测试记录。

8．创建第 7 题的 contacts.sqlite 数据库，并输出所有联络人的记录数据。

9．创建 Python 程序，将第 6.3.1 节的 VideoFormat.csv 文件存入 SQLite 数据库（首先需要创建 VideoFormat.sqlite 数据库）。

10．创建 Python 程序，将第 6.3.2 节的 Books.json 文件存入 MongoDB 数据库。

CHAPTER 7

第 7 章

网络爬虫实战案例

7.1 网络爬虫的常见问题

网络爬虫是向 Web 服务器发送 HTTP 请求后，从回传 HTML 网页中获取所需的内容。本书 Python 程序使用 requests 向目标 URL 网址发送 HTTP 请求，但是因为目前很多网站内建防爬机制，所以联机时可能会遇到一些问题，本节就来介绍一些常见的问题。

1. 更改 HTTP 标头，伪装成浏览器发送请求

从第 4.3.1 节的 Ch4_3_1b.py 中可以看出，如果使用 requests 发送 HTTP 请求，则 Web 网站可以知道是 Python 程序发送的请求，并不是浏览器。例如，发送 HTTP 请求至“经管之家”（https://bbs.pinggu.org）网站（Python 程序：Ch7_1.py），如下所示：

```
import requests

URL = "https://bbs.pinggu.org/"

r = requests.get(url)
if r.text.strip() is not '':
    print(r.text)
    else:
print("HTTP 请求错误..." + url)
```

上述程序代码使用 requests 发送 HTTP 请求，从运行结果中会看到返回值为空字符串。这里通过“if r.text.strip() is not '':”来判断是否请求成功，如果请求失败，将会输出“HTTP 请求错误...”，如下所示：

```
HTTP 请求错误...https://bbs.pinggu.org/
```

在第 4.4.2 节已经介绍过更改标头信息的方式。假设是从浏览器发送 HTTP 请求（Python 程序：Ch7_1a.py），如下所示：

```
import requests

url = "https://bbs.pinggu.org/"

headers = {'user-agent': 'Mozilla/5.0 (Windows NT 10.0; Win64; x64)'
        'AppleWebKit/537.36 (KHTML, like Gecko)'
        'Chrome/63.0.3239.132 Safari/537.36'}
r = requests.get(url, headers=headers)
if r.status_code == requests.codes.ok:
```

```
    print(r.text)
else:
    print("HTTP 请求错误..." + url)
```

上述程序代码因为更改了 HTTP 请求的标头信息，所以，从运行结果中可以看到成功取回 HTML 标签内容。

2. 在多次 HTTP 请求之间加上延迟时间

一般来说，网络爬虫很可能需要在很短时间内针对同一网站密集地发送 HTTP 请求，如在 1 秒内发送超过 10 次请求。为了避免被黑客攻击，目前的网站大都有预防密集请求的机制。即在爬虫时应避免短时间密集发送 HTTP 请求，而是在每一次请求之间等待几秒钟（Python 程序：Ch7_1b.py），如下所示：

```
import time
import requests

URL = "http://www.majortests.com/word-lists/word-list-0{0}.html"

for i in range(1, 10):
    url = URL.format(i)
    r = requests.get(url)
    print(r.status_code)
    print("等待 5 秒钟...")
    time.sleep(5)
```

上述程序代码导入 time 模块，在 for 循环中共发送 9 次 HTTP 请求，每一次请求之间调用 time.sleep(5) 函数暂停几秒。此例中参数为 5 秒，即每 5 秒才会发送一次 HTTP 请求。

3. 处理异常的 HTML 标签

当分析 HTML 网页搜索到目标 HTML 标签后，编写 Python 爬虫程序时需要注意一些异常情况来进行特别处理，否则在爬虫时就有可能中断在这些异常情况中。例如，编程论坛发贴的 HTML 标签，贴文的标题文字是 <td class="title"> 下的 <a> 标签，如图 7-1 所示。

```
▼<div class="div_l">
  ▼<table class="table_l" cellspacing="0" cellpadding="0" border="0">
    ▼<tbody>
      ▼<tr>
        ▶<td class="l_zt">…</td>
        ▼<td class="title">
            <img align="absmiddle" style="cursor:pointer" src="skin/img/plus.gif" id="followimg498615" onclick=
            "f_loadtree('498615')">
            <a href="thread-498615-1-1.html" title="发帖时间: 2019-12-24 21:26
            问题点数: 5
            最后回复: fall bernana">各位数独游戏用python写谁会可否看看</a>
            <font color="#888888" title="已结贴">[结]</font> == $0
          </td>
        ▶<td class="l_au">…</td>
          <td class="l_re">1</td>
          <td class="l_re">55</td>
        ▶<td class="l_last">…</td>
        </tr>
      </tbody>
    </table>
  </div>
```

图 7-1

上述 <div class="div_l "> 标签是一篇贴文，位于 <td class="title"> 下的 <a> 标签是贴文的标题文字。如果是一篇已经完结的发文，在 <td class="title"> 中便不会有 <font> 标签，如图 7-2 所示。

图 7-2

图 7-2 中的 <td class="title"> 标签只有标题文字内容，没有 <font> 标签，这是贴文 HTML 标签不全的异常情况。当发生这种情况时，一般有两种处理方法，如下所示。

- 方法 1：使用 if 条件判断 <td class="title"> 下是否有 <font> 标签，没有 <font> 标签就跳过不处理。在第 7.3 节中使用的就是这种方法。
- 方法 2：使用 BeautifulSoup 对象创建替代 <font> 标签，如果没有，就使用替代标签来代替。本节使用的就是此方法。

Python 程序：Ch7_1c.py 是在获取编程论坛的贴文，首先创建 DELETED 变量，然后使用 BeautifulSoup 对象创建 <font> 标签，如下所示：

```
import requests
from bs4 import BeautifulSoup

url = "https://bbs.bccn.net/forum-246-1.html"
DELETED = BeautifulSoup('<font>[未结]</font>', "lxml").font
```

上述程序代码创建 <font> 标签的 BeautifulSoup 对象，最后的 .font 获取此标签对象，然后发送 HTTP 请求，如下所示：

```
r = requests.get(URL)
if r.status_code == requests.codes.ok:
soup = BeautifulSoup(r.text, "lxml")
tag_td = soup.select('.table_l .title')
    for tag in tag_td:
        tag_font = tag.find("font",color='#888888') or DELETED
        print(tag.find('a').text, tag_font.text)
        print()
else:
```

```
    print("HTTP 请求错误..." + url)
```

上述程序代码调用 select() 函数搜索所有贴文的 <td> 标签后，使用 for/in 循环获取每一篇贴文是否完结的文字，即 <font> 标签，如下所示：

```
tag_font = tag.find("font",color='#888888') or DELETED
```

上述程序代码调用 find() 函数搜索 <font> 标签，若没有找到，就指定成 DELETED 变量的 <font> 标签对象。在运行结果中可以看到“结”或“未结”（**注意**：不是每次都有此情况），如下所示：

```
[开源]Python 开发的网站程序(一花一世界) [结]

Python 论坛历届版主名录 [未结]

北京朝阳区基金公司招聘全职量化分析师 [未结]

关于 list 中 len()函数 [未结]

python 使用 SQLite 访问数据库 [未结]

关于 python 中字典列表嵌套使用的问题 [未结]

请教一个递归函数具体实现步骤 [未结]

小白求助，关于 python 爬虫的问题 [未结]

求助大佬，我的程序为什么没有输出结果 [未结]
```

4．网站内容分级规定

因为很多网站内容有分级规定，所以有些网站在进入前要求用户登录。例如，编程论坛的搜索页面（https://bbs.bccn.net/search.php）如图 7-3 所示。若不输入用户名，单击“搜索”按钮，就会打开图 7-4 所示的界面，提示会员用户登录或注册新用户登录后才能进入搜索页面。

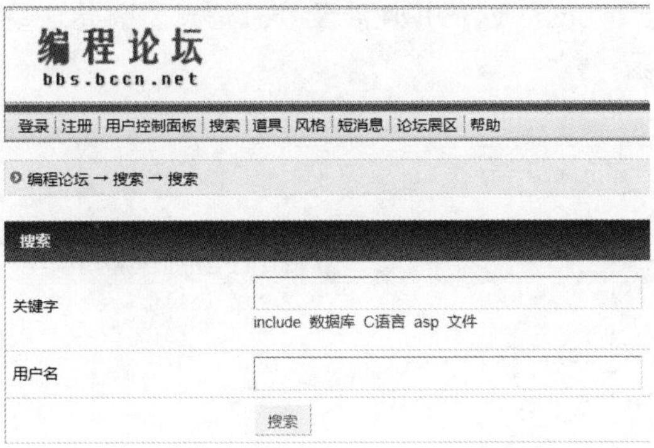

图 7-3

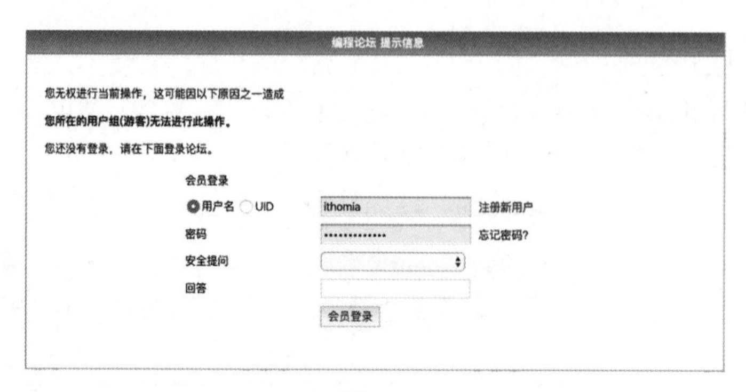

图 7-4

因为编程论坛使用 Cookie 储存是否为会员，所以可以在 requests 请求中指定 Cookie 来跳过网站分级规定的画面。获取 Cookie 的步骤如下。

（1）注册一个账号并登录。

（2）按 F12 键打开开发人员工具模式，选择 Network 选项卡。

（3）按 F5 键刷新网页，可以看到当前网页进行的所有网络请求。

（4）在 Name 列表中单击 search.php，右侧 Headers→General 下边的 Request URL 即为该网站的网络请求地址，复制 Cookie，如图 7-5 所示。

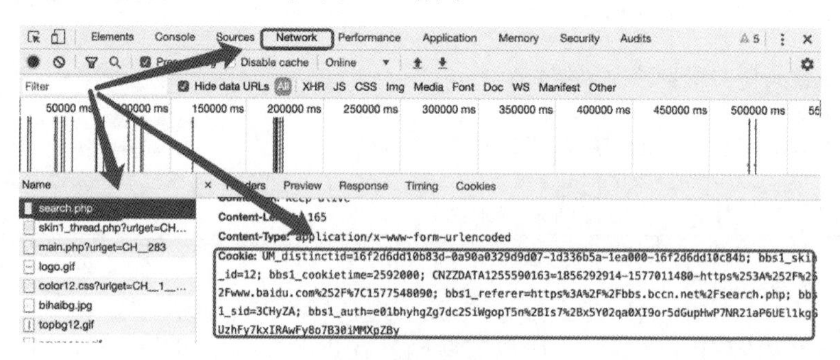

图 7-5

接下来将 Cookie 添加至 requests 请求的 Headers 中，key 为 Cookie，value 为“UM_distinctid......”。由于 Cookie 过长并且涉及登录信息，因此这里用省略号代替（Python 程序：Ch7_1d.py），如下所示：

```
import requests
from bs4 import BeautifulSoup

URL = "https://bbs.bccn.net/search.php?searchid=1&searchsubmit=yes"
headers = {
    'cookie': 'UM_distinctid......'}
r = requests.get(URL, headers=headers)
if '您还没有登录' not in r.text:
```

```
    soup = BeautifulSoup(r.text, "lxml")
    table_search = soup.find('table',summary='搜索')
    tag_a = table_search.find_all("a", target="_blank")
    for tag in tag_a:
        print(tag.text)
else:
    print("未登录，请检查 Cookie")
```

上述程序代码中，requests.get() 函数的第 2 个参数指定 cookies 来跳过网站内容分级规定，for/in 循环使用 if 条件判断是否搜索到 <a> 标签，而不是使用 Ch7_1c.py 的自定义标签来处理异常情况。

5. 创建爬虫目标的 URL 网址

因为爬虫目标的 URL 网址通常不止一个，而是有很多个，所以在爬虫前需要先创建这些 URL 网址。Python 程序 Ch7_1b.py 是使用字符串 format() 函数创建目标的多个 URL 网址。

另一种方式：因为 Python 语言的 urllib.parse 模块用于处理 URL 网址，所以可以使用此模块的 urljoin() 函数来结合创建所需的 URL 网址（Python 程序：Ch7_1e.py），如下所示：

```
from urllib.parse import urljoin

URL = "http://www.majortests.com/word-lists/word-list-01.html"
URL = "https://bbs.bccn.net/"

catalog = ["Python", "Include", "asp"]

for i in range(1, 5):
    url = urljoin(URL, "word-list-0{0}.html".format(i))
    print(url)
for item in catalog:
    url = urljoin(URL, "../tag.php?name={}".format(item))
    print(url)
```

上述程序代码首先导入 urljoin() 函数，第 1 个 for 循环调用 urljoin() 函数（第 1 个参数是 URL 网址，第 2 个参数是文档名），可以创建 word-list-01.html ~ word-list-04.html 的 URL 网址。其运行结果如下所示：

```
http://www.majortests.com/word-lists/word-list-01.html
http://www.majortests.com/word-lists/word-list-02.html
http://www.majortests.com/word-lists/word-list-03.html
http://www.majortests.com/word-lists/word-list-04.html
```

第 2 个 for/in 循环用于创建 BCCN 各版块的 URL 网址，使用列表和“../”路径来取代上一层的目录。在其运行结果中可以看到创建 python、include 和 asp 版块的 URL 路径，如下所示：

```
https://bbs.bccn.net/tag.php?name=python
https://bbs.bccn.net/tag.php?name=include
https://bbs.bccn.net/tag.php?name=asp
```

7.2 实战案例：majortests.com 的单词列表

majortests.com 是一个提供留学考试的模拟测验和教学资源的网站，如图 7-6 所示。

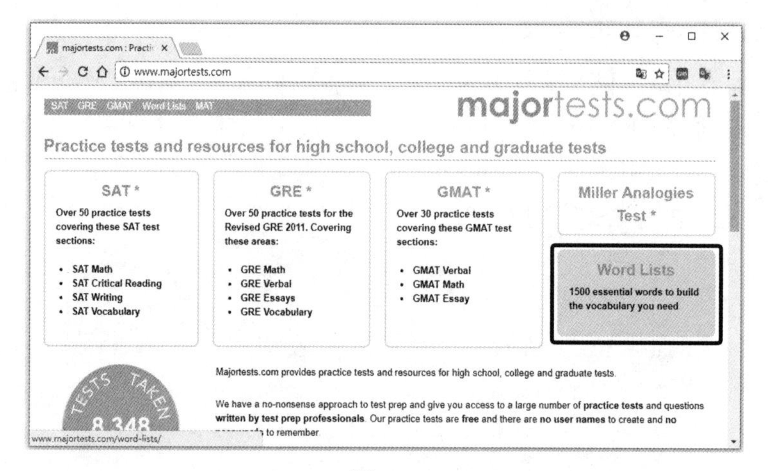

图 7-6

图 7-6 方框中的内容是 1500 个英文基本单词，本节即获取此 URL 网址的英文单词列表。

步骤 1：识别出目标的 URL 网址

网络爬虫的第一步是识别出目标的单一 URL 网址或多个 URL 网址列表。以 majortests.com 中的 1500 个基本单词来说，前 9 页的 URL 网址如下所示：

```
http://www.majortests.com/word-lists/word-list-01.html
http://www.majortests.com/word-lists/word-list-02.html
http://www.majortests.com/word-lists/word-list-03.html
...
http://www.majortests.com/word-lists/word-list-09.html
```

上述 URL 网址列表的 HTML 网页文件名只有最后 1 个数字不同，可以创建函数来产生这一系列的 URL 列表，如下所示：

```
URL = "http://www.majortests.com/word-lists/word-list-0{0}.html"
```

```
def generate_urls(url, start_page, end_page):
    urls = []
    for page in range(start_page, end_page+1):
        urls.append(url.format(page))
    return urls
```

上述 URL 变量是 URL 网址的模板字符串，“{0}”符号是准备使用 format() 函数来替代的数字；generate_urls() 函数的第 1 个参数是 URL 网址的模板字符串，第 2 个参数是起始数字，第 3 个参数是结束数字；使用 for 循环产生和返回 URL 网址列表。

步骤 2：发送 HTTP 请求获取网络资源

在识别出目标的 URL 网址后，就可以使用 requests 发送 HTTP 请求，如下所示：

```
def get_resource(url):
    headers = {"user-agent": "Mozilla/5.0 (Windows NT 10.0; Win64; x64)"
            "AppleWebKit/537.36 (KHTML, like Gecko)"
            "Chrome/63.0.3239.132 Safari/537.36"}
    return requests.get(url, headers=headers)
```

上述程序代码中，get_resource() 函数使用自定义标头和参数的 URL 网址来发送 HTTP 请求，可以获取响应的 HTML 网页。

步骤 3：分析 HTML 网页，搜索爬虫的目标标签

在实际剖析 HTML 网页前，需要先分析 HTML 网页来搜索爬虫的目标标签，Google Chrome 的开发人员工具就是一个好用的工具。例如，第 1 页的单词列表如下所示：

http://www.majortests.com/word-lists/word-list-01.html

打开 Chrome 浏览器浏览上述网址后，按 F12 键打开开发人员工具，如图 7-7 所示。

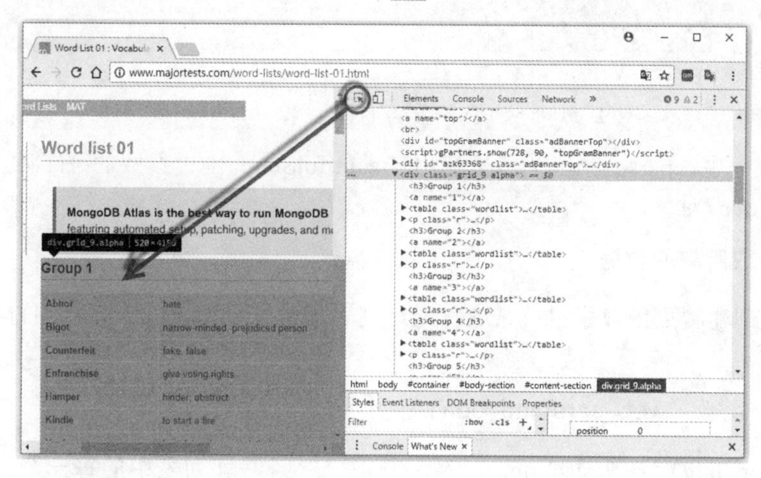

图 7-7

图 7-7 中的每一页 HTML 网页分别代表 Group1~10 个群组的表格单词，单击工具栏中的第 1 个图标，然后移动鼠标指针到单词表格，可以看到 <div> 标签，如下所示：

```
<div class="grid_9 alpha">
<h3>Group 1</h3><a name="1"></a>
<table class="wordlist">
<tbody>
<tr><th>Abhor</th><td>hate</td></tr>
<tr><th>Bigot</th><td>narrow-minded, prejudiced person</td></tr>
...
<tr><th>Remuneration</th><td>payment for work done</td></tr>
<tr><th>Talisman</th><td>lucky charm</td></tr>
</tbody>
</table>
...
```

在分析上述 HTML 标签后，得到的分析结果如下所示。

- 每一页单词表格都是 <div> 标签的子标签。因为有 10 个群组，所以共有 10 个 <table> 子标签。
- 每一个 <table> 表格标签是一个群组的单词，class 属性都是 wordlist。
- 每一个 <tr> 标签都是一组单词，<th> 是单词，<td> 则是单词说明。

步骤 4：使用爬虫工具剖析 HTML 网页

在分析搜索爬虫的目标 HTML 标签后，即可使用 BeautifulSoup 来剖析 HTML 网页，如下所示：

```
from bs4 import BeautifulSoup

def parse_html(html_str):
    return BeautifulSoup(html_str, "lxml")
```

上述程序代码中，parse_html() 函数使用 BeautifulSoup 剖析参数的 HTML 字符串，可以返回 BeautifulSoup 对象。

步骤 5：获取所需的数据

现在，可以创建爬虫函数来进行 URL 网址列表的数据抓取，一一抓取 HTML 网页表格中的英文单词。

1. Python 函数：web_scraping_bot()

web_scraping_bot() 函数通过 for/in 循环获取 URL 网址列表中的每一个 URL 网址，如下所示：

```
import time

def web_scraping_bot(urls):
    eng_words = []

    for url in urls:
        file = url.split("/")[-1]
        print("获取: " + file + " 网络数据中...")
        r = get_resource(url)
        if r.status_code == requests.codes.ok:
            soup = parse_html(r.text)
            words = get_words(soup, file)
            eng_words = eng_words + words
            print("等待 5 秒钟...")
            time.sleep(5)
        else:
            print("HTTP 请求错误...")

    return eng_words
```

上述程序代码中，变量 eng_words 存储抓取的单词列表；for/in 循环一一获取 URL 网址并调用 get_resource() 函数发送 HTTP 请求；if/else 条件判断是否请求成功，如果成功，就调用 parse_html() 函数剖析 HTML 标签字符串，使用 get_words() 函数抓取单词，然后将抓取的单词添加到 eng_words 列表，等待 5 秒后，再发送下一个 URL 网址的 HTTP 请求。

2. Python 函数：get_words()

get_words() 函数共有 2 个参数，第 1 个参数是 BeautifulSoup 对象，第 2 个参数是 HTML 网页的文件名，如下所示：

```
def get_words(soup, file):
    words = []
    count = 0

    for wordlist_table in soup.find_all(class_="wordlist"):
        count += 1
        for word_entry in wordlist_table.find_all("tr"):
            new_word = []
```

```
            new_word.append(file)
            new_word.append(str(count))
            new_word.append(word_entry.th.text)
            new_word.append(word_entry.td.text)
            words.append(new_word)

    return words
```

上述程序代码中，外层 for/in 循环可以搜索所有 class 属性值是 wordlist 的 <table> 标签，其中 count 是群组计数；内层 for/in 循环可以搜索所有 <tr> 标签，每一个单词的数据依次是文件名、群组编号、单词（<th>）和单词说明（<td>）；最后返回每一页 HTML 网页文件抓取的单词列表。

步骤 6：保存获取的数据

web_scraping_bot() 函数可以抓取所有 URL 网址列表中的单词列表，在完成后调用 save_to_csv() 函数将其保存为 CSV 文件，如下所示：

```
import csv

def save_to_csv(words, file):
    with open(file, "w+", newline="", encoding="utf-8") as fp:
        writer = csv.writer(fp)
        for word in words:
            writer.writerow(word)
```

上述程序代码打开 utf-8 编码的文本文件，然后将抓取的单词列表写入 CSV 文件。

步骤 7：创建主程序，执行网络爬虫

最后，可以创建主程序并利用上述函数来执行爬虫作业，如下所示：

```
if __name__ == "__main__":
    urls = generate_urls(URL, 1, 9)
    # print(urls)
    eng_words = web_scraping_bot(urls)
    for item in eng_words:
        print(item)
    save_to_csv(eng_words, "words.csv")
```

当 Python 解释器执行 Python 程序的主程序时，Python 程序需要使用 if 条件判断 __name__特殊变量值是否为 __main__，如果是，位于此 if 程序块的程序代码就是主程序执行的 Python 程序代码。

在主程序中首先调用 generate_urls() 函数创建 URL 网址列表后，调用 web_scraping_bot() 函数抓取英文单词；成功后，使用 for/in 循环输出英文单词的列表；最后调用 save_to_csv() 函数将其保存为 CSV 文件 words.csv。

从完整 Python 程序：/Ch7_2/word_list_crawler.py 的运行结果中可以看到，每间隔 5 秒发送 1 次 HTTP 请求，在完成后输出获取的英文单词列表。可以使用 Excel 查看获取的英文单词列表，如图 7-8 所示。

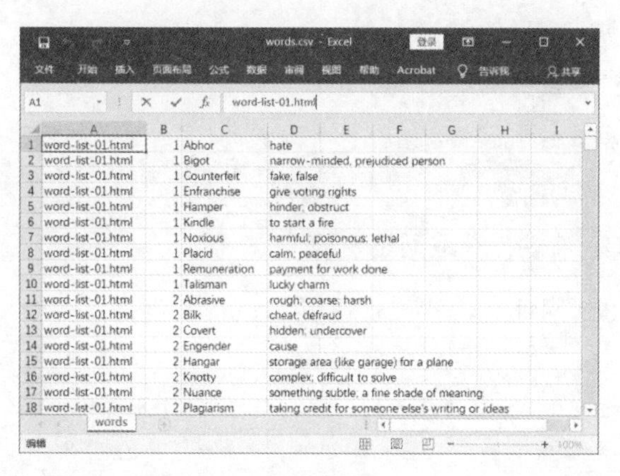

	A	B	C	D
1	word-list-01.html	1	Abhor	hate
2	word-list-01.html	1	Bigot	narrow-minded, prejudiced person
3	word-list-01.html	1	Counterfeit	fake; false
4	word-list-01.html	1	Enfranchise	give voting rights
5	word-list-01.html	1	Hamper	hinder; obstruct
6	word-list-01.html	1	Kindle	to start a fire
7	word-list-01.html	1	Noxious	harmful; poisonous; lethal
8	word-list-01.html	1	Placid	calm; peaceful
9	word-list-01.html	1	Remuneration	payment for work done
10	word-list-01.html	1	Talisman	lucky charm
11	word-list-01.html	2	Abrasive	rough; coarse; harsh
12	word-list-01.html	2	Bilk	cheat; defraud
13	word-list-01.html	2	Covert	hidden; undercover
14	word-list-01.html	2	Engender	cause
15	word-list-01.html	2	Hangar	storage area (like garage) for a plane
16	word-list-01.html	2	Knotty	complex; difficult to solve
17	word-list-01.html	2	Nuance	something subtle; a fine shade of meaning
18	word-list-01.html	2	Plagiarism	taking credit for someone else's writing or ideas

图 7-8

7.3 实战案例：编程论坛 BCCN BBS 本月文章

编程论坛 BCCN BBS 是著名的编程技术讨论空间，该论坛根据内容被分成多个区块的讨论区。例如，C 语言讨论社区 https://bbs.bccn.net/forum-5-1.html 如图 7-9 所示。

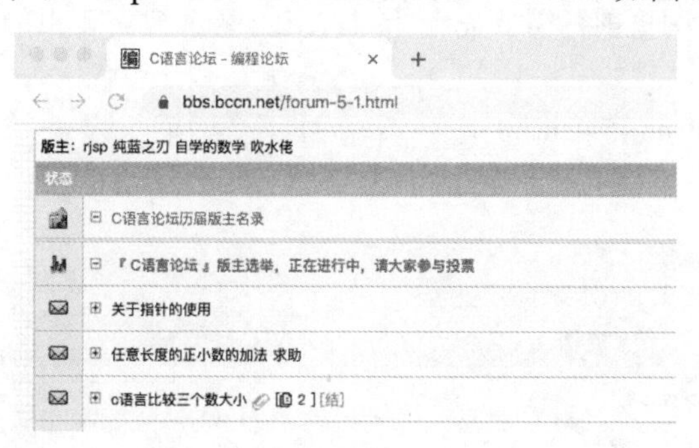

图 7-9

图 7-9 所示内容为发文列表。本节即创建 Python 爬虫程序，抓取特定板块下本月所发文章的相关信息。

步骤 1：识别出目标的 URL 网址

编程论坛的网址是固定开头，在最后使用 .html 结尾。但是，不同页面的路径并不相同，如下所示：

```
URL = "https://bbs.bccn.net/"
Param = "forum-5-{}.html"
```

上述 URL 变量是编程论坛的基底网址，param 是页面参数。可以轻松组合出特定页面的 URL 网址，如下所示：

```
url = URL + Param.format(index + 1)
```

例如，第 1 页和第 2 页的网址如下所示：

```
https://bbs.bccn.net/forum-5-1.html
https://bbs.bccn.net/forum-5-2.html
```

步骤 2：发送 HTTP 请求，获取网络资源

在识别出目标的 URL 网址后，就可以使用 requests 发送 HTTP 请求，如下所示：

```
def get_resource(url):
    headers = {"user-agent": "Mozilla/5.0 (Windows NT 10.0; Win64; x64)"
               "AppleWebKit/537.36 (KHTML, like Gecko)"
               "Chrome/63.0.3239.132 Safari/537.36"}
    return requests.get(url, headers=headers)
```

上述程序代码中，get_resource() 函数使用自定义标头参数的 URL 网址来发送 HTTP 请求，可以获取网络资源的 HTML 网页。

步骤 3：分析 HTML 网页，搜索爬虫的目标标签

在实际剖析 HTML 网页前，需要先分析 HTML 网页搜索爬虫的目标标签。例如，发贴信息页面如下所示：

https://bbs.bccn.net/forum-5-1.html

打开 Chrome 浏览器，浏览上述网址，按 F12 键打开开发人员工具，如图 7-10 所示。

图 7-10

图 7-10 所示内容为文章列表。单击上方工具栏中的第 1 个图标，然后移动鼠标指针到文章标题列表，可以看到 <div> 标签下有多个 <div class="div_l "> 标签，如下所示：

```
<div class="div_l">...</div>
<div class="div_l">...</div>
<div class="div_l">...</div>
...
```

上述每一个 <div class="div_l"> 标签都是一篇文章的详细信息，其标签内容如图 7-11 所示。

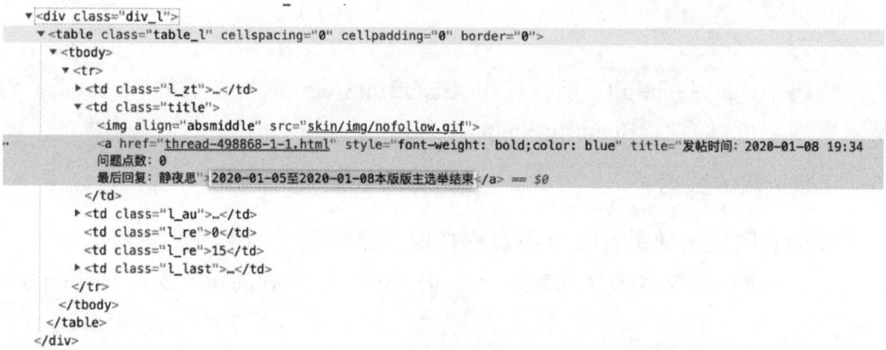

```
<div class="div_l">
  <table class="table_l" cellspacing="0" cellpadding="0" border="0">
    <tbody>
      <tr>
        <td class="l_zt">…</td>
        <td class="title">
          <img align="absmiddle" src="skin/img/nofollow.gif">
          <a href="thread-498868-1-1.html" style="font-weight: bold;color: blue" title="发帖时间: 2020-01-08 19:34
          问题点数: 0
          最后回复: 静夜思">2020-01-05至2020-01-08本版版主选举结束</a> == $0
        </td>
        <td class="l_au">…</td>
        <td class="l_re">0</td>
        <td class="l_re">15</td>
        <td class="l_last">…</td>
      </tr>
    </tbody>
  </table>
</div>
```

图 7-11

分析上述文章标题的 HTML 标签，得到的分析结果如下所示。

- 贴子列表的每一篇文章信息都是一个 <div class="div_l"> 标签，其 <div> 子标签是此文章的相关信息。
- <td class="l_au"> 子标签是作者信息。
- <td class="title"> 子标签是文章标题，发贴时间也在该标签内。
- <td class="l_re"> 子标签是回复数和人气。

因为编程论坛的贴子是分页显示文章标题列表，在下一页也可能有本月的文章，因此需要创建下一页链接来获取文章数据，即通过拼接 URL 来进入下一页。在这里取前 5 页的内容，如下所示：

```
def get_urls(num):
    URL = "https://bbs.bccn.net/"
    param = "forum-5-{}.html"
    return [URL + param.format(index + 1) for index in range(0, num)]
```

步骤 4：使用爬虫工具剖析 HTML 网页

在分析搜索爬虫的目标 HTML 标签后，可以使用 BeautifulSoup 来剖析 HTML 网页，如下所示：

```
from bs4 import BeautifulSoup

def parse_html(r):
    if r.status_code == requests.codes.ok:
        soup = BeautifulSoup(r.text, "lxml")
    else:
        print("HTTP 请求错误...")
        soup = None
    return soup
```

上述程序代码中，parse_html() 函数使用 BeautifulSoup 剖析参数的 Response 对象，并且判断是否请求成功，可以返回 BeautifulSoup 对象。

步骤 5：获取所需的数据

现在，可以创建爬虫函数进行文章的数据抓取，获取当天的所有文章数据内容。

web_scraping_bot() 函数首先获取参数 url 的 BBS 广告牌的第一页，如下所示：

```
import time

def web_scraping_bot(url):
    print("获取网络数据中...")
    soup = parse_html(get_resource(url))
    if soup:
        # 获取本月日期
        m = time.strftime("%Y-%m")
        return get_articles(soup, m)
```

上述程序代码中，if 条件判断是否有剖析的 BeautifulSoap 对象，如果有，则先创建本月日期，然后返回 get_articles() 函数（参数是 BeautifulSoap 对象和本月日期）获取文章数据。

get_articles() 函数共有 2 个参数，第 1 个参数是 BeautifulSoup 对象，第 2 个参数是本月日期，如下所示：

```
def get_articles(soup, m):
    articles = []
    tag_divs = soup.find_all("div", class_="div_l")
    for tag in tag_divs:
        td = tag.find("td", class_="title")
        if td:
```

```
        date = td.find("a")['title'].split('\n')[0]
        title = td.find("a").text
        if m in date:  # 判断文章的日期
            articles.append({"title": title, "date": date})
    return articles
```

上述程序代码首先创建 articles 变量，保存获取文章数据的列表。通过 for 循环遍历所有的 <tag> 标签并获取 <td> 标签，在确定 <td> 标签可用后，从中获取文章的标题和发贴日期。如果日期在本月之中，则将其添加进 articles 列表中。

步骤 6：保存获取的数据

web_scraping_bot() 函数可以获取所有文章数据的列表，每一篇文章是一个字典，完成后，就调用 save_to_json() 函数将其保存为 JSON 文件，如下所示：

```
import json

def save_to_json(articles, file):
    with open(file, "w", encoding="utf-8") as fp: # 写入 JSON 文件
        json.dump(articles, fp, indent=2, sort_keys=True, ensure_ascii=False)
```

上述程序代码打开 utf-8 编码的文本文件，将列表的 JSON 数据写入 JSON 文件。

步骤 7：创建主程序，执行网络爬虫

最后，可以创建主程序，调用上述函数来执行爬虫作业，如下所示：

```
if __name__ == "__main__":
    articles = []
    for url in get_urls(5):
        articles += web_scraping_bot(url)
    for item in articles:
        print(item)
    save_to_json(articles, "articles.json")
```

上述程序代码中，通过 get_urls() 函数创建多页的 URL 网址后，调用 web_scraping_bot() 函数获取文章数据并添加进 articles 列表中，在成功后使用 for/in 循环输出文章列表，最后调用 save_to_json() 函数将其保存为 JSON 文件 articles.json。

从完整 Python 程序：/Ch7_3/bccn_crawler.py 的运行结果中可以看到，发送 HTTP 请求成功后，输出获取的本月文章列表和热门文章的相关信息，如下所示：

```
{'title': '求一句没用的代码！', 'date': '发贴时间：2020-02-15 09:27'}
{'title': '键盘输入两个整数,比较这两个数据的大小', 'date': '发贴时间：2020-02-19 17:05'}
{'title': 'VC++6.0 上的问题，向大家求教', 'date': '发贴时间：2020-02-19 16:37'}
{'title': '麻烦大家介绍一本 Dev-C++的好教材给我，不甚感激！', 'date': '发贴时间：
2020-02-18 22:48'}
{'title': 'C 程序设计第三版中例题 5.7，在 Dev-C++上运行的结果，跟书本上给出的不同',
'date': '发贴时间：2020-02-20 07:59'}
{'title': '为什么内码可以在硬盘生成汉字，却不可以在屏幕上生成？', 'date': '发贴时间：
2020-02-20 13:05'}
{'title': '一个关于 atof 函数的问题', 'date': '发贴时间：2020-02-19 23:22'}
{'title': '练习 C 语言编程遇到的问题！', 'date': '发贴时间：2020-02-17 22:17'}
{'title': 'codeblocks 软件使用求助', 'date': '发贴时间：2020-02-19 20:01'}
{'title': 'loadimage 用法', 'date': '发贴时间：2020-02-19 15:34'}
{'title': '为什么不能输出 w 这个字符？？？', 'date': '发贴时间：2020-02-19 15:08'}
{'title': '这个指针数组是什么意思啊', 'date': '发贴时间：2020-02-18 14:08'}
……
```

7.4 实战案例：获取指定条件的图书列表

本节的任务是获取中国图书网指定条件的图书列表，获取每本图书的书名、作者、超链接和价格。

中国图书网是中国非常著名的网络书店，其官网为 http://www.bookschina.com，如图 7-12 所示。

图 7-12

在网页搜索框中输入 Python，单击“搜索”按钮，可以查询 Python 图书列表。创建爬虫程序，获取查询结果的图书数据，包含书名、作者、超链接和价格。

步骤 1：识别出目标的 URL 网址

在中国图书网的搜索框中输入 Python，单击“搜索”按钮即可看到搜索结果，此时的 URL 网址如下所示：

```
http://www.bookschina.com/book_find2/?stp=Python&sCate=0
```

上述 URL 网址是中国图书网的搜索网址，可以看到关键词 Python 位于 stp 和 sCate 之间。经测试，sCate 对请求没有影响。将其删除后，可以写出 URL 网址的格式字符串，如下所示：

```
base_url = "http://www.bookschina.com/book_find2/?stp={}"
```

上述程序代码中，{} 是 format() 函数输入关键词的位置。format() 函数可以结合 URL 网址和关键词来创建中国图书网的搜索网址，如下所示：

```
url = base_url.format('Python')
```

步骤 2：获取所需的数据

现在，可以创建爬虫函数来进行图书数据的抓取，以获取查询结果图书的书名、作者、超链接和价格。

web_scraping_bot() 函数是使用中国图书网搜索网址获取参数 url 的 Python 图书数据，如下所示：

```
def web_scraping_bot(url):
    booklist = [["书名", "作者", "网址", "价格"]]
    print("获取网络数据中...")
    soup = parse_html(get_resource(url))
    base = 'http://www.bookschina.com'
    if soup != None:
        tag_bookList = soup.find('div', class_="bookList")
        tag_item = tag_bookList.find_all('div', class_='infor')
        for item in tag_item:
            book = []
            book.append(item.find(class_='name').find('a')['title'])
            book.append(item.find(class_='author').text)
            book.append(base + item.find(class_='name').find('a')['href'])
            book.append(item.find('span', class_="sellPrice").text)
            booklist.append(book)
        return booklist
```

上述程序代码中，if 条件判断是否有剖析的 BeautifulSoap 对象，如果有，则获取所有搜索结果图书的 <li> 标签。在 for/in 循环中获取每一本图书的 <li> 标签，然后进一步搜索书名、作者、链接，最后获取价格。

步骤 3：发送 HTTP 请求，获取网络资源

在识别出目标的 URL 网址后，可以使用 requests 发送 HTTP 请求，如下所示：

```
def get_resource(url):
    headers = {"user-agent": "Mozilla/5.0 (Windows NT 10.0; Win64; x64)"
               "AppleWebKit/537.36 (KHTML, like Gecko)"
               "Chrome/63.0.3239.132 Safari/537.36"}
    return requests.get(url, headers=headers)
```

上述程序代码中，get_resource() 函数使用自定义标头和参数的 URL 网址来发送 HTTP 请求，可以获取网络资源的 HTML 网页。

步骤 4：分析 HTML 网页，搜索爬虫的目标标签

在实际剖析 HTML 网页前，需要先分析 HTML 网页，搜索爬虫的目标标签。例如，搜索 Python 图书的结果，如下所示：

http://www.bookschina.com/book_find2/?stp=Python

打开 Chrome 浏览器，浏览上述网址，按 F12 键打开开发人员工具，如图 7-13 所示。

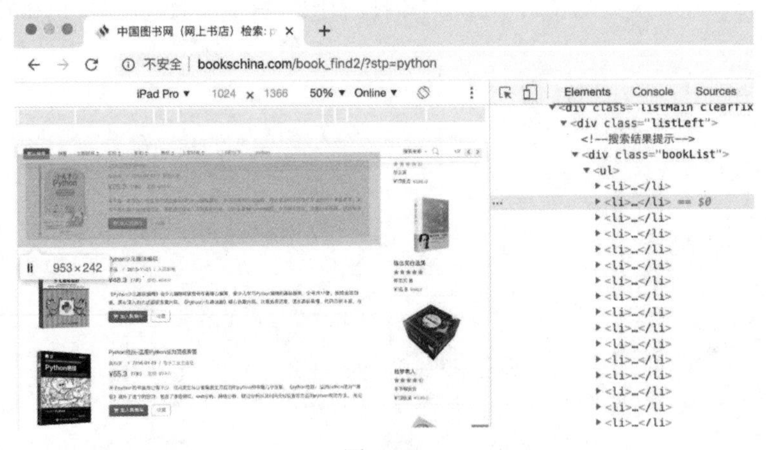

图 7-13

图 7-13 所示内容为图书列表的 <ul> 标签，每一本书都是一个 <li> 标签。图书数据的相关标签如下所示。

- 书名：位于 <a> 子标签的 title 属性。
- 作者：位于 <div class="otherInfor"> 标签下的 <a> 标签。
- 图书的 URL 网址：位于 <a> 子标签的 href 属性，需与 <base> 超链接拼接。

● 价格：在 <div class="priceWrap"> 标签下的 <span class="sellPrice"> 标签。

步骤 5：使用爬虫工具剖析 HTML 网页

在分析搜索爬虫的目标 HTML 标签后，可以使用 BeautifulSoup 剖析 HTML 网页，如下所示：

```
from bs4 import BeautifulSoup

def parse_html(r):
    if r.status_code == requests.codes.ok:
        soup = BeautifulSoup(r.text, "lxml")
    else:
        print("HTTP 请求错误...")
        soup = None
    return soup
```

上述程序代码中，parse_html() 函数使用 BeautifulSoup 剖析参数的 Response 对象，并且判断是否请求成功，可以返回 BeautifulSoup 对象。

步骤 6：保存获取的数据

web_scraping_bot() 函数可以获取所有图书数据的列表，在完成后，调用 save_to_csv() 函数将其保存为 CSV 文件，如下所示：

```
import csv

def save_to_csv(booklist, file):
    with open(file, 'w+', newline='') as fp:
        writer = csv.writer(fp)
        for book in booklist:
            writer.writerow(book)
```

上述程序代码打开 utf-8 编码的文本文件，然后将获取的图书数据写入 CSV 文件。

步骤 7：创建主程序，执行网络爬虫

最后，可以创建主程序，调用上述函数来执行爬虫作业，如下所示：

```
if __name__ == '__main__':
    base_url = "http://www.bookschina.com/book_find2/?stp={}"
    url = base_url.format('Python')
    booklist = web_scraping_bot(url)
    for item in booklist:
```

```
        print(item)
    save_to_csv(booklist, "booklist.csv")
```

上述程序代码中，创建 URL 网址后，调用 web_scraping_bot() 函数获取图书数据，成功后，使用 for/in 循环输出图书列表，最后调用 save_to_csv() 函数将其保存为 CSV 文件 booklist.csv。

从完整 Python 程序：/Ch7_5/book_crawler.py 的运行结果中可以看到，发送 HTTP 请求成功后，将输出获取的图书列表。在 Excel 中可以看到 CSV 文件的内容，如图 7-14 所示。

booklist.csv　　使用WPS Office打开

书名	作者	网址	价格
Python实战指南	周家安	http://www.bookschina.com/8361643.htm	¥62.3
青少年Python编程入门:图解Python	傅骞	http://www.bookschina.com/8408217.htm	¥59.3
Python语言	刘鹏	http://www.bookschina.com/8013520.htm	¥51.4
疯狂Python讲义	李刚	http://www.bookschina.com/7980619.htm	¥90.9
小天才学Python	刘思成	http://www.bookschina.com/8036785.htm	¥25.2
Python机器学习	柯博文	http://www.bookschina.com/8361635.htm	¥48.3
Python核心编程实践	---	http://www.bookschina.com/8275145.htm	¥44.7
Python少儿趣味编程	李强	http://www.bookschina.com/8213665.htm	¥55.2
Python贝叶斯分析	Osvaldo	http://www.bookschina.com/7687511.htm	¥55.2
Python绝技:运用Python成为顶级黑客	奥科罗	http://www.bookschina.com/7101445.htm	¥72.7
Python绝技:运用Python成为顶级数据工程师	黄文青	http://www.bookschina.com/7811793.htm	¥55.3
趣味Python编程入门	[英]杰西卡・英格拉斯利诺	http://www.bookschina.com/8388052.htm	¥47.6

图 7-14

◇ 学习检测 ◇

1．网络爬虫的常见问题有哪些？

2．当网站内容有分级规定时，请以编程论坛为例，说明 Python 爬虫程序如何解决这种问题。

3．第 7.2 节的 Python 爬虫程序只能抓取前 9 页的中级英文单词列表，请修改程序，使其可以抓取全部 15 页的中级和高级英文单词。

4．参考第 7.2 节创建 Python 爬虫程序，从 W3School 网站获取 HTML 标签说明列表，并且输出为 CSV 文件，其 URL 网址如下：

https://www.w3school.com.cn/tags/default.asp

第 3 篇

Python 数据科学包
——探索数据

CHAPTER 8

第 8 章

向量与矩阵运算——NumPy 包

8.1 Python 数据科学包

Python 数据科学的相关包有很多，本书第 8～10 章将详细介绍数据科学一些必学的 Python 包。

8.1.1 认识 Python 数据科学包

Python 数据科学包可用来处理、分析和可视化获取的数据，主要包括 NumPy、Pandas 和 Matplotlib 三大包，其简单介绍如下所示。

- NumPy（Numeric Python 或 Numerical Python）包：一套强调高效率数组（Arrays）处理的 Python 数学包，可以进行向量（Vector）和矩阵（Matrix）运算。
- Pandas 包：Python 程序代码版的 Excel 电子表格工具，可以进行数据处理和分析。
- Matplotlib 包：2D 绘图函数库的数据可视化工具，支持各种统计图表的绘制，可以可视化探索数据和输出数据分析结果。

除了这三大包外，本篇第 11 ～ 12 章还会使用 Scipy 包的统计模块来学习基础统计知识，Scipy 是 Python 数学、科学和工程运算的基础函数库。

本章介绍 NumPy 包，其提供了一维、二维和多维数组对象与相关延伸对象，并且支持高效率数组的数学、逻辑、维度操作、排序、选取元素，以及基本线性代数与统计等多种数学函数的函数库。

NumPy 包的核心是 ndarray 对象，这是相同数据类型元素组成的数组。NumPy 数组和 Python 列表的差异如下所示。

- NumPy 数组是固定尺寸，更改 ndarray 对象尺寸就是建立全新数组；Python 列表则是容器，不用指定尺寸。
- NumPy 数组元素的数据类型相同（Python 列表项目可以不同），每一个元素占用相同的内存空间。唯一的例外是对象数组，因为元素是 Python 或 NumPy 对象，所以元素尺寸可以不同。
- NumPy 数组支持高效率和大量数据的数学运算，可以使用比 Python 列表更少的程序代码来进行高效率的向量和矩阵运算。

8.1.2 向量与矩阵

在说明 NumPy 数组之前，需要先了解数学（Mathematics）的向量与矩阵，其介绍如下所示。

- 向量：向量包括方向值和大小值，常常用来表示速度、加速度和动力等。向量是一系列数值，有多种表示方法，在 NumPy 中使用一维数组（One-dimensional Arrays）来表示，如图 8-1 所示。
- 矩阵：矩阵类似于向量，只是形状是二维表格的行（Rows）和列（Columns），需要使用行和列来获取指定元素值。在 NumPy 中使用二维数组（Two-dimensional Arrays）方式来表示矩阵，如图 8-2 所示。

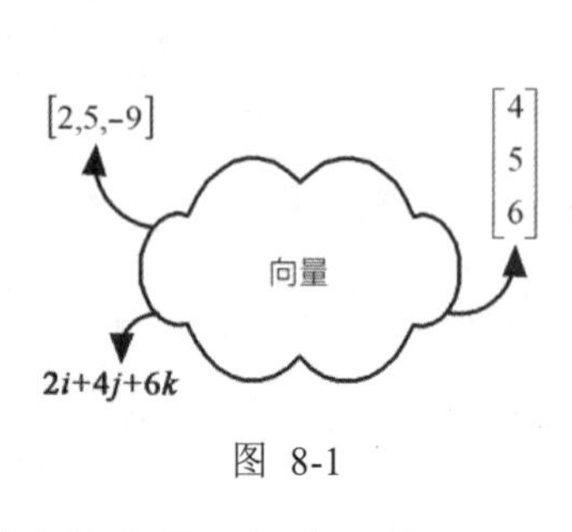

图 8-1

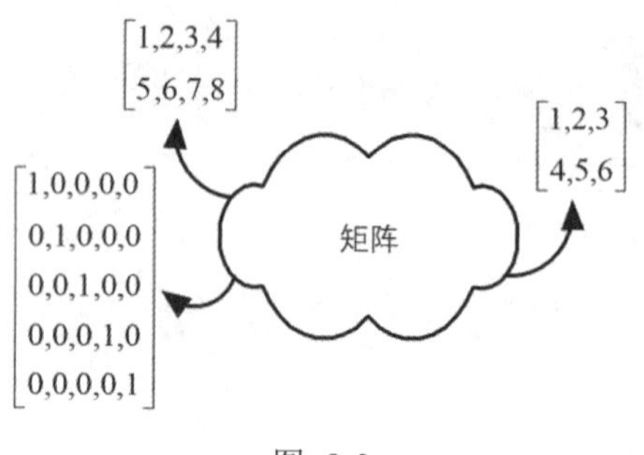

图 8-2

数学中的向量、矩阵和第 8.2 节介绍的信息科学的数组都使用索引系统（Index System）存取指定元素。

对于数学来说，存取第 1 个元素的索引值是从 1 开始，计算机信息是从 0 开始。

8.2 数组的基本使用

数组类似于 Python 列表，但是数组元素的数据类型必须是相同的，不同于列表可以不同。

8.2.1 认识数组

数组是程序语言的一种基本数据结构，属于有序的数据结构。日常生活中最常见的数组范例是一排信箱，如图 8-3 所示。

图 8-3 所示为小区中的一排信箱，邮政人员根据信箱号码投递邮件，住户根据信箱号码取出邮件。信箱号码是存取数据的索引，因为只有 1 个索引，所以称为一维数组。

多维数组是指二维数组及以上维度的数组（含二维），属于一维数组的扩充。如果将一维数组想象成一维空间的线，那么二维数组就是二维空间的平面，需要使用 2 个索引才能定位二维数组中的指定元素。

在日常生活中，二维数组的应用非常广泛，只要是平面的各式表格都可以转换成二维数组，如月历、课程表等，如图 8-4 所示。如果继续扩充二维数组，还可以建立三维、四维等更多维的数组。

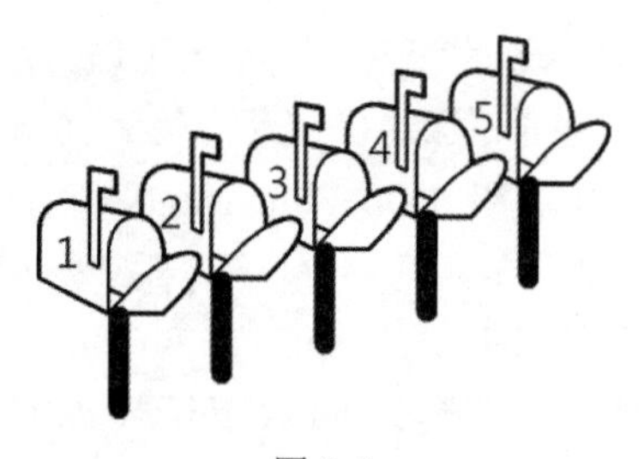

图 8-3

课程表

	一	二	三	四	五
1		2		2	
2	1	4	1	4	1
3	5		5		5
4					
5	3		3		3
6					

课程名称	课程代码
计算机概论	1
离散数学	2
数据结构	3
数据库原理	4
上机实验	5

图 8-4

8.2.2 建立数组

NumPy 数组是一系列的整数 int 或浮点数 float 值，每一个数组元素都是相同的数据类型，可以使用 Python 列表或元组（Tuple）来建立一维、二维或更多维的数组。建立数组前，需要在 Python 程序中导入 NumPy 包，如下所示：

```
import numpy as np
```

动手学——使用列表与元组建立一维数组：Ch8_2_2.py

在导入 NumPy 包后，就可以调用 array() 函数建立 NumPy 数组，如下所示：

```
import numpy as np

a = np.array([1, 2, 3, 4, 5])
b = np.array((1, 2, 3, 4, 5))
print(type(a))
print(type(b))
print(a[0], a[1], a[2], a[3], a[4])
b[0] = 5
print(b)
b[4] = 0
print(b)
```

上述程序代码导入 NumPy 包 np 后，调用 array() 函数建立数组，如下所示：

```
a = np.array([1, 2, 3, 4, 5])
b = np.array((1, 2, 3, 4, 5))
```

上述程序代码中，第 1 个 array() 函数的参数是列表，第 2 个 array() 函数的参数是元组。数组元素个数是列表和元组长度。然后调用 type(a) 和 type(b) 函数输出数组类型，即 numpy.ndarray 对象。axis 轴是方向，一维数组的 axis 值 0 是横向，如图 8-5 所示。

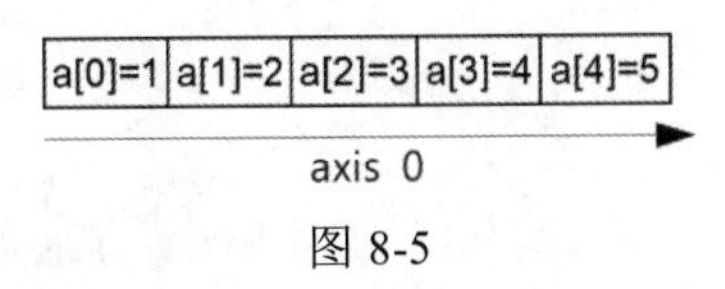

图 8-5

列表和元组都是以多项数据所汇集成的一组数据，但两者的差异在于：列表使用中括号“[]”，可以将里面的数据置换成其他数据；但使用小括号“()”的元组则不能指派新元素进去。

因为是数组，所以可以从索引值 0 开始取出数组的每一个元素，如下所示：

```
print(a[0], a[1], a[2], a[3], a[4])
```

上述 print() 函数输出数组的 5 个元素，索引值是 0～4。同样方式，可以使用索引修改指定的数组元素值，如下所示：

```
b[0] = 5
b[4] = 0
```

上述程序代码更改第1个（索引值0）和第5个（索引值4）元素的值，其运行结果如下所示：

```
<class 'numpy.ndarray'>
<class 'numpy.ndarray'>
1 2 3 4 5
[5 2 3 4 5]
[5 2 3 4 0]
```

上述运行结果中，首先输出数组 a 和 b 的类型，接着是数组 a 的元素值，最后 2 行是修改数组 b 元素后输出的数组的所有元素。

动手学——使用列表建立二维数组：Ch8_2_2a.py

同样方式，可以使用嵌套列表建立 NumPy 二维数组，如下所示：

```
a = np.array([[1, 2, 3], [4, 5, 6]])
print(a[0, 0], a[0, 1], a[0, 2])
print(a[1, 0], a[1, 1], a[1, 2])
a[0, 0] = 6
a[1, 2] = 1
print(a)
```

上述程序代码中，array() 函数的参数是 Python 嵌套列表，可以建立 2（行）×3（列）的二维数组，2×3 称为形状（Shape），二维数组的 axis 轴 0 是纵向，1 是横向，如图 8-6 所示。

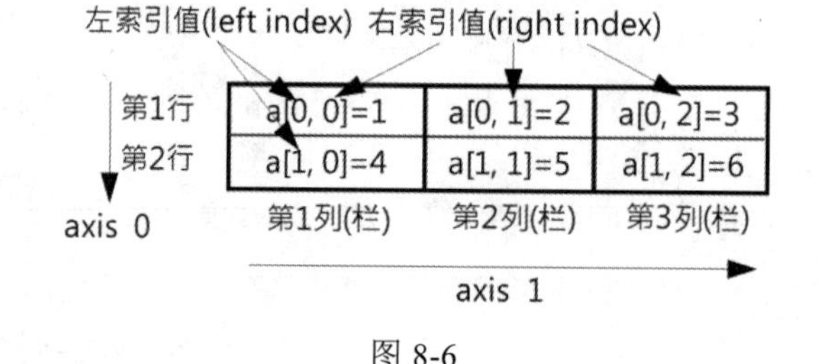

图 8-6

图 8-6 因为是二维数组，所以数组索引值有 2 个：左索引值和右索引值。因此，需要使用 2 个索引值来存取二维数组的指定元素值，如下所示：

```
a[0, 0] = 6
a[1, 2] = 1
```

上述程序代码修改了左上角和右下角 2 个元素的值，其运行结果如下所示：

```
1 2 3
4 5 6
[[6 2 3]
 [4 5 1]]
```

动手学——建立指定元素类型的数组：Ch8_2_2b.py

在建立数组时，可以指定数组元素的数据类型，如下所示：

```
a = np.array([1, 2, 3, 4, 5], int)
b = np.array((1, 2, 3, 4, 5), dtype=float)
print(a)
print(b)
```

上述程序代码中，array() 函数的第 2 个参数是元素类型，数组 a 中的元素类型是整数 int，数组 b 中明确指定 dtype 参数值是 float 浮点数元素。其运行结果如下所示：

```
[1 2 3 4 5]
[ 1. 2. 3. 4. 5.]
```

动手学——更多建立数组的函数（一）：Ch8_2_2c.py

NumPy 提供了多种函数来建立一些默认内容的数组。NumPy 的 arange() 函数类似于 Python 的 range() 函数，可以产生一系列数字的数组，如下所示：

```
a = np.arange(5)
print(a)
b = np.arange(1, 6, 2)
print(b)
```

上述程序代码中，第 1 个 arange() 函数产生元素值为 0～4 的一维数组，第 2 个 arange()函数产生元素值为 1～5 且每次间隔 2 的奇数。其运行结果如下所示：

```
[0 1 2 3 4]
[1 3 5]
```

NumPy 的 zeros() 函数可以产生指定个数元素值都是 0 的一维数组和二维数组，如下所示：

```
c = np.zeros(2)
print(c)
d = np.zeros((2, 2))
print(d)
```

上述程序代码中，第 1 个 zeros() 函数产生 2 个元素值是 0 的一维数组；第 2 个 zeros() 函数产生 2×2 的二维数组（使用元组指定形状），元素值都是 0。其运行结果如下所示：

```
[ 0. 0.]
[[ 0. 0.]
 [ 0. 0.]]
```

NumPy 的 ones() 函数可以产生指定个数元素值都是 1 的一维数组和二维数组，如下所示：

```
e = np.ones(2)
print(e)
f = np.ones((2, 2))
print(f)
```

上述程序代码中，第 1 个 ones() 函数产生 2 个元素值是 1 的一维数组；第 2 个ones() 函数产生 2×2 的二维数组，元素值都是 1。其运行结果如下所示：

```
[ 1. 1.]
[[ 1. 1.]
 [ 1. 1.]]
```

NumPy 的 full() 函数可以建立输入指定元素值的一维数组和二维数组，如下所示：

```
g = np.full(2, 7)
print(g)
h = np.full((2, 2), 7)
print(h)
```

上述程序代码中，第 1 个 full() 函数的第 1 个参数值为 2，表示可以产生 2 个元素，而产生的元素值是第 2 个参数值 7，这是一维数组；第 2 个 full() 函数的第 1 个参数是元组，即建立 2×2 的二维数组，元素值也都是第 2 个参数值 7。其运行结果如下所示：

```
[7 7]
[[7 7]
 [7 7]]
```

动手学——更多建立数组的函数（二）：Ch8_2_2d.py

NumPy 除了包括 arange()、zeros()、ones() 和 full() 函数外，还提供了更多函数来建立各种默认内容的数组。NumPy 的 zeros_like() 函数和 ones_like() 函数可以依据参数的模板数组形状产生相同尺寸元素值都是 0 或 1 的数组，如下所示：

```
a = np.array([[1, 2, 3], [4, 5, 6]])
b = np.zeros_like(a)
print(b)

c = np.ones_like(a)
print(c)
```

上述程序代码建立 2×3 数组 a 后，调用 zeros_like() 函数产生与参数数组 a 相同形状的二维数组，只是元素值都是 0；ones_like() 函数的元素值都是 1 [empty_like() 函数是建立相同形状的空数组]。其运行结果如下所示：

```
[[0 0 0]
[0 0 0]]
[[1 1 1]
 [1 1 1]]
```

NumPy 的 eye() 函数可以产生对角线都是 1 的二维数组，如下所示：

```
d = np.eye(3)
print(d)
e = np.eye(3, k=1)
print(e)
```

上述程序代码中，第 1 个 eye() 函数产生对角线是 1 的二维数组；第 2 个 eye() 函数指定开始索引 1，所以从第 2 个元素开始的斜角元素都是 1。其运行结果如下所示：

```
[[ 1. 0. 0.]
 [ 0. 1. 0.]
 [ 0. 0. 1.]]
[[ 0. 1. 0.]
 [ 0. 0. 1.]
 [ 0. 0. 0.]]
```

如果想产生随机数值元素的数组，可以调用 NumPy 的 random.rand() 函数，如下所示：

```
f = np.random.rand(3)
print(f)
g = np.random.rand(3, 3)
print(g)
```

上述程序代码可以产生一维数组和二维数组，元素值随机数生成（关于 NumPy 随机数的进一步说明，请参阅第 8.6.2 节）。其运行结果如下所示：

```
[ 0.95541101  0.93488823  0.8579749 ]
[[ 0.15923314 0.60563664  0.90931508]
 [ 0.91791086 0.01373588  0.89435517]
 [ 0.30187544 0.16384141  0.07001352]]
```

动手学——数组维度的转换：Ch8_2_2e.py

NumPy 可以调用 reshape() 函数，将一维数组转换成二维数组，如下所示：

```
a = np.arange(16)
print(a)
b = a.reshape((4, 4))
print(b)

c = np.array(range(10), float)
print(c)
d = c.reshape((5, 2))
print(d)
```

上述程序代码首先建立 0～15 元素值的一维数组，然后调用 reshape() 函数将其转换成 4×4；第 2 个转换范例是从 0 到 9 的一维数组转换成 5×2。其运行结果如下所示：

```
[ 0 1 2 3 4 5 6 7 8 9 10 11 12 13 14 15]
[[ 0 1 2 3]
 [ 4 5 6 7]
 [ 8 9 10 11]
 [12 13 14 15]]
[ 0. 1. 2. 3. 4. 5. 6. 7. 8. 9.]
[[ 0.   1.]
 [ 2.   3.]
 [ 4.   5.]
 [ 6.   7.]
 [ 8.   9.]]
 [ 8.   9.]]
```

8.2.3 数组属性

NumPy 数组是一个对象，提供相关属性输出数组信息。NumPy 数组属性及说明如表 8-1 所示。

表 8-1 NumPy 数组属性及说明

属 性	说 明
dtype	数组元素的数据类型，整数 int32 / 64 或浮点数 float32 / 64 等
size	数组的元素总数
shape	N×M 数组的形状（Shape）
itemsize	数组元素占用的字节数
ndim	几维数组，一维是 1，二维是 2
nbytes	整个数组占用的字节数

动手学——显示 NumPy 数组的属性：Ch8_2_3.py

建立 Python 程序，使用表 8-1 中属性来输出 NumPy 数组的相关属性值（Python 程序：Ch8_2_3.py），如下所示：

```
a = np.array([[11, 12, 13, 14, 15],
              [16, 17, 18, 19, 20],
              [21, 22, 23, 24, 25],
              [26, 27, 28, 29, 30],
              [31, 32, 33, 34, 35]])

print(type(a))
print(a.dtype)
print(a.size)
print(a.shape)
print(a.itemsize)
print(a.ndim)
print(a.nbytes)
```

上述程序代码输出数组的类型后，一一输出数组的各种属性值。其运行结果如下所示：

```
<class 'numpy.ndarray'>
int32
25
(5, 5)
4
2
100
```

8.2.4 遍历数组的元素

NumPy 数组的元素遍历类似于 Python 列表中的项目遍历，可以使用 for/in 循环遍历 NumPy 数组的每一个元素。

动手学——遍历一维数组的元素：Ch8_2_4.py

在 Python 程序中使用 for/in 循环遍历一维数组的每一个元素，如下所示：

```
a = np.array([1, 2, 3, 4, 5])
for ele in a:
    print(ele)
```

上述程序代码建立一维数组后，遍历输出数组的每一个元素。其运行结果如下所示：

```
1
2
3
4
5
```

动手学——遍历二维数组的元素：Ch8_2_4a.py

在 Python 程序中使用 for/in 嵌套循环遍历二维数组的每一个元素，如下所示：

```
a = np.array([[1, 2], [3, 4], [5, 6]])
for ele in a:
    print(ele)

for ele in a:
    for item in ele:
        print(str(item) + " ", end="")
```

上述程序代码建立二维数组后，第 1 个 for/in 循环输出每一行的一维数组，第 2 个 for/in 循环输出二维数组的每一个元素。其运行结果如下所示：

```
[1 2]
[3 4]
[5 6]
1 2 3 4 5 6
```

8.2.5 加载与存储文件的数组

NumPy 可以使用 save() 函数和 load() 函数将 NumPy 数组保存为文件，或从文件加载 NumPy 数组。

动手学——将数组保存为文件：Ch8_2_5.py

将 NumPy 数组保存至文件 Example.npy，如下所示：

```
a = np.arange(10)
outputfile = "Example.npy"
with open(outputfile, 'wb') as fp:
    np.save(fp, a)
```

上述程序代码建立数组后，调用 open() 函数打开二进制的写入文件，然后调用 save() 函数将数组内容保存至文件。

调用 savetxt() 函数将数组保存为 CSV 格式的文件（Python 程序：Ch8_2_5a.py），如下所示：

```
a = np.array([[1, 2, 3], [4, 5, 6]])
outputfile = "Example.out"
np.savetxt(outputfile, a, delimiter=',')
```

上述程序代码中，savetxt() 函数的第 1 个参数是文件名，第 2 个参数是存入的 NumPy 数组，第 3 个参数是使用的分隔符。

动手学——从文件加载 NumPy 数组：Ch8_2_5b.py

从文件 Example.npy 加载 NumPy 数组，如下所示：

```
outputfile = "Example.npy"
with open(outputfile, 'rb') as fp:
    a = np.load(fp)
print(a)
```

上述程序代码建立数组后，调用 open() 函数打开二进制的读取文件，然后调用 load() 函数加载保存在文件中的数组。其运行结果如下所示：

```
[0 1 2 3 4 5 6 7 8 9]
```

调用 loadtxt() 函数加载 CSV 格式的 NumPy 数组（Python 程序：Ch8_2_5c.py），如下所示：

```
outputfile = "Example.out"
a = np.loadtxt(outputfile, delimiter=',')
print(a)
```

上述程序代码中，loadtxt() 函数的第 1 个参数是文件名，第 2 个参数是分隔符，可以返回加载的数组。其运行结果如下所示：

```
[[ 1. 2. 3.]
 [ 4. 5. 6.]]
```

8.3 一维数组——向量

NumPy 的一维数组是向量，可以使用切割和索引来获取元素，或进行向量运算。

8.3.1 向量运算

向量与标量（Scalar）和向量与向量之间可以进行加、减、乘和除四则运算，2 个向量之间还可以进行点积运算（Dot Product）。

动手学——向量与标量的四则运算：Ch8_3_1.py

向量与标量之间可以进行加、减、乘和除四则运算，其中标量是一个数值。以加法为例，如向量 a 有 a1、a2、a3 三个元素，标量是 s，如图 8-7 所示。

a=[a1,a2,a3]	a=[1,2,3]
s=5	s=5
c=a+s=[a1+s,a2+s,a3+s]	c=a+s=[1+5,2+5,3+5]

图 8-7

上述加法运算过程中产生的向量c，其元素是向量a的元素加上标量s，Python程序如下所示：

```
a = np.array([1, 2, 3])
print("a=" + str(a))
s = 5
print("s=" + str(s))
b = a + s
print("a+s=" + str(b))
b = a - s
print("a-s=" + str(b))
b = a * s
print("a*s=" + str(b))
b = a / s
print("a/s=" + str(b))
```

上述程序代码中，变量 a 是 NumPy 一维数组的向量，变量 s 是标量值 5，向量与标量也适用运算符 +、-、* 和 / 的四则运算。其运行结果如下所示：

```
a=[1 2 3]
s=5
a+s=[6 7 8]
a-s=[-4 -3 -2]
a*s=[ 5 10 15]
a/s=[ 0.2 0.4 0.6]
```

NumPy 数组也可以调用 add()、subtract()、multiply() 和 divide() 函数的加、减、乘和除来进行四则运算。

动手学——向量与向量的四则运算：Ch8_3_1a.py

对于长度相同的 2 个向量，对应的向量元素也可以进行加、减、乘和除四则运算，产生相同长度的向量。以加法为例，如向量 a 有 a1、a2、a3 三个元素，向量 s 有 s1、s2、s3 三个元素，如图 8-8 所示。

a=[a1,a2,a3]	a=[1,2,3]
s=[s1,s2,s3]	s=[4,5,6]
c=a+s=[a1+s1,a2+s2,a3+s3]	c=a+s=[1+4,2+5,3+6]

图 8-8

上述加法运算过程产生的向量 c，其元素是向量 a 的元素加上向量 s 的元素，Python 程序如下所示：

```
a = np.array([1, 2, 3])
```

```
print("a=" + str(a))
s = np.array([4, 5, 6])
print("s=" + str(s))
b = a + s
print("a+s=" + str(b))
b = a - s
print("a-s=" + str(b))
b = a * s
print("a*s=" + str(b))
b = a / s
print("a/s=" + str(b))
```

上述程序代码中，变量 a 和 s 是 NumPy 一维数组的向量，也可以使用运算符 +、-、* 和 / 进行向量与向量的四则运算。其运行结果如下所示：

```
a=[1 2 3]
s=[4 5 6]
a+s=[5 7 9]
a-s=[-3 -3 -3]
a*s=[ 4 10 18]
a/s=[ 0.25 0.4 0.5 ]
```

Python 数组也可以调用 add()、subtract()、multiply() 和 divide() 函数进行两个向量的加、减、乘和除四则运算。

动手学——向量的点积运算：Ch8_3_1b.py

点积运算是求两个向量对应元素的乘积和。例如，使用和之前相同的 2 个向量，如图 8-9 所示。

a=[a1,a2,a3]
s=[s1,s2,s3]
c=a•s=a1×s1+a2×s2+a3×s3

图 8-9

上述向量 a 和 s 的点积运算结果是一个标量，Python 程序如下所示：

```
a = np.array([1, 2, 3])
print("a=" + str(a))
s = np.array([4, 5, 6])
print("s=" + str(s))
b = a.dot(s)
print("a.dot(s)=" + str(b))
```

上述程序代码中，变量 a 和 s 是 NumPy 一维数组的向量，a · s 点积运算调用 a.dot(s) 函数，其表达式如下所示：

```
1*4 + 2*5 + 3*6 = 32
```

上述运算结果值 32 是点积运算的结果，其运行结果如下所示：

```
a=[1 2 3]
s=[4 5 6]
a.dot(s)=32
```

8.3.2 切割一维数组的元素

NumPy 数组也可以使用切割运算符（Slicing Operator），从原始数组中切割出所需的子数组，其语法如下所示：

```
array[start:end:step]
```

上述冒号“:”分隔的值是范围和增量，可以获取从索引位置 start 开始到 end-1 之间（不包含 end 本身）的元素。如果没有 start，则从 0 开始；如果没有 end，则是到最后 1 个元素。step 表示增量，没有时为 1。例如，NumPy 一维数组 a 如下所示：

```
a = np.array([1, 2, 3, 4, 5, 6, 7, 8, 9])
print("a=" + str(a))
```

上述数组的索引位置值可以是正值，也可以是负值，如图 8-10 所示。

```
索引值 +   0   1   2   3   4   5   6   7   8
       a →[1,  2,  3,  4,  5,  6,  7,  8,  9 ]
索引值 -  -9  -8  -7  -6  -5  -4  -3  -2  -1
```

图 8-10

Python 程序：Ch8_3_2.py 测试各种切割运算符，如表 8-2 所示。

表 8-2 切割运算符测试

Python 程序代码	切割的索引值范围	运行结果
b = a[1:3]	1,2	[2 3]
b = a[:4]	0,1,2,3	[1 2 3 4]
b = a[3:]	3,4,5,6,7,8	[4 5 6 7 8 9]
b = a[2:9:3]	2,5,8	[3 6 9]
b = a[::2]	0,2,4,6,8	[1 3 5 7 9]
b = a[::-1]	8,7,6,5,4,3,2,1,0	[9 8 7 6 5 4 3 2 1]
b = a[2:-2]	2,3,4,5,6	[3 4 5 6 7]

8.3.3 使用复杂索引获取数组元素

复杂索引（Fancy Indexing）可以使用整数值索引或布尔值屏蔽索引来获取数组元素。

动手学——使用整数值索引：Ch8_3_3.py

NumPy 一维数组不仅可以使用整数值索引来获取指定值，还可以给出一个索引列表，用取出的元素建立新数组。例如，NumPy 一维数组 a 如下所示：

```
a = np.array([1, 2, 3, 4, 5, 6, 7, 8, 9])
print("a=" + str(a))
```

Python 程序：Ch8_3_3.py 测试整数值索引来选择元素，如表 8-3 所示。

表 8-3 整数值索引选择元素测试

Python 程序代码	选择的索引值	运 行 结 果
a[0]	0	1
a[2]	2	3
a[-1]	最后索引值 8	9
b = a[[1, 3, 5, 7]]	1,3,5,7	[2 4 6 8]
b = a[range(6)]	0,1,2,3,4,5	[1 2 3 4 5 6]
a[[2, 6]] = 10	2,6	[1 2 10 4 5 6 10 8 9]

表 8-3 最后 1 行是使用索引值列表来同时选择多个元素，此例中可以将这些选择元素值都指定成新值 10，所以索引 2 和 6 的值都改为 10。

动手学——使用布尔值屏蔽索引：Ch8_3_3a.py

除了使用整数值索引来选择元素外，NumPy 数组还可以使用布尔数组，这是相同大小的布尔值数组，如果元素值是 True，表示选择对应的元素；反之为 False，就不选择。首先建立测试的 NumPy 一维数组 a，如下所示：

```
a = np.array([14, 8, 10, 11, 6, 3, 18, 13, 12, 9])
print("a=" + str(a))
mask = (a % 3 == 0)              # 建立布尔值数组
print("mask=" + str(mask))
```

上述程序代码中的 mask 变量是布尔值数组，条件 a % 3 == 0 建立元素值整除 3 时为 True，否则为 False，然后使用布尔值数组选择所需的元素，如下所示：

```
b = a[mask]                      # 使用布尔值数组取出值
print("a[mask]=" + str(b))
a[a % 3 == 0] = -1               # 同时更改多个 True 索引
print("a[a%3==0]=-1->" + str(a))
```

上述程序代码使用布尔值来更改多个元素，其运行结果如下所示：

```
a=[14 8 10 11 6 3 18 13 12 9]
mask=[False False False False True True True False True True]
a[mask]=[ 6 3 18 12 9]
a[a%3==0]=-1->[14 8 10 11 -1 -1 -1 13 -1 -1]
```

上述数组 a 中，元素 6、3、18、12、9 可以整除 3，所以 mask 数组的对应元素是 True，反之是 False。a[mask] 获取值为 True 的元素，并且更改这些元素值为 -1。

8.4 二维数组——矩阵

NumPy 的二维数组是矩阵，可以使用切割和索引来获取元素或进行矩阵运算。

8.4.1 矩阵运算

如同向量运算，矩阵与标量和矩阵与矩阵之间也可以运行加、减、乘和除四则运算，以及 2 个矩阵之间的点积运算。

动手学——矩阵与标量的四则运算：Ch8_4_1.py

矩阵与标量之间可以进行加、减、乘、除四则运算，标量是一个数值。以加法为例，如矩阵 a 有 a1～a6 六个元素，标量是 s，如图 8-11 所示。

$$a=\begin{bmatrix} a1,a2,a3 \\ a4,a5,a6 \end{bmatrix} \qquad a=\begin{bmatrix} 1,2,3 \\ 4,5,6 \end{bmatrix}$$

$$s=5 \qquad s=5$$

$$c=a+s=\begin{bmatrix} a1+s,a2+s,a3+s \\ a4+s,a5+s,a6+s \end{bmatrix} \qquad c=a+s=\begin{bmatrix} 1+5,2+5,3+5 \\ 4+5,5+5,6+5 \end{bmatrix}$$

图 8-11

上述加法运算过程产生的矩阵 c，其元素是矩阵 a 的元素加上标量 s，Python 程序如下所示：

```
a = np.array([[1, 2, 3], [4, 5, 6]])
print("a=")
print(a)
s = 5
print("s=" + str(s))
b = a + s
print("a+s=")
print(b)
b = a - s
print("a-s=")
```

```
print(b)
b = a * s
print("a*s=")
print(b)
b = a / s
print("a/s=")
print(b)
```

上述程序代码中，变量 a 是 NumPy 二维数组的矩阵，变量 s 是标量值 5，矩阵与标量也适用运算符 +、-、* 和 / 的四则运算。其运行结果如下所示：

```
a=
[[1 2 3]
 [4 5 6]]
s=5
a+s=
[[ 6  7  8]
 [ 9 10 11]]
a-s=
[[-4 -3 -2]
 [-1  0  1]]
a*s=
[[ 5 10 15]
 [20 25 30]]
a/s=
[[ 0.2 0.4 0.6]
 [ 0.8 1.  1.2]]
```

NumPy 数组也可以调用 add()、subtract()、multiply() 和 divide() 函数来运行加、减、乘和除四则运算，完整 Python 程序：Ch8_4_1a.py。

动手学——矩阵与矩阵的四则运算：Ch8_4_1b.py

如果有相同形状的 2 个矩阵，则其对应的矩阵元素也可以进行加、减、乘和除四则运算，产生相同形状的矩阵。以加法为例，如矩阵 a 有 a1～a4 四个元素，矩阵 s 有 s1～s4 四个元素，如图 8-12 所示。

$$a=\begin{bmatrix} a1,a2 \\ a3,a4 \end{bmatrix} \qquad a=\begin{bmatrix} 1,2 \\ 3,4 \end{bmatrix}$$

$$s=\begin{bmatrix} s1,s2 \\ s3,s4 \end{bmatrix} \qquad s=\begin{bmatrix} 5,6 \\ 7,8 \end{bmatrix}$$

$$c=a+s=\begin{bmatrix} a1+s1,a2+s2 \\ a3+s3,a4+s4 \end{bmatrix} \qquad c=a+s=\begin{bmatrix} 1+5,2+6 \\ 3+7,4+8 \end{bmatrix}$$

图 8-12

上述加法运算过程产生的矩阵 c，其元素是矩阵 a 的元素加上矩阵 s 的对应元素，Python 程序如下所示：

```
a = np.array([[1, 2], [3, 4]])
print("a=")
print(a)
s = np.array([[5, 6], [7, 8]])
print("s=")
print(s)
b = a + s
print("a+s=")
print(b)
b = a - s
print("a-s=")
print(b)
b = a * s
print("a*s=")
print(b)
b = a / s
print("a/s=")
print(b)
```

上述程序代码中，变量 a 和 s 是 NumPy 二维数组的矩阵，同样可以使用运算符 +、-、* 和 / 进行矩阵与矩阵的四则运算。其运行结果如下所示：

```
a=
[[1 2]
 [3 4]]
s=
[[5 6]
 [7 8]]
a+s=
[[ 6  8]
 [10 12]]
a-s=
[[-4 -4]
 [-4 -4]]
a*s=
[[ 5 12]
 [21 32]]
a/s=
[[ 0.2         0.33333333]
 [ 0.42857143  0.5       ]]
```

Python 数组也可以调用 add()、subtract()、multiply() 和 divide() 函数进行两个矩阵的加、减、乘和除四则运算（Python 程序：Ch8_4_1c.py）。

动手学——矩阵的点积运算：Ch8_4_1d.py

点积运算是求两个矩阵对应元素的列与行的乘积和。例如，使用和之前相同的 2 个矩阵，如图 8-13 所示。

$$a=\begin{bmatrix}a1,a2\\a3,a4\end{bmatrix}$$

$$s=\begin{bmatrix}s1,s2\\s3,s4\end{bmatrix}$$

$$c=a\cdot s=\begin{bmatrix}a1\ a2\\a3\ a4\end{bmatrix}\cdot\begin{bmatrix}s1\ s2\\s3\ s4\end{bmatrix}=\begin{bmatrix}a1*s1+a2*s3,a1*s2+a2*s4\\a3*s1+a4*s3,a3*s2+a4*s4\end{bmatrix}$$

图 8-13

上述矩阵 a 和 s 的点积运算结果是另一个矩阵，Python 程序如下所示：

```
a = np.array([[1, 2], [3, 4]])
print("a=")
print(a)
s = np.array([[5, 6], [7, 8]])
print("s=")
print(s)
b = a.dot(s)
print("a.dot(s)=")
print(b)
```

上述程序代码中，变量 a 和 s 是 NumPy 二维数组的矩阵，点积运算是调用 a.dot(s) 函数，其表达式如图 8-14 所示。

$$\begin{bmatrix}1\times5+2\times7,1\times6+2\times8\\3\times5+4\times7,3\times6+4\times8\end{bmatrix}$$

图 8-14

上述运算结果的矩阵是点积运算结果，其运行结果如下所示：

```
a=
[[1 2]
 [3 4]]
s=
[[5 6]
 [7 8]]
a.dot(s)=
[[19 22]
 [43 50]]
```

8.4.2 切割二维数组的元素

NumPy 二维数组可以使用切割运算符，从原始数组中切割出所需的子数组，其语法如下所示：

```
array[start:end:step, start1:end1:step1 ]
```

上述语法因为有 2 个索引，所以分别都可以指定开始、结束（不包含结束本身）和增量。例如，NumPy 二维数组 a 如下所示：

```
a = np.arange(11, 36)
a = a.reshape(5, 5)
print("a=")
print(a)
```

上述程序代码首先建立一维数组 11～35，然后将它转换成二维数组 5×5，如图 8-15 所示。

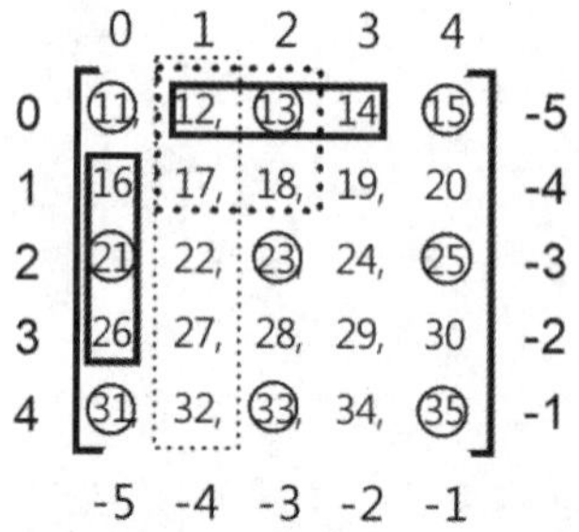

图 8-15

图 8-15 是二维数组，在 [,] 切割语法的“,”符号前是切割行的一维数组（纵的索引）；之后是切割列的一维数组（横的索引）。Python 程序：Ch8_4_2.py 测试各种切割运算符，如表 8-4 所示。

表 8-4　切割运算符测试

Python 程序代码	行 索 引	列 索 引	运 行 结 果
b = a[0, 1:4]	0,0,0	1,2,3	[12 13 14]
b = a[1:4, 0]	1,2,3	0,0,0	[16 21 26]
b = a[:2, 1:3]	0,1	1,2	[[12 13] [17 18]]
b = a[:,1]	0,1,2,3,4	1,1,1,1	[12 17 22 27 32]
b = a[::2, ::2]	0,2,4	0,2,4	[[11 13 15] [21 23 25] [31 33 35]]

8.4.3 使用复杂索引获取元素

复杂索引（Fancy Indexing）可以使用整数值索引，或布尔值屏蔽索引来获取数组元素。

动手学——使用整数值索引列表：Ch8_4_3.py

NumPy 二维数组不仅可以使用整数值索引来获取指定值，还可以给出一个索引列表，获取选择元素来建立新数组。例如，NumPy 二维数组 a 如下所示：

```
a = np.array([[1, 2, 3], [4, 5, 6], [7, 8, 9], [10, 11, 12]])
print("a=")
print(a)
```

上述程序代码建立二维数组 a，其内容如下所示：

```
a=
[[ 1  2  3]
 [ 4  5  6]
 [ 7  8  9]
 [10 11 12]]
```

然后，针对数组 a 选取指定元素。首先使用列表指定索引值，如下所示：

```
b = a[[0, 1, 2], [0, 1, 0]]                    # 索引 [0, 0][1, 1][2, 0]
print("a[[0, 1, 2], [0, 1, 0]]=")
print(b)
```

上述程序代码使用列表指定二维数组的 2 个索引值，可以取得索引[0, 0][1,1][2, 0]，运行结果是 [1 5 7]。

另一种方式是直接选择元素来建立新数组，如下所示：

```
b = np.array([a[0, 0], a[1, 1], a[2, 0]])  # 索引 [0, 0][1, 1][2, 0]
print("np.array([a[0, 0], a[1, 1], a[2, 0]])")
print(b)
```

上述程序代码中，array() 函数的参数是 3 个选择元素的列表，可以建立一个新的一维数组，运行结果也是 [1 5 7]。

接着，使用一个一维数组作为索引列表，如下所示：

```
idx = np.array([0, 2, 0, 1])
print("idx=" + str(idx))
b = a[np.arange(4), idx]                       # 索引 [0, 0][1, 2][2, 0][3, 1]
print("a[np.arange(4), idx]=")
print(b)
```

上述程序代码首先建立一维数组 idx，元素是索引值；然后使用 2 个一维数组来指定索引值，第 1 个是 np.arange(4)，即 0～3，第 2 个是 idx 数组，二维数组索引是[0, 0][1, 2][2, 0][3, 1]。其运行结果为[1 6 7 11]。

最后使用整数值索引选取元素来更改元素内容，如下所示：

```
a[np.arange(4), idx] += 10
print("a[np.arange(4), idx] += 10->")
print(a)
```

上述程序代码将选取元素索引 [0, 0][1, 2][2, 0][3, 1] 都加 10，其运行结果如下所示：

```
a[np.arange(4), idx] += 10->
[[11  2  3]
 [ 4  5 16]
 [17  8  9]
 [10 21 12]]
```

动手学——使用布尔值屏蔽索引：Ch8_4_3a.py

除了使用整数值索引列表来选择元素外，NumPy 二维数组还可以使用布尔数组，这是相同形状的布尔值数组。如果元素值为 True，即表示选择对应元素；反之为 False，就不选择。如测试的 NumPy 二维数组 a 如下所示：

```
a = np.array([[1, 2], [3, 4], [5, 6]])
print("a=")
print(a)
```

上述程序代码建立二维数组 a，其执行结果如下所示：

```
a=
[[1 2]
 [3 4]
 [5 6]]
```

针对上述二维数组建立对应 mask 变量的布尔值数组，如下所示：

```
mask = (a > 2)
print("mask=")
print(mask)
```

上述条件是 a>2，可以建立元素值大于 2 为 True，否则为 False 的二维数组，如下所示：

```
mask=
[[False False]
 [ True True]
 [ True True]]
```

然后使用布尔值数组 mask 选择所需元素，如下所示：

```
b = a[mask]                    # 使用布尔值数组取出值
print("a[mask]=" + str(b))
```

上述程序代码中，数组 a 的索引值是 mask 数组，其运行结果是一维数组，如下所示：

```
a[mask]=[3 4 5 6]
```

最后使用布尔值来同时更改多个元素值为 -1，如下所示：

```
a[a > 2] = -1                    # 同时更改多个 True 索引
print("a[a>2]=-1->")
print(a)
```

上述数组 a 元素 3、4、5、6 的值大于 2，则运行结果为 True，可以更改这些元素为 -1。其运行结果如下所示：

```
a[a>2]=-1->
[[ 1 2]
 [-1 -1]
 [-1 -1]]
```

8.5 数组广播

广播（Broadcasting）是 NumPy 机制，可以让不同形状的数组运行数学运算。因为数学运算大都需要使用 2 个数组对应的元素，所以 NumPy 会自动扩充 2 个数组成为相同形状，以便进行对应元素的数学运算。

例如，当一个小数组和一个大数组要进行运算时，如果没有广播机制，则需要自行先复制小数组元素，将它扩充成与大数组相同的形状后，才能执行 2 个数组的数学运算。NumPy 广播机制会自动扩充小数组进行运算，而不用我们自行撰写 Python 程序代码来扩充数组，如图 8-16 所示。

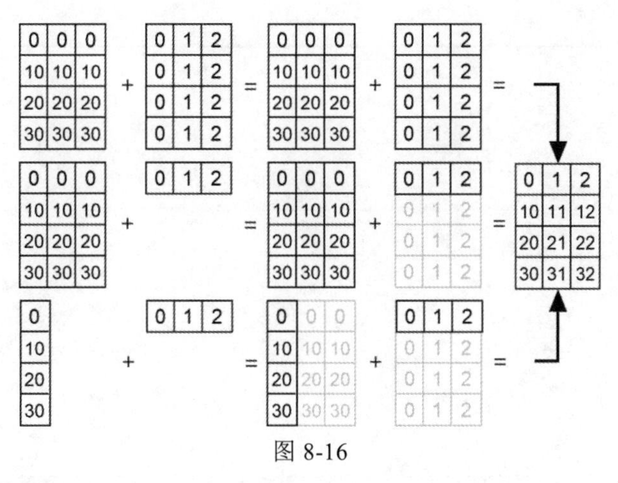

图 8-16

图 8-16 中的灰色部分就是 NumPy 广播机制自动产生的数组元素。

动手学——使用广播进行数组相加运算：Ch8_5.py

使用 NumPy 广播机制进行二维数组和一维数组的加法运算，如下所示：

```
a = np.array([[1, 2, 3], [4, 5, 6], [7, 8, 9], [10, 11, 12]])
print("a=")
print(a)
print("a 形状: " + str(a.shape))
b = np.array([1, 0, 1])
print("b=" + str(b))
print("b 形状: " + str(b.shape))

c = a + b
print(c)
```

上述程序代码建立二维数组 a（形状 4×3）和一维数组 b（3 个元素），然后进行 a + b 的加法运算。因为一维数组 b 的形状不同，所以 NumPy 广播会扩充一维数组 b 成为 4×3 形状的二维数组后，再与数组 a 进行加法运算，如图 8-17 所示。

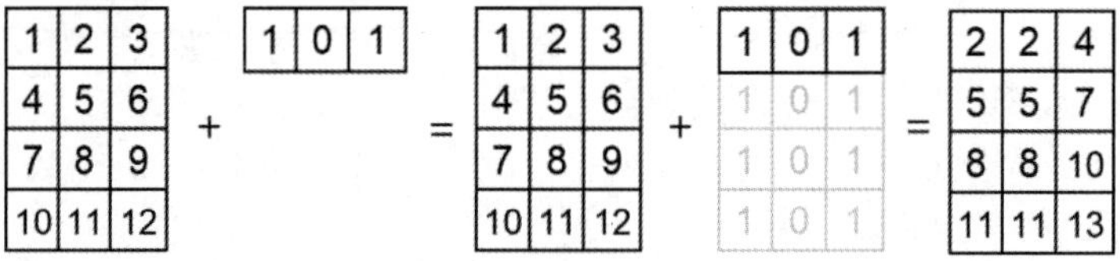

图 8-17

上述数组 a 的形状是 (4, 3)，数组 b 的形状是 (3,)。因为数组广播机制，数组 b 先增加维度成为（1, 3）后，再自动复制每一行成为形状 (4, 3)，即可进行 2 个二维数组的加法运算。其运行结果如下所示：

```
a=
[[ 1  2  3]
 [ 4  5  6]
 [ 7  8  9]
 [10 11 12]]
a 形状: (4, 3)
b=[1 0 1]
b 形状: (3, )
[[ 2  2  4]
 [ 5  5  7]
 [ 8  8 10]
 [11 11 13]]
```

动手学——NumPy 数组广播的使用规则

如果 2 个 NumPy 数组的形状不同，元素对元素的运算是无法进行的，NumPy 数组广播可以让较小数组扩充成大型数组的相同形状进行元素对元素的运算。广播 2 个数组的使用规则如下所示。

- 如果两个数组是不同等级的数组（ndim 属性值不同），就追加较低等级数组的形状为 1。例如，a 是 (4, 3)，b 是 (3,)，则第 1 步是将一维数组 b 增加成 (1, 3) 的二维数组。
- 数组形状在每一个维度（Dimension）的尺寸是 2 个输入数组在该维度的最大值，所以在广播后，2 个数组的形状是 2 个输入数组的最大形状。例如，a 是 (4, 3)，b 是 (1, 3)，最大值是 (4, 3)，所以最后数组 b 会广播成 (4, 3) 。
- 当数组有任何一个维度的尺寸是 1，其他数组的尺寸大于 1，则尺寸 1 的数组会沿着此维度复制扩充数组尺寸。例如，b 数组形状是(1, 3)，第 1 维是 1，所以沿着第 1 维从 1 扩充成 4，即 (4, 3)。

两个数组需要是兼容的（Compatible），NumPy 才会自动使用广播进行数组运算。数组符合兼容可广播的条件如下所示。

- 两个数组拥有相同形状。
- 两个数组拥有相同维度，而且每一个维度的尺寸是相同的，或此维度的尺寸是 1。
- 如果两个数组的维度不同，较少维度的数组就会改变形状，追加维度尺寸为 1，以便两个数组可以拥有相同的维度。

8.6 数组的相关函数

NumPy 数组提供多种函数进行相关的数组运算，可以使用随机数来建立数组，也可以进行更改数组形状和维度等操作。

8.6.1 数组形状与内容操作

数组形状操作是将二维改成一维、一维改成二维，或交换数组的维度。当然，也可以复制、连接和填满数组内容。

动手学——数组平坦化：Ch8_6_1.py

ravel() 函数可以将二维数组平坦化成一维数组，如下所示：

```
a = np.array([[1, 2, 3], [4, 5, 6]])
print("a=")
print(a)
```

```
b = a.ravel()
print(b)
b = np.ravel(a)
print(b)
```

上述程序代码建立二维数组 a，然后调用数组 a 的 ravel() 函数，或调用 NumPy 的 np.ravel(a) 函数（Python 的函数有 2 种写法），将二维数组 a 转换成一维数组。其运行结果如下所示：

```
a=
[[1 2 3]
 [4 5 6]]
a.ravel()=[1 2 3 4 5 6]
np.ravel(a)=[1 2 3 4 5 6]
```

动手学——更改数组的形状：Ch8_6_1a.py

在第 8.2.2 节已经介绍过用 reshape() 函数来转换数组维度。除此之外，也可以使用 .T 或 transpose() 函数来交换数组的维度，如下所示：

```
a = np.array([1, 2, 3, 4, 5, 6])
print("a=" + str(a))

b = np.reshape(a, (3, 2))
print("b=np.reshape(a, (3, 2))->")
print(b)
c = b.T
print("c=b.T->")
print(c)
c = b.transpose()
print("c=b.transpose()->")
print(c)
c = np.transpose(b)
print("c=np.transpose(b)->")
print(c)
```

上述程序代码建立一维数组 a，然后调用 np.reshape() 函数将一维数组 a 转换成 3×2 的二维数组（调用方式和第 8.2.2 节不同），接着分别使用 .T 和 transpose() 函数交换 2 个维度成为 2×3。其运行结果如下所示：

```
a=[1 2 3 4 5 6]
b=np.reshape(a, (3, 2))->
[[1 2]
 [3 4]
 [5 6]]
c=b.T->
[[1 3 5]
 [2 4 6]]
c=b.transpose()->
[[1 3 5]
 [2 4 6]]
c=np.transpose(b)->
[[1 3 5]
 [2 4 6]]
```

动手学——新增数组的维度：Ch8_6_1b.py

NumPy 数组的索引可以使用 np.newaxis 对象来新增数组的维度，如下所示：

```
a = np.array([1, 2, 3])
print("a=" + str(a))

b = a[:, np.newaxis]
print("b=a[:, np.newaxis]->")
print(b)
print(b.shape)
b = a[np.newaxis, :]
print("b=a[np.newaxis, :]->")
print(b)
print(b.shape)
```

上述程序代码建立一维数组 a，然后使用 np.newaxis 对象新增维度。第 1 次改成形状 (3, 1)，即 3×1；第 2 次改成 (1, 3)，即 1×3。其运行结果如下所示：

```
a=[1 2 3]
b=a[:, np.newaxis]->
[[1]
 [2]
 [3]]
(3, 1)
b=a[np.newaxis, :]->
[[1 2 3]]
(1, 3)
```

动手学——数组复制、填满值和连接数组：Ch8_6_1c.py

NumPy 数组可以调用 copy() 函数复制 1 个内容相同的全新数组，fill() 函数指定数组元素为单一值，np.concatenate() 函数连接多个数组，如下所示：

```
a = np.array([1, 2, 3])
print("a=" + str(a))

b = a.copy()
print("b=a.copy()->" + str(b))
b.fill(4)
print("b.fill(0)=" + str(b))
c = np.concatenate((a, b))
print("c=np.concatenate((a, b))->" + str(c))
```

上述程序代码建立一维数组 a 后，依次调用 copy() 函数复制成数组 b，然后调用 fill() 函数填充元素值 4，最后连接数组 a 和 b，参数的元组是想要连接的数组 a 和 b。其运行结果如下所示：

```
a=[1 2 3]
b=a.copy()->[1 2 3]
b.fill(0)=[4 4 4]
c=np.concatenate((a, b))->[1 2 3 4 4 4]
```

动手学——连接多个二维数组：Ch8_6_1d.py

当使用 np.concatenate() 函数连接多个二维数组时，可以指定参数 axis 轴的连接方向，参数值 0 是纵向，可以连接在二维数组的下方；值 1 是横向，每一个数组连接在数组的右方，如下所示：

```
a = np.array([[1, 2], [3, 4]])
b = np.array([[5, 6], [7, 8]])

c = np.concatenate((a, b))
print("c=np.concatenate((a, b))->")
print(c)
c = np.concatenate((a, b), axis=0)
print("c=np.concatenate((a, b), axis=0)->")
print(c)
c = np.concatenate((a, b), axis=1)
print("c=np.concatenate((a, b), axis=1)->")
print(c)
```

上述程序代码建立 2 个二维数组 a 和 b 后，依次调用 3 次 np.concatenate() 函数连接 2 个二维数组，第 1 个没有指明，第 2 个新增第 2 个参数 axis=0（纵向连接，默认值），第 3 个参数是 axis=1（横向连接）。其运行结果如下所示：

```
c=np.concatenate((a, b))->
[[1 2]
 [3 4]
 [5 6]
 [7 8]]
c=np.concatenate((a, b), axis=0)->
[[1 2]
 [3 4]
 [5 6]
 [7 8]]
c=np.concatenate((a, b), axis=1)->
[[1 2 5 6]
 [3 4 7 8]]
```


8.6.2 随机函数

NumPy 的 random 子模块提供了多种函数来产生随机数和整个数组元素值的随机数值，相关函数的说明如表 8-5 所示。

表 8-5 随机函数及说明

随机函数	说明
seed(int)	指定随机函数的种子数，这是整数值，同一个种子数会产生相同的随机数序列
random()	产生 0.0 ～ 1.0 的随机数
randint(min,max,size)	产生 min ～ max 的整数随机数，不含 max，如果有第 3 个参数，则可以产生整数随机数值的数组
rand(row,col)	产生随机数值的数组，第 1 个参数是一维数组的尺寸，第 2 个参数是二维数组的行与列
randn(row,col)	类似 rand() 函数，可以产生标准常态分布的样本数据，详见第 12 章的说明

动手学——使用随机函数产生随机数值：Ch8_6_2.py

Python 程序使用表 8-5 中的函数来产生整数和浮点数的随机数值，如下所示：

```
np.random.seed(293423)

v1 = np.random.random()
v2 = np.random.random()
print(v1, v2)
v3 = np.random.randint(5, 10)
```

```
v4 = np.random.randint(1, 101)
print(v3, v4)
```

上述程序代码调用 seed() 函数指定随机数的种子数后，调用 2 次 random() 函数产生 2 个 0～1 的浮点数，然后是 5～9 和 1～100 的整数值。其运行结果如下所示：

```
0.3367724725390667 0.5269343749958971
6 46
```

动手学——使用随机函数产生数组元素值：Ch8_6_2a.py

可以使用 random 模块的 rand() 函数来产生浮点数数组值，randint() 函数产生整数值数组，如下所示：

```
a = np.random.rand(5)
print("np.random.rand(5)=")
print(a)
b = np.random.rand(3, 2)
print("np.random.rand(3, 2)=")
print(b)
c = np.random.randint(5, 10, size=5)
print("np.random.randint(5, 10, size=5)")
print(c)
d = np.random.randint(5, 10, size=(2, 3))
print("np.random.randint(5, 10, size=(2, 3))")
print(d)
```

上述程序代码调用 2 次 rand() 函数，第 1 次是 5 个元素的一维数组，第 2 次是 3×2 的二维数组，元素值是 0～1 的浮点数；然后调用 2 次 randint() 函数，使用 size 属性指定产生 5 个元素的一维数组和 2×3 的二维数组（size 属性值是元组），元素值是 5～9 的整数。其运行结果如下所示：

```
np.random.rand(5)=
[ 0.14827974 0.56508804 0.81026024 0.35193408 0.67416147]
np.random.rand(3, 2)=
[[ 0.3857823  0.75199775]
 [ 0.68688449 0.11550551]
 [ 0.74191692 0.59480112]]
np.random.randint(5, 10, size=5)
[7 5 5 7 8]
np.random.randint(5, 10, size=(2, 3))
[[7 5 7]
 [5 9 7]]
```

8.6.3 数学函数

NumPy 包同样支持常用的数学常数 np.pi 和 np.e、数学函数和四舍五入等相关函数。

动手学——三角函数：Ch8_6_3.py

可以使用 NumPy 三角函数运行整个数组元素的三角函数运算，如下所示：

```
a = np.array([30, 45, 60])

print(np.sin(a*np.pi/180))
print(np.cos(a*np.pi/180))
print(np.tan(a*np.pi/180))
```

上述程序代码建立一维数组 a 后，依次调用 sin()、cos() 和 tan() 三角函数，参数值是经度，所以使用 a*np.pi/180。在其运行结果中可以看到整个数组元素都会执行三角函数的运算，如下所示：

```
[ 0.5         0.70710678  0.8660254 ]
[ 0.8660254   0.70710678  0.5       ]
[ 0.57735027 1.          1.73205081]
```

动手学——四舍五入函数：Ch8_6_3a.py

NumPy 的 around() 函数是四舍五入函数，第 2 个参数指定四舍五入是哪一个十进制值的位数，默认值是 0（没有小数），1 表示小数点下一位，-1 表示 10 进位，如下所示：

```
a = np.array([1.0, 5.55, 123, 0.567, 25.532])
print("a=" + str(a))

print(np.around(a))
print(np.around(a, decimals = 1))
print(np.around(a, decimals = -1))
```

上述程序代码建立一维数组 a 后，调用 3 次 around() 函数，分别是将小数点四舍五入成整数、小数点下一位和 10 进位。其运行结果如下所示：

```
 a=[ 1.  5.55     123. 0.567  25.532]
 [    1.  6.  123. 1.    26.]
 [    1.  5.6 123. 0.6   25.5]
 [    0.  10. 120. 0.    30.]
```

NumPy 的 floor() 函数是最小整数（删除小数），ceil() 函数是最大整数（有小数直接进位），如下所示：

```
a = np.array([-1.7, 1.5, -0.2, 0.6, 10])
print("a=" + str(a))

b = np.floor(a)
print("floor()=" + str(b))
b = np.ceil(a)
print("ceil()=" + str(b))
```

上述程序代码建立一维数组 a 后，分别调用 floor() 函数输出最小整数，ceil() 函数输出最大整数。其运行结果如下所示：

```
a=[ -1.7 1.5 -0.2 0.6 10. ]
floor()=[ -2. 1. -1. 0. 10.]
ceil()=[ -1. 2. -0. 1. 10.]
```

◇ 学习检测 ◇

1. 什么是 Python 数据科学包？
2. NumPy 数组和 Python 列表的差异是什么？
3. 使用图例说明向量和矩阵。
4. 向量和矩阵运算有哪些？请举例说明。
5. 举例说明 NumPy 的广播机制。
6. 写出 Python 程序（使用列表建立 NumPy 数组），其输出结果如下所示：

```
列表 : [12.23, 13.32, 100, 36.32]
一维数组 : [ 12.23 13.32 100.  36.32]
```

7. 写出 Python 程序建立 3×3 矩阵，其值是 2～10，其输出结果如下所示：

```
[[ 2 3 4]
[ 5 6 7]
[ 8 9 10]]
```

8. 现在有一个二维 NumPy 数组，请写出 Python 程序依次取出数组的每一行，如下所示：

```
[[0 1]
 [2 3]
 [4 5]]
```

9．写出 Python 程序建立 (3, 4) 形状的数组，然后将每一个元素乘以 3 后，输出新数组的内容。

10．建立 Python 程序，将第 7 题的 NumPy 数组输出成 test.npy 文件后，读取文件来建立另一个 NumPy 数组。

CHAPTER 9

第 9 章

数据处理与分析——Pandas 包

9.1 Pandas 包的基础

Pandas 是著名的 Python 包，是一套高效能的数据分析工具，也是数据科学和机器学习领域必学的 Python 包。

9.1.1 认识 Pandas 包

Pandas 包属于数据处理和分析工具，简单地说，可以将 Pandas 包视为一套 Python 程序版的 Excel 电子表格工具，通过简单的 Python 程序代码，就可以针对表格数据执行 Excel 电子表格的功能。

1. Pandas 包简介

Pandas 包和熊猫（Panda）并没有任何关系，这个名称源于 Python and data analysis and panel data 的缩写。Pandas 是一套使用 Python 语言开发的 Python 包，其主要目的是帮助开发者进行数据处理和分析。事实上，数据科学有 80% 的工作是在进行数据处理。

Pandas 包是架构在 NumPy 包之上，提供特殊的数据结构和操作来处理数值和表格数据，其特点如下所示。

- 提供一组拥有标签的数组数据结构，称为 Series 和 DataFrame 对象。
- 索引对象支持单轴索引和多层次的阶层索引。
- 集成群组（Grouping）功能，可以聚合（Aggregating）和转换（Transforming）数据集（Data Set）。
- 日期范围产生函数和自定义日期的位移，能够帮助我们操作自定义的日期序列。
- 提供强大的数据加载和输出功能，可以直接加载或输出表格数据的 CSV、JSON 和 HTML 等数据。

2. Pandas 包的数据结构

Pandas 包提供了两种数据结构，其说明如下所示。

- Series 对象：类似于一维数组的对象，这是一个拥有标签的一维数组。更准确地说，可以将 Series 视为 2 个数组的组合，一个是类似索引的标签，另一个是实际数据。
- DataFrame 对象：类似于电子表格的表格数据，这是一个有标签（索引）的二维数组，其结构可以任意更改，每一行允许存储不同数据类型的数据。

如果读者学过关系数据库，那么 DataFrame 对象如同是数据库的一个数据表，每一行就是一项记录，每一个字段对应记录的字段。

9.1.2 Series 对象

因为 Pandas 包中数据处理和分析的重点是 DataFrame 对象，所以笔者只简单说明 Series 对象的使用。在 Python 程序首先需要导入 Pandas 包，如下所示：

```
import pandas as pd
```

动手学——创建 Series 对象：Ch9_1_2.py

使用 Python 列表来创建 Series 对象，如下所示：

```
import pandas as pd

s = pd.Series([12, 29, 72, 4, 8, 10])
print(s)
```

上述程序代码导入 Pandas 包 pd 后，调用 Series() 函数创建 Series 对象，然后输出 Series 对象。其运行结果如下所示：

```
0    12
1    29
2    72
3     4
4     8
5    10
dtype: int64
```

上述运行结果的第 1 列是默认新增的索引（从 0 开始），如果在创建时没有指定索引，Pandas 会自行创建；最后一行是元素的数据类型。

动手学——创建自定义索引的 Series 对象：Ch9_1_2a.py

在第 9.1.1 节曾经说过，Series 对象如同 2 个数组，一是索引的标签，一是数据。因此，可以使用 2 个 Python 列表来创建 Series 对象，如下所示：

```
fruits = ["苹果", "橘子", "梨子", "樱桃"]
quantities = [15, 33, 45, 55]
s = pd.Series(quantities, index=fruits)
print(s)
print(s.index)
print(s.values)
```

上述程序代码首先创建 2 个列表；然后创建 Series 对象，其中第 1 个参数是数据列表，第 2 个参数是使用 index 参数指定的索引列表；随后输出 Series 对象，使用 index 属性输出索引，使用 values 属性输出数据。其运行结果如下所示：

```
苹果      15
橘子      33
梨子      45
樱桃      55
dtype: int64
Index(['苹果', '橘子', '梨子', '樱桃'], dtype='object')
[15 33 45 55]
```

上述运行结果中的索引是自定义列表，最后依次是 Series 对象索引和数据。

动手学——Series 对象加法的并集运算：Ch9_1_2b.py

Pandas 的 Series 对象可以使用相同索引，如果将 2 个 Series 对象相加，就是 2 个 Series 对象的并集运算，如下所示：

```
fruits = ["苹果", "橘子", "梨子", "樱桃"]
quantities = [15, 33, 45, 55]
s = pd.Series(quantities, index=fruits)
p = pd.Series([11, 16, 21, 32], index=fruits)
print(s + p)
print("总计=", sum(s + p))
```

上述程序代码的 Series 对象 s 和 p 使用相同的索引列表 fruits，在进行 s+p 加法运算后，调用 sum() 函数计算并集数据的总和。其运行结果如下所示：

```
苹果      26
橘子      49
梨子      66
樱桃      87
dtype: int64
总计= 228
```

上述运行结果输出 2 个 Series 对象 s 和 p 对应数据的相加结果，最后是全部数据的总和。

动手学——使用索引获取数据和执行 NumPy 函数：Ch9_1_2c.py

在创建 Series 对象后，可以使用索引值来获取数据。首先创建 Series 对象，如下所示：

```
fruits = ["苹果", "橘子", "梨子", "樱桃"]
s = pd.Series([15, 33, 45, 55], index=fruits)
```

上述程序代码创建自定义索引 fruits 的 Series 对象后，使用索引值来获取数据，如下所示：

```
print("橘子=", s["橘子"])
```

上述程序代码获取索引值“橘子”的数据，其运行结果如下所示：

```
橘子= 33
```

如同 NumPy 数组，也可以使用索引列表一次获取多项数据，如下所示：

```
print(s[["橘子", "梨子", "樱桃"]])
```

上述程序代码获取索引值“橘子”“梨子”“樱桃”3 个数据，其运行结果如下所示：

```
橘子    33
梨子    45
樱桃    55
dtype: int64
```

Series 对象也可以作为操作数来进行四则运算，如下所示：

```
print((s+2)*3)
```

上述程序代码是执行 Series 对象的四则运算，从其运行结果可以看到值是 s 加 2 后，再乘以 3，如下所示：

```
苹果    51
橘子    105
梨子    141
樱桃    171
dtype: int64
```

如果需要，Series 对象还可以调用 apply() 函数来执行 NumPy 数学函数。例如，sin() 三角函数，如下所示：

```
import numpy as np

print(s.apply(np.sin))
```

上述程序代码因为调用了 NumPy 数学函数，所以导入 NumPy 包 np 后，调用 apply() 函数来执行 sin() 函数。其运行结果如下所示：

```
苹果    0.650288
橘子    0.999912
梨子    0.850904
樱桃    -0.999755
dtype: float64
```

9.2 DataFrame 的基本应用

DataFrame 对象是 Pandas 包最重要的数据结构，数据处理和分析主要就是围绕 DataFrame 对象。

9.2.1 创建 DataFrame 对象

DataFrame 对象的结构类似于表格或 Excel 电子表格，包含排序的字段集合，每一个字段是固定数据类型，不同字段可以是不同数据类型。下面以我国台湾地区的城市、人口等信息数据为基础进行讲解。

动手学——使用 Python 字典创建 DataFrame 对象：Ch9_2_1.py

因为 DataFrame 对象是表格，所以可以有行和列的索引。事实上，DataFrame 就是一个拥有索引的 Series 对象所组成的 Python 字典，如下所示：

```
import pandas as pd

dists = {"name": ["中正区", "板桥区", "桃园区", "北屯区",
                  "安南区", "三民区", "大安区", "永和区",
                  "八德区", "前镇区", "凤山区",
                  "信义区", "新店区"],
         "population": [159598, 551452, 441287, 275207,
                        192327, 343203, 309835, 222531,
                        198473, 189623, 359125,
                        225561, 302070],
         "city": ["台北市", "新北市", "桃园市", "台中市",
                   "台南市", "高雄市", "台北市", "新北市",
                   "桃园市", "高雄市", "高雄市",
                   "台北市", "新北市"]}
df = pd.DataFrame(dists)
print(df)
```

上述程序代码创建的 dists 字典包括 3 个元素，每一个键是字符串，值是列表（可以创建成 Series 对象）。在调用 pd. DataFrame() 函数后，就可以创建 DataFrame 对象，其运行结果如图 9-1 所示。

上述运行结果的第一行是字段名（自动排序字段名），在每一行的第 1 个字段是自动产生的标签（从 0 开始），这是 DataFrame 对象默认的索引。输出的字段与数据看起来不算整齐，我们可以使用 to_html() 函数将 DataFrame 对象转换成 HTML 表格，如下所示：

```
df.to_html("Ch9_2_1.html")
```

上述程序代码的运行结果是将 DataFrame 对象转换成为 HTML 表格标签 <table>，表格的标题会对照着内容字段，并且导出成 Ch9_2_1.html（在第 9.2.2 节有进一步说明），可以在浏览器看到输出的 HTML 表格数据，如图 9-2 所示。

	city	name	population
0	台北市	中正区	159598
1	新北市	板桥区	551452
2	桃园市	桃园区	441287
3	台中市	北屯区	275207
4	台南市	安南区	192327
5	高雄市	三民区	343203
6	台北市	大安区	309835
7	新北市	永和区	222531
8	桃园市	八德区	198473
9	高雄市	前镇区	189623
10	高雄市	凤山区	359125
11	台北市	信义区	225561
12	新北市	新店区	302070

图 9-1

	city	name	population
0	台北市	中正区	159598
1	新北市	板桥区	551452
2	桃园市	桃园区	441287
3	台中市	北屯区	275207
4	台南市	安南区	192327
5	高雄市	三民区	343203
6	台北市	大安区	309835
7	新北市	永和区	222531
8	桃园市	八德区	198473
9	高雄市	前镇区	189623
10	高雄市	凤山区	359125
11	台北市	信义区	225561
12	新北市	新店区	302070

图 9-2

动手学——创建自定义索引的 DataFrame 对象：Ch9_2_1a.py

如果没有指明索引，Pandas 默认替 DataFrame 对象产生数值索引（从 0 开始）。可以自行使用列表来创建自定义索引，如下所示：

```
dists = {"name": ["中正区", "板桥区", "桃园区", "北屯区",
                  "安南区", "三民区", "大安区", "永和区",
                  "八德区", "前镇区", "凤山区",
                  "信义区", "新店区"],
         "population": [159598, 551452, 441287, 275207,
                        192327, 343203, 309835, 222531,
                        198473, 189623, 359125,
                        225561, 302070],
         "city": ["台北市", "新北市", "桃园市", "台中市",
                  "台南市", "高雄市", "台北市", "新北市",
                  "桃园市", "高雄市", "高雄市",
                  "台北市", "新北市"]}

ordinals =["first", "second", "third", "fourth", "fifth",
           "sixth", "seventh", "eigth", "ninth", "tenth",
           "eleventh", "twelvth", "thirteenth"]
df = pd.DataFrame(dists, index=ordinals)
print(df)
```

上述 ordinals 列表是自定义索引，共有 13 个元素，对应 13 项数据。DataFrame() 函数使用 index 参数指定使用的自定义索引。从其运行结果中可以看到第 1 列的标签是自定义索引，如图 9-3 所示。

也可以在创建 DataFrame 对象后，使用 df2.index 属性来更改使用的索引，如下所示：

```
df2 = pd.DataFrame(dists)
df2.index = ordinals
print(df2)
```

动手学——重新指定 DataFrame 对象的字段顺序：Ch9_2_1b.py

在创建 DataFrame 对象时，可以使用 columns 参数重新指定字段顺序，如下所示：

```
...
df = pd.DataFrame(dists,
                  columns = ["name", "city", "population"],
                  index=ordinals)
print(df)
```

上述 DataFrame() 函数的 columns 参数指定字段名列表，可以将原来 city、name、population 的顺序改为 name、city、population。其运行结果如图 9-4 所示。

	city	name	population
first	台北市	中正区	159598
second	新北市	板桥区	551452
third	桃园市	桃园区	441287
fourth	台中市	北屯区	275207
fifth	台南市	安南区	192327
sixth	高雄市	三民区	343203
seventh	台北市	大安区	309835
eigth	新北市	永和区	222531
ninth	桃园市	八德区	198473
tenth	高雄市	前镇区	189623
eleventh	高雄市	凤山区	359125
twelvth	台北市	信义区	225561
thirteenth	新北市	新店区	302070

图 9-3

	name	city	population
first	中正区	台北市	159598
second	板桥区	新北市	551452
third	桃园区	桃园市	441287
fourth	北屯区	台中市	275207
fifth	安南区	台南市	192327
sixth	三民区	高雄市	343203
seventh	大安区	台北市	309835
eigth	永和区	新北市	222531
ninth	八德区	桃园市	198473
tenth	前镇区	高雄市	189623
eleventh	凤山区	高雄市	359125
twelvth	信义区	台北市	225561
thirteenth	新店区	新北市	302070

图 9-4

也可以创建在 DataFrame 对象后，再使用 df2.columns 属性来更改字段顺序或指定全新的字段名，如下所示：

```
df2 = pd.DataFrame(dists, index=ordinals)
df2.columns = ["name", "city", "population"]
print(df2)
```

动手学——使用存在字段作为索引标签：Ch9_2_1c.py

可以直接使用存在的字段作为索引标签，如 city 字段，如下所示：

```
...
df = pd.DataFrame(dists,
                  columns = ["name", "population"],
                  index = dists["city"])
print(df)
```

上述程序代码的 columns 属性只有 name 和 population，index 属性指定使用 city 键值的列表。在其运行结果中可以看到索引是城市，如图 9-5 所示。

	name	population
台北市	中正区	159598
新北市	板桥区	551452
桃园市	桃园区	441287
台中市	北屯区	275207
台南市	安南区	192327
高雄市	三民区	343203
台北市	大安区	309835
新北市	永和区	222531
桃园市	八德区	198473
高雄市	前镇区	189623
高雄市	凤山区	359125
台北市	信义区	225561
新北市	新店区	302070

图 9-5

动手学——转置 DataFrame 对象：Ch9_2_1d.py

如果需要，可以使用 .T 属性来转置 DataFrame 对象，即列变成行，行变成列，如下所示：

```
...
print(df.T)
```

上述程序代码转置DataFrame对象df，在运行结果中可以看到2个轴交换，如图9-6所示。

	台北市	新北市	桃园市	台中市	台南市	高雄市	台北市	新北市	桃园市	高雄市	高雄市	台北市	新北市
name	中正区	板桥区	桃园区	北屯区	安南区	三民区	大安区	永和区	八德区	前镇区	凤山区	信义区	新店区
population	159598	551452	441287	275207	192327	343203	309835	222531	198473	189623	359125	225561	302070

图 9-6

9.2.2 导入与导出 DataFrame 对象

Pandas 包可以导入多种格式文件至 DataFrame 对象和导出 DataFrame 对象至多种格式文件。导出 DataFrame 对象至文件的相关函数及说明见表 9-1。

表 9-1　导出 DataFrame 对象至文件的相关函数及说明

函　数	说　明
pd.to_csv(filename)	导出成 CSV 格式的文件
pd.to_json(filename)	导出成 JSON 格式的文件
pd.to_html(filename)	导出成 HTML 表格标签的文件
pd.to_excel(filename)	导出成 Excel 文件

导入文件内容至 DataFrame 对象的相关函数及说明如表 9-2 所示。

表 9-2　导入文件内容至 DataFrame 对象的相关函数及说明

函　数	说　明
pd.read_csv(filename)	导入 CSV 格式的文件
pd.read_json(filename)	导入 JSON 格式的文件
pd.read_html(filename)	导入 HTML 文件，Pandas 会抽出 <table> 表格标签的数据
pd.read_excel(filename)	导入 Excel 文件

动手学——导出 DataFrame 对象至文件：Ch9_2_2.py

可以使用 pd.to_csv() 函数和 pd.to_json() 函数将 DataFrame 对象导出成 CSV 和 JSON 格式的文件，如下所示：

```
import pandas as pd

dists = {"name": ["中正区", "板桥区", "桃园区", "北屯区",
                  "安南区", "三民区", "大安区", "永和区",
                  "八德区", "前镇区", "凤山区",
                  "信义区", "新店区"],
         "population": [159598, 551452, 441287, 275207,
                        192327, 343203, 309835, 222531,
                        198473, 189623, 359125,
                        225561, 302070],
         "city": ["台北市", "新北市", "桃园市", "台中市",
                  "台南市", "高雄市", "台北市", "新北市",
                  "桃园市", "高雄市", "高雄市",
                  "台北市", "新北市"]}
df = pd.DataFrame(dists)

df.to_csv("dists.csv", index=False, encoding="utf-8")
df.to_json("dists.json")
```

上述程序代码使用字典创建 DataFrame 对象后，调用 to_csv() 函数导出 CSV 文件。to_csv() 函数中，第 1 个参数字符串是文件名；index 参数值决定是否写入索引，默认 True

是写入，False 是不写入；而 encoding 是编码。调用 to_json() 函数导出 JSON 格式文件，其参数字符串就是文件名。

在上述程序的运行结果中，可以在 Python 程序的相同目录看到 2 个文件：dists.csv 和 dists.json。

动手学——导入文件数据至 DataFrame 对象：Ch9_2_2a.py

在成功导出 dists.csv 和 dists.json 文件后，可以分别调用 read_csv() 函数和 read_json() 函数来导入文件数据，如下所示：

```
# 导入 CSV 格式的文件
df = pd.read_csv("dists.csv", encoding="utf-8")
print(df)
# 导入 JSON 格式的文件
df2 = pd.read_json("dists.json")
print(df2)
```

上述程序代码导入 dists.csv 和 dists.json 文件成为 DataFrame 对象，其对象内容和 Ch9_2_1.py 程序相同，故不再重复列出。

9.2.3 输出基本信息

当自行创建或导入文件成为 DataFrame 对象后，即可使用相关函数和属性来输出 DataFrame 对象的基本信息。

本节的 Python 范例程序都是导入 dists.csv 文件来创建 DataFrame 对象 df，如下所示：

```
df = pd.read_csv("dists.csv", encoding="utf-8")
```

动手学——输出前几项记录：Ch9_2_3.py

为了方便说明，笔者采用的是 SQL 数据库的术语，DataFrame 对象的每一行是一项记录，每一列是记录的字段。可以调用 head() 函数输出前几项记录，默认是 5 项，如下所示：

```
print(df.head())
print(df.head(3))
```

上述程序代码中，第 1 个 head() 函数没有参数，默认是 5 项 [图 9-7（a）]；第 2 个 head() 函数指定参数值 3，表示输出前 3 项记录 [图 9-7（b）]。

	city	name	population
0	台北市	中正区	159598
1	新北市	板桥区	551452
2	桃园市	桃园区	441287
3	台中市	北屯区	275207
4	台南市	安南区	192327

（a）

	city	name	population
0	台北市	中正区	159598
1	新北市	板桥区	551452
2	桃园市	桃园区	441287

（b）

图 9-7

动手学——输出最后几项记录：Ch9_2_3a.py

可以调用 tail() 函数输出最后几项记录，默认是 5 项，如下所示：

```
print(df.tail())
print(df.tail(3))
```

上述程序代码中，第 1 个 tail() 函数没有参数，默认是 5 项 [图 9-8（a）]；第 2 个 tail() 函数指定参数 3，可以输出最后 3 项记录 [图 9-8（b）]。

动手学——输出自定义的字段标签：Ch9_2_3b.py

可以使用 columns 属性指定 DataFrame 对象的字段标签列表，如下所示：

```
df.columns = ["城市", "区", "人口"]
print(df.head(4))
```

上述程序代码指定 columns 属性的字段标签列表后，调用 head() 函数显示前 4 项，其运行结果如图 9-9 所示。

	city	name	population
8	桃园市	八德区	198473
9	高雄市	前镇区	189623
10	高雄市	凤山区	359125
11	台北市	信义区	225561
12	新北市	新店区	302070

（a）

	city	name	population
10	高雄市	凤山区	359125
11	台北市	信义区	225561
12	新北市	新店区	302070

（b）

图 9-8

	城市	区	人口
0	台北市	中正区	159598
1	新北市	板桥区	551452
2	桃园市	桃园区	441287
3	台中市	北屯区	275207

图 9-9

动手学——获取 DataFrame 对象的索引、字段和数据：Ch9_2_3c.py

可以使用 index、columns 和 values 属性获取 DataFrame 对象的索引标签、字段标签和数据，如下所示：

```
df.columns = ["城市", "区", "人口"]
print(df.index)
print(df.columns)
print(df.values)
```

上述程序代码输出 index、columns 和 values 属性值，其运行结果如下所示：

```
RangeIndex(start=0, stop=13, step=1)
Index(['城市', '区', '人口'], dtype='object')
[['台北市' '中正区'  159598]
 ['新北市' '板桥区'  551452]
 ['桃园市' '桃园区'  441287]
 ['台中市' '北屯区'  275207]
 ['台南市' '安南区'  192327]
 ['高雄市' '三民区'  343203]
```

```
['台北市' '大安区' 309835]
['新北市' '永和区' 222531]
['桃园市' '八德区' 198473]
['高雄市' '前镇区' 189623]
['高雄市' '凤山区' 359125]
['台北市' '信义区' 225561]
['新北市' '新店区' 302070]]
```

上述运行结果第 1 行索引的默认范围是 0～13，第 2 行的字段标签是自定义标签列表，之后就是数据的 Python 嵌套列表。

动手学——输出 DataFrame 对象的摘要信息：Ch9_2_3d.py

可以调用 Python 的 len() 函数获取 DataFrame 对象的记录数，shape 属性获取形状，info() 函数获取摘要信息，如下所示：

```
print("数据数= ", len(df))
print("形状= ", df.shape)
df.info()
```

上述程序代码依次调用 len() 函数、shape 属性和 info() 函数来输出 DataFrame 对象的摘要信息，运行结果如下所示：

```
数据数 = 13
形状 = (13, 3)
<class 'pandas.core.frame.DataFrame'>
RangeIndex: 13 entries, 0 to 12
Data columns (total 3 columns):
city           13 non-null object
name           13 non-null object
population     13 non-null int64
dtypes: int64(1), object(2)
memory usage: 392.0+ bytes
```

上述运行结果依次输出数据数 13 项，形状(13, 3)，DataFrame 对象的索引标签、字段数和各字段的非 NULL 值、数据类型和使用的内存量。

9.2.4 遍历 DataFrame 对象

因为 DataFrame 对象是类似于表格的电子表格对象，如同关系数据库的数据表，每一行相当于一项记录，所以可以使用 for/in 循环遍历 DataFrame 对象的每一项记录。

在 DataFrame 对象中可以调用 iterrows() 函数遍历每一项记录（Python 程序：Ch9_2_4.py），如下所示：

```
for index, row in df.iterrows() :
    print(index, row["city"], row["name"], row["population"])
```

上述程序代码中，for/in 循环是调用 iterrows() 函数获取记录，变量 index 是索引，row 是每一行的记录。其运行结果可以输出索引标签和每一项记录，如下所示：

```
0  台北市  中正区  159598
1  新北市  板桥区  551452
2  桃园市  桃园区  441287
3  台中市  北屯区  275207
4  台南市  安南区  192327
5  高雄市  三民区  343203
6  台北市  大安区  309835
7  新北市  永和区  222531
8  桃园市  八德区  198473
9  高雄市  前镇区  189623
10 高雄市  凤山区  359125
11 台北市  信义区  225561
12 新北市  新店区  302020
```

9.2.5 指定 DataFrame 对象的索引

DataFrame 对象可以调用 set_index() 函数指定单一字段的索引或多个字段的复合索引，reset_index() 函数重设成原始默认的整数索引。

动手学——指定 DataFrame 对象的单一字段索引：Ch9_2_5.py

DataFrame 对象可以指定和重设字段索引，如下所示：

```
df2 = df.set_index("city")
print(df2.head())

df3 = df2.reset_index()
print(df3.head())
```

上述程序代码首先调用 set_index() 函数指定参数的索引字段是 city，可以看到索引标签成为 city [图 9-10（a）]；然后调用 reset_index() 函数重设成原始默认的整数索引 [图 9-10（b）]，其运行结果中输出前 5 项。

动手学——指定 DataFrame 对象的多字段复合索引：Ch9_2_5a.py

DataFrame 对象的 set_index() 函数的参数可以是字段列表，此时表示指定多字段的复合索引，如下所示：

```
df2 = df.set_index(["city", "name"])
df2.sort_index(ascending=False, inplace=True)
```

```
print(df2)
```

上述程序代码首先指定 city 和 name 共 2 个索引字段，然后调用 sort_index() 函数指定索引的排序方式是从大至小（详细说明请参阅第 9.3.3 节）。其运行结果如图 9-11 所示。

	name	population
city		
台北市	中正区	159598
新北市	板桥区	551452
桃园市	桃园区	441287
台中市	北屯区	275207
台南市	安南区	192327

（a）

	city	name	population
0	台北市	中正区	159598
1	新北市	板桥区	551452
2	桃园市	桃园区	441287
3	台中市	北屯区	275207
4	台南市	安南区	192327

（b）

图 9-10

		population
city	name	
高雄市	凤山区	359125
	前镇区	189623
	三民区	343203
桃园市	桃园区	441287
	八德区	198473
新北市	永和区	222531
	板桥区	551452
	新店区	302070
台南市	安南区	192327
台北市	大安区	309835
	信义区	225561
	中正区	159598
台中市	北屯区	275207

图 9-11

9.3 选择、过滤与排序数据

DataFrame 对象类似于 Excel 电子表格，可以从 DataFrame 对象选择所需数据、过滤出所需数据和排序数据，这也是最基本的数据处理。

本节 Python 范例程序都是导入 dists.csv 文件来创建 DataFrame 对象 df 和指定自定义索引 ordinals 列表，如下所示：

```
df = pd.read_csv("dists.csv", encoding="utf-8")
ordinals =["first", "second", "third", "fourth", "fifth",
           "sixth", "seventh", "eigth", "ninth", "tenth",
           "eleventh", "twelvth", "thirteenth"]
df.index = ordinals
```

9.3.1 选择数据

可以使用索引或属性来选择 DataFrame 对象的指定字段或记录，也可以使用标签或位置的 loc 和 iloc 索引器（Indexer）来选择所需数据。

动手学——选择单一字段或多个字段：Ch9_3_1.py

可以直接使用字段标签索引或标签索引列表来选择单一字段的 Series 对象或多个字段的 DataFrame 对象，如下所示：

```
print(df["population"].head(3))
```

上述程序代码获取 population 单一字段，单一字段是 Series 对象。

也可以使用对象属性方式来选择相同的字段，如下所示：

```
print(df.population.head(3))
```

上述程序代码使用 df.population 选择此字段，然后调用 head(3) 函数输出前 3 项记录。其运行结果如下所示：

```
first    159598
second   551452
third    441287
Name: population, dtype: int64
```

上述运行结果中，最后一行是字段名和数据类型。

也可以使用标签索引列表（字段名列表）来同时选择多个字段，如下所示：

```
print(df[["city", "name"]].head(3))
```

上述程序代码选择 city 和 name 两个字段的前 2 项记录，因为 DataFrame 对象支持 to_html() 函数（Series 对象不支持），所以可以产生 HTML 表格的运行结果，如图 9-12 所示。

	city	name
first	台北市	中正区
second	新北市	板桥区
third	桃园市	桃园区

图 9-12

动手学——选择特定范围的多项记录：Ch9_3_1a.py

对于 DataFrame 对象每一行记录来说，可以使用从 0 开始的索引，或自定义索引的标签名称来选择特定范围的记录。首先是数值索引范围，如下所示：

```
print(df[0:3])
```

上述索引值范围如同列表和 NumPy 分割运算符，可以选择第 1～3 项记录，但不含索引值为 3 的第 4 项记录。其运行结果如图 9-13 所示。

如果是使用自定义索引的标签名称，那么此时的范围会包含最后一项记录，即 eleventh，如下所示：

```
print(df["sixth":"eleventh"])
```

上述程序代码选择索引 sixth 到 eleventh，包含 eleventh。其运行结果如图 9-14 所示。

	city	name	population
first	台北市	中正区	159598
second	新北市	板桥区	551452
third	桃园市	桃园区	441287

图 9-13

	city	name	population
sixth	高雄市	三民区	343203
seventh	台北市	大安区	309835
eigth	新北市	永和区	222531
ninth	桃园市	八德区	198473
tenth	高雄市	前镇区	189623
eleventh	高雄市	凤山区	359125

图 9-14

动手学——使用标签选择数据：Ch9_3_1b.py

可以使用 loc 索引器以标签索引来选择指定记录，如下所示：

```
print(df.loc[ordinals[1]])
print(type(df.loc[ordinals[1]]))
```

上述程序代码使用索引 ordinals[1]，即 second 第 2 项记录。从其运行结果中可以看到单项记录的 Series，如下所示：

```
city          新北市
name          板桥区
population    551452
Name: second, dtype: object
<class 'pandas.core.series.Series'>
```

使用标签除了选择记录外，还可以选择所需字段，如下所示：

```
print(df.loc[:, ["name", "population"]].head(3))
```

上述程序代码在“,”符号前是“:”，没有前后索引值，表示是所有记录；在“,”符号后是字段名字符串，接着调用 head(3) 函数，只输出前 3 项记录。其运行结果如图 9-15 所示。

DataFrame 对象的 loc 索引器可以结合索引标签和字段列表来选择单项或指定范围的记录，如下所示：

```
print(df.loc["third":"fifth", ["name", "population"]])
print(df.loc["third", ["name", "population"]])
```

上述第 1 行程序代码在“,”前是选择第 3～5 项记录，之后是选择 name 和 population 字段[图 9-16（a）]；第 2 行只选择第 3 项记录，所以是 Series 对象 [图 9-16（b）]。

	name	population
first	中正区	159598
second	板桥区	551452
third	桃园区	441287

图 9-15

	name	population
third	桃园区	441287
fourth	北屯区	275207
fifth	安南区	192327

（a）

```
name          桃园区
population    441287
Name: third, dtype: object
```

（b）

图 9-16

更进一步，可以使用 loc 索引器选择标量值（Scalar Value）。对比表格，就是选择指定单元格的内容，如下所示：

```
print(df.loc[ordinals[0], "name"])
print(type(df.loc[ordinals[0], "name"]))
print(df.loc["first", "population"])
print(type(df.loc["first", "population"]))
```

上述程序代码中，第 1 行的索引 ordinals[0]，即 first 第 1 项记录，在“,”符号后是 name 字段，可以选择第 1 项记录的 name 字段值；第 3 行是选择第 1 项记录的 population 字段值。其运行结果如下所示：

```
中正区
<class 'str'>
159598
<class 'numpy.int64'>
```

从上述运行结果中可以看到，第 1 个值是字符串的区名，第 2 个值是整数的人口数。

动手学——使用位置选择数据：Ch9_3_1c.py

事实上，DataFrame 对象的 loc 索引器是使用标签索引来选择数据，iloc 索引器是使用位置索引，其操作方式是切割运算符，如下所示：

```
print(df.iloc[3])              # 第 4 项记录
print(df.iloc[3:5, 1:3])       # 切割
```

上述程序代码中，第 1 行是索引值为 3 的第 4 项记录 [图 9-17（a）]，第 2 行是第 4～5 项记录（索引 3 和 4）的 name 和 population 字段 [图 9-17（b）]。

```
city                台中市
name                北屯区
population      275207
Name: fourth, dtype: object
```

（a）

	name	population
fourth	北屯区	275207
fifth	安南区	192327

（b）

图 9-17

也可以切割 DataFrame 对象的行或列，即选择指定范围的行和列，如下所示：

```
print(df.iloc[1:3, :])         # 切割行
print(df.iloc[:, 1:3])         # 切割列
```

上述程序代码中，第 1 行是第 2 项和第 3 项记录，在“,”后的“:”前后没有索引值，表示全部字段 [图 9-18（a）]；第 2 行在“,”前的“:”前后没有索引值，表示全部记录，之后是 name 和 population 两个字段，可以获取这 2 个字段的所有记录 [图 9-18（b）]。

一样可以分别使用行和列的索引列表，从 DataFrame 对象选择所需的数据，如下所示：

```
print(df.iloc[[1, 2, 4], [0, 2]])      # 索引列表
```

上述程序代码是第 2、3、5 项记录的 city 和 population 字段，其运行结果如图 9-19 所示。

同样的方式，可以使用 iloc 或 iat 索引器选择标量值，如下所示：

```
print(df.iloc[1, 1])
print(df.iat[1, 1])
```

	city	name	population
second	新北市	板桥区	551452
third	桃园市	桃园区	441287

（a）

	name	population
first	中正区	159598
second	板桥区	551452
third	桃园区	441287
fourth	北屯区	275207
fifth	安南区	192327
sixth	三民区	343203
seventh	大安区	309835
eigth	永和区	222531
ninth	八德区	198473
tenth	前镇区	189623
eleventh	凤山区	359125
twelvth	信义区	225561
thirteenth	新店区	302070

（b）

图 9-18

	city	population
second	新北市	551452
third	桃园市	441287
fifth	台南市	192327

图 9-19

上述程序代码分别使用 iloc 和 iat 选择第 2 项记录的第 2 个 name 字段，其运行结果都是“板桥区”，如下所示：

```
板桥区
板桥区
```

9.3.2 过滤数据

DataFrame 对象可以使用布尔索引的条件、isin() 函数或 Python 字符串函数来过滤数据，即使用条件在 DataFrame 对象中选择数据。

动手学——使用布尔索引和 isin() 函数过滤数据：Ch9_3_2.py

DataFrame 对象的索引一样可以使用 NumPy 布尔索引，只选择条件成立的记录数据，如下所示：

```
print(df[df.population > 350000])
```

上述程序代码过滤 population 字段值大于 350000 的记录数据，其运行结果如图 9-20 所示。

DataFrame 对象的 isin() 函数检查指定字段值是否在列表中，可以只过滤列表中符合条件的记录数据，如下所示：

```
print(df[df["city"].isin(["台北市", "高雄市"])])
```

上述程序代码过滤 city 字段值是否在 isin() 函数的参数列表中，其运行结果只有“台北市”和“高雄市”两个城市，如图 9-21 所示。

	city	name	population
second	新北市	板桥区	551452
third	桃园市	桃园区	441287
eleventh	高雄市	凤山区	359125

图 9-20

	city	name	population
first	台北市	中正区	159598
sixth	高雄市	三民区	343203
seventh	台北市	大安区	309835
tenth	高雄市	前镇区	189623
eleventh	高雄市	凤山区	359125
twelvth	台北市	信义区	225561

图 9-21

动手学——使用多个条件和字符串函数过滤数据：Ch9_3_2a.py

在布尔索引可以使用多个条件。例如，人口大于 350000，且小于 500000，如下所示：

```
print(df[(df.population > 350000) & (df.population < 500000)])
print(df[df["city"].str.startswith("台")])
```

上述程序代码中，第 1 行的索引条件是“&”（且）[图 9-22（a）]，第 2 行是调用 str.starswith() 字符串函数搜索前缀是“台”的城市 [图 9-22（b）]。

	city	name	population
third	桃园市	桃园区	441287
eleventh	高雄市	凤山区	359125

（a）

	city	name	population
first	台北市	中正区	159598
fourth	台中市	北屯区	275207
fifth	台南市	安南区	192327
seventh	台北市	大安区	309835
twelvth	台北市	信义区	225561

（b）

图 9-22

9.3.3 排序数据

当 DataFrame 对象调用 set_index() 函数指定索引字段后，可以调用 sort_index() 函数指定索引字段的排序方式，或调用 sort_values() 函数指定特定字段值来进行排序。

动手学——指定索引字段排序：Ch9_3_3.py

将 DataFrame 对象改用 population 字段作为索引，然后指定从大到小排序，如下所示：

```
df2 = df.set_index("population")
print(df2.head())
df2.sort_index(ascending=False, inplace=True)
print(df2.head())
```

上述程序代码调用 set_index() 函数指定索引字段且创建新的 DataFrame 对象 df2，可以看到 DataFrame 对象改用 population 字段作为索引 [图 9-23（a）]。然后调用 sort_index() 函数指定 ascending 参数值为 False，从大到小排序；inplace 参数值为 True，直接取代原来 DataFrame 对象 df2 [图 9-23（b）]。

图 9-23（a）只指定了索引字段，并没有排序；图 9-23（b）则从大到小排序 population 字段。

动手学——指定字段值排序：Ch9_3_3a.py

原始 DataFrame 对象 df 的前 5 项记录如图 9-24 所示。

	city	name
population		
159598	台北市	中正区
551452	新北市	板桥区
441287	桃园市	桃园区
275207	台中市	北屯区
192327	台南市	安南区

（a）

	city	name
population		
551452	新北市	板桥区
441287	桃园市	桃园区
359125	高雄市	凤山区
343203	高雄市	三民区
309835	台北市	大安区

（b）

图 9-23

	city	name	population
first	台北市	中正区	159598
second	新北市	板桥区	551452
third	桃园市	桃园区	441287
fourth	台中市	北屯区	275207
fifth	台南市	安南区	192327

图 9-24

调用 sort_values() 函数，指定特定字段值来进行排序，如下所示：

```
df2 = df.sort_values("population", ascending=False)
print(df2.head())
df.sort_values(["city", "population"], inplace=True)
print(df.head())
```

上述程序代码中，第 1 次调用 sort_values() 函数创建新的 DataFrame 对象，并且指定排序字段是第 1 个参数 population，排序方式是从大到小 [图 9-25（a）]；第 2 次调用 sort_values() 函数时指定的排序字段有 2 个，其中 inplace 参数为 True，取代目前的 DataFrame 对象 [图 9-25（b）]。

	city	name	population
second	新北市	板桥区	551452
third	桃园市	桃园区	441287
eleventh	高雄市	凤山区	359125
sixth	高雄市	三民区	343203
seventh	台北市	大安区	309835

（a）

	city	name	population
fourth	台中市	北屯区	275207
first	台北市	中正区	159598
twelvth	台北市	信义区	225561
seventh	台北市	大安区	309835
fifth	台南市	安南区	192327

（b）

图 9-25

图 9-25（a）是从大到小排序 population 字段。图 9-25（b）是群组排序，首先排序 city 字段，依次是台中市、台北市和台南市；然后是 population 字段，为从小到大排序（看台北市部分）。

9.4 合并与更新 DataFrame 对象

如果有多个 DataFrame 对象，可以连接或合并 DataFrame 对象，并且针对单一 DataFrame 对象来新增、更新和删除记录或字段。

9.4.1 更新数据

可以更新 DataFrame 对象特定位置的标量值、单项记录、整个字段，也可以更新整个 DataFrame 对象的数据。

动手学——更新标量值：Ch9_4_1.py

只需使用第 9.3.1 节的标签和位置来选择数据，就可以更新选择的数据。DataFrame 对象 df 和第 9.3 节相同，如下所示：

```
df.loc[ordinals[0], "population"] = 160000
df.iloc[1, 2] = 560000
print(df.head(2))
```

上述程序代码中，第 1 行使用标签选择第 1 项记录的 population 字段，将值改成 160000；第 2 行修改第 2 项记录。从运行结果中可以看到，索引值为 2 的人口数值都已更改，如图 9-26 所示。

动手学——更新单项记录：Ch9_4_1a.py

当使用 Python 列表创建新的记录数据后，就可以选择欲取代的记录来取代，如下所示：

```
s = ["新北市", "新庄区", 416640]
df.loc[ordinals[1]] = s
print(df.head(3))
```

上述程序代码创建 Python 列表 s 后，使用标签选择第 2 项记录，然后直接以指定语句来更改这项记录。在其运行结果中可以看到第 2 项的“板桥”已经改成“新庄”，如图 9-27 所示。

	city	name	population
first	台北市	中正区	160000
second	新北市	板桥区	560000

图 9-26

	city	name	population
first	台北市	中正区	159598
second	新北市	新庄区	416640
third	桃园市	桃园区	441287

图 9-27

动手学——更新整个字段值：Ch9_4_1b.py

同样地，可以将选择的字段全部以其他 NumPy 数组取代，如下所示：

```
import numpy as np
...
df.loc[:, "population"] = np.random.randint(34000, 700000, size=len(df))
print(df.head())
```

上述程序代码导入 NumPy 包后，使用标签选择 population 字段，然后使用指定语句指定成同尺寸（size 属性）的 NumPy 数组，元素值使用随机数生成，即更改整个 population 字段值。在其运行结果中可以看到随机数生成的人口数，只显示前 5 项记录，如图 9-28 所示。

动手学——更新整个 DataFrame 对象：Ch9_4_1c.py

也可以使用布尔索引搜索要更新的数据，然后一次更新整个 DataFrame 对象。首先创建 DataFrame 对象 df，如下所示：

```
df = pd.DataFrame(np.random.randint(5, 1500, size=(2, 3)))
print(df)
```

上述程序代码使用 NumPy 二维数组（2×3）来创建 DataFrame 对象，数组元素是使用随机数生成的整数值，如图 9-29 所示。

	city	name	population
first	台北市	中正区	264457
second	新北市	板桥区	120306
third	桃园市	桃园区	162500
fourth	台中市	北屯区	404205
fifth	台南市	安南区	249320

图 9-28

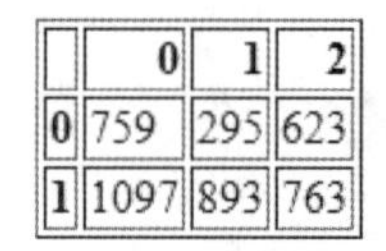

	0	1	2
0	759	295	623
1	1097	893	763

图 9-29

上述 DataFrame 对象因为没有指定索引和字段标签，输出的是默认值。然后，使用布尔索引的条件来过滤 DataFrame 对象，并且更新符合条件的记录数据，即都减 100，如下所示：

```
print(df[df > 800])
df[df > 800] = df - 100
print(df)
```

上述程序代码首先输出 df[df>800] [图 9-30（a）]，然后更新符合条件的记录数据 [图 9-30（b）]。

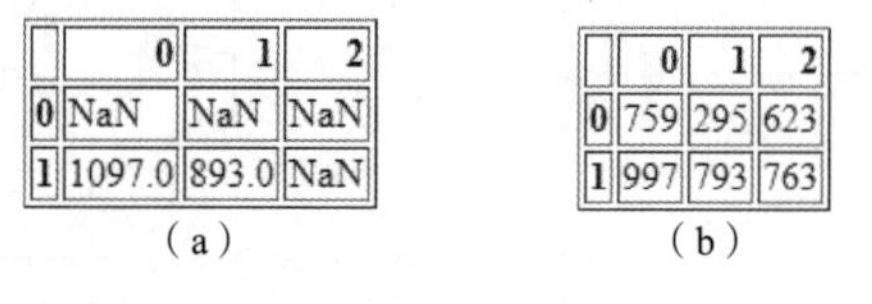

	0	1	2
0	NaN	NaN	NaN
1	1097.0	893.0	NaN

（a）

	0	1	2
0	759	295	623
1	997	793	763

（b）

图 9-30

图 9-30（a）中的 NaN 是不符合条件的数据（NULL），在更新后，可以看到第 1 项记录符合条件的前 2 个值都减 100。

9.4.2 删除数据

在 DataFrame 对象中，删除标量值只是删除指定记录的字段值，即改为 None；删除记录和字段都使用 drop() 函数。

动手学——删除标量值：Ch9_4_2.py

如同更新标量值，删除标量值只是将其指定为 None（或 NumPy 包的 np.nan），如下所示：

```
df.loc[ordinals[0], "population"] = None
df.iloc[1, 2] = None
print(df.head(3))
```

上述程序代码中，第 1 行使用标签选择第 1 项记录的 population 字段，然后将值改为 None；第 2 行是第 2 项记录的 population 字段值（为 None），在其运行结果中可以看到前 2 行的人口值改为 NaN，称为遗漏值（Missing Data），如图 9-31 所示。

	city	name	population
first	台北市	中正区	NaN
second	新北市	板桥区	NaN
third	桃园市	桃园区	441287.0

图 9-31

动手学——删除记录：Ch9_4_2a.py

可以使用 DataFrame 对象的 drop() 函数来删除记录，参数可以是索引标签或位置，如下所示：

```
df2 = df.drop(["second", "fourth"])      # 2、4 项
print(df2.head())
df.drop(df.index[[2, 3]], inplace=True) # 3、4 项
print(df.head())
```

上述程序代码首先使用索引标签删除第 2 项和第 4 项记录 [图 9-32（a）]，然后使用 index[[2, 3]] 位置删除第 3 项和第 4 项记录，inplace 参数值为 True，取代目前的 DataFrame 对象 [图 9-32（b）]。

	city	name	population
first	台北市	中正区	159598
third	桃园市	桃园区	441287
fifth	台南市	安南区	192327
sixth	高雄市	三民区	343203
seventh	台北市	大安区	309835

（a）

	city	name	population
first	台北市	中正区	159598
second	新北市	板桥区	551452
fifth	台南市	安南区	192327
sixth	高雄市	三民区	343203
seventh	台北市	大安区	309835

（b）

图 9-32

动手学——删除字段：Ch9_4_2b.py

删除字段也是使用 drop() 函数，只是需要指定 axis 参数值是 1，如下所示：

```
df2 = df.drop(["population"], axis=1)
print(df2.head(3))
```

上述程序代码删除 population 字段，其运行结果如图 9-33 所示。

	city	name
first	台北市	中正区
second	新北市	板桥区
third	桃园市	桃园区

图 9-33

9.4.3 新增数据

DataFrame 对象与数据库的数据表类似，可以新增记录或修改结构来新增字段。

动手学——新增记录：Ch9_4_3.py

要在 DataFrame 对象新增记录（行），只需指定一个不存在的索引标签即可。也可以创建 Series对象，然后调用append() 函数来新增记录。DataFrame对象df和第9.3节相同，如下所示：

```
df.loc["third-1"] = ["台北市", "士林区", 288340]
print(df.tail(3))
s = pd.Series({"city":"新北市", "name":"中和区", "population":413291})
df2 = df.append(s, ignore_index=True)
print(df2.tail(3))
```

上述程序代码中，第 1 行使用 loc 定位“third-1”索引标签，因为此标签不存在，所以是新增 Python 列表的记录 [图 9-34（a）]；然后创建Series对象，调用 append() 函数新增记录，ignore_index 参数值为 True，表示忽略索引 [图 9-34（b）]。

	city	name	population
twelvth	台北市	信义区	225561
thirteenth	新北市	新店区	302070
third-1	台北市	士林区	288340

（a）

	city	name	population
12	新北市	新店区	302070
13	台北市	士林区	288340
14	新北市	中和区	413291

（b）

图 9-34

动手学——使用新增记录创建 DataFrame 对象：Ch9_4_3a.py

只需使用新增记录，即可配合 for/in 循环来创建 DataFrame 对象。首先使用 loc 索引器，如下所示：

```
import pandas as pd
from numpy.random import randint

df = pd.DataFrame(columns=("qty1", "qty2", "qty3"))
for i in range(5):
    df.loc[i] = [randint(-1, 1) for n in range(3)]
print(df)
```

上述程序代码导入 NumPy 整数随机函数，其次创建只有字段标签的空DataFrame 对象，接着使用 for/in 循环新增 5 项记录，字段值是 1、0 或-1 的随机数值，列表中一共有 3 个值。其运行结果如图 9-35 所示。

当然，也可以通过调用 append() 函数新增 Series 对象来创建 DataFrame 对象，如下所示：

```
df2 = pd.DataFrame(columns=("qty1", "qty2", "qty3"))
```

```
for i in range(5):
    s = pd.Series({"qty1":randint(-1, 1),
                   "qty2":randint(-1, 1),
                   "qty3":randint(-1, 1)})
    df2 = df2.append(s, ignore_index=True)
print(df2)
```

上述程序代码中，for/in 循环共执行 5 次，在使用随机数值创建 Series 对象后，新增至 DataFrame 对象 df2。其运行结果如图 9-36 所示。

	qty1	qty2	qty3
0	-1	0	0
1	-1	0	-1
2	-1	0	-1
3	-1	0	-1
4	0	-1	-1

图 9-35

	qty1	qty2	qty3
0	-1	0	0
1	-1	0	-1
2	-1	0	-1
3	-1	0	-1
4	0	-1	-1

图 9-36

动手学——新增字段：Ch9_4_3b.py

在 DataFrame 对象只需指定一个不存在的字段标签，即可新增字段。可以使用列表、Series 对象或 NumPy 数组来指定字段值，如下所示：

```
df["area"] = pd.Series([randint(6000, 9000) for n in range(len(df))]).values
print(df.head())
df.loc[:, "zip"] = randint(100, 120, size=len(df))
print(df.head())
```

上述程序代码中，第 1 行新增 area 字段标签，字段值是 Series 对象的 values 属性值 [图 9-37（a）]；然后使用 loc 索引器，在“,”符号后是新增字段 zip，字段值是 NumPy 数组 [图 9-37（b）]。

	city	name	population	area
first	台北市	中正区	159598	7814
second	新北市	板桥区	551452	8486
third	桃园市	桃园区	441287	8355
fourth	台中市	北屯区	275207	7334
fifth	台南市	安南区	192327	6540

（a）

	city	name	population	area	zip
first	台北市	中正区	159598	7814	109
second	新北市	板桥区	551452	8486	109
third	桃园市	桃园区	441287	8355	113
fourth	台中市	北屯区	275207	7334	119
fifth	台南市	安南区	192327	6540	100

（b）

图 9-37

9.4.4 连接与合并 DataFrame 对象

DataFrame 对象可以调用 concat() 函数连接多个 DataFrame 对象，merge() 函数合并 DataFrame 对象。在介绍连接与合并 DataFrame 对象前，首先介绍创建空 DataFrame 对象和复制 DataFrame 对象。

动手学——创建空 DataFrame 对象和复制 DataFrame 对象：Ch9_4_4.py

对于现存 DataFrame 对象，可以创建一个形状相同，但没有数据的空 DataFrame 对象，也可以调用 copy() 函数在处理前备份 DataFrame 对象，如下所示：

```
columns =["city", "name", "population"]
df_empty = pd.DataFrame(np.nan, index=ordinals, columns=columns)
print(df_empty)
```

上述程序代码创建字段列表后，创建一个字段值都是 np.nan 的 DataFrame 对象，其形状和第 9.3 节的 DataFrame 对象 df 相同。

copy() 函数可以复制 DataFrame 对象，如下所示：

```
df_copy = df.copy()
print(df_copy)
```

上述程序代码创建和 DataFrame 对象 df 完全相同的复本 df_copy。

动手学——连接多个 DataFrame 对象：Ch9_4_4a.py

DataFrame 对象可以调用 concat() 函数连接多个 DataFrame 对象。首先使用随机数创建测试的 2 个 DataFrame 对象 df1 和 df2，如下所示：

```
import pandas as pd
from numpy.random import randint

df1 = pd.DataFrame(randint(5, 10, size=(3, 4)), columns=["a", "b", "c", "d"])
df2 = pd.DataFrame(randint(5, 10, size=(2, 3)), columns=["b", "d", "a"])
```

上述程序代码创建整数随机数值的 2 个 DataFrame 对象，如图 9-38 所示。

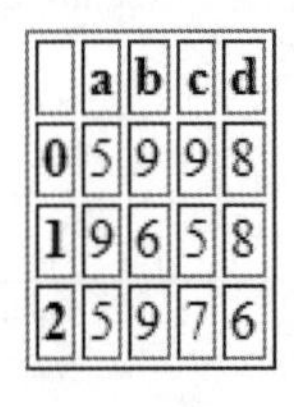

	a	b	c	d
0	5	9	9	8
1	9	6	5	8
2	5	9	7	6

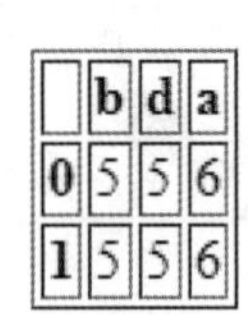

	b	d	a
0	5	5	6
1	5	5	6

图 9-38

图 9-38 中的 DataFrame 对象分别是 3×4 和 2×3。接着，调用 concat() 函数连接 2 个 DataFrame 对象 df1 和 df2，如下所示：

```
df3 = pd.concat([df1, df2])
print(df3)
df4 = pd.concat([df1, df2], ignore_index=True)
print(df4)
```

上述程序代码中，第 1 次调用 concat() 函数时，其参数是 DataFrame 对象列表，此例中有 2 个，也可以有更多个，默认直接连接每一个 DataFrame 对象的索引标签 [图 9-39（a）]；第 2 次调用 concat() 函数时，其参数 ignore_index=True，即忽略索引，所以索引标签重新从 0 到 4 [图 9-39（b）]。

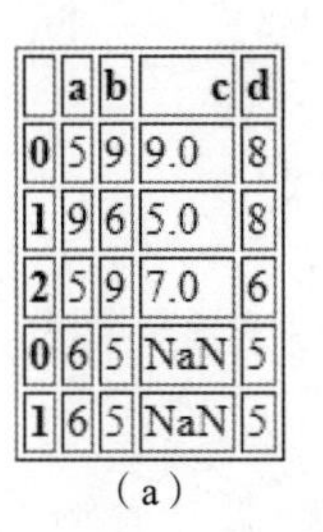

	a	b	c	d
0	5	9	9.0	8
1	9	6	5.0	8
2	5	9	7.0	6
0	6	5	NaN	5
1	6	5	NaN	5

（a）

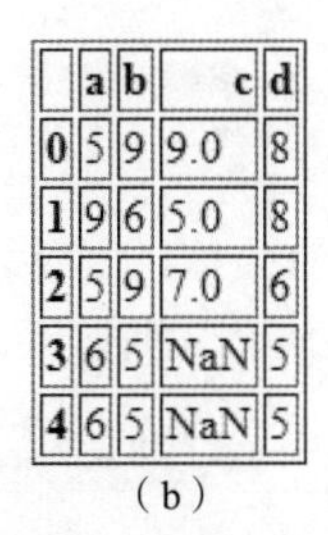

	a	b	c	d
0	5	9	9.0	8
1	9	6	5.0	8
2	5	9	7.0	6
3	6	5	NaN	5
4	6	5	NaN	5

（b）

图 9-39

图 9-39 中，因为 df2 没有字段 c，所以连接后 2 项记录的此字段都是 NaN。

动手学——合并 2 个 DataFrame 对象：Ch9_4_4b.py

DataFrame 对象的 merge() 函数可以左右合并 2 个 DataFrame 对象（类似于 SQL 合并查询）。首先创建测试的 2 个 DataFrame 对象 df1 和 df2，如下所示：

```
df1 = pd.DataFrame({"key":["a", "b", "b"], "data1":range(3)})
df2 = pd.DataFrame({"key":["a", "b", "c"], "data2":range(3)})
```

上述程序代码创建 2 个 DataFrame 对象，如图 9-40 所示。

	data1	key
0	0	a
1	1	b
2	2	b

	data2	key
0	0	a
1	1	b
2	2	c

图 9-40

图 9-40 中的 DataFrame 对象都是 3×2。可以调用 merge() 函数连接 2 个 DataFrame 对象 df1 和 df2，如下所示：

```
df3 = pd.merge(df1, df2)
print(df3)
df4 = pd.merge(df2, df1)
print(df4)
```

上述程序代码中，第 1 次调用 merge() 函数时，其第 1 个参数是 df1，第 2 个参数是 df2，使用同名 key 合并字段进行合并，默认内部合并 inner [图 9-41（a）]；第 2 次调用 merge() 函数，其参数相反，分别为 df2 和 df1 [图 9-41（b）]。

图 9-41 是内部合并，这是 2 个合并字段 key 值都存在的记录数据。例如，df1 的 key

字段值“a”，合并 df2 同 key 字段值“a”，所以 data2 是 0；“b”是 1，因为 df1 的 key 字段没有字段值“c”，所以合并后没有此字段值。

实际上，合并 DataFrame 对象有很多种方式，在 merge() 函数中可以加上 how 参数来指定是使用内部合并 inner、左外部合并 left、右外部合并 right 还是全外部合并 outer，如下所示：

```
df5 = pd.merge(df2, df1, how='left')
print(df5)
```

上述程序代码中，merge() 函数的 how 参数值为左外部合并 left，可以获取左边 DataFrame 对象 df2 的所有记录，所以会输出字段值 c。其运行结果如图 9-42 所示。

	data1	key	data2
0	0	a	0
1	1	b	1
2	2	b	1

（a）

	data2	key	data1
0	0	a	0
1	1	b	1
2	1	b	2

（b）

图 9-41

	data2	key	data1
0	0	a	0.0
1	1	b	1.0
2	1	b	2.0
3	2	c	NaN

图 9-42

9.5 群组、数据透视表与套用函数

DataFrame 对象可以使用群组数据进行数据统计，创建数据透视表和套用函数。

9.5.1 群组

群组是先将数据根据条件分类成群组后，再套用相关函数在各群组取得一些统计数据。本节 Python 程序 Ch9_5_1.py 是使用群组来计算总和，首先使用字典创建测试的 DataFrame 对象，如下所示：

```
df = pd.DataFrame({"名称" : ["客户 A", "客户 B", "客户 A", "客户 B",
                             "客户 A", "客户 B", "客户 A", "客户 A"],
                   "编号" : ["订单 1", "订单 1", "订单 2", "订单 3",
                             "订单 2", "订单 2", "订单 1", "订单 3"],
                   "数量" : np.random.randint(1, 5, size=8),
                   "售价" : np.random.randint(150, 500, size=8)})
print(df)
```

上述程序代码创建 DataFrame 对象 df，如图 9-43 所示。

上述程序代码中，名称和编号字段都有重复数据，可以分别使用这些字段来群组记录后，调用 sum() 函数计算字段值的总和，如下所示：

```
print(df.groupby("名称").sum())
print(df.groupby(["名称", "编号"]).sum())
```

上述程序代码中，第 1 行调用 groupby() 函数，使用参数“名称”字段来群组数据，然后调用 sum() 函数计算总和 [图 9-44（a）]；第 2 行使用列表的“名称”和“编号”字段来群组数据 [图 9-44（b）]。

	名称	售价	数量	编号
0	客户A	192	4	订单1
1	客户B	432	3	订单1
2	客户A	329	4	订单2
3	客户B	230	2	订单3
4	客户A	445	4	订单2
5	客户B	346	1	订单2
6	客户A	452	3	订单1
7	客户A	380	2	订单3

图 9-43

	售价	数量
名称		
客户A	1798	17
客户B	1008	6

（a）

		售价	数量
名称	编号		
客户A	订单1	644	7
	订单2	774	8
	订单3	380	2
客户B	订单1	432	3
	订单2	346	1
	订单3	230	2

（b）

图 9-44

图 9-44（a）使用“名称”字段群组记录数据，可以计算“数量”和“售价”两个整数字段的总和；图 9-44（b）使用“名称”和“编号”字段群组数据，可以看到计算的是各客户相同编号的售价和数量两个整数字段的总和。

9.5.2 数据透视表

DataFrame 对象调用 pivot_table() 函数来产生数据透视表。本节 Python 程序 Ch9_5_2.py 首先创建测试数据，如下所示：

```
products = pd.DataFrame({
          "分类": ["居家", "居家", "娱乐", "娱乐", "科技", "科技"],
          "商店": ["家乐福", "顶好", "家乐福", "全联", "顶好", "家乐福"],
          "价格":[11.42, 23.50, 19.99, 15.95, 55.75, 111.55],
          "测试分数": [4, 3, 5, 7, 5, 8]})
print(products)
```

上述程序代码使用字典创建 DataFrame 对象，如图 9-45 所示。

然后调用 pivot_table() 函数以字段值为标签来重塑 DataFrame 对象的形状，即创建数据透视表，如下所示：

```
pivot_products = products.pivot_table(index='分类',
                                      columns='商店',
                                      values='价格')
print(pivot_products)
```

上述程序代码中，pivot_table() 函数的 index 参数是指定成索引标签的字段，columns 参数是字段标签，values 参数是转换成数据透视表的字段值。其运行结果如图 9-46 所示。

	价格	分类	商店	测试分数
0	11.42	居家	家乐福	4
1	23.50	居家	顶好	3
2	19.99	娱乐	家乐福	5
3	15.95	娱乐	全联	7
4	55.75	科技	顶好	5
5	111.55	科技	家乐福	8

图 9-45

商店	全联	家乐福	顶好
分类			
娱乐	15.95	19.99	NaN
居家	NaN	11.42	23.50
科技	NaN	111.55	55.75

图 9-46

9.5.3 套用函数

DataFrame 对象可以调用 apply() 函数套用 NumPy 函数或 Lambda 表达式，本节完整 Python 程序是 Ch9_5_3.py。首先使用随机数生成测试数据的 DataFrame 对象，如下所示：

```
import pandas as pd
import numpy as np

df = pd.DataFrame(np.random.rand(6, 4), columns=list("ABCD"))
print(df)
```

上述程序代码使用 6×4 的 NumPy 数组来创建 DataFrame 对象，如图 9-47 所示。

1. 套用 NumPy 函数

可以调用 DataFrame 对象的 apply() 函数套用 NumPy 函数。例如，cumsum() 函数的累加计算如下所示：

```
df2 = df.apply(np.cumsum)
print(df2)
```

上述程序代码是在 DataFrame 对象的所有数据都套用执行 cumsum() 函数，其参数只有函数的名称，没有括号，其执行结果如图 9-48 所示。

	A	B	C	D
0	0.604233	0.903259	0.327246	0.614030
1	0.328837	0.292066	0.783109	0.761696
2	0.377908	0.691152	0.342972	0.745661
3	0.252998	0.809180	0.143117	0.491487
4	0.043734	0.159481	0.055148	0.256488
5	0.054218	0.126371	0.341200	0.406286

图 9-47

	A	B	C	D
0	0.604233	0.903259	0.327246	0.614030
1	0.933070	1.195325	1.110355	1.375727
2	1.310978	1.886477	1.453327	2.121388
3	1.563977	2.695657	1.596444	2.612874
4	1.607711	2.855138	1.651593	2.869363
5	1.661929	2.981510	1.992793	3.275649

图 9-48

上述每一项记录都是前几项记录相同字段值的累加总和。例如，第 2 项记录是原先第 1 项记录加第 2 项记录，第 3 项记录是原先第 1 项记录加第 2 项记录加第 3 项记录，以此类推。

2. 套用 Lambda 表达式

DataFrame 对象的 apply() 函数也可以套用 Lambda 表达式，如下所示：

```
df3 = df.apply(lambda x: x.max() - x.min())
print(df3)
```

上述 Lambda 表达式计算最大和最小值的差，其运行结果如下所示：

```
A    0.560499
B    0.776888
C    0.727961
D    0.505208
dtype: float64
```

◇ 学习检测 ◇

1. 什么是 Pandas 包？
2. 简单介绍 Pandas 包的 Series 对象和 DataFrame 对象。
3. DataFrame 对象可以导入和导出成哪几种格式的文件？
4. 举例说明 DataFrame 对象如何遍历每一项记录。
5. 如何从 DataFrame 对象选择所需的行或列？DataFrame 对象如何过滤和排序数据？
6. 写出 Python 程序创建 Series 对象，其内容是 1～10 的偶数。
7. 写出 Python 程序，以下列列表创建 2 个 Series 对象，然后计算 2 个 Series 对象的加、减、乘和除的结果。

```
[2, 4, 6, 8, 10]
[1, 3, 5, 7, 9]
```

8. 使用第 7 题的 2 个列表，分别加上 even 偶数和 odd 奇数的键创建字典，使用索引标签字母 a～e 创建 DataFrame 对象，并输出前 3 项记录。
9. 写出 Python 程序输出第 8 题 DataFrame 对象的摘要信息。
10. 创建 Python 程序，导入 dists.csv 文件创建 DataFrame 对象 df 后，完成下列工作。

- 输出 city 和 name 两个字段。
- 过滤 population 字段值大于 300000 的记录数据。
- 选出第 4～5 项记录的 name 和 population 字段。

CHAPTER 10

第10章

数据可视化
——Matplotlib 包

10.1 Matplotlib 包的基本应用

Matplotlib 包是 Python 绘制图表的著名函数库，可以使 Pandas 处理结果的数据可视化（Data Visualization），简单地说，就是使用各种图表来探索数据和呈现数据的分析结果。

10.1.1 绘制基本图表

Matplotlib 是一套类似于 GNUplot 的图表函数库，其源码开放、跨平台和支持多种常用图表，可以轻松产生高质量且多种不同格式的输出文件。Python 程序需要导入 Matplotlib 包的 pyplot 模块，如下所示：

```
import matplotlib.pyplot as plt
```

1. 绘制简单的折线图：Ch10_1_1.py

使用 Python 列表绘制第 1 个折线图（Line Plots），如下所示：

```
import matplotlib.pyplot as plt

data = [-1, -4.3, 15, 21, 31]
plt.plot(data) # x轴是0、1、2、3、4
plt.show()
```

上述程序代码导入包后，建立 data 列表的数据，共有 5 个项目，这是 y 轴；然后调用 plt.plot() 函数绘制图表，参数只有 1 个 data，即 y 轴，x 轴默认就是索引值 0.0～4.0（数据个数）；最后调用 show() 函数输出图表。其运行结果如图 10-1 所示。

2. 绘制不同线条样式和色彩的折线图：Ch10_1_1a.py

修改 Ch10_1_1.py 折线图的线条外观，将其改为蓝色虚线，并加上圆形标记，如下所示：

```
data = [-1, -4.3, 15, 21, 31]
plt.plot(data, "o--b") # x轴是0、1、2、3、4
plt.show()
```

上述程序代码中，plot() 函数的第 2 个参数字符串“o--b”指定线条外观（在第 10.1.2 节将进一步说明）。其运行结果如图 10-2 所示。

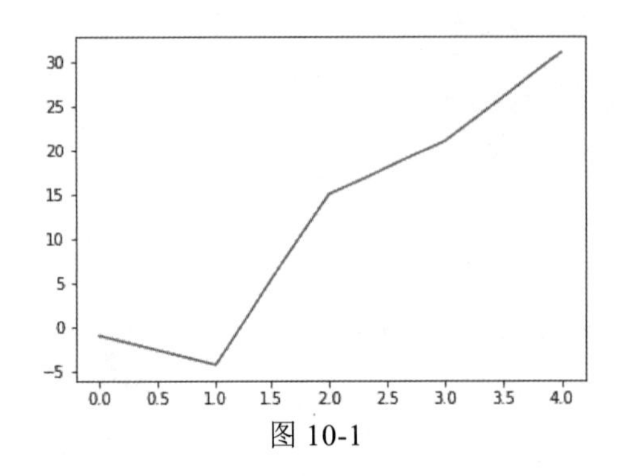

图 10-1

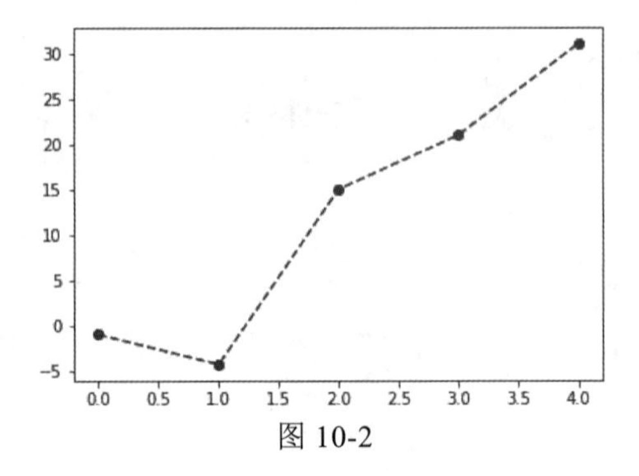

图 10-2

3. 绘制每日摄氏温度的折线图：Ch10_1_1b.py

这里提供完整的 x 轴数据和 y 轴数据来绘制每日摄氏温度的折线图，如下所示：

```
days = range(0, 22, 3)
celsius = [25.6, 23.2, 18.5, 28.3, 26.5, 30.5, 32.6, 33.1]
plt.plot(days, celsius)
plt.show()
```

上述程序代码建立 days（日）和 celsius（摄氏温度）列表，days 是 x 轴，celsius 是 y 轴；plot() 函数的 2 个参数依次是 x 轴和 y 轴。其运行结果如图 10-3 所示。

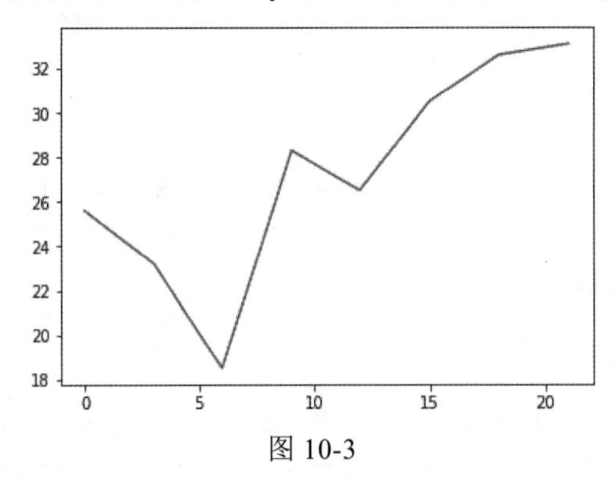

图 10-3

4. 使用 2 个数据集绘制 2 条折线：Ch10_1_1c.py

使用第 8 章的 NumPy 数组作为数据源，配合 sin() 函数和 cos() 函数建立 2 个数据集（Datasets），并在同一张图表中绘制 2 条折线，如下所示：

```
import matplotlib.pyplot as plt
import numpy as np

x = np.linspace(0, 10, 50)
sinus = np.sin(x)
cosinus = np.cos(x)
```

```
plt.plot(x, sinus, x, cosinus)
plt.show()
```

上述程序代码导入 Matplotlib 和 NumPy 包后，调用 np.linspace() 函数产生一系列线性平均分布的数据，其语法如下：

```
numpy.linspace(start, stop, num=50)
```

上述函数可以从参数 start 到 stop 的范围内平均产生 num 个样本数据，默认是 50 个。在此例中，是从 0 至 10 平均产生 50 个数据，这是 x 轴；y 轴是 sin() 函数和 cos() 函数值的 2 个数据集，可以绘制 2 条线。

plot() 函数的参数共有 2 组，依次是第 1 条线的 x 轴和 y 轴，以及第 2 条线的 x 轴和 y 轴。其运行结果如图 10-4 所示。

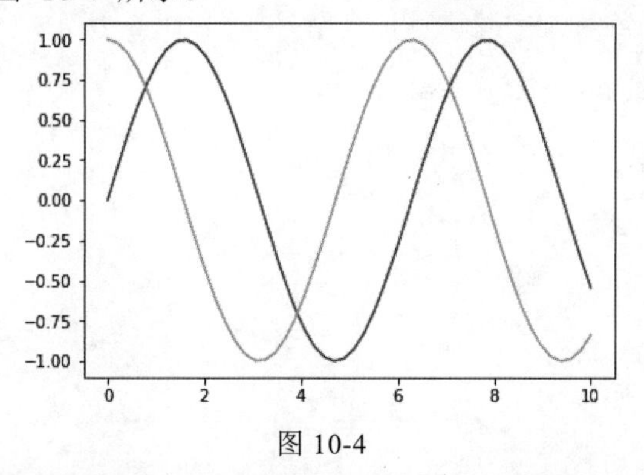

图 10-4

10.1.2 更改线条的外观

通过调用 plot() 函数可以更改线条外观，可以使用不同字符来代表不同色彩、线型和标记符号。常用色彩字符及说明如表 10-1 所示。

常用线型字符及说明如表 10-2 所示。

常用标记符号字符及说明如表 10-3 所示。

表 10-1 常用色彩字符及说明

色彩字符	说明
"b"	蓝色（Blue）
"g"	绿色（Green）
"r"	红色（Red）
"c"	青色（Cyan）
"m"	洋红色（Magenta）
"y"	黄色（Yellow）
"k"	黑色（Black）
"w"	白色（White）

表 10-2 常用线型字符及说明

线型字符	说明
"-"	实线（Solid Line）
"--"	短划虚线（Dashed Line）
"."	点虚线（Dotted Line）
"-:"	短划点虚线（Dash-dotted Line）

表 10-3 常用标记符号字符及说明

标记符号字符	说明
"."	点（Point）
","	像素（Pixel）
"o"	圆形（Circle）
"s"	方形（Square）
"^"	三角形（Triangle）

1．更改线条的外观：Ch10_1_2.py

修改 Ch10_1_1c.py 的图表，分别为 2 条线指定不同的色彩、线型和标记符号，如下所示：

```
x = np.linspace(0, 10, 50)
sinus = np.sin(x)
cosinus = np.cos(x)
plt.plot(x, sinus, "r-o",
         x, cosinus, "g--")
plt.show()
```

上述程序代码中，plot() 函数的参数共有 6 个，分为 2 条线。其中，第 3 个参数和第 6 个参数是样式字符串，可以输出不同外观的线条，“r-o”表示红色实线加圆形标记符号，“g--”表示绿色虚线，没有标记符号。其运行结果如图 10-5 所示。

2．输出图表的网格线：Ch10_1_2a.py

调用 grid() 函数输出图表的网格线，如下所示：

```
x = np.linspace(0, 10, 50)
sinus = np.sin(x)
cosinus = np.cos(x)
plt.plot(x, sinus, "r-o",
         x, cosinus, "g--")
plt.grid(True)
plt.show()
```

上述程序代码调用 grid() 函数输出图表的水平和垂直网格线（参数值为 True），其运行结果如图 10-6 所示。

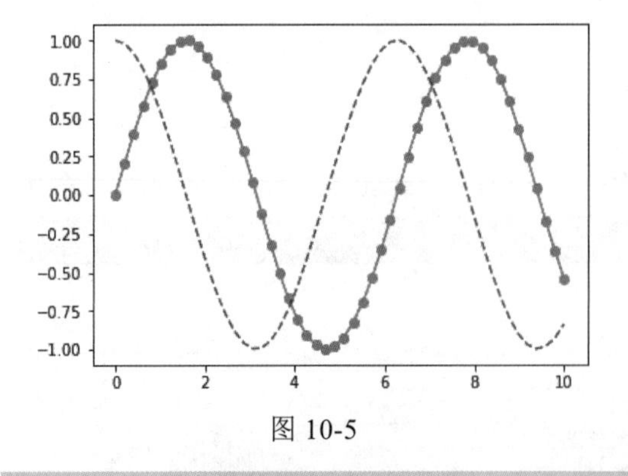

图 10-5

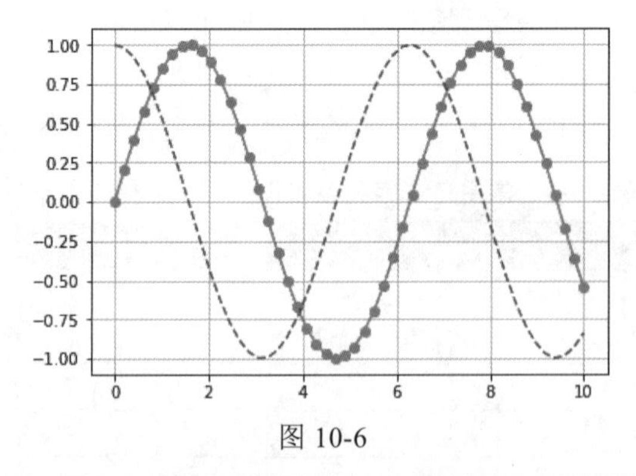

图 10-6

10.1.3 输出图表标题和坐标轴标签

图表中包括 x 轴和 y 轴，可以在 x 轴和 y 轴分别加上标签说明文字，也可以为整张图表加上标题文字。

Matplotlib 包默认不支持中文字符串，因此只能使用英文字符串的标签和标题文字。

1. 输出 x 轴和 y 轴的坐标轴标签：Ch10_1_3.py

在x轴和y轴可以分别调用xlabel() 函数和ylabel() 函数来指定标签说明文字，如下所示：

```
days = range(0, 22, 3)
celsius = [25.6, 23.2, 18.5, 28.3, 26.5, 30.5, 32.6, 33.1]
plt.plot(days, celsius)
plt.xlabel("Day")
plt.ylabel("Celsius")
plt.show()
```

上述程序代码指定x轴的标签为Day，y轴的标签为Celsius，其运行结果如图10-7所示。

2. 输出图表的标题文字：Ch10_1_3a.py

调用 title() 函数指定图表的标题文字，如下所示：

```
x = np.linspace(0, 10, 50)
sinus = np.sin(x)
cosinus = np.cos(x)
plt.plot(x, sinus, "r-o",
      x, cosinus, "g--")
plt.xlabel("Rads")
plt.ylabel("Amplitude")
plt.title("Sin and Cos Waves")
plt.show()
```

上述程序代码指定图表输出标题文字 Sin and Cos Waves，其运行结果如图 10-8 所示。

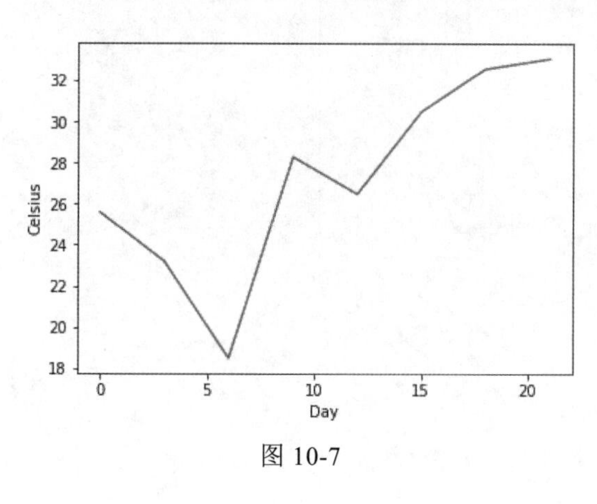

图 10-7

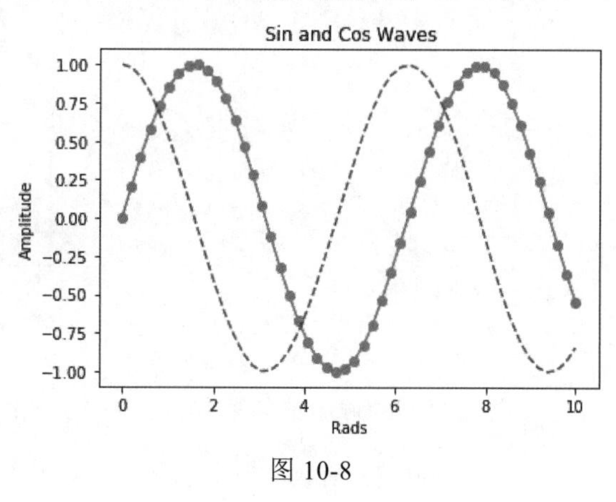

图 10-8

10.1.4 输出图例

如果同一张图表有多个数据集，则会绘制多条线，此时需要输出图例（Legend）来标示每一条线属于哪一个数据集。

1. 输出图表的图例：Ch10_1_4.py

在图表输出图例，可以标示 2 条线分别是 sin(x) 函数和 cos(x) 函数，如下所示：

```
x = np.linspace(0, 10, 50)
sinus = np.sin(x)
cosinus = np.cos(x)
plt.plot(x, sinus, "r-o", label="sin(x)")
plt.plot(x, cosinus, "g--", label="cos(x)")
plt.legend()
plt.xlabel("Rads")
plt.ylabel("Amplitude")
plt.title("Sin and Cos Waves")
plt.show()
```

上述程序代码建立 2 个数据集的图表，并且调用 2 个 plot() 函数分别绘制 2 条线（因为参数很多，建议每一条线调用 1 个 plot() 函数来绘制），然后在 plot() 函数中使用 label 参数指定每一条线的标签说明。

现在，可以调用 legend() 函数输出图例，可以输出标签说明、线条外观和色彩的图例。其运行结果如图 10-9 所示。

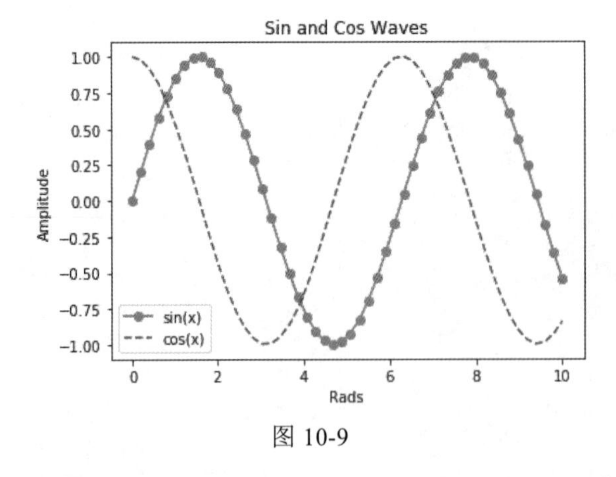

图 10-9

2. 图表图例的输出位置：Ch10_1_4a~d.py

在调用 legend() 函数输出图表图例时，可以指定 loc 参数的输出位置，如下所示：

```
plt.legend(loc=1)
```

上述程序代码指定 loc 参数值 1 的位置值，参数值也可以使用位置字符串 upper right（右上角），如下所示：

```
plt.legend(loc="upper right")
```

loc 参数值的位置字符串和整数值及说明如表 10-4 所示。

表 10-4 loc 参数值的位置字符串和整数值及说明

字符串值	整数值	说明
'best'	0	最佳位置
'upper right'	1	右上角
'upper left'	2	左上角
'lower left'	3	左下角
'lower right'	4	右下角
'right'	5	右边
'center left'	6	左边中间
'center right'	7	右边中间
'lower center'	8	下方中间
'upper center'	9	上方中间
'center'	10	中间

10.1.5 指定轴的范围

Matplotlib 包默认自行使用数据判断 x 轴和 y 轴的范围，以便输出 x 轴和 y 轴标尺的刻度。当然，也可以自行指定 x 轴和 y 轴的范围。

1. 输出轴的范围：Ch10_1_5.py

调用 axis() 函数输出 Matplotlib 自动计算出的轴范围，如下所示：

```
days = range(0, 22, 3)
celsius = [25.6, 23.2, 18.5, 28.3, 26.5, 30.5, 32.6, 33.1]
plt.plot(days, celsius)
print("轴范围: ", plt.axis())
plt.show()
```

上述程序代码在输出轴范围后，才会输出绘制的图表。其运行结果如图 10-10 所示。图 10-10 上方是轴范围，依次是 x 轴最小值、x 轴最大值、y 轴最小值和 y 轴最大值。

2. 指定轴的自定义范围：Ch10_1_5a.py

如果觉得自动计算出的轴范围并不符合预期，则可以调用 axis() 函数自行指定 x 轴和 y

轴的范围，如下所示：

```
days = range(0, 22, 3)
celsius = [25.6, 23.2, 18.5, 28.3, 26.5, 30.5, 32.6, 33.1]
plt.plot(days, celsius)
xmin, xmax, ymin, ymax = -5, 25, 15, 35
plt.axis([xmin, xmax, ymin, ymax])
plt.show()
```

上述程序代码中，axis() 函数的参数是范围列表，依次是 x 轴最小值、x 轴最大值、y 轴最小值和 y 轴最大值。其运行结果如图 10-11 所示。

```
轴范围： (-1.05, 22.05, 17.77, 33.83)
```

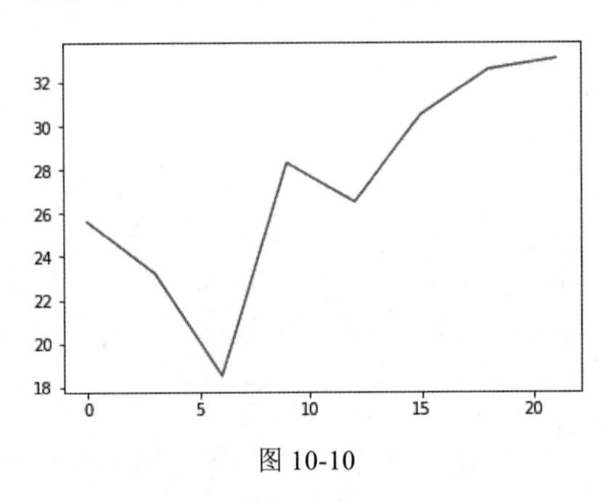

图 10-10

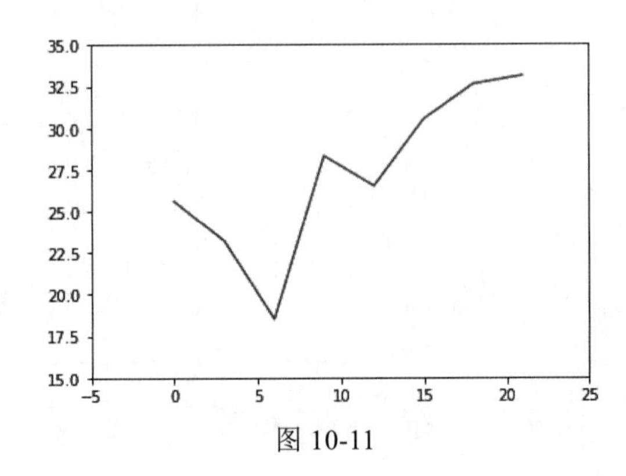

图 10-11

3．指定多个数据集的轴范围：Ch10_1_5b.py

如果是多个数据集的图表，一样可以指定所需的轴范围，如下所示：

```
days = range(1, 9)
celsius_min = [25.6, 23.2, 18.5, 28.3, 26.5, 30.5, 32.6, 33.1]
celsius_max = [27.6, 26.1, 22.5, 30.4, 29.5, 31.5, 35.1, 39.4]
plt.plot(days, celsius_min, "r-o",
         days, celsius_max, "g--o")
plt.xlabel("Day")
plt.ylabel("Celsius")
plt.axis([0, 10, 15, 40])
plt.show()
```

上述程序代码调用 axis() 函数指定自定义的 x 轴和 y 轴范围，其运行结果如图 10-12 所示。

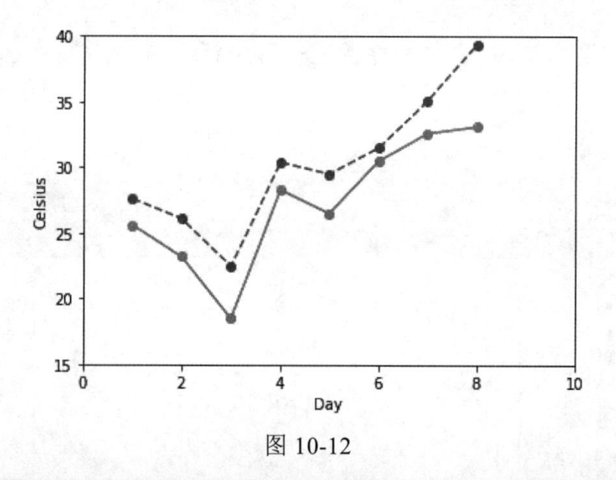

图 10-12

10.1.6 保存图表

Matplotlib 包绘制的图表可以调用 savefig() 函数保存成多种格式的文件，常用的文件格式有 .PNG 和 .SVG 等，其也可以保存为 PDF 文档。

调用 savefig() 函数且指定参数文件名，即可以不同的扩展名将图表保存为不同格式的文件（Python 程序：Ch10-1-6.py），如下所示：

```
days = range(1, 9)
celsius_min = [25.6, 23.2, 18.5, 28.3, 26.5, 30.5, 32.6, 33.1]
celsius_max = [27.6, 26.1, 22.5, 30.4, 29.5, 31.5, 35.1, 39.4]
plt.plot(days, celsius_min, "r-o",
      days, celsius_max, "g--o")
plt.xlabel("Day")
plt.ylabel("Celsius")
plt.axis([0, 10, 15, 40])
plt.savefig("Celsius.png")
plt.show()
```

上述程序代码中，savefig() 函数的参数是 Celsius.png，扩展名是.png。也可以在 savefig() 函数中指定 filename 和 format 参数，如下所示：

```
plt.savefig(filename="Celsius.png", format="png")
```

上述程序代码中，filename 参数是文件名，format 参数是文件格式。

Python 程序：Ch10_1_6a.py 将图表保存为 SVG 文件，如下所示：

```
plt.savefig("Celsius.svg")
```

Python 程序：Ch10_1_6b.py 是将图表保存为 PDF 文件，如下所示：

```
plt.savefig("Celsius.pdf")
```

上述程序的运行结果为在 Python 程序的同一目录新增 3 个文件：Celsius.png、Celsius.svg 和 Celsius.pdf。以 PDF 文件为例，其可以使用 PDF 工具来打开，如图 10-13 所示。

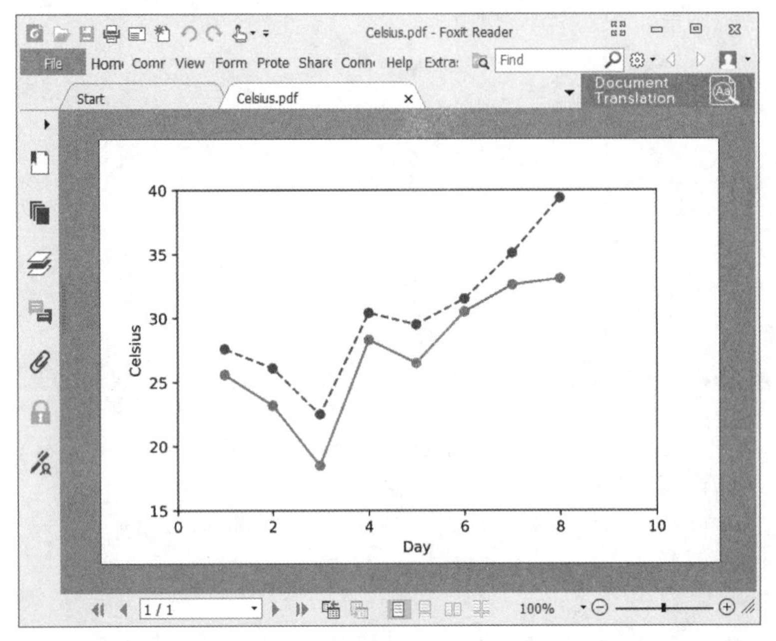

图 10-13

10.2 绘制各种类型的图表

Matplotlib 包支持绘制各种不同类型的图表，第 10.1 节中介绍的是折线图，还可以绘制散布图（Scatter Plots）、条形图（Bar Plots）、直方图（Histograms）和饼图（Pie Plots）等。

10.2.1 散布图

散布图是使用垂直的 y 轴和水平的 x 轴来绘出数据点，可以输出一个变量受另一个变量的影响程度，该内容在第 13.1.1 节会有进一步的说明。

1. 绘制 sin() 函数的散布图：Ch10_2_1.py

散布图实际上就是点的集合，在各点间没有连接成线。例如，可以绘制 y=sin(x) 的散布图，如下所示：

```
x = np.linspace(0, 2*np.pi, 50)
y = np.sin(x)
plt.scatter(x, y)
plt.show()
```

上述程序代码调用 scatter() 函数绘制散布图，参数是各点 x 坐标和 y 坐标的 NumPy 数组。其运行结果如图 10-14 所示。

2. 绘制色彩地图散布图：Ch10_2_1a.py

使用随机数生成 (x, y) 坐标、圆点尺寸和色彩，绘制色彩地图散布图（Color Map Scatter Plot），同时输出图表的色彩条，如下所示：

```
x = np.random.rand(1000)
y = np.random.rand(1000)
size = np.random.rand(1000) * 50
color = np.random.rand(1000)
plt.scatter(x, y, size, color)
plt.colorbar()
plt.show()
```

上述程序代码依次使用随机数生成 x 坐标和 y 坐标数组、圆点尺寸、色彩后，调用 scatter() 函数绘制散布图（第 3 个参数是圆点尺寸的数组，第 4 个参数是色彩数组），colorbar() 函数可以输出右边的色彩条。其运行结果如图 10-15 所示。

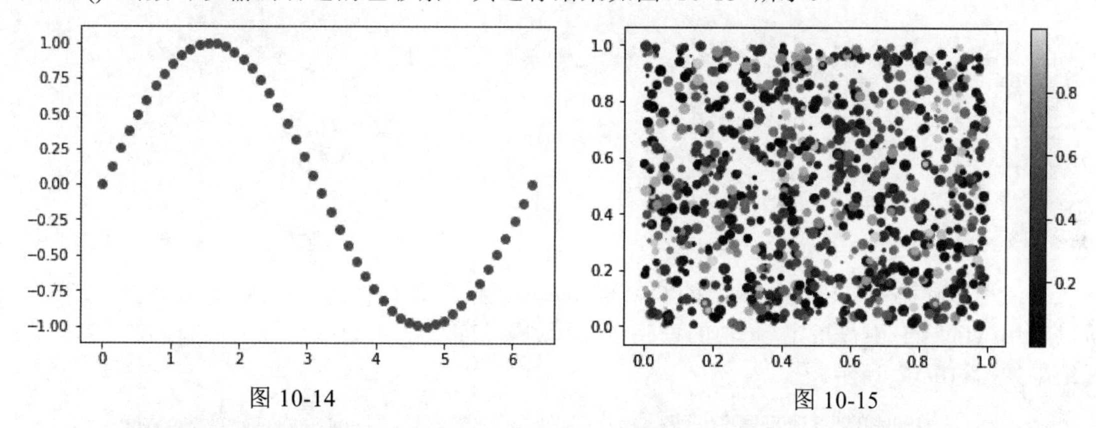

图 10-14　　　　图 10-15

10.2.2 条形图

条形图通过长条形色彩块的高和长来输出分类数据，可以输出水平或垂直方向的条形图。

1. 常用程序语言使用率的垂直条形图：Ch10_2_2.py

使用 TIOBE 2018 年 2 月常用程序语言的使用率来绘制垂直条形图。首先建立 2 个列表和 1 个数组，如下所示：

```
labels = ["Python", "C++", "Java", "JS", "C", "C#"]
index = np.arange(len(labels))
ratings = [5.168, 5.726, 14.988, 3.165, 11.857, 4.453]
```

上述程序代码中，labels 列表是 x 轴显示的语言标签；index 数组是与 label 列表长度相同的索引，这是 x 轴标签的显示索引；ratings 列表对应各种程序语言的使用率。调用 bar() 函数来绘制条形图，其中第 1 个参数是 x 轴标签的索引，第 2 个参数是 y 轴的数据，如下所示：

```
plt.bar(index, ratings)
plt.xticks(index, labels)
plt.ylabel("Usage")
plt.title("Programming Language Usage")
plt.show()
```

上述程序代码首先调用 xticks() 函数输出 x 轴的标尺，其第 1 个参数的索引对应第 2 个参数 labels 列表的标签；然后是 y 轴标签和标题文字。其运行结果默认为垂直输出，如图 10-16 所示。

2．常用程序语言使用率的水平条形图：Ch10_2_2a.py

Python 程序：Ch10_2_2.py 是绘制默认的垂直条形图，只需将 bar() 函数改成 barh() 函数，就可以绘制水平条形图，如下所示：

```
...
plt.barh(index, ratings)
plt.yticks(index, labels)
plt.xlabel("Usage")
plt.title("Programming Language Usage")
plt.show()
```

上述程序代码中，barh() 函数的参数和 bar() 函数的参数相同，因为 x 轴和 y 轴交换，所以调用 yticks() 函数指定 y 轴的程序语言标签，xlabel() 函数显示 x 轴的标签文字。其运行结果如图 10-17 所示。

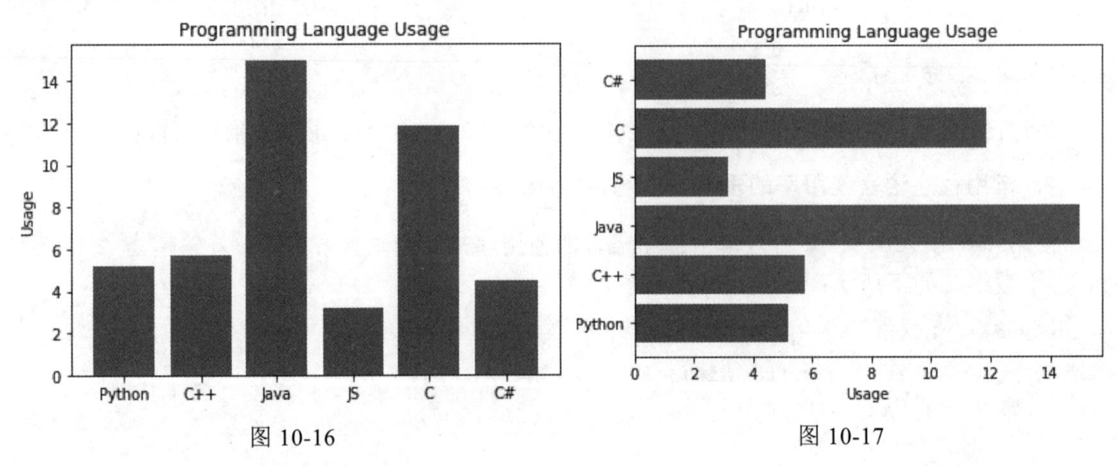

图 10-16　　图 10-17

3. 绘制 2 个数据集的条形图：Ch10_2_2b.py

在条形图上同时输出常用程序语言的使用率和增减率，如下所示：

```
labels = ["Python", "C++", "Java", "JS", "C", "C#"]
index = np.arange(len(labels)*2)
ratings = [5.168, 5.726, 14.988, 3.165, 11.857, 4.453]
change = [1.12, 0.3, -1.69, 0.29, 3.41, -0.45]
```

上述程序代码新增 change 列表的增减率，正值是增加，负值是减少。因为同时显示 2 个数据集，所以 index 数组的长度是原来的 2 倍。

调用 2 次 bar() 函数，第 1 次为绘制偶数索引 index[0::2]，第 2 次为绘制奇数索引 index[1::2]。因为有显示图例，所以新增 label 参数，color 属性值是色彩，如下所示：

```
plt.bar(index[0::2], ratings, label="rating")
plt.bar(index[1::2], change, label="change", color="r")
plt.legend()
plt.xticks(index[0::2], labels)
plt.ylabel("Usage")
plt.title("Programming Language Usage")
plt.show()
```

上述程序代码调用 legend() 函数显示图例，xticks() 函数是显示偶数索引的标签。其运行结果如图 10-18 所示。

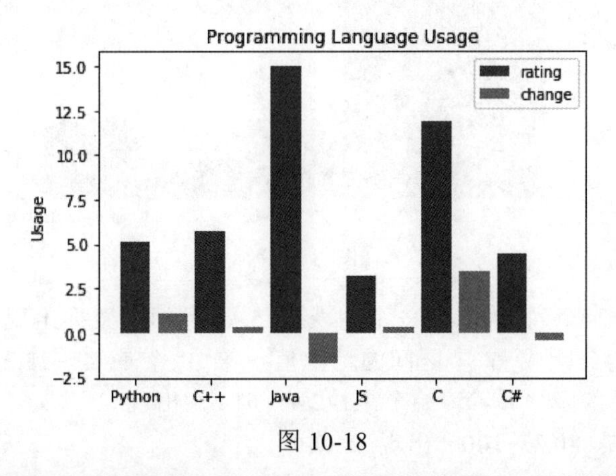

图 10-18

10.2.3 直方图

直方图也可以用来表示数值数据的分布，属于一种次数分配表，可以使用长方形面积来表示变量出现的频率，宽度是分割区间。在实际操作时，可以使用直方图来评估连续变量的概率分布，详见第 11 章的说明。

1. 显示直方图的区间和出现次数：Ch10_2_3.py

使用整数列表（共 21 个元素）显示直方图的区间和出现次数（每一个区间的次数分布表），如下所示：

```
x = [21, 42, 23, 4, 5, 26, 77, 88, 9, 10, 31, 32, 33, 34, 35, 36, 37, 18,
49, 50, 100]
num_bins = 5
n, bins, patches = plt.hist(x, num_bins)
print(n)
print(bins)
plt.show()
```

上述程序代码调用 hist() 函数绘制直方图，其第 1 个参数是数据列表或 NumPy 数组，第 2 个参数表示分割成几个区间（此例是 5 个），函数返回的 n 是各区间的出现次数，bins 是分割 5 个区间的值。其运行结果如图 10-19 所示。

```
[ 7.  9.  2.  1.  2.]
[   4.    23.2   42.4   61.6   80.8  100. ]
```

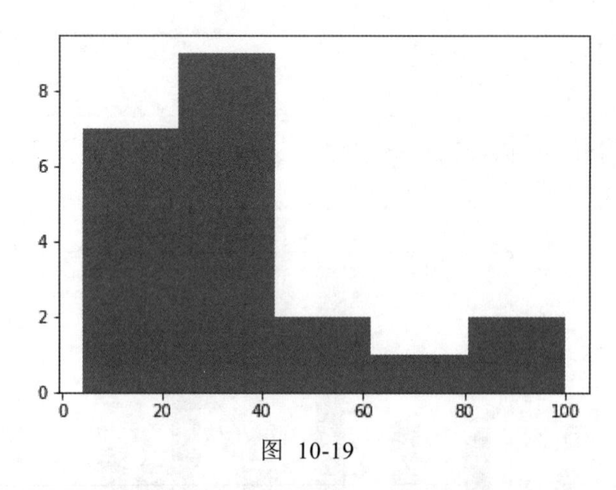

图 10-19

图 10-19 上方有 2 个列表，第 1 个列表是 5 个区间的数据出现次数；第 2 个列表是从数据值 4～100 平均分割成 5 个区间的范围值，第 1 个是 4～23.2（出现 7 次），第 2 个是 23.2～42.4（出现 9 次），第 3 个是 42.4～61.6（出现 2 次），第 4 个是 61.6～80.8（出现 1 次），最后是 80.8～100（出现 2 次）。

2. 绘制常态分配的直方图：Ch10_2_3a.py

使用 NumPy 随机数函数 randn() 产生标准正态分布（Normal Distribution）（关于正态分布的说明，详见第 11.6.6 节）的样本数据（共 1000 个），绘制正态分布的直方图，如下所示：

```
x = np.random.randn(1000)
num_bins = 50
```

```
plt.hist(x, num_bins)
plt.show()
```

上述程序代码调用 random.randn() 函数，产生 1000 个样本数据；hist() 函数的第 1 个参数是 NumPy 数组，第 2 个参数表示分割成 50 个区间。其运行结果如图 10-20 所示。

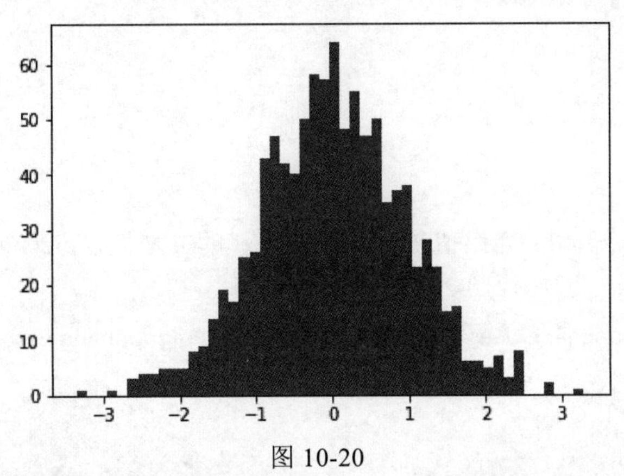

图 10-20

10.2.4 饼图

饼图也称为派图，是使用一个完整圆形来表示统计数据的图表，以不同切片大小来标示数据的比例。

1. 常用程序语言使用率的饼图：Ch10_2_4.py

将第 10.2.2 节常用程序语言的使用率绘制成饼图，如下所示：

```
labels = ["Python", "C++", "Java", "JS", "C", "C#"]
ratings = [5, 6, 15, 3, 12, 4]

plt.pie(ratings, labels=labels)
plt.title("Programming Language Usage")
plt.axis("equal")
plt.show()
```

上述程序代码建立标签和使用率列表后，调用 pie() 函数绘制饼图 [第 1 个参数是使用率（需要是整数），第 2 个参数指定标签文字]，axis() 函数的参数值 equal 表示正圆。其运行结果如图 10-21 所示。

2. 使用突增值标示饼图的切片：Ch10_2_4a.py

在饼图中可以使用突增值的元组或列表来标示切片是否需要突出强调显示，如下所示：

```
labels = ["Python", "C++", "Java", "JS", "C", "C#"]
```

```
ratings = [5, 6, 15, 3, 12, 4]
explode = (0, 0, 0, 0.2, 0, 0.2)

plt.pie(ratings,
        labels=labels,
        explode=explode)
plt.title("Programming Language Usage")
plt.axis("equal")
plt.show()
```

上述程序代码中，explode 元组值是每一对应切片的突增值，pie() 函数使用 explode 参数来指定突增值。其运行结果如图 10-22 所示。

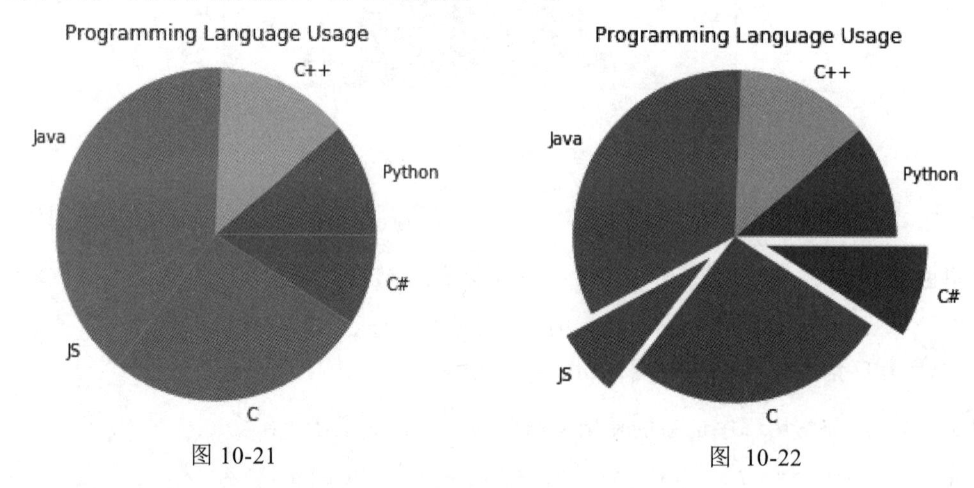

图 10-21　　图 10-22

3．在饼图显示切片色彩的图例：Ch10_2_4b.py

同样地，在饼图中也可以显示切片色彩的图例，如下所示：

```
labels = ["Python", "C++", "Java", "JS", "C", "C#"]
ratings = [5, 6, 15, 3, 12, 4]
explode = (0, 0, 0, 0.2, 0, 0.2)

patches, texts = plt.pie(ratings,
                         labels=labels,
                         explode=explode)
plt.legend(patches, labels, loc="best")
plt.title("Programming Language Usage")
plt.axis("equal")
plt.show()
```

上述程序代码中，pie() 函数获取返回值的 patches 色块对象，texts 是各标签文字的坐标和字符串，然后调用 legend() 函数输出图例（第 1 个参数是 patches 色块对象，第 2 个参数是标签文字，loc 参数值 best 表示最佳输出位置）。从其运行结果中可以看到显示在右上角的图例，如图 10-23 所示。

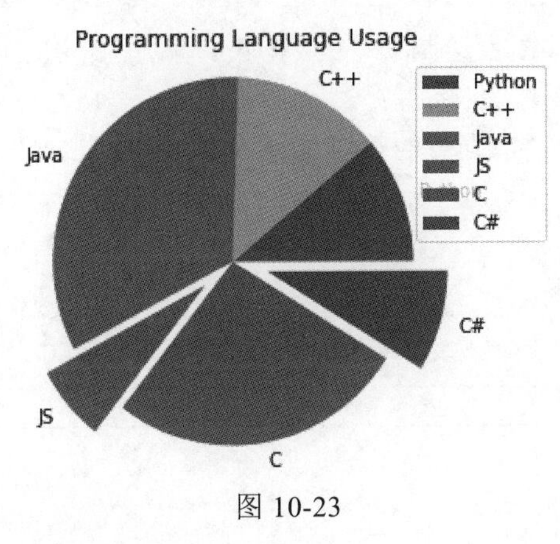

图 10-23

10.3 Matplotlib 包的进阶应用

介绍完 Matplotlib 包的基本绘图和各种图表的绘制后，本节将介绍 Matplotlib 包的进阶使用。

10.3.1 子图表

子图表（Subplots）是在同一张图表上绘制多张图。Matplotlib 包使用表格来分割图形区域，即指定图表绘制在哪一个表格的单元格。subplot() 函数的语法如下所示：

```
plt.subplot(num_rows, num_cols, plot_num)
```

上述函数的前 2 个参数是分割图形区域成为几行（Rows）和几列（Columns）的表格；最后 1 个参数表示第几张图表，其值是从 1 至最大单元格数的 num_rows*num_cols。绘制方向是先水平再垂直。

1. 绘制 2 张垂直排列的子图表：Ch10_3_1.py

垂直排列 2 张图表需要建立 2×1 表格，即 2 行和 1 列，第 1 行的编号是 1，第 2 行的编号是 2。只需调用 subplot() 函数即可在指定单元格绘制子图表，如下所示：

```
x = np.linspace(0, 10, 50)
sinus = np.sin(x)
cosinus = np.cos(x)
plt.subplot(2, 1, 1)
```

```
plt.plot(x, sinus, "r-o")
plt.subplot(2, 1, 2)
plt.plot(x, cosinus, "g--")
plt.show()
```

上述程序代码是在同一张图表绘制 2 个数据集。调用 2 次 subplot() 函数，第 1 次的参数是（2, 1, 1），即绘在 2×1 表格（前 2 个参数）的第 1 行（第 3 个参数）；第 2 次的参数是（2, 1, 2），即绘在 2×1 表格的第 2 行。其运行结果如图 10-24 所示。

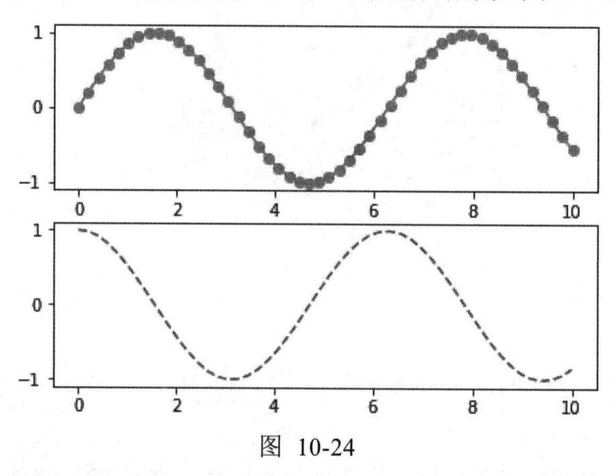

图 10-24

如果 subplot() 函数的 3 个参数值都小于 10，那么可以使用 1 个整数值的参数代替 3 个整数值的参数值，原来的第 1 个参数值是百进位值，第 2 个参数值是十进位值，最后一个参数值是个位值。以本节范例来说，参数（2, 1, 1）和（2, 1, 2）分别是 211 和 212，如下所示：

```
plt.subplot(211)
...
plt.subplot(212)
```

2. 绘制 2 张水平排列的子图表：Ch10_3_1a.py

水平排列 2 张图表需要建立 1×2 表格，即 1 行和 2 列，第 1 列编号是 1，第 2 列编号是 2。只需调用 subplot() 函数即可在指定单元格绘制子图表，如下所示：

```
x = np.linspace(0, 10, 50)
sinus = np.sin(x)
cosinus = np.cos(x)
plt.subplot(1, 2, 1)
plt.plot(x, sinus, "r-o")
plt.subplot(1, 2, 2)
plt.plot(x, cosinus, "g--")
plt.show()
```

上述程序代码调用 2 次 subplot() 函数，第 1 次调用的参数是（1, 2, 1），即绘在 1×2 表格的第 1 列；第 2 次调用的参数是（1, 2, 2），即绘在 1×2 表格的第 2 列。其运行结果如图 10-25 所示。

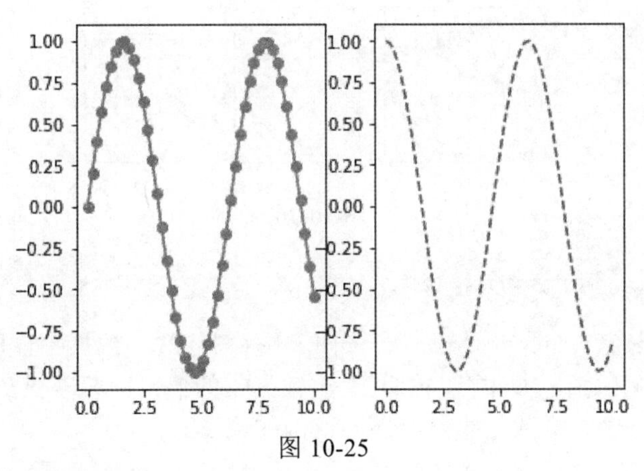

图 10-25

3. 绘制 6 张表格排列的子图表：Ch10_3_1b.py

在同一张图绘制 6 张三角函数 sin()、cos()、tan()、sinh()、cosh() 和 tanh() 的图表，绘制顺序是先水平再垂直，如下所示：

```
x = np.linspace(0, 10, 50)
plt.subplot(231)
plt.plot(x, np.sin(x))
plt.subplot(232)
plt.plot(x, np.cos(x))
plt.subplot(233)
plt.plot(x, np.tan(x))
plt.subplot(234)
plt.plot(x, np.sinh(x))
plt.subplot(235)
plt.plot(x, np.cosh(x))
plt.subplot(236)
plt.plot(x, np.tanh(x))
plt.show()
```

上述程序代码调用 6 次 subplot() 函数，绘制 6 张图表。第 1 张是（2, 3, 1），即绘在 2×3 表格的第 1 列；第 2 张的参数是（2, 3, 2），即绘在 2×3 表格的第 2 列；第 3 张的参数是（2, 3, 3），即绘在 2×3 表格的第 3 列。第 2 行以此类推。其运行结果如图 10-26 所示。

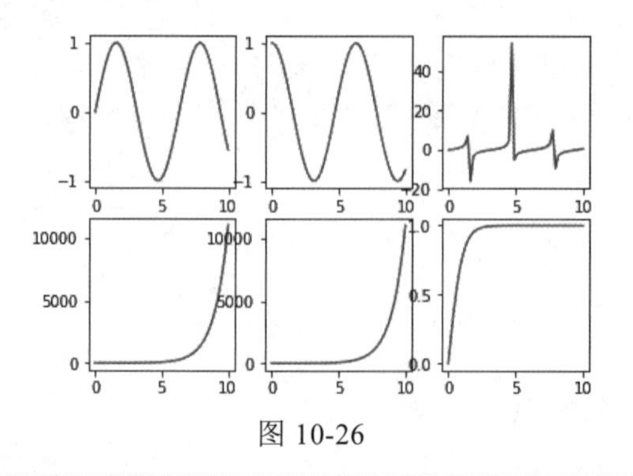

图 10-26

10.3.2 共享 x 轴的多轴图表

Python 程序：Ch10_1_5b.py 是在同一张图表中绘制 2 个数据集，即 2 条线，而且每一个数据集共享 x 轴和 y 轴。如果 y 轴的 2 个数据集的值范围相差很多，可以建立多轴图表来共享 x 轴，但在 y 轴根据数据集显示不同范围的刻度。

1. 绘制多轴图表共享 x 轴的 2 个数据集：Ch10_3_2.py

因为三角函数 sin() 和 sinh() 的值范围相差很大，为了同时绘制这 2 个三角函数，可以建立多轴图表来共享 x 轴，如下所示：

```
x = np.linspace(0, 10, 50)
sinus = np.sin(x)
sinhs = np.sinh(x)
fig, ax = plt.subplots()
ax.plot(x, sinus, "r-o")
ax2 = ax.twinx()
ax2.plot(x, sinhs, "g--")
plt.show()
```

上述程序代码在第 1 次调用 subplots() 函数时获取返回值，需要使用 ax 建立复制的 x 轴，即调用 ax.twinx() 函数建立第 2 轴 ax2，即在 ax 轴绘制 sin() 函数，在 ax2 轴绘制 sinh() 函数。在其运行结果中可以看到左右分别有 2 个不同刻度范围的 y 轴，如图 10-27 所示。

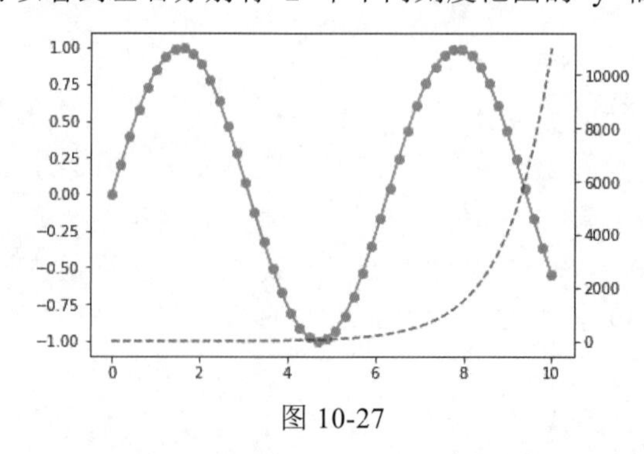

图 10-27

2．显示共享 x 轴多轴图表的标签文字：Ch10_3_2a.py

在多轴图表中因为有 2 个 y 轴，共享 1 个 x 轴，不同于 10.1.3 节，需要调用 set_xlabel() 函数和 set_ylabel() 函数来显示轴的标签文字，如下所示：

```
x = np.linspace(0, 10, 50)
sinus = np.sin(x)
sinhs = np.sinh(x)
fig, ax = plt.subplots()
ax.plot(x, sinus, "r-o")
ax.set_xlabel("x", color="green")
ax.set_ylabel("Sin(x)", color="red")
ax2 = ax.twinx()
ax2.plot(x, sinhs, "g--")
ax2.set_ylabel("Sinh(x)", color="blue")
plt.show()
```

上述程序代码中，ax 轴分别调用 set_xlabel() 函数和 set_ylabel() 函数显示 x 轴和 y 轴的标签文字。因为共享 x 轴，所以 ax2 只需调用 set_ylabel() 函数显示 y 轴的标签文字即可，其中 color 参数是文字色彩。其运行结果如图 10-28 所示。

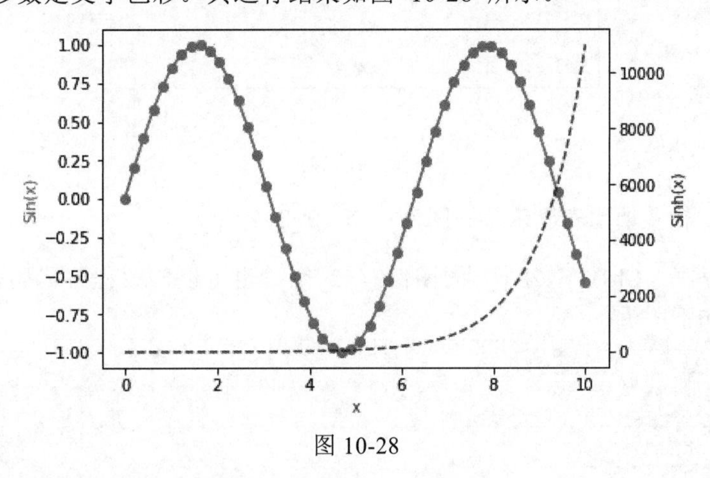

图 10-28

3．显示共享 x 轴多轴图表的图例：Ch10_3_2b.py

同样可以在共享 x 轴的多轴图表中显示图例。因为共有 2 个 y 轴，所以需要分别自行显示图例，如下所示：

```
x = np.linspace(0, 10, 50)
sinus = np.sin(x)
sinhs = np.sinh(x)
fig, ax = plt.subplots()
```

```
ax.plot(x, sinus, "r-o", label="Sin(x)")
ax.set_xlabel("x", color="green")
ax.set_ylabel("Sin(x)", color="red")
ax.legend(loc="best")
ax2 = ax.twinx()
ax2.plot(x, sinhs, "g--", label="Sinh(x)")
ax2.set_ylabel("Cos(x)", color="blue")
ax2.legend(loc="best")
plt.show()
```

上述程序代码分别调用 ax.legend() 函数和 ax2.legend() 函数显示 2 条线的图例，因为调用 2 次，所以是分开显示的 2 个图例。其运行结果如图 10-29 所示。

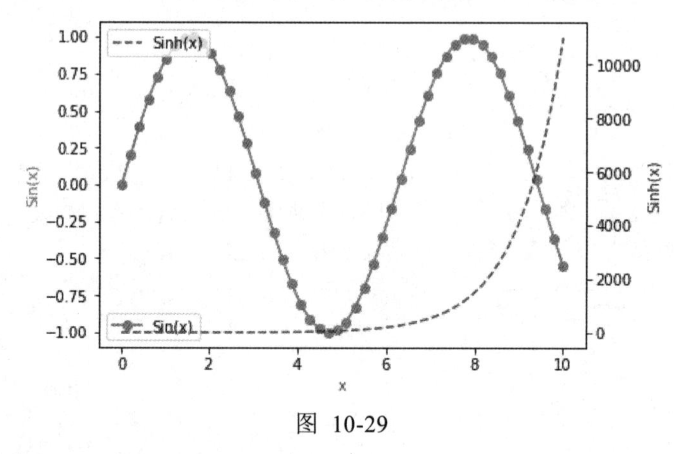

图 10-29

4．在共享 x 轴多轴图表显示单一图例：Ch10_3_2c.py

在 Python 程序：Ch10_3_2b.py 的图例有 2 个，也可以修改程序代码，让 2 条线显示在同一个图例，如下所示：

```
x = np.linspace(0, 10, 50)
sinus = np.sin(x)
sinhs = np.sinh(x)
fig, ax = plt.subplots()
lns1 = ax.plot(x, sinus, "r-o", label="Sin(x)")
ax.set_xlabel("x", color="green")
ax.set_ylabel("Sin(x)", color="red")
ax2 = ax.twinx()
lns2 = ax2.plot(x, sinhs, "g--", label="Sinh(x)")
ax2.set_ylabel("Sinh(x)", color="blue")
# 自行建立图例来显示所有标签
```

```
lns = lns1 + lns2
labs = [l.get_label() for l in lns]
ax.legend(lns, labs, loc="best")
plt.show()
```

上述程序代码在调用 ax.plot() 函数和 ax2.plot() 函数时分别返回 lns1 和 lns2 线型，然后自行组合图例建立 lns 线型；labs 是各线的标签，其调用 get_label() 函数获取 2 条线的标签文字；最后调用 ax.legend() 函数，其第 1 个参数是线型、第 2 个参数是标签。其运行结果如图 10-30 所示。

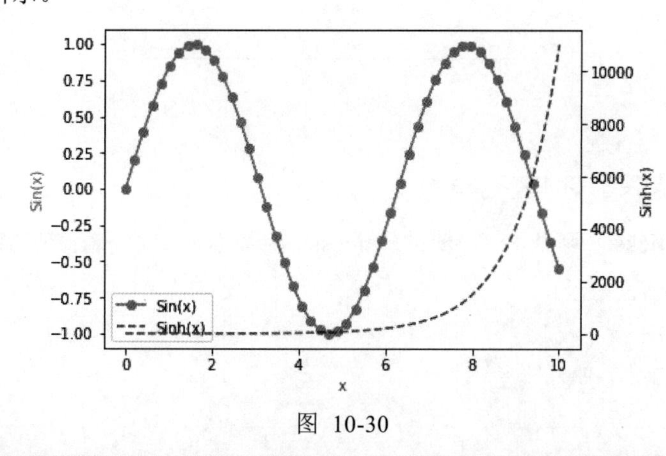

图 10-30

10.3.3 更改图表的外观

除了可以更改图表的线型，还可以在共享 x 轴的多轴图表中显示标题文字，更改 2 个 y 轴标签显示的字型、尺寸和色彩等样式，或更改 y 轴显示的刻度。

1．更改图表的外观：Ch10_3_3.py

调用 set_title() 函数和相关 set_???() 函数来显示与更改 Ch10_3_2a.py 图表的标题文字及 y 轴的标签样式，如下所示：

```
...
# 指定图表标题文字
ax.set_title("Sin and Sinh Waves", fontsize="large")
# 更改刻度的外观
for tick in ax.xaxis.get_ticklabels():
    tick.set_fontsize("large")
    tick.set_fontname("Times New Roman")
    tick.set_color("blue")
    tick.set_weight("bold")
plt.show()
```

上述程序代码调用 set_title() 函数显示标题文字，其参数 fontsize 是字型尺寸；使用 for/in 循环获取各轴的标签文字，并更改字型、尺寸、色彩和样式。其运行结果如图 10-31 所示。

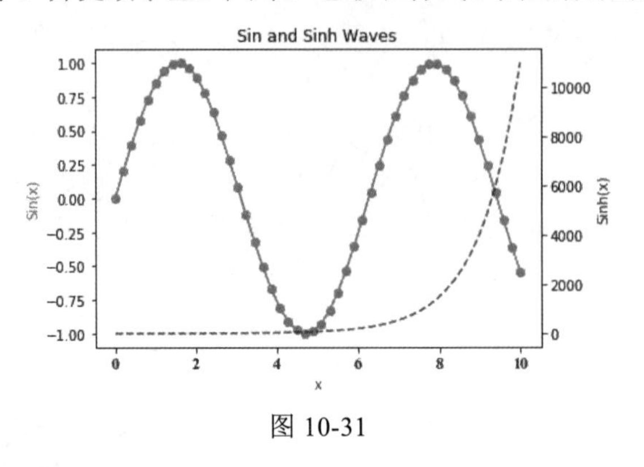

图 10-31

2．显示图表的刻度：Ch10_3_3a.py

调用 x 轴的 xticks() 函数和 y 轴的 yticks() 函数返回刻度和标签文字列表，如下所示：

```
days = range(0, 22, 3)
celsius = [25.6, 23.2, 18.5, 28.3, 26.5, 30.5, 32.6, 33.1]
plt.plot(days, celsius)
plt.xlabel("Day")
plt.ylabel("Celsius")
locs, labels = plt.xticks()
print(locs, labels)
locs, labels = plt.yticks()
print(locs, labels)
plt.show()
```

上述程序代码中，xticks() 函数和 yticks() 函数可以返回 locs 刻度和 labels 标签列表（这是 xticklabel 对象）。在其运行结果中可以显示刻度列表，如图 10-32 所示。

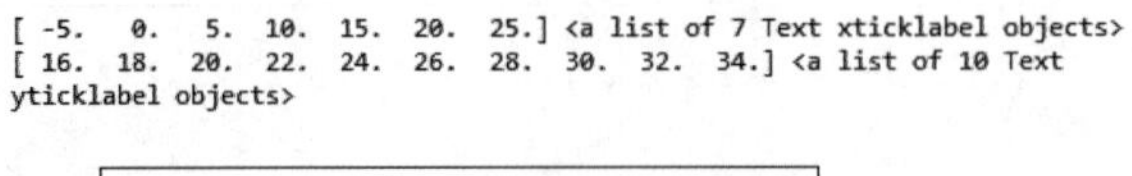

```
[ -5.   0.   5.  10.  15.  20.  25.] <a list of 7 Text xticklabel objects>
[ 16.  18.  20.  22.  24.  26.  28.  30.  32.  34.] <a list of 10 Text
yticklabel objects>
```

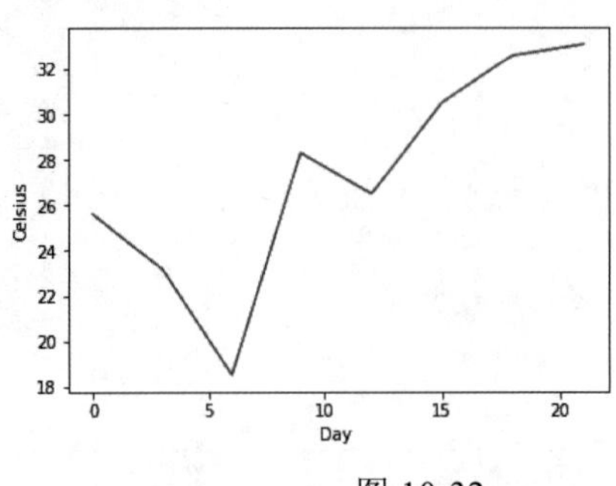

图 10-32

3．显示自定义的刻度（一）：Ch10_3_3b.py

在成功显示图表的刻度列表后，如果对刻度的范围不满意，还可以调用相同函数来指定自定义刻度。本范例为 2 个数据集的折线图，如下所示：

```
days = range(0, 22, 3)
celsius = [25.6, 23.2, 18.5, 28.3, 26.5, 30.5, 32.6, 33.1]
plt.plot(days, celsius)
plt.xlabel("Day")
plt.ylabel("Celsius")
plt.xticks(range(0, 25, 2))
plt.yticks(range(15, 35, 3))
plt.show()
```

上述程序代码中，xticks() 函数和 yticks() 函数指定参数的新刻度范围。其运行结果如图 10-33 所示。

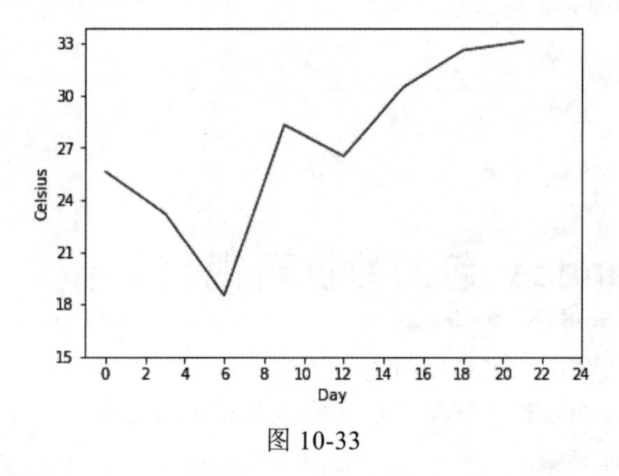

图 10-33

4．显示自定义的刻度（二）：Ch10_3_3c.py

本范例为共享 x 轴的多轴图表，同样可以指定自定义刻度，调用的是 set_xticks() 函数和 set_yticks() 函数，如下所示：

```
x = np.linspace(0, 10, 50)
sinus = np.sin(x)
sinhs = np.sinh(x)
fig, ax = plt.subplots()
ax.plot(x, sinus, "r-o")
ax.set_xlabel("x", color="green")
ax.set_ylabel("Sin(x)", color="red")
ax2 = ax.twinx()
ax2.plot(x, sinhs, "g--")
```

```
ax2.set_ylabel("Sinh(x)", color="blue")
plt.xticks(range(0, 11))
ax.set_yticks(np.linspace(-1, 1, 10))
ax2.set_yticks(np.linspace(0, 12000, 10))
plt.show()
```

上述程序代码只更改了 2 个 y 轴的自定义刻度，所以调用 2 次 set_yticks() 函数，参数值是新刻度。其运行结果如图 10-34 所示。

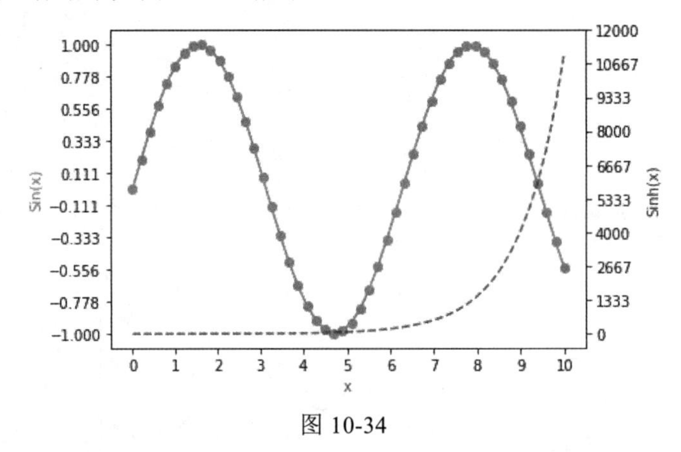

图 10-34

10.4 Pandas 包的数据可视化

数据可视化是使用多种图表来呈现数据。因为一张图形胜过千言万语，可以让我们更有效率地与其他人进行沟通，即数据可视化可以让复杂数据更容易呈现想要表达的信息，也更容易让我们了解这些数据代表的意义。

实际上，除了使用 Matplotlib 包绘制各种图表外，第 9 章介绍的 Pandas 包本身也支持函数来绘制图表，一样可以将数据可视化呈现。

10.4.1 Series 对象的数据可视化

Pandas 包的 Series 和 DataFrame 对象都支持 plot() 函数的绘制图表功能，本小节先介绍 Series 对象，下一小节再介绍 DataFrame 对象。

1. 使用 Series 对象绘制折线图：Ch10_4_1.py

只需使用数值列表建立 Series 对象，即可调用 plot() 函数绘制折线图，如下所示：

```
import pandas as pd

data = [100, 110, 150, 170, 190, 200, 220]
```

```
s = pd.Series(data)
s.plot()
```

上述程序代码中，plot() 函数使用 Series 对象变量 s 的数据来绘制折线图。其运行结果如图 10-35 所示。

图 10-35 中，x 轴是数据的索引值，y 轴是 Series 对象的数据。

2．使用 Series 对象自定义索引绘制折线图：Ch10_4_1a.py

在建立 Series 对象时可以指定自定义索引，当调用 plot() 函数绘制图表时，x 轴就是自定义索引，如下所示：

```
data = [100, 110, 150, 170, 190, 200, 220]
weekday = ["Sun", "Mon", "Tue", "Wed", "Thu", "Fri", "Sat"]
s = pd.Series(data, index=weekday)
s.plot()
```

上述程序代码中，data 是销售量，weekday 是星期。在建立 Series 对象时，使用 index 属性指定索引是 weekday 后，plot()函数绘制的折线图就会改用星期索引。其运行结果如图 10-36 所示。

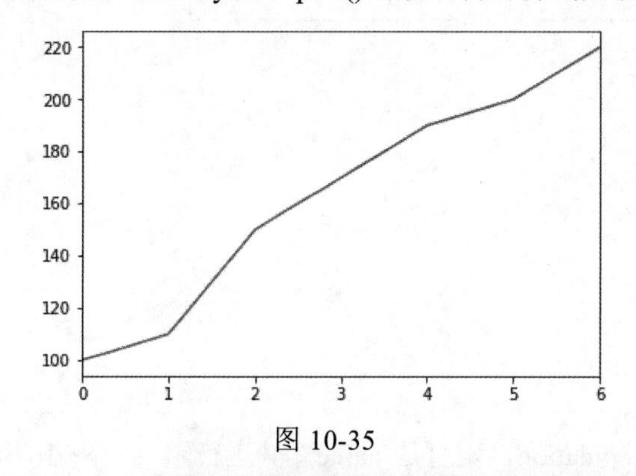

图 10-35

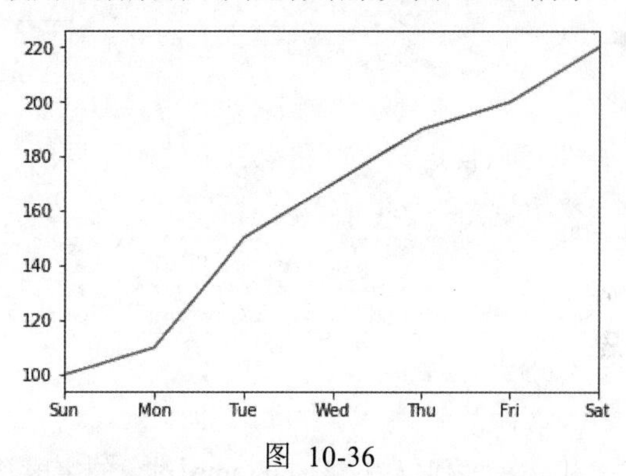

图 10-36

10.4.2 DataFrame 对象的数据可视化

Pandas 包的 DataFrame 对象也支持 plot() 函数的绘制图表功能。

1．使用 DataFrame 对象绘制折线图：Ch10_4_2.py

只需使用字典建立 DataFrame 对象，即可调用 plot() 函数绘制折线图，如下所示：

```
dists = {"name": ["Zhongzheng", "Banqiao", "Taoyuan", "Beitun",
                  "Annan", "Sanmin", "Daan", "Yonghe",
                  "Bade", "Cianjhen", "Fengshan",
                  "Xinyi", "Xindian"],
         "population": [159598, 551452, 441287, 275207,
                        192327, 343203, 309835, 222531,
```

```
                 198473, 189623, 359125,
                 225561, 302070]}
df = pd.DataFrame(dists)
print(df)
df.plot()
```

上述程序代码建立各区人口数的 DataFrame 对象，因为图表默认不支持中文标签，所以将区名改为英文。在其运行结果中可以看到 DataFrame 对象的数据和折线图，如图 10-37 所示。

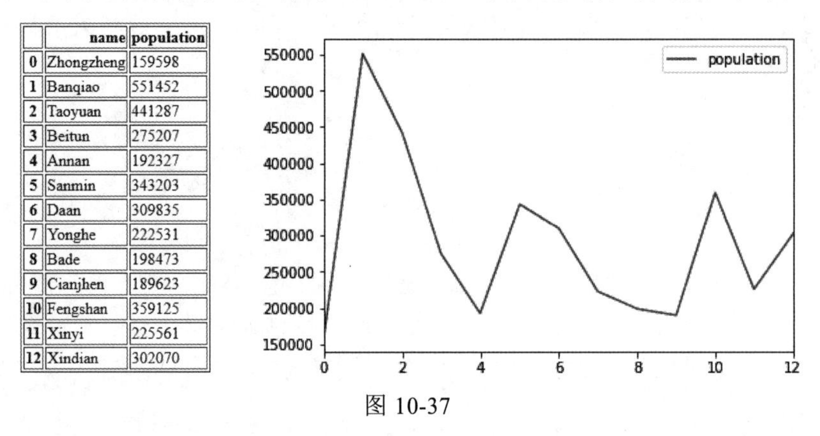

	name	population
0	Zhongzheng	159598
1	Banqiao	551452
2	Taoyuan	441287
3	Beitun	275207
4	Annan	192327
5	Sanmin	343203
6	Daan	309835
7	Yonghe	222531
8	Bade	198473
9	Cianjhen	189623
10	Fengshan	359125
11	Xinyi	225561
12	Xindian	302070

图 10-37

也可以自定义字段和索引来绘制不同的折线图，如下所示：

```
df2 = pd.DataFrame(dists,
               columns=["population"],
               index=dists["name"])
print(df2)
df2.plot()
```

上述程序代码中，DataFrame 对象的字段是 population，索引是 name。其运行结果如图 10-38 所示。

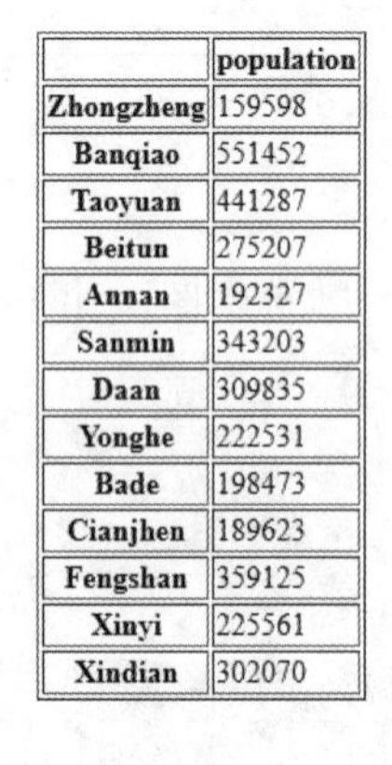

	population
Zhongzheng	159598
Banqiao	551452
Taoyuan	441287
Beitun	275207
Annan	192327
Sanmin	343203
Daan	309835
Yonghe	222531
Bade	198473
Cianjhen	189623
Fengshan	359125
Xinyi	225561
Xindian	302070

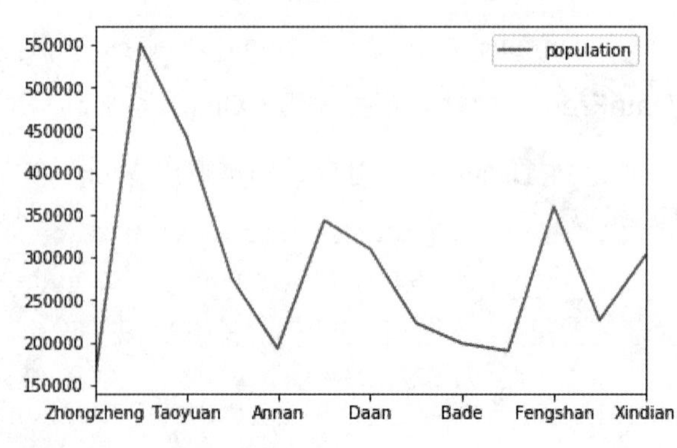

图 10-38

2. 显示完整 x 轴标签的折线图：Ch10_4_2a.py

在 Python 程序：Ch10_4_2.py 的第 2 个折线图中可以看到标签只有几个，因为空间不够，所以无法显示全部的标签。下面使用旋转标签来显示完整 x 轴标签的折线图，如下所示：

```
...
df = pd.DataFrame(dists,
               columns=["population"],
               index=dists["name"])
print(df)
df.plot(xticks=range(len(df.index)),
        use_index=True)

df.plot(xticks=range(len(df.index)),
        use_index=True,
        rot=90)
```

上述程序代码中，plot() 函数指定 xticks 属性的 x 轴标尺是索引数 0～11，use_ index 属性指定使用索引，因为标签名称太长，所以名称都重叠在一起 [图 10-39（a）]；在第 2 个 plot() 函数中新增 rot 属性（rotation 属性）值 90，可以旋转 90° 来显示 [图 10-39（b）]。

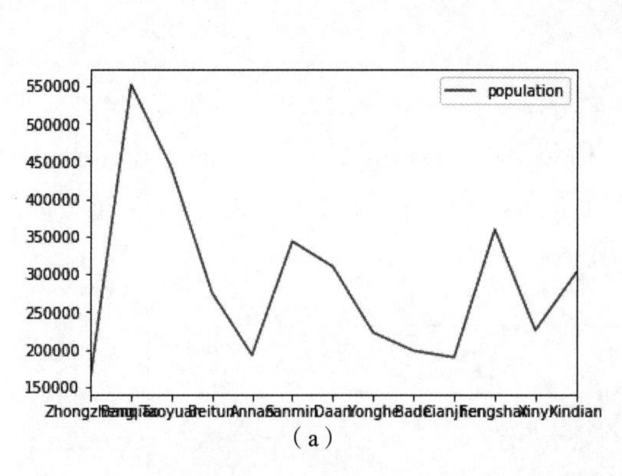

（a）

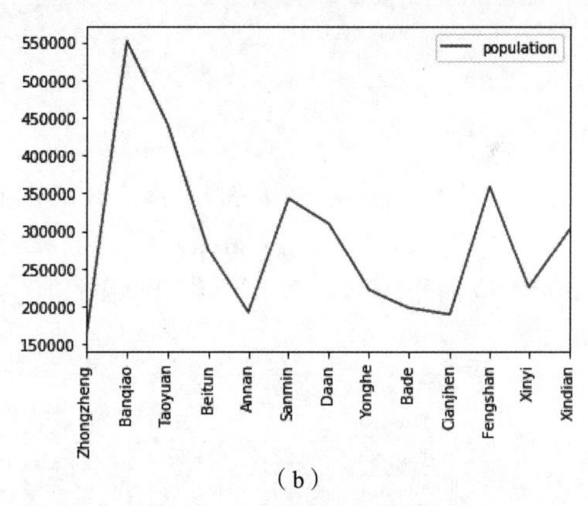

（b）

图 10-39

10.4.3 使用两轴的折线图

因为 DataFrame 对象有多个字段，一个字段是一条线，所以可以绘制多条折线，也可以搭配 Matplotlib 包来绘制多轴的折线图。

1. 使用 2 个数据集来绘制折线图：Ch10_4_3.py

DataFrame 对象的每一个字段是一个数据集，如果有 2 个数据集，就可以在折线图中绘制 2 条折线，如下所示：

```
dists = {"name": ["Zhongzheng", "Banqiao", "Taoyuan", "Beitun",
                  "Annan", "Sanmin", "Daan", "Yonghe",
                  "Bade", "Cianjhen", "Fengshan",
                  "Xinyi", "Xindian"],
         "population": [159598, 551452, 441287, 275207,
                        192327, 343203, 309835, 222531,
                        198473, 189623, 359125,
                        225561, 302070],
         "area": [7.6071, 23.1373, 34.8046, 62.7034,
                  107.2016, 19.7866, 11.3614, 5.7138,
                  33.7111, 19.1207, 26.7590,
                  11.2077, 120.2255]}

df = pd.DataFrame(dists,
                  columns=["population", "area"],
                  index=dists["name"])
print(df)
df["area"] *= 1000
df.plot(xticks=range(len(df.index)),
        use_index=True,
        rot=90)
```

上述程序代码中，字典新增了各区的面积，所以建立 DataFrame 对象时，columns 属性有 2 个字段 population 和 area。因为面积是平方千米，和人口数差距太大，所以先将面积乘以 1000，改为平方米。其运行结果如图 10-40 所示。

	population	area
Zhongzheng	159598	7.6071
Banqiao	551452	23.1373
Taoyuan	441287	34.8046
Beitun	275207	62.7034
Annan	192327	107.2016
Sanmin	343203	19.7866
Daan	309835	11.3614
Yonghe	222531	5.7138
Bade	198473	33.7111
Cianjhen	189623	19.1207
Fengshan	359125	26.7590
Xinyi	225561	11.2077
Xindian	302070	120.2255

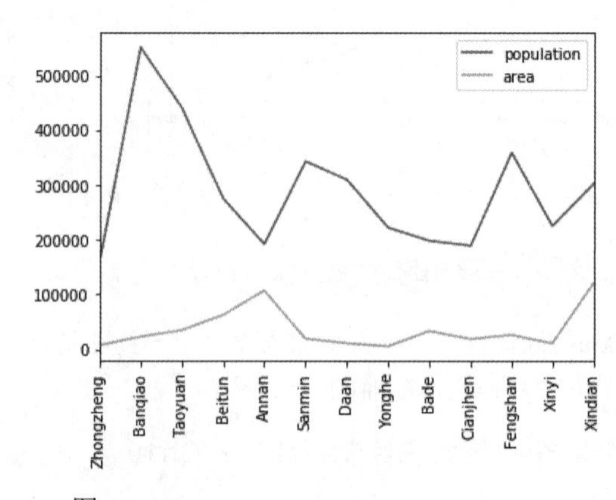

图 10-40

2．使用 Matplotlib 包绘制两轴的折线图：Ch10_4_3a.py

使用和 Ch10_4_3.py 相同的 DataFrame 对象，只是改用 Matplotlib 包绘制两轴折线图。首先导入 Matplotlib 包，如下所示：

```
...
import matplotlib.pyplot as plt

fig, ax = plt.subplots()
fig.suptitle("District Statistics")
ax.set_ylabel("Population")
ax.set_xlabel("Disticts")
ax2 = ax.twinx()
ax2.set_ylabel("Area")
df["population"].plot( ax=ax,
                       style="b--o",
                       use_index=True,
                       rot=90)
df["area"].plot( ax=ax2,
                 style="g-s",
                 use_index=True,
                 rot=90)
```

上述程序代码调用 subplots() 函数建立子图，在返回 fig 和 ax 轴后，调用 suptitle() 函数新增标题文字；在指定 ax 的 2 轴标签后，再调用 twinx() 函数建立第 2 轴 ax2，此轴的标签是 Area；接着分别在 population 和 area 列调用 plot() 函数绘制折线图，ax 参数可以指定是哪一轴，style 属性是线条外观。其运行结果如图 10-41 所示。

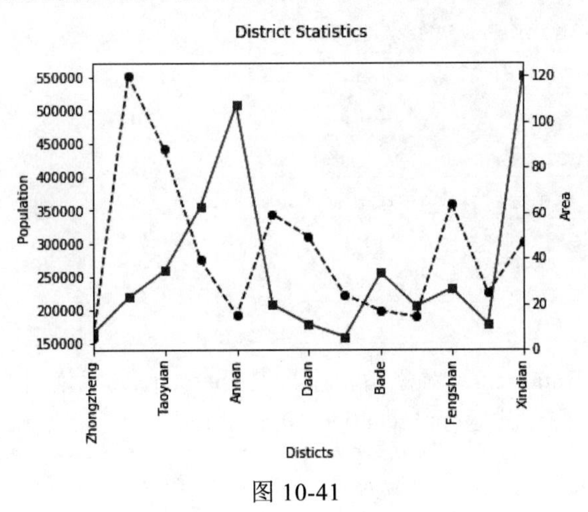

图 10-41

10.4.4 Pandas 包的直方图

除了折线图外，Pandas 包也可以绘制直方图，可以使用 Series 对象或 DataFrame 对象来绘制直方图。

1. 使用 Series 对象绘制直方图：Ch10_4_4.py

只需建立数值数据的 Series 对象，就可以调用 plot() 函数绘制直方图，如下所示：

```
data = [100, 110, 150, 170, 190, 200, 220]
s = pd.Series(data)
s.plot(kind="bar", rot=0)
```

上述程序代码中，plot()函数使用 kind 属性指定 bar 直方图。其运行结果如图 10-42 所示。

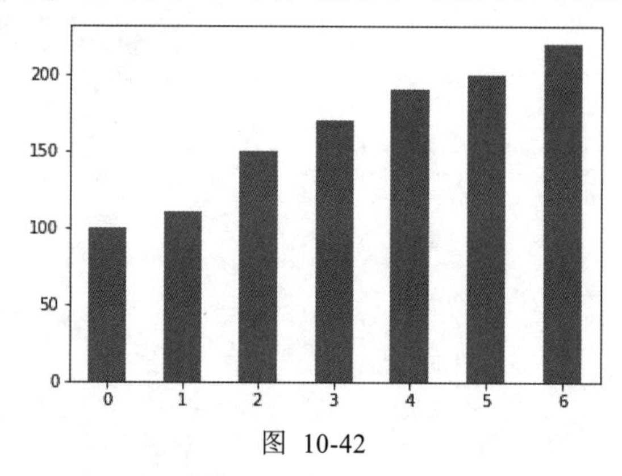

图 10-42

2. 使用 DataFrame 对象绘制直方图：Ch10_4_4a.py

只需建立数值数据的 DataFrame 对象，就可以调用 plot() 函数绘制直方图。例如，绘制操作系统市场占有率的直方图，如下所示：

```
usage = {"os": ["Windows", "Mac OS", "Linux", "Chrome OS", "BSD"],
       "percentage": [88.78, 8.21, 2.32, 0.34, 0.02]}

df = pd.DataFrame(usage,
                  columns=["percentage"],
                  index=usage["os"])
print(df)
df.plot(kind="bar")
```

上述程序代码中，DataFrame 对象指定字段是 percentage，索引是 OS，plot() 函数使用 kind 属性指定 bar 直方图。其运行结果如图 10-43 所示。

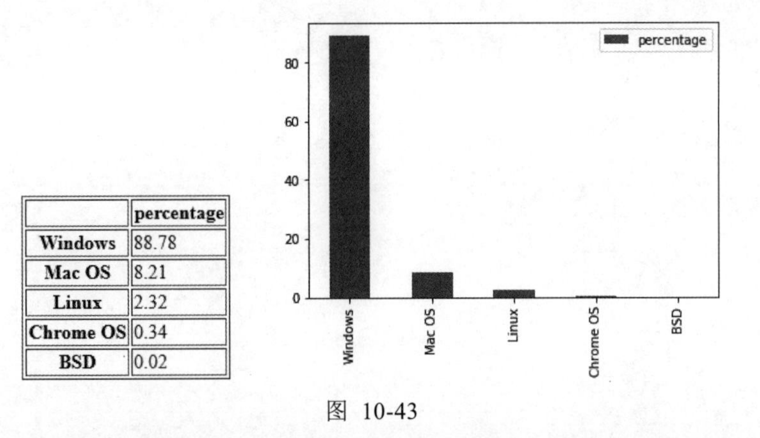
	percentage
Windows	88.78
Mac OS	8.21
Linux	2.32
Chrome OS	0.34
BSD	0.02

图 10-43

10.4.5 Pandas 包的饼图

Pandas 包也可以绘制饼图，本节即使用 Series 对象绘制饼图。

1. 使用 Series 对象绘制饼图：Ch10_4_5.py

只需建立数值数据的 Series 对象和指定索引，就可以调用 plot() 函数绘制饼图。例如，绘制水果销售量的饼图，如下所示：

```
fruits = ["Apple", "Pears", "Bananas", "Orange"]
percentage = [30, 10, 40, 20]

s = pd.Series(percentage, index=fruits, name="Fruits")
print(s)
s.plot(kind="pie")
```

上述程序代码中，Series 对象指定索引 fruits，name 属性是名称，plot() 函数使用 kind 属性指定 pie 饼图。其运行结果如图 10-44 所示。

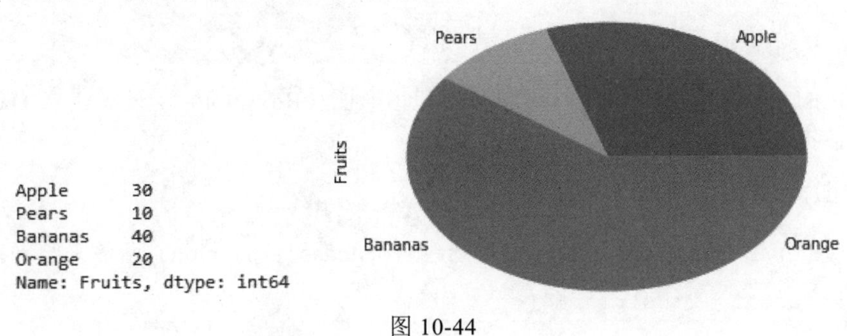

图 10-44

2. 使用突增值标示饼图的切片：Ch10_4_5a.py

只需建立 explode 列表的突增值，即可调用 plot()函数绘制标示切片突出的饼图，如下所示：

```
import pandas as pd

fruits = ["Apple", "Pears", "Bananas", "Orange"]
percentage = [30, 10, 40, 20]

s = pd.Series(percentage, index=fruits, name="Fruits")
print(s)
explode = [0.1, 0.3, 0.1, 0.3]
s.plot(kind="pie",
       figsize=(6, 6),
       explode=explode)
```

上述程序代码中，explode 列表对应各切片的突增值；plot() 函数使用 kind 属性指定 pie 饼图，figsize 属性指定尺寸长宽相同（正圆），explode 属性是突增值。其运行结果如图 10-45 所示。

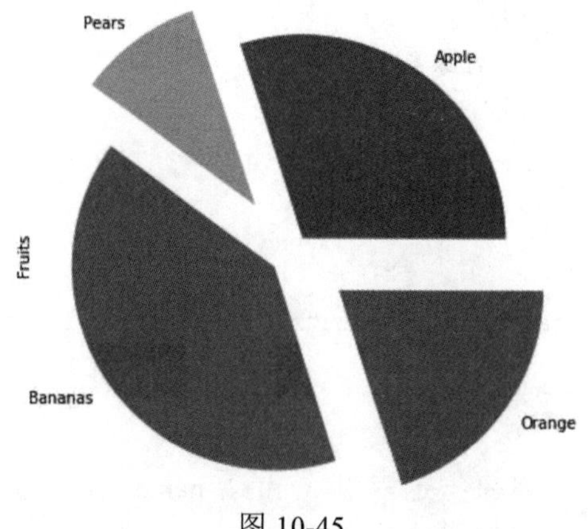

图 10-45

10.4.6 Pandas 包的散布图和箱形图

Pandas 包的 plot() 函数也支持绘制散布图和箱形图（Box plot），只需建立 DataFrame 对象，即可指定字段来绘出散布图和箱形图。

1. 散布图：Ch10_4_6.py

将第 10.2.1 节由 sin() 函数绘制的散布图改用 Pandas 包的 plot() 函数来绘制，如下所示：

```
x = np.linspace(0, 2*np.pi, 50)
y = np.sin(x)
df = pd.DataFrame({"x":x, "y":y})
df.plot(kind="scatter", x="x", y="y",
        title="Sin(x)")
```

上述程序代码建立 NumPy 数组 x 和 y 后，使用此数据建立 DataFrame 对象，即可调用 plot() 函数绘制散布图。plot() 函数中，参数 kind 是 scatter，x 参数是 x 轴的字段名，y 参数是 y 轴的字段名，title 参数是标题文字。其运行结果如图 10-46 所示。

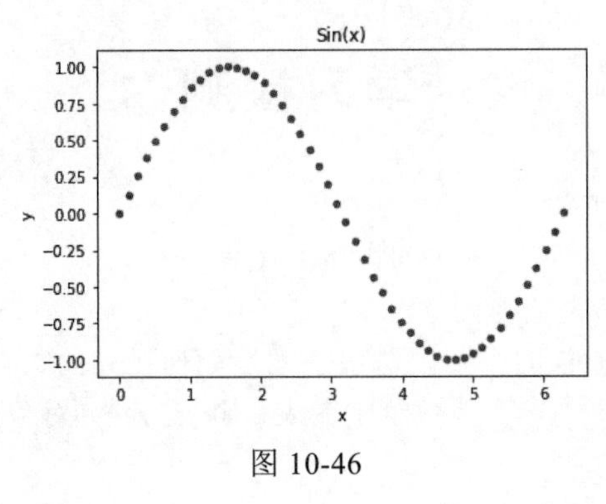

图 10-46

2．箱形图：Ch10_4_6a.py

箱形图是一种用来显示数值分布的图表，可以清楚显示数据的最小值、前 25%、中间值、前 75% 和最大值，如下所示：

```
iris = pd.read_csv("iris.csv")

iris.boxplot(column="sepal_length",
          by="target",
          figsize=(6, 5))
```

上述程序代码加载 iris.csv 鸢尾花数据集后，调用 boxplot() 函数绘制花萼（Sepal）长度的箱形图（参数 column 是字段名或名称列表；参数 by 是群组字段，此例是 target 字段的 3 种类别；figsize 参数是图表尺寸的元组）。其运行结果如图 10-47 所示。

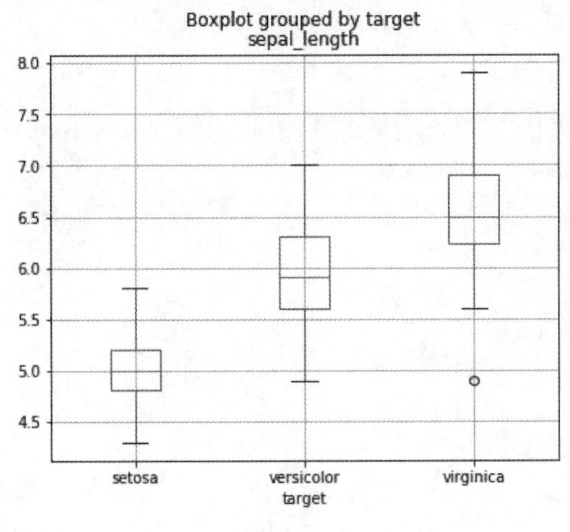

图 10-47

图 10-47 中，箱形的中间是中间值，箱形上缘是 75%，下缘是 25%，最上方的横线是最大值，最下方的横线是最小值。通过箱形图就可以清楚显示 3 种类别的花萼长度分布。在 virginica 的箱形线上有一个小圆形，这是一个异常值 4.9 的标示。

◇ 学习检测 ◇

1．什么是 Matplotlib 包？

2．Matplotlib 包可以绘制哪几种不同类型的图表？

3．什么是散布图？什么是箱形图？

4．举例说明 Matplotlib 包的子图。这些子图是如何排列的？

5．Pandas 包可以调用________函数绘制图表，DataFrame 对象是调用________函数绘制箱形图。

6．x 是 1～50，y 是 x 值的 3 倍，请写出 Python 程序绘制一条线的折线图，标题文字是 Draw a Line。

7．以下为 2 条线的 x 轴和 y 轴坐标，请使用 Matplotlib 包绘制这 2 个数据集的折线图，并且显示图例。

```
x1 = [10, 20, 30]
y1 = [20, 40, 10]
x2 = [10, 20, 30]
y2 = [40, 10, 30]
```

8．现在有某公司 5 天股价数据的 CSV 文件 stock.csv，请使用 Pandas 包加载文件后，绘制 5 天股价的折线图。

9．使用 Pandas 包加载 anscombe_i.csv 文件，然后使用 x 和 y 字段绘制散布图。

10．使用 Pandas 包加载 iris.csv 文件，然后使用 petal_length 字段绘制箱形图。

CHAPTER 11

第11章

概率与统计

11.1 认识概率

在日常生活中，常常会遇到一些涉及可能性或发生机会等概念的事件（Event）。例如：

从一班 50 名学生中随意选出一个人，此人会是男生吗？

刮刮乐（Scratch-off Lottery）中头奖的机会有多大？

当我们使用“……可能会发生吗？”这类句型来询问时，就表示关注事件发生的机会，这就是“概率”（Probability）。

11.1.1 概率的基础

概率又称为或然率、机率或可能性，表示事件发生的机会。在介绍概率的数学公式前，需先了解几个名词，如下所示。

- 试验（Trials）：执行动作观察结果的过程称为试验。例如，丢 1 个铜板或掷出 1 个骰子，出现正面、反面或点数的结果。
- 事件：在试验获得的结果中，符合条件的试验结果集合称为事件。例如，丢 1 个铜板出现正面的事件；或掷 1 个骰子出现偶数点数的事件，即点数 2、4 和 6 的集合。而且，每一个事件是一个简单事件（Simple Event），因为事件的试验并不能再次分割。例如，掷 2 个骰子的试验可以分割成 2 个简单事件，掷第 1 个骰子和掷第 2 个骰子。
- 样本空间（Sample Space）：所有可能试验结果的集合。例如，丢 1 个铜板的样本空间是正面和反面，掷 1 个骰子的样本空间是点数 1～6 的集合。更进一步，如果依次丢 3 次铜板，其样本空间是{正正正，正正反，正反反，正反正，反反反，反反正，反正正，反正反}，共有 8 种排列组合。

1. 概率公式

如果 A 是事件，P(A) 是发生事件 A 的概率，可以定义事件 A 的概率为

$$P(A)=\frac{\text{发生事件A的次数}}{\text{样本空间的尺寸}}$$

上述公式是将“该事件的数量”除以“所有可能发生的事件数量”。事件发生的概率越高（越接近 1），就表示此事件越可能发生。例如，电影院有 100 位观众，女性有 25 位，男性有 75 位，如下所示：

- 观众是女性的概率：P(A) = 25/100，即 0.25（25%）。
- 观众是男性的概率：75/100，即 0.75（75%）。其也可以直接使用1-(25/100) 表示，称为事件 A 的互补事件（Complementary Event），符号是 $\bar{A}$。

从上述电影院选出 1 个人是男性的概率是 75%，女性是 25%，男性的概率比较高。如果使用图形表示，则电影院观众的整个样本空间是大圆形 100 人，事件 A 是位于大圆形中的小

圆形 25 人，如图 11-1 所示。

图 11-1 所示的大圆形是电影院的人数 100 人，事件 A 是女性人数 25 人，所以 P(A) = 25/100 = 0.25，其概率值范围是 0～1。也就是说，任何事件的概率最大值就是 1。

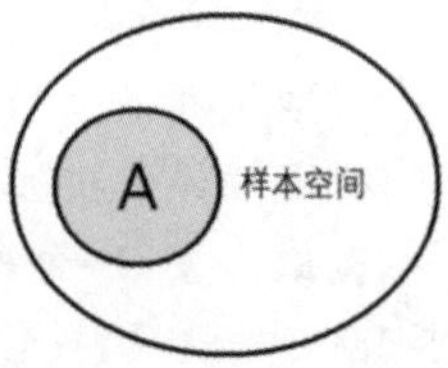

图 11-1

2．样本空间

样本空间是试验结果的所有可能值。例如，丢 2 个铜板的所有正面朝上和背面朝上的可能值有{正正，正反，反正，反反}这 4 种，第 1 个正代表第 1 个铜板，第 2 个正代表第 2 个铜板。那么，丢 2 个铜板都是正面的概率为 P(正正) = 1/4 = 0.25。

可以使用表格证明 P(正正) 的概率，如表 11-1 所示。

表 11-1　概率说明

	铜板 1 正面	铜板 1 反面
铜板 2 正面	True	False
铜板 2 反面	False	False

表 11-1 中共有 4 种可能，只有 1 种是 2 个都为正面，所以概率是 1/4。

11.1.2　频率论

如果样本空间根本无法完整试验出来，即无法试验出所有可能发生的事件，样本空间的尺寸也无法得知，此时可以使用频率论（Frequentist Approach）来计算概率。

频率论是使用试验（Experimentation）的方式计算概率，以实际重复试验的次数来计算出发生次数的概率，其公式为

$$P(A) = \frac{\text{发生次数}}{\text{重复试验的次数}}$$

例如，丢 10 次铜板，有 4 次是正面，所以铜板正面的概率是 P(正)= 4/10= 0.4（40%）。如果铜板是一个“公正”的铜板，其正反概率相同，那丢 100 次铜板，可能有 54 次是正面，P(正)= 54/100 = 0.54（54%）。如果丢了 1000 次铜板，正面的概率就会越接近实际概率 50%。这就是大数法则（The Law of Large Numbers），在第 11.1.3 节有进一步的说明。

事实上，频率论是在计算相对频率（Relative Frequency），即事件多常发生的概率，可以使用过去的数据来预测未来。例如，计算网站访客的重复访问率是一个相对频率，可以从访客的记录文件找出上个月共有 5467 名访客访问网站，其中 1345 位是重复访问，所以 P(重复访问)=1345/5467 ≈ 0.246，即 24.6% 的重复访问概率。

概率计算除了使用频率论外，另一个著名方法是贝叶斯推论（Bayesian Inference），这是源于贝氏理论（Bayes Theorem）的概率学，也是机器学习贝叶斯分类器的基础。本书中并没有讨论此部分，有兴趣的读者可以自行参阅其他相关图书。

11.1.3 大数法则

大数法则是指当使用频率论计算概率时，当重复试验的次数够多够大时，试验结果相对频率的概率就等于实际概率。

例如，丢 1 个铜板 10 次是正面的概率不一定是 0.5，但是丢 10000 次，概率就会接近 0.5 的实际概率。同理，掷 1 个骰子 10 次是 1 点的概率不一定是 0.167，但掷了 10000 次，概率就会接近 0.167 的实际概率。

1. 丢 1 个铜板是正面概率的大数法则：Ch11_1_3.py

丢 1 个“公正”铜板是正面的实际概率是 1/2 = 0.5（50%）。可以使用随机数模拟丢 1 个铜板从 1 次至 10000 次，然后计算每一次试验出现正面的概率，如下所示：

```
import numpy as np
import pandas as pd
import matplotlib.pyplot as plt

results = []
for num_throws in range(1, 10001):
    throws = np.random.randint(low=0, high=2, size=num_throws)
    probability_of_throws = throws.sum()/num_throws
    results.append(probability_of_throws)
```

上述程序代码中，for 循环是 1～10000 次，num_throws 是丢 1 个铜板的总次数。调用 random.randint() 函数产生 num_throws 次数的 0 或 1，1 代表正面，0 代表反面。在调用 sum() 函数计算总和（正面次数）后，除以 num_throws 次数就是丢出铜板的正面概率。最后使用 results 列表建立 DataFrame 对象和绘制折线图，如下所示：

```
df = pd.DataFrame({"throws" : results})

df.plot(color="b")
plt.title("Law of Large Numbers")
plt.xlabel("Number of throws in sample")
plt.ylabel("Average Of Sample")
```

上述程序代码可以绘制蓝色线条的折线图，其运行结果如图 11-2 所示。

由图 11-2 可以看出，当次数越大时，概率就越接近实际概率 0.5。

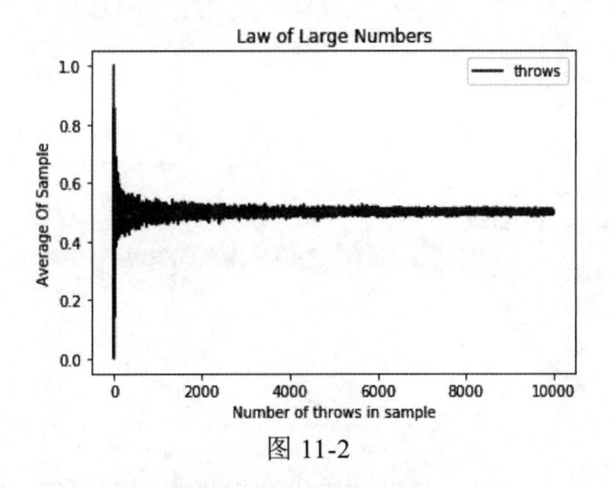

图 11-2

2. 掷 1 个骰子是 1 点概率的大数法则：Ch11_1_3a.py

骰子点数是 1～6 点，掷 1 个“公正”骰子是 1 点的实际概率是 1/6 ≈ 0.167（16.7%）。可以使用随机数模拟掷 1 个骰子从 1 次至 10000 次，然后计算每一次试验出现 1 点的概率，如下所示：

```
import numpy as np
import pandas as pd
import matplotlib.pyplot as plt

results = []
for num_throws in range(1, 10001):
    throws = np.random.randint(low=1, high=7, size=num_throws)
    mask = (throws == 1)
    probability_of_throws = len(throws[mask])/num_throws
    results.append(probability_of_throws)
```

上述程序代码中，for 循环是 1～10000 次，num_throws 是掷 1 个骰子的总次数。调用 random.randint() 函数产生 num_throws 次数的 1～6，代表 1～6 点。因为需要从 NumPy 数组搜索值是 1 的有几个，所以建立条件屏蔽 mask 数组条件是 throws 等于 1。len(throws[mask]) 函数计算 1 点的次数，除以 num_throws 总次数就是掷骰子出现 1 点的概率。最后使用 results 列表建立 DataFrame 对象和绘制折线图，如下所示：

```
df = pd.DataFrame({"throws" : results})

df.plot(color="r")
plt.title("Law of Large Numbers")
plt.xlabel("Number of throws in sample")
plt.ylabel("Average Of Sample")
```

上述程序代码可以绘制红色线条的折线图，其运行结果如图 11-3 所示。

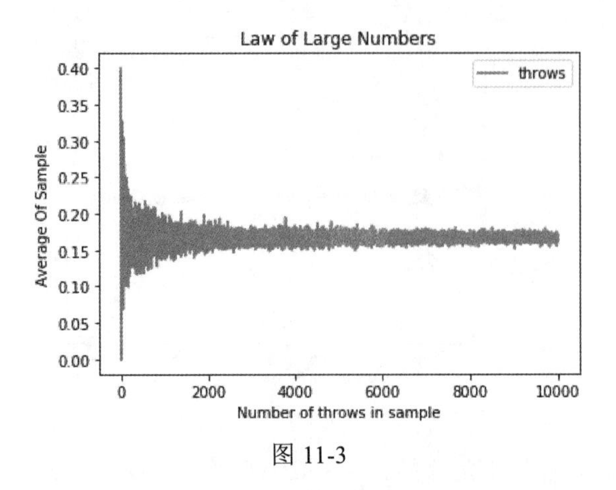

图 11-3

由图 11-3 可以看出，当次数越大时，概率就越接近实际概率，约 0.167。

11.2 组合事件与条件概率

目前介绍的概率都是单一事件，当涉及 2 个或更多事件时，就需要探讨组合事件（Compound Events）和条件概率（Conditional Probability）。

11.2.1 组合事件

组合事件是指处理 2 个或更多个事件，即事件拥有 2 或更多个简单事件。例如，现在有事件 A 和事件 B，则：

- 事件 A 和 B 同时发生的概率，因为是交集，所以使用交集符号表示，即 $P(A \cap B)$ 。
- 事件 A 或事件 B 任一个发生的概率（没有同时发生），因为是并集，所以使用并集符号表示：$P(A \cup B)$ 。

以掷 1 个骰子为例，事件 A 是“出现点数 4（含）以下的事件”，事件 B 是“出现点数是偶数的事件”，如图 11-4 所示。

图 11-4 中，事件 A 是 1、2、3、4 点，事件 B 是 2、4、6 点，AB 是 $A \cap B$，即 2、4 点，如图 11-5 所示。

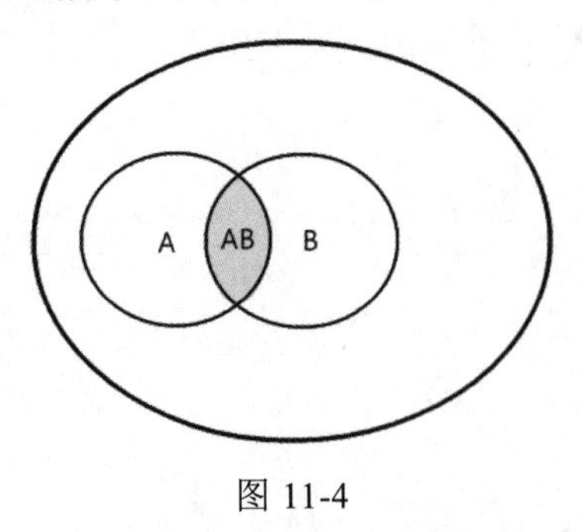

图 11-4

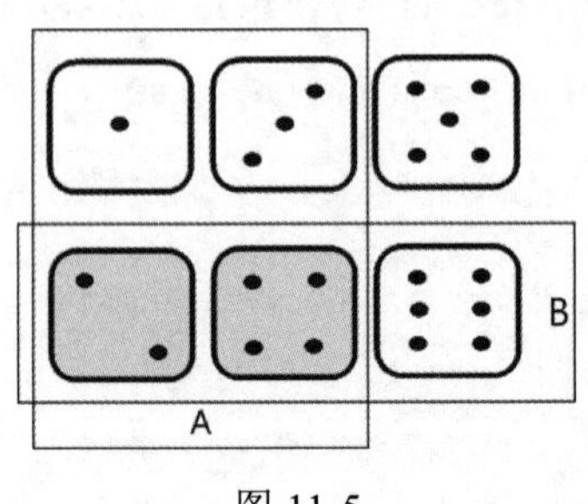

图 11-5

根据图 11-5 可以计算出 P(A∩B) 和 P(A∪B) 的概率，分别为

$$P(A \cap B) = \frac{2}{6} = \frac{1}{3}$$

$$P(A \cup B) = \frac{5}{6}$$

上述 P(A∩B) 的分子是 2 和 4 点两种，所以是 2；P(A∪B) 的分子是 1、2、3、4、6 点 5 种，所以是 5。

11.2.2 条件概率

条件概率是当一个事件已经发生，在此事件上发生另一事件的概率。例如，现在有事件 A 和事件 B，P(A|B) 就是条件概率，指事件 A 在事件 B 发生的样本空间上发生的概率。简单地说，这是转换分母的样本空间，从原来全部的样本空间改成只有 B 事件发生的样本空间，其公式如下：

$$P(A \mid B) = \frac{P(A \cap B)}{P(B)} = \frac{\text{事件A和事件B同时发生的概率}}{\text{事件B发生的概率}}$$

上述 P(A|B) 条件概率的图例，如图 11-6 所示。

以掷 1 个骰子为例，事件 A 是“出现点数 4（含）以下的事件”，事件 B 是“出现点数是偶数的事件”，如图 11-7 所示。

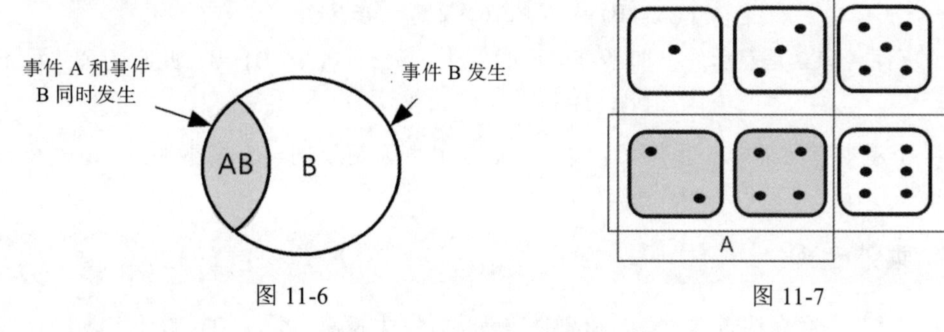

图 11-6　　　　图 11-7

根据图 11-7 可以计算出 P(A|B) 和 P(B|A) 的条件概率，如下所示。

- P(A|B)：当出现点数是偶数事件时（事件 B），出现点数 4（含）以下的事件（事件 A），事件 B 的概率 P(B) 是分母 3/6，分子是 2/6=1/3，所以 P(A|B) = (1/3)/(3/6) = 2/3，如下所示：

$$P(A \mid B) = \frac{\frac{1}{3}}{\frac{3}{6}} = \frac{\frac{1}{3} \times 6}{\frac{3}{6} \times 6} = \frac{2}{3}$$

- P(B|A)：当出现点数 4（含）以下的事件时（事件 A），出现点数是偶数的事件（事件 B），事件 A 的概率 P(A)=4/6 是分母，分子是 P(A∩B)=2/6=1/3，所以 P(B|A) = (1/3)/(4/6) = 1/2，如下所示：

$$P(B \mid A) = \frac{\frac{1}{3}}{\frac{4}{6}} = \frac{\frac{1}{3}\times 6}{\frac{4}{6}\times 6} = \frac{2}{4} = \frac{1}{2}$$

11.3 概率定理与排列组合

概率定理（The Rule of Probability）可以帮助计算组合事件的概率。另外，还需要了解排列，才能计算出除了组合，还有排列的概率。

11.3.1 加法定理

在第 11.2.1 节已经介绍过事件 A 或事件 B 任一个发生概率的计算，可以改用加法定理来计算 $P(A \cup B)$，其公式如下所示：

$$P(A \cup B) = P(A) + P(B) - P(A \cap B)$$

上述公式是先将事件 A 和事件 B 的概率加起来，然后减去共同部分的概率。以第 11.2.1 节的范例为例，事件 A 是“出现点数 4（含）以下的事件”，P(A)=4/6；事件 B 是“出现点数是偶数的事件”，P(B)=3/6。其计算过程如下：

$$P(A \cup B) = 4/6 + 3/6 - 2/6 = 5/6$$

如果 2 个事件 A 和 B 是互斥的，即不可能同时发生，因此 $P(A \cap B)=0$，此时的公式如下：

$$P(A \cup B) = P(A) + P(B)$$

例如，一个星期有星期一～星期日，事件 A 是“今天是星期一”，事件 B 是“今天是星期五”，依据加法定理，$P(A \cup B) = 1/7+1/7 = 2/7$。

11.3.2 乘法定理

在第 11.2.1 节已经介绍过事件 A 和事件 B 同时发生概率 $P(A \cap B)$ 的计算，可以改用乘法定理来计算 $P(A \cap B)$，其公式如下所示：

$$P(A \cap B) = P(A) \times P(B|A)$$

上述公式是乘以 P(B|A)，而不是 P(B)，因为事件 A 和 B 可能相关（Dependence）。简单地说，事件 A 和事件 B 同时发生的概率，就是事件 A 发生的概率，乘以当事件 A 发生时，事件 B 发生的概率。

以第 11.2.1 节的范例为例，事件 A 是“出现点数 4（含）以下的事件”，P(A)=4/6；事件 B 是“出现点数是偶数的事件”，P(B|A) 是 1/2。其计算过程如下：

$$P(A \cap B) = 4/6 \times 3/6 = 12/36 = 1/3$$

如果事件 A 和事件 B 是独立事件（Independence Events），不受其他因素影响，此时 P(B|A)就是 P(B)，所以公式如下所示：

$$P(A \cap B) = P(A) \times P(B)$$

实际上，独立事件的概率计算如同是在选路线。例如，从甲城镇前往丙城镇一定需要先到乙城镇，选择甲到乙的路线，并不会影响选择乙到丙的路线，如图 11-8 所示。

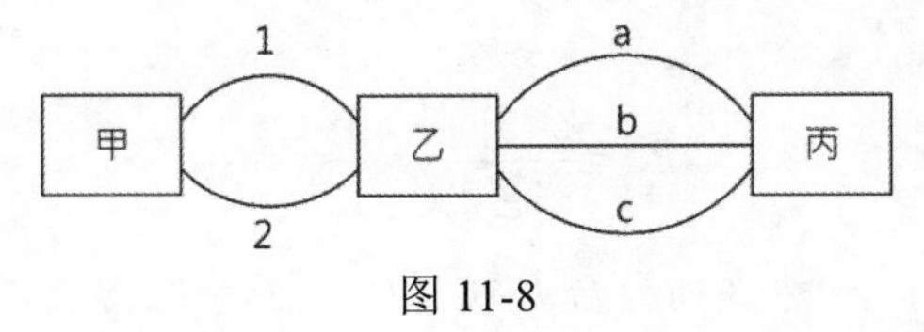

图 11-8

由图 11-8 可知，从甲到乙的路线有 1 和 2 两种，乙到丙的路线有 a、b、c 三种，从甲到丙共有 1a、1b、1c、2a、2b、2c 六种走法，每一种前往方法的概率都是 1/6。依据乘法定理，$P(A \cap B) = 1/2 \times 1/3 = 1/6$。

11.3.3 排列与组合

因为计算概率需要知道发生此情况的数量，即有关计数（Counting）的问题，所以还需要利用排列组合来找出有多少种可能。例如，大乐透开奖结果有几组可能，密码、身份证号码的组合有多少种等。

1. 组合公式

组合公式是在计算如果有 n 个不同的东西，从中选出 r 个的方式有几种，其公式为

$$C_r^n = \frac{n!}{r!(n-r)!}$$

上述公式的 C 是指英文 Combination（组合），$n!$ 是阶乘函数，n 的值大于 0，而且 0!=1，如下所示：

$$n! = n \times (n-1) \times (n-2) \times \cdots \times 3 \times 2 \times 1$$

例如，4!=4×3×2×1=24，5!=5×4×3×2×1=120。实际上，组合问题就是计算从 n 个不同的东西选出 r 个的方式有几种。例如，现在有 5 种水果，从 5 种水果之中选出 3 种水果的组合方式有几种。此时 n=5，r=3，计算公式如下所示：

$$C_3^5 = \frac{5!}{3!(5-3)!} = \frac{5!}{3!2!} = 10$$

由计算结果可以知道有 10 种组合方式。再看一个例子，0～9 共有 10 个数字，选出 3 个的组合方式有几种。此时 n=10，r=3，计算公式如下所示：

$$C_3^{10} = \frac{10!}{3!(10-3)!} = \frac{10!}{3!7!} = 120$$

2. 排列公式

排列公式是在计算如果有 n 个不同的东西，从中选出 r 个排成一列的方式有几种，其公式为

$$P_r^n = \frac{n!}{(n-r)!}$$

例如，现在有 3 只狗，从 3 只狗中选出 2 只狗成一列的方式有几种。此时 n=3，r=2，计算公式如下所示：

$$P_2^3 = \frac{3!}{(3-2)!} = \frac{3!}{1!} = 6$$

由计算结果可以知道有 6 种排列组合方式。如果不考虑排列，只计算可能的组合，则为 3 种，计算公式如下所示：

$$C_2^3 = \frac{3!}{2!(3-2)!} = \frac{3!}{2!1!} = 3$$

因为排列有顺序性，所以 AB 和 BA 是不同的；如果只有组合，那么 AB 和 BA 就是相同的。

11.4 统计的基础

统计（Statistics）是一门收集、组织、展示、分析和解释数据的科学，可以让我们了解数据，并利用这些数据来做出更有效率的决策。

11.4.1 认识统计

统计就是分析数据，了解数据特征和趋势的方法，即让数据说话。需要适当地使用统计来组织、评估、分析这些数据，以便让这些数据的意义呈现出来。

实际上，统计就是从理解调查的数据 [称为样本（Sample）] 开始，然后使用这些样本以概率理论来推理和理解尚未调查的数据，如同从冰山一角推论了解整座冰山的形状，如图 11-9 所示。

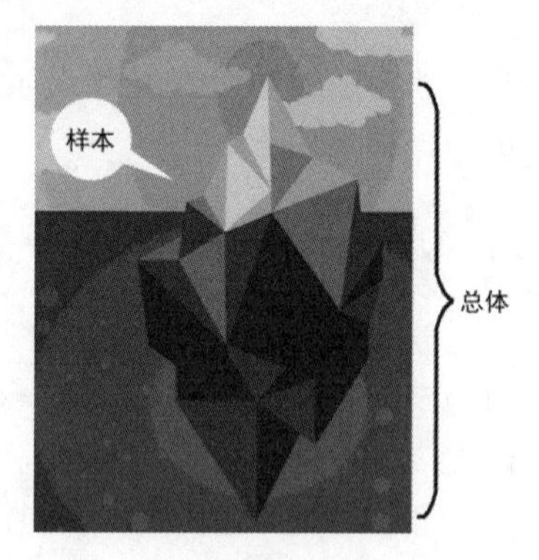

图 11-9

如图 11-9 所示，我们看到的部分只是浮出海面的一小部分，这也是可以观察的部分。冰山大部分位于海面下，我们在海面上看到的是样本，样本和海面下的整座冰山是总体（Population），其说明如下所示。

- 总体：也称为母体，包含已经调查和没有调查的全部数据，即拥有共同特征的个体、物体或测量值的全部集合。
- 样本：已经调查的数据，属于总体（母体）的一部分。

11.4.2 统计的分类

传统统计可以分成两大类：描述统计（Descriptive Statistics）和推断统计（Inferential Statistics），如图 11-10 所示。

由图 11-10 可知，统计就是使用概率从总体取出样本，然后使用描述统计来理解样本，最后以推断统计来理解总体（也是使用概率），即统计不仅需要理解样本特征，还需要理解样本来源的总体。

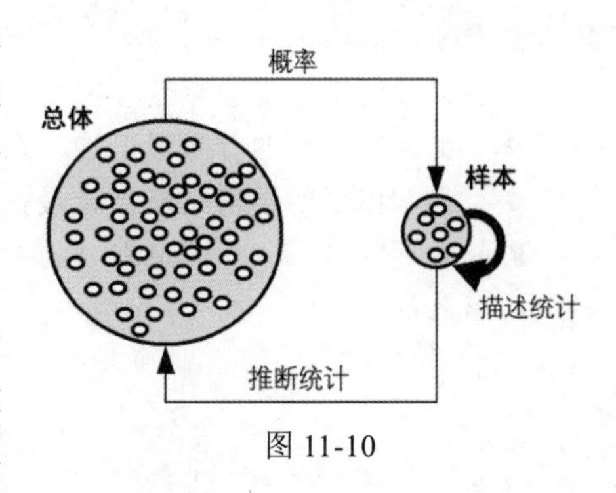

图 11-10

1．描述统计

描述统计是在观察样本数据、测量数据重要特征时的摘要，可以从数据中将特征与特性明确化，即了解数据背后隐含的特征和特性，然后使用信息化方式来组织、摘要与展示数据。其中最有效的方法是将数据整理成表格，并使用第 10.2 节的各种图表来展示。

描述统计的目的就是对过去的数据进行总结，如下所示。

- 在取得去年整年周日饮料销售量的样本数据后，可以取得数据特征：手摇饮料店在周日平均可以卖出 100 杯饮料。
- 在取得上一个月蛋糕店营收的样本数据后，可以取得数据特征：蛋糕店平均一天可以卖 15 个蛋糕。

2．推断统计

推断统计是从数据中分析数据的趋势，可以从部分数据的样本推论出全部情形，即总体。简单地说，推断统计就是从样本数据推论总体特征的统计，其基础就是概率，如下所示。

- 针对手摇饮料店数年每周日的营收，可以预测下一个周日可以卖出 80～120 杯饮料。
- 针对蛋糕店的每日营收，可以预测明天有 95% 的概率可以卖出 20 个蛋糕。

11.5 集中量数与离散量数

统计实际上就是使用数学技术来帮助进一步了解数据，可以使用数据集（Data Sets）的集中量数（Measure of Central Tendency）与离散量数（Measure of Dispersion）来描述这些数据。

数据科学的探索性数据分析就需要使用集中量数和离散量数来进一步了解数据，然后配合第 10 章的可视化图表来进行分析。

11.5.1 集中量数

统计的集中量数用于描述数据的集中趋势，即使用一个数值来描述样本数据中哪一个值最常见、位于中间和最具代表性。

1．众数

众数（Mode）是一组数据中出现次数最多的数据，这是第 1.2.3 节的名目尺度数据唯一可用的集中量数（其他尺度的数据都可使用众数）。众数可以计算出现次数，即在数据集中找出出现最多次数的数据。

众数是最简单的集中量数，但是它有一些缺点，如下所示。

- 如果数据集的分布很平均，众数就会失去意义。
- 最常出现的数值不能代表最接近整体分布中心的数值。

Pandas 包可以调用 mode() 函数计算 DataFrame 对象的指定字段或 Series 对象的众数（Python 程序：Ch11_5_1.py），如下所示：

```
import pandas as pd

df = pd.read_csv("titanic.csv")
s = pd.Series([30, 1, 5, 10, 30, 50, 30, 15, 40, 45, 30])

print(df["Age"].mode())
print(s.mode())
```

上述程序代码读入 titanic 乘客名单的数据集，然后分别计算 Age 字段和 Series 对象的众数，其运行结果如下所示：

```
0   22.0
dtype: float64
0   30
dtype: int64
```

2. 中位数

中位数（Median）是将数据集排序后，取出的最中间位置的值。这是一种和位置相关的数值，顺序尺度（含）以上的尺度都可以使用中位数，如学生成绩，如下所示：

```
18、35、56、78、95
```

上述加下划线的数值 56 就是中位数。当中位数找出来后，可以知道有 50% 高于此分数，50% 低于此分数。在数据中找出中位数需视数据量而定，如下所示。

- 如果样本数 N 是奇数，中位数就是 $(N+1)/2$。例如，上述分数有 5 个，中位数位置是 $(5+1)/2=3$，即第 3 个。
- 如果样本数 N 是偶数，中位数就是最中间 2 个数的平均数。在使用 $N/2$ 和$(N/2)+1$ 找出这 2 个数后，即可计算出中间数，如下所示：

```
18、35、43、64、78、95
```

上述加下划线的数值 43 和 64 是最中间的 2 个数，此时的中位数是 $(43+64)/2=53.5$。

Pandas 包可以调用 median() 函数计算 DataFrame 对象的指定字段或 Series 对象的中位数（Python 程序：Ch11_5_1a.py），如下所示：

```
df = pd.read_csv("titanic.csv")
```

```
s = pd.Series([30, 1, 5, 10, 30, 50, 30, 15, 40, 45, 30])

print(df["Age"].median())
print(s.median())
```

上述程序代码计算 Age 字段和 Series 对象的中位数，其运行结果如下所示：

```
28.0
30.0
```

3. 四分位数

四分位数（Quartiles）是将样本数据排序后分成 4 等份，第 1 个四分位数是样本数据第 25% 的数，表示有 25% 的样本数低于此值；第 2 个四分位数就是中位数，第 3 个四分位数是样本数据第 75% 的数，顺序尺度（含）以上的尺度都可以使用四分位数。

Pandas 包可以调用 quantile() 函数计算 DataFrame 对象的指定字段或 Series 对象的四分位数（Python 程序：Ch11_5_1b.py），如下所示：

```
print(df["Age"].quantile(q=0.25))
print(df["Age"].quantile(q=0.5))
print(df["Age"].quantile(q=0.75))
print(s.quantile(q=0.25))
print(s.quantile(q=0.5))
print(s.quantile(q=0.75))
```

上述程序代码中，quantile() 函数的参数 q 值 0.25 是 25%，0.5 是 50%，0.75 是 75%。其运行结果如下所示：

```
21.0
28.0
39.0
12.5
30.0
35.0
```

4. 算术平均数

算术平均数（Arithmetic Mean）也可以直接称为平均数（Mean）。将一组样本加总后，除以样本个数，就得到此数据集的平均数。平均数是最常使用的集中量数，区间尺度（含）以上的尺度都可以使用平均数，其公式为

$$\overline{x} = \frac{x_1 + x_2 + \cdots + x_n}{n}$$

上述平均数是小写 $\overline{x}$，n 是样本数。例如，现在有一个 12 人的团体，其年龄数据如下所示：

```
44, 44, 48, 50, 50, 52, 53, 53, 53, 62, 62, 65
```

计算上述 12 人团体年龄数据的平均数，如下所示：

```
(44+44+48+50+50+52+53+53+53+62+62+65)/12=53
```

Pandas 包可以调用 mean() 函数计算 DataFrame 对象的指定字段或 Series 对象的平均数（Python 程序：Ch11_5_1c.py），如下所示：

```
print(df["Age"].mean())
print(s.mean())
```

上述程序代码计算 Age 字段和 Series 对象的平均数，其运行结果如下所示：

```
30.397989417989415
26.0
```

虽然中位数和平均数都可以给出数据中心的感觉，但是这 2 个值并不一定相同；而且平均数很容易受到样本中每一个值的影响，如果数据中有 1～2 个极大或极小的极端值，平均数就会受到很大的影响。

11.5.2 离散量数

统计的离散量数描述数据的分散趋势，如果离散量数越大，就表示数据的离散程度越高。

1. 全距

全距（Range）的计算是将样本数据的最大值减去最小值，所以全距表示数据分布中的最大值和最小值之间的距离，区间尺度（含）以上的尺度都可以使用全距。

Pandas 包可以调用 max() 函数和 min() 函数计算 DataFrame 对象的指定字段或 Series 对象的全距（Python 程序：Ch11_5_2.py），如下所示：

```
import pandas as pd

df = pd.read_csv("titanic.csv")
s = pd.Series([30, 1, 5, 10, 30, 50, 30, 15, 40, 45, 30])

print(df["Age"].max() - df["Age"].min())
print(s.max() - s.min())
```

上述程序代码读入 titanic 乘客名单的数据集，然后分别计算 Age 字段和 Series 对象的全距。其运行结果如下所示：

```
70.83
49
```

2. 四分位差

因为样本的最大值和最小值常常有极端值出现，所以最好使用四分位差（Interquartile Range），区间尺度（含）以上的尺度都可以使用四分位差。四分位差是将样本数据排序后，找出第 1 个四分位数和第 3 个四分位数，用第 3 个四分位数减去第 1 个四分位数，如图 11-11 所示。

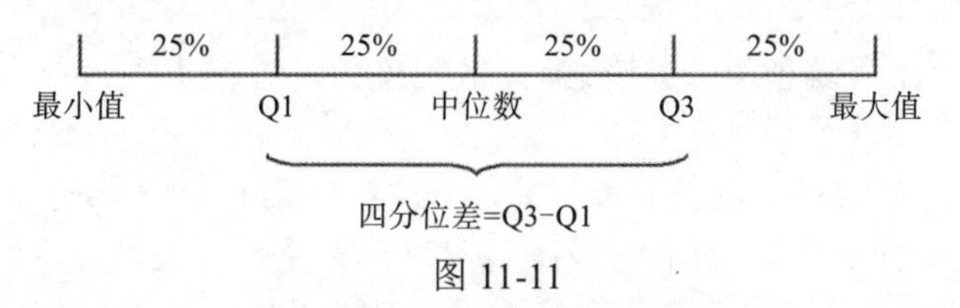

图 11-11

Pandas 包可以调用 quantile(0.75) 函数和 quantile(0.25) 函数计算 DataFrame 对象的指定字段或 Series 对象的四分位差（Python 程序：Ch11_5_2a.py），如下所示：

```
print(df["Age"].quantile(0.75) - df["Age"].quantile(0.25))
print(s.quantile(0.75) - s.quantile(0.25))
```

上述程序代码读入 titanic 乘客名单的数据集，然后分别计算 Age 字段和 Series 对象的四分位差。其运行结果如下所示：

```
18.0
22.5
```

3. 方差

全距和四分位差在计算上十分简单明了，但问题是它们都只使用 2 个值来表示数据的离散程度，而不是全部的样本数据。为了使用全部的样本数据，可以将每一个值减去第 11.5.1 节的平均数，该过程得到的值称为偏差（Deviations），表示数据偏离平均数多少。如果数据越离散，偏差也会越大，如下所示：

$$偏差 = x_i - \overline{x}$$

然后，将全部数据的偏差值平方后，加总，得到偏差平方和（平方的目的是避免负值，否则总和值会正负相抵），如下所示：

$$偏差平方和 = (x_1 - \overline{x})^2 + (x_2 - \overline{x})^2 + \cdots + (x_n - \overline{x})^2$$

最后，将偏差平方和除以数据量，就是方差（Variance），比率尺度的数据可以使用方差，其公式如下所示：

$$方差s^2 = \frac{(x_1 - \overline{x})^2 + (x_2 - \overline{x})^2 + \cdots + (x_n - \overline{x})^2}{n}$$

例如，有 2 个样本 A 和 B，各有 6 个数值，其平均值都是 10，如下所示：

```
样本A={10, 9, 12, 8, 11, 10}
样本B={2, 2, 2, 4, 4, 46}
```

样本 A 的方差计算如下：

```
[(10-10)²+(9-10)²+(12-10)²+(8-10)²+(11-10)²+(10-10)²]/6 ≈ 1.67
```

样本 B 的方差计算如下：

```
[(2-10)²+(2-10)²+(2-10)²+(4-10)²+(4-10)²+(46-10)²]/6 = 260
```

样本 B 因为拥有一个极端值 46，其数据离散程度大，方差也大；样本 A 的数据离散程度小，方差也小。

Pandas 包中可以调用 var() 函数计算 DataFrame 对象的指定字段或 Series 对象的方差（Python 程序：Ch11_5_2b.py），如下所示：

```
print(df["Age"].var())
print(s.var())
```

上述程序代码读入 titanic 乘客名单的数据集，然后分别计算 Age 字段和 Series 对象的方差。其运行结果如下所示：

```
203.32047012439133
264.0
```

4．标准差

方差的平方根就是标准差（Standard Deviation），比率尺度的数据可以使用标准差，其公式如下所示：

$$\text{标准差}s=\sqrt{\frac{(x_1-\overline{x})^2+(x_2-\overline{x})^2+\cdots+(x_n-\overline{x})^2}{n}}$$

Pandas 包可以调用 std() 函数计算 DataFrame 对象的指定字段或 Series 对象的标准差（Python 程序：Ch11_5_2c.py），如下所示：

```
print(df["Age"].std())
print(s.std())
```

上述程序代码读入 titanic 乘客名单的数据集，然后分别计算 Age 字段和 Series 对象的标准差。其运行结果如下所示：

```
14.259048710359023
16.24807680927192
```

不仅如此，Pandas 包还可以调用 describe() 函数输出 DataFrame 对象指定字段或 Series 对象的数据描述，依次是数据长度、平均值、标准偏差、最小值，25%、50%（中位数）、75%和最大值（Python 程序：Ch11_5_2d. py），如下所示：

```
print(df["Age"].describe())
print(s.describe())
```

上述程序代码读入 titanic 乘客名单的数据集，然后分别输出 Age 字段和 Series 对象的数据描述。其运行结果如下所示：

```
count   756.000000
mean    30.397989
std     14.259049
min     0.170000
25%     21.000000
50%     28.000000
75%     39.000000
max     71.000000
Name: Age, dtype: float64
count   11.000000
mean    26.000000
std     16.248077
min     1.000000
25%     12.500000
50%     30.000000
75%     35.000000
max     50.000000
dtype: float64
```

11.6 随机变量与概率分布

在了解概率、统计的集中量数和离散量数后，需要进一步了解随机变量（Random Variables）与概率分布（Probability Distribution），因为这才是真正连接概率和推断统计之间的桥梁。

11.6.1 认识随机变量与概率分布

统计的变量（Variable）是一种可测量或计数的特性、数值或数量，也可称为数据项，变量值就是数据，例如：年龄和性别等。变量如同第 1.2.2 节的数据可以分成质的变量和量的变量，也可以区分成第 1.2.3 节 4 种尺度的变量。

变量之所以称为变量，是因为变量值可能因为总体的数据单位或时间而改变。例如，收入是一个变量，总体的个人、家庭和公司收入可能不同，而且收入会因时间而增加或减少。

实际上，统计与概率之间的关系就是使用随机变量（一种变量）与概率分布作为桥梁，如图 11-12 所示。

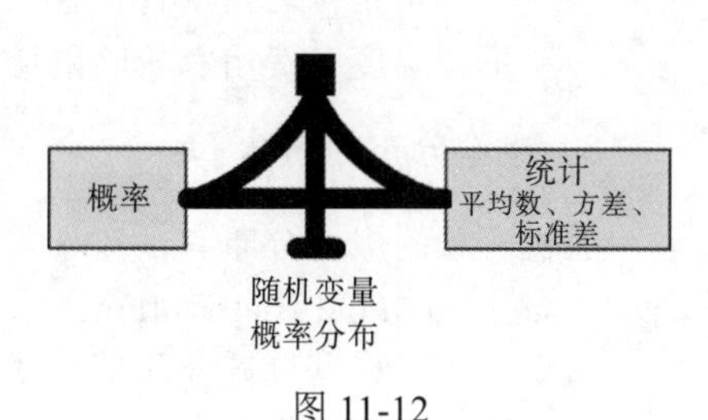

图 11-12

1. 随机变量与概率分布

随机变量是一种变量（并非程序语言的变量），可以使用一个数值来描述一个概率的事件。随机变量在特定时间点是一个值，但是它会随环境变化而拥有多种不同值。通常使用大写英文字母来表示随机变量，如 X、Y 或 Z 等。

例如，掷 1 个骰子的随机变量 X，可以使用点数来描述掷 1 个骰子的事件，点数的可能值有 1～6，每一次掷的点数因概率而不同（概率的事件），所以这是一个随机变量。

一般来说，随机变量都会伴随着一个随机过程的试验，而这个试验产生的是一个随机的结果，如掷 1 个骰子、选 1 张卡片、选 1 个宾果球等。但是，并无法准确地预测结果，其结果是在一个范围内的一个值（代表一个事件），只能计算出每一个事件（每一个值）的发生概率，这就是概率分布。

概率分布通常使用图形来呈现，可以描述随机变量的分布情况、哪些随机变量常常出现、哪些随机变量比较少出现。例如，掷 1 个骰子的可能结果是随机变量 X，X 的值可能是 1～6 点数，可以计算出每一种点数的概率是 1/6，其概率分布［适用离散型变量（Discrete Variable）］如表 11-2 所示。

表 11-2　概率分布

点数值	X=1	X=2	X=3	X=4	X=5	X=6
概　率	1/6	1/6	1/6	1/6	1/6	1/6

表 11-2 中，掷出各骰子点数的概率是相同的。如果掷 2 个骰子，点数出现的概率就会不一样。事实上，随机变量 X 是样本空间对应到值的一个 f() 函数，其参数值代表对应的事件，可以返回此事件的概率，如下所示：

f（事件）= 概率

仍以掷 1 个骰子为例，f(X=1)=1/6、f(X=2)=1/6 等。

2. 随机变量的种类

随机变量根据变量值的性质不同可以分成两种，如下所示。

- 离散型变量：这些值之间通常有间隔。例如，骰子点数 1、2、3、4、5、6，一间房子的房间数量 1、2、3、4 等。
- 连续型变量（Continuous Variable）：这种变量值拥有无限可能的值，即其变量值是在一定范围之内的任何值（没有间隔）。例如，北京飞到上海花费的时间、身高、体重、温度、费用和轮胎的胎压等。

3. 概率分布的用途

随机变量的概率分布有很多种，一些常见的概率分布有正态分布（Normal Distribution）、二项分布（Binomial Distribution）、泊松分布（Poisson Distribution）等。

概率分布可以帮助建立不同种类的随机事件模型来进行统计分析，即将复杂现象使用简单的数学模型来表示。换个角度来说，不同种类的概率分布可以回答不同问题的随机事件，所以需要先了解问题是什么，才能选择适当的概率分布来建立模型，如下所示。

- 个别事件发生的概率。
- 在多次重复试验中，事件会发生几次。
- 事件多久会发生。

11.6.2 离散型随机变量与概率分布

离散型随机变量的值是有限的，其是一个不连续的值（有间隔）。例如，丢 1 个正反概率相同的铜板，正面是 1，反面是 0。离散型随机变量 Y 的概率分布如表 11-3 所示。

表 11-3 离散型随机变量 Y 概率分布

正反值	Y=1	Y=0
概率	1/2	1/2

在上一节的掷 1 个骰子的随机变量，这也是一种离散型随机变量 X，其概率分布如表 11-4 所示。

表 11-4 离散型随机变量 X 概率分布

点数值	X=1	X=2	X=3	X=4	X=5	X=6
概率	1/6	1/6	1/6	1/6	1/6	1/6

上述离散型随机变量 X 的概率使用表格列出，如果调用第 11.6.1 节的 f() 概率函数 [称为概率质量函数（Probability Mass Function，PMF）]，可以返回指定点数事件的概率。

1．离散型随机变量的期望值

离散型随机变量两个主要的属性是期望值（Expected Value）和方差。期望值 μ 也称为随机变量的平均值，其公式如下所示：

$$\mu = x_1 p_1 + x_2 p_2 + \cdots + x_n p_n$$

期望值 μ 是随机变量 x 的值乘以对应的概率 p 的总和，p 可以从随机变量函数 f(x) 取得。例如，掷 1 个骰子是点数 1 的概率是 f(1)=1/6、点数 2 的概率是 f(2)=1/6 ……期望值的运算过程如下所示：

$$1\times1/6+2\times1/6+3\times1/6+4\times1/6+5\times1/6+6\times1/6=3.5$$

期望值 μ 又称为随机变量的平均值，因为在重复多次试验后，依据第 11.1.3 节的大数法则，期望值就会逐渐接近算数平均值，如下所示：

```
(1+2+3+4+5+6)/6=3.5
```

Python 程序首先进行 100 次试验（Python 程序：Ch11_6_2.py），如下所示：

```
import random

def dice_roll():
```

```
    v = random.randint(1, 6)
    return v

trials = []
num_of_trials = 100
for trial in range(num_of_trials):
    trials.append(dice_roll())
print(sum(trials)/float(num_of_trials))
```

上述程序代码使用随机数建立掷 1 个骰子的 dice_roll() 函数，for 循环执行 100 次，然后输出 100 次的平均值。其运行结果如下所示：

```
3.43
```

上述 100 次的平均值是 3.43（每一次运行结果都会不同）。从 100 次增加试验次数至 10000 次，并且绘制折线图（Python 程序：Ch11_6_2a.py），如下所示：

```
num_of_trials = range(100, 10000, 10)
avgs = []
for num_of_trial in num_of_trials:
    trials = []
    for trial in range(num_of_trial):
        trials.append(dice_roll())
    avgs.append(sum(trials)/float(num_of_trial))

plt.plot(num_of_trials, avgs)
plt.xlabel("Number of Trials")
plt.ylabel("Average")
plt.show()
```

上述程序代码使用 Matplotlib 包绘制图表，可以看到逐渐接近算术平均值 3.5，如图 11-13 所示。

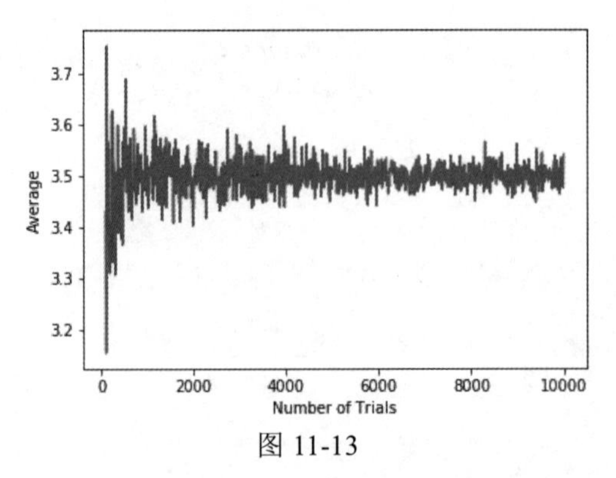

图 11-13

2．离散型随机变量的方差和标准差

如同第 11.5.2 节的离散量数，也可以计算离散型随机变量的方差，其公式如下所示：

$$\sigma^2=(x_1-\mu)^2p_1+(x_2-\mu)^2p_2+\cdots+(x_n-\mu)^2p_n$$

μ是期望值，p 是对应的概率（可用概率质量函数取得）。例如，掷 1 个骰子的期望值μ是 3.5，方差σ^2的计算如下所示：

$$\sigma^2=(1-3.5)^2\times\frac{1}{6}+(2-3.5)^2\times\frac{1}{6}+\cdots+(6-3.5)^2\times\frac{1}{6}=\frac{35}{12}\approx2.9$$

标准偏差是方差开根号：

$$\sigma=\sqrt{\sigma^2}=\sqrt{\frac{35}{12}}\approx1.7$$

11.6.3 连续型随机变量与概率分布

连续型随机变量是一种有无限可能值的随机变量。例如，离散型随机变量值是 1 和 2，连续型随机变量就是 1～2 的无限值，如 1.00、1.01、1.001、1.0001、…。一些连续型随机变量的范例如下所示。

- 时间（Time）：计算机完成指定工作花费的时间。看起来时间好像可以计数，事实上，时间只是区间的大约值，可以再向下细分。例如，1.3 秒可能是 1.3333333333333333…秒，这是一个连续值。
- 体重（Weight）：一个成人的体重是 75 kg，其值可能是 75.10 kg 或 75.1110 kg，成人体重的可能值是无限的。
- 年龄（Age）：年龄 20 岁，可能是 20 年 10 天 1 秒加上 1 毫秒，与时间类似，年龄也是具有无限可能值的连续变量。
- 收入（Income）：年收入看起来是可计数的值，但实际上，收入可以是任何可能值。

1．概率密度函数

因为离散型随机变量是可计数的数值，所以概率函数能够依据事件返回对应的概率。但是，连续型随机变量是连续且无法计数的值，因此需要使用概率密度函数（Probability Density Function，PDF）来计算概率，如图 11-14 所示。

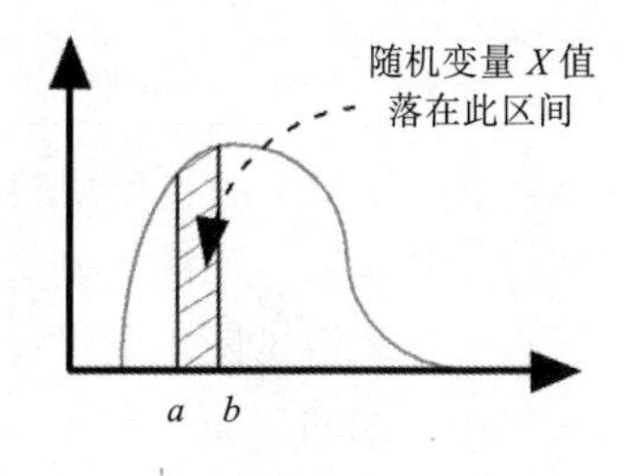

图 11-14

图 11-14 所示为概率密度函数的曲线，当随机变量 X 落在 a 和 b （$a\leqslant X\leqslant b$）区间时，概率就是此区域的面积。

对于连续型随机变量，当随机变量 X 的值是 x 时，概率是 0，因为 x 在某一特定值时区间面积为 0，所以出现的概率都是 0。概率密度函数返回的概率值是区间宽度 a 和 b 切割成无限小长方形的面积，需要使用积分来计算面积值。

2. 连续型随机变量的期望值与方差

计算连续型随机变量的期望值与方差时需要使用积分概念，如下所示：

$$期望值\mu = 随机变量X与概率密度函数乘积的积分$$

$$方差\sigma = (X值 - 期望值\mu)^2与概率密度函数乘积的积分$$

上述公式需要使用数学的积分来计算，传统的统计学是使用查表方式（已经都算好）来替代复杂的计算。在第 12 章介绍估计时，也会使用 Scipy 包的统计函数来进行计算。

11.6.4 累积分布函数

概率分布的累积分布函数（Cumulative Distribution Function，CDF）（或直接称为分布函数）可以完整描述随机变量 X 的概率分布。

1. 认识累积分布函数

累积分布函数的概念类似于统计的累积次数表（Cumulative Frequency Table），其将次数和相对次数分别进行累加，如表 11-5 所示。

表 11-5 将次数和相对次数分别进行累加

类　型	次　数	累积次数
1～1000	22	22
1001～2000	45	67
2001～3000	57	124
3001～4000	97	221
4001～5000	152	373
5001～6000	241	614
6001～7000	52	666

表 11-5 中的累积次数都是之前次数的总和，累积分布函数也与此类似，只是累加的是概率，不是次数。当随机变量 X 的值是 x 时，累积分布函数的计算如下所示。

- 离散型随机变量：所有 x 之前的概率总和。
- 连续型随机变量：所有 x 之前概率密度函数的积分。

2. 累积分布函数的用途

累积分布函数用于找出特定值之上、之下，或两个值之间的概率。例如，现在已经有一个小狗体重的累积分布函数，可以根据此函数找出：

- 小狗体重大于 3 kg 的概率。
- 小狗体重小于 3 kg 的概率。
- 小狗体重在 2～3 kg 的概率。

11.6.5 二项分布

二项分布就是二项随机变量（Binomial Random Variables）的概率分布，是一种离散型随机变量的概率分布。

1. 二项随机变量

二项随机变量是在重复发生的单一事件中计算出的成功次数（如果不能计数，就一定不是二项随机变量）。其需要符合的条件如下所示。

- 样本尺寸是固定的，即固定的试验次数。
- 对于每一次试验，成功情况一定会出现，或没有出现。
- 每一个事件的概率必须是相等的。
- 每一次试验都是独立事件，即 2 个试验之间没有任何关联。

一些二项随机变量的范例如下所示。

- 丢 1 个“公正”铜板 10 次，计算正面的次数。
- 掷 1 个“公正”骰子 5 次，计算出现 1 点的次数。
- 购买 20 次刮刮乐，计算中奖的次数。
- 随机选择 200 人的样本，计算左撇子的人数。

2. 二项分布

二项随机变量的概率分布就是二项分布，二项分布拥有 2 个重要特性，如下所示。

- 固定试验次数 n。
- 每一次试验的成功概率 p。

二项随机变量的概率质量函数如下所示：

$$\mathrm{P}(X=k)=\mathrm{C}_k^n p^k (1-p)^{n-k}$$

$$\mathrm{C}_k^n=\frac{n!}{(n-k)!k!}$$

$\mathrm{P}(X=k)$ 就是概率质量函数，第 2 个公式是第 11.3.3 节的组合公式。例如，掷 1 个“公正”骰子 5 次，计算出现 1 点的次数，n 的值是 5，p 的值是 1/6，k 的可能值是 0～5。随机变量 X 是二项分布，$\mathrm{P}(X=0)$、$\mathrm{P}(X=1)$、…的计算如下：

$$\mathrm{P}(X=0)=\mathrm{C}_0^5\left(\frac{1}{6}\right)^0\left(1-\frac{1}{6}\right)^{5-0}$$

$$\mathrm{P}(X=1)=\mathrm{C}_1^5\left(\frac{1}{6}\right)^1\left(1-\frac{1}{6}\right)^{5-1}$$

…

Python 可以使用 Scipy 包的 stats 统计模块来计算概率质量函数的值（Python 程序：Ch11_6_5.py），如下所示：

```
from scipy import stats
```

```
n = 5
p = 1/6
for k in range(n+1):
    v = stats.binom.pmf(k, n, p)
    print(k, v)
```

上述程序代码导入模块后，指定 n 和 p 的值，for 循环中的 k 值为 0～5。调用 stats.binom.pmf() 函数计算二项随机变量的概率质量函数值 [binom 是二项分布，第 11.6.4 节的累积分布函数是 cdf()]。其运行结果如下所示：

```
0 0.4018775720164609
1 0.4018775720164608
2 0.16075102880658435
3 0.03215020576131685
4 0.0032150205761316843
5 0.00012860082304526758
```

Scipy 包的 stats 统计模块提供了可以产生各种概率分布的数据的函数（Python 程序：Ch11_6_5a.py），如下所示：

```
import pandas as pd
import matplotlib.pyplot as plt
from scipy import stats

fair_dice_rolls = stats.binom.rvs(n=5,
                                  p=1/6,
                                  size=10000)
print(fair_dice_rolls)
df = pd.DataFrame(fair_dice_rolls)
df.hist(range=(-0.5, 5.5), bins=6)
```

上述程序代码调用 stats.binom.rvs() 函数产生二项分布的随机数据，如下所示：

```
fair_dice_rolls = stats.binom.rvs(n=5,
                                  p=1/6,
                                  size=10000)
```

上述程序代码中，binom 是指二项分布调用 rvs() 函数产生随机数据，参数 n 是每一次的试验次数，p 是成功概率，size 是总共的试验次数 10000 次。在建立 DataFrame 对象后，调用 hist() 函数绘制直方图，如下所示：

```
df.hist(range=(-0.5, 5.5), bins=6)
```

上述参数 range 为随机变量 X 值的范围 0～5（±0.5），区间 bin 是 5+1，执行结果绘出的直方图（图 11-15）可以对比之前概率质量函数计算的概率。

图 11-15 中，0 和 1 约 4000 次，除以 10000 次的概率约 0.4；2 是 1600 次左右，所以约为 0.16，以此类推。

例如，丢 1 个“公正”铜板 10 次，计算正面的次数，参数 n 是 10，p 是 1/2=0.5（Python 程序：Ch11_6_5b.py），如下所示：

```
fair_dice_rolls = stats.binom.rvs(n=10,
                                  p=0.5,
                                  size=10000)
print(fair_dice_rolls)
df = pd.DataFrame(fair_dice_rolls)
df.hist(range=(-0.5, 10.5), bins=11)
```

上述程序代码也是 10000 次。运行后绘制的直方图如图 11-16 所示。

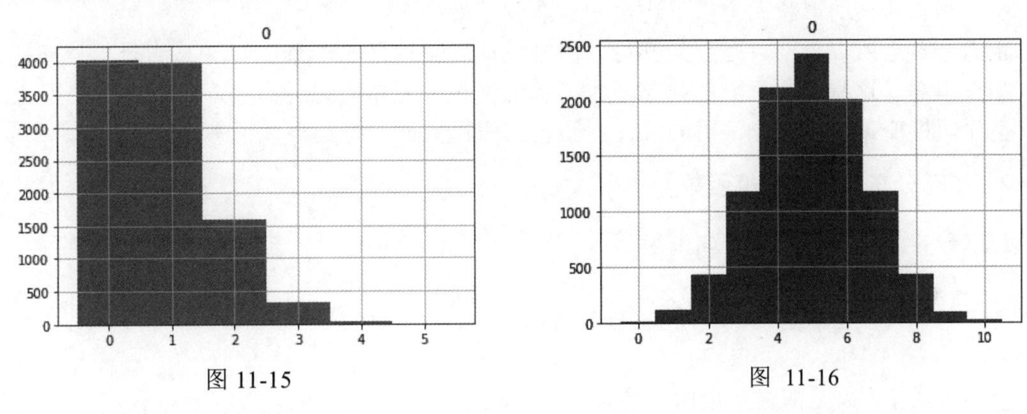

图 11-15　　　　图 11-16

Python 程序：Ch11_6_5c.py 是调用 stats.binom.pmf() 函数计算概率质量函数，读者可以自行和图 11-16 比较随机变量 X 的概率。

例如，本市共有 14 家新餐厅开张，第 1 年可以存活的概率是 20%，请计算出第 1 年存活 3 家的概率有多少。此例的 n 是 14，p 是 0.2，需要计算 $p(X=3)$，如下所示：

$$\mathrm{P}(X=3)=\mathrm{C}_3^{14}0.2^3(1-0.2)^{14-3}\approx 0.25$$

由计算结果可以知道存活 3 家的概率有 25%，Python 程序 Ch11_6_5d.py 调用 stats.binom.pmf() 函数计算新餐厅的存活概率。

3. 二项随机变量的期望值和方差

二项随机变量的期望值和方差计算公式为

$$期望值\mu = np$$

$$方差\sigma^2 = np(1-p)$$

11.6.6 正态分布

正态分布也称常态分布，又名高斯分布（Gaussian Distribution），这是一种常见的连续型随机变量的概率分布。

1. 认识正态分布

正态分布是统计学中一个非常重要的概率分布，经常用在自然和社会科学中，用来代表一个随机变量。正态分布配合平均数和标准偏差，可以进行精确的描述和推论。正态分布的形状是一个正态曲线（The Normal Curve），其主要特性如下所示。

- 正态曲线的外形是以平均值为中心，左右对称的钟形曲线。

对称形状不一定是正态分布，但正态分布一定是对称形状。

- 正态曲线的众数、中位数和平均数三合一。
- 正态曲线的两尾向两端无限延伸。
- 正态曲线的形状完全以平均数和标准偏差来决定。

正态分布之所以重要，是因为其可以用来发现真实世界的现象，如 IQ 测验、身高、体重、收入和支出等。这些真实世界的现象基本上都遵循正态分布的理论模型，所以常常使用正态分布模型化随机变量，大部分常用的统计检验也都假设数据分布是一种正态分布。

2. 正态分布的概率密度函数

正态分布的概率密度函数如下所示：

$$\text{正态分布}f(x)=\frac{1}{\sqrt{2\pi\sigma^2}}e^{-\frac{(x-\mu)^2}{2\sigma^2}}$$

上述公式中，μ 是随机变量的平均数（期望值），σ 是标准偏差。

可以使用 Python 程序建立此公式的函数（Python 程序：Ch11_6_6.py），如下所示：

```
import numpy as np
import matplotlib.pyplot as plt

def normal_pdf(x, mu, sigma):
    pi = 3.1415926
    e = 2.718281
    f = (1./np.sqrt(2*pi*sigma**2))*e**(-(x-mu)**2/(2.*sigma**2))
    return f

ax = np.linspace(-5, 5, 100)
ay = [normal_pdf(x, 0, 1) for x in ax]
plt.plot(ax, ay)
```

```
plt.show()
```

上述程序代码中，normal_pdf() 函数是正态分布的概率密度函数，当 $\mu=0$，$\sigma=1$ 时称为标准正态分布（Standard Normal Distribution），该内容在第 12.2 节有进一步的说明。其运行结果如图 11-17 所示。

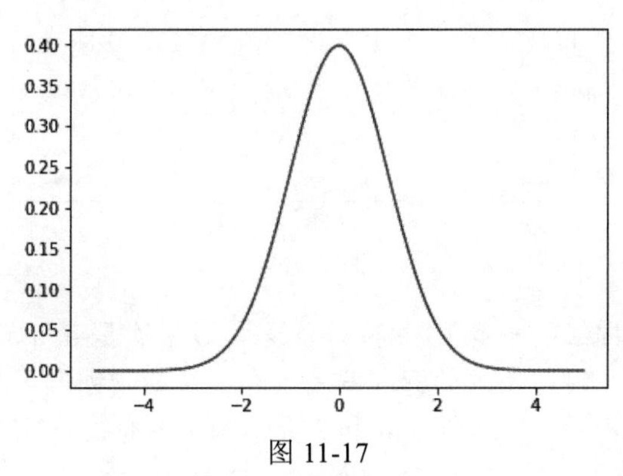

图 11-17

与二项分布类似，也可以使用 Scipy 包的 stats 统计模块来计算正态分布概率密度函数的值，正态分布是 norm（Python 程序：Ch11_6_6a.py），如下所示：

```
from scipy import stats
import matplotlib.pyplot as plt
import numpy as np

x = [x/10.0 for x in range(-50, 60)]
plt.plot(x, stats.norm.pdf(x, 0, 1),
        'r-', lw=1, alpha=0.6, label='mu=0, sigma=1')
plt.plot(x, stats.norm.pdf(x, 0, 2),
        'b--', lw=1, alpha=0.6, label='mu=0, sigma=2')
plt.plot(x, stats.norm.pdf(x, 2, 1),
        'g-.', lw=1, alpha=0.6, label='mu=2, sigma=1')
plt.legend()
plt.title("Various Normal PDF")
plt.show()
```

上述程序代码调用 3 次 stats.norm.pdf() 函数的概率密度函数，第 1 个参数是随机变量 X 的值，第 2 个参数是平均值，第 3 个参数是标准偏差。其运行结果如图 11-18 所示。

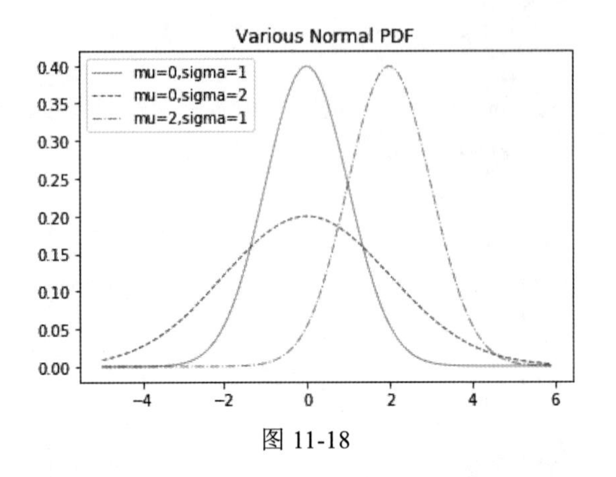

图 11-18

图 11-18 中 3 条正态曲线的平均值 μ 和标准偏差 σ 依次是 0, 1、0, 2 和 2, 1。从图 11-18 中可以看到，当平均值为 1 时，不同的标准偏差 1 和 2 会影响钟形正态曲线的高度和宽度；当标准偏差相同，都是 1 时，不同的平均值 0 和 2 会影响正态曲线平行位移。

◇ 学习检测 ◇

1．什么是概率？什么是频率论？

2．举例说明大数法则。

3．什么是组合事件与条件概率？

4．举例说明什么是概率定理。排列和组合的概率差异是什么？

5．使用简单图例说明什么是统计。统计分成哪两大类？

6．什么是统计的集中量数与离散量数？分别说明 Pandas 包如何计算出集中量数与离散量数。

7．举例说明什么是随机变量与概率分布。

8．离散型随机变量和连续型随机变量是什么？其差异是什么？

9．什么是二项分布？

10．什么是正态分布？

CHAPTER 12

第12章

估计与检验

- 12.1 抽样与抽样分布
- 12.2 标准正态分布与数据标准化
- 12.3 中心极限定理
- 12.4 估计
- 12.5 假设检验
- 12.6 卡方检验

12.1 抽样与抽样分布

推论统计可以从部分数据的样本中推论出全部数据的总体，其做法和任务有两项，如下所示。

- 估计（Estimation）：从样本数据推论样本来源的总体特征（平均数和标准差）的过程。
- 假设检验（Hypothesis Testing）：先针对总体提出假设，然后通过分析比较样本来验证提出的假设是否有效。

12.1.1 参数与统计量

通常不可能有足够的条件来收集完整的总体（Population）（也称为母体）数据，也可能根本无法调查出整个总体数据。例如，调查全国男性抽烟情况，只能使用抽样方式调查选出总体的部分数据，即样本（Sample）。例如，在了解样本平均数后，使用推论统计来推测出总体平均数。

总体特征的平均数和标准差等量数称为参数（Parameters）（也称为母数），样本特征称为统计量（Statistic），如图 12-1 所示。

图 12-1 是从总体中抽样出部分数据样本。样本特征的统计量是已知且可以掌握的信息，总体是未知的准备进一步了解的信息，即参数，如图 12-2 所示。

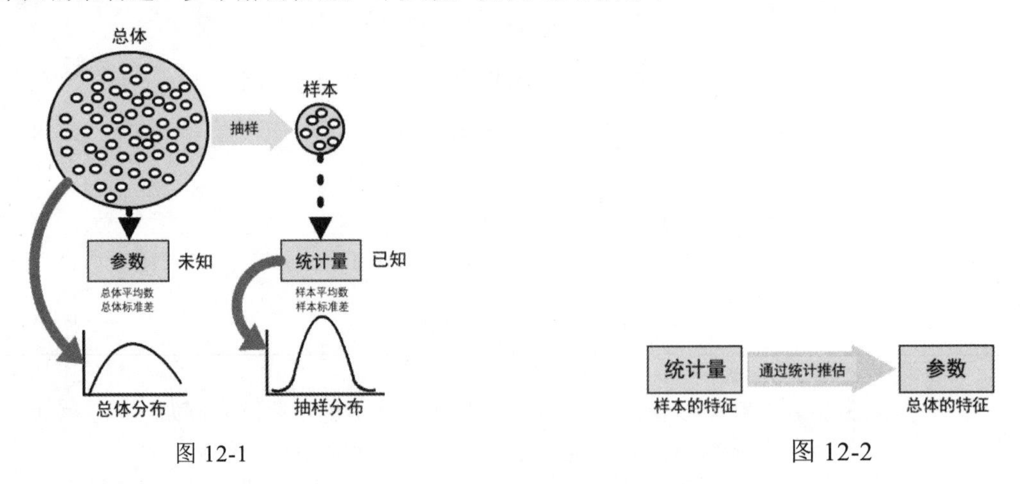

图 12-1　　图 12-2

1. 参数与总体分布

总体是使用总体平均数 μ 和总体标准差 σ 等集中量数或离散量数来描述总体特征，即参数。如果从总体中随机抽出 1 个值，并且将之视为变量，它就是第 11 章介绍的的随机变量。对应随机变量的概率分布称为总体分布（Population Distribution）。

实际上，虽然无从得知总体分布是哪一种分布，但是通常会假设总体是一种正态分布，将其称为正态总体（Normal Population），如此才可以使用推论统计来进行估计和检验。

2. 统计量与抽样分布

样本是总体的部分数据，从总体中抽样获取样本，可以计算出样本平均数 x 和样本标准差 s 等集中量数或离散量数来描述样本的特征，即统计量。统计量本身是一个随机变量，对应随机变量的概率称为抽样分布（Sampling Distribution），该内容将在第 12.1.3 节有进一步的说明。

因为可以从样本计算出样本平均数和标准差，所以这些统计量才是真正可以掌控的信息。

12.1.2 抽样方法

从总体中抽出的样本称为样本数据（Sampling Data），主要是使用随机抽样（Random Sampling）来选择样本，这是一种常用的概率抽样（Probability Sampling）方法。

实际上，无论概率抽样使用哪一种方法，其目标是希望抽出的样本能够代表总体。例如，总体中有 40%是男性，样本如果有代表性，那么样本的男性比例应该也接近 40%。为了确保样本有代表性，需要使用均等概率选择方式（Equal Probability of Selection Method，EPSEM）来抽出样本。

推论统计只能使用 EPSEM 抽样方法获取的样本，常用 EPSEM 抽样方法的简单说明如下所示。

- 简单随机抽样（Simple Random Sampling，SRS）：将总体的成员列成一个表，然后使用概率均等方式随机从列表中挑选出所需的样本。例如，使用随机数表进行抽样。
- 系统抽样（Systematic Sampling）：不同于简单随机抽样的每一个样本都是随机挑选，系统抽样只有第 1 个是随机选取，然后以总体大小除以样本大小的间距来挑出样本。例如，第 1 次抽到 11，总体有 10000，样本需 200，间隔就是 10000/200=50，所以第 2 个是 61，第 3 个是 111，以此类推。
- 分层抽样（Stratified Sampling）：分层抽样是一种随机抽样，首先将总体分成性质不同或互斥的若干群组，每一组就是一层（Strata），同属一层的性质需尽量相近，然后在每一层以一定比例使用简单随机抽样来抽出样本。例如，对大学生进行抽样，可以先将学生分成侨生、交换生和一般学生，然后针对每一类学生抽样 2% 的学生。
- 丛集抽样（Cluster Sample）：也称为分群随机抽样或分簇抽样。如果无法获取总体的完整成员列表，则可以使用丛集抽样，即从大到小进行抽样。例如，以学校为单位，首先随机选出几所学校，然后每所学校再以班为单位选出几个班，最后从班中抽出几位学生。

12.1.3 抽样分布

从总体抽出样本后，参考第 11.5 节即可计算出样本的集中量数与离散量数。但问题是虽然已经知道样本的特征，对于其背后的总体仍然一无所知。推论统计需要使用抽样分布观念来推论总体，使用的就是第 11.6 节的概率分布。因为有抽样分布，所以才能运用概率分布来从样本推论总体。

1．认识抽样分布

抽样分布是将所有可能样本统计值（如平均数）的发生概率转换成随机变量和概率分布，每一次抽样的样本平均数是一个随机变量 X，对应的概率是概率分布，称为算术平均数抽样分布（Sampling Distribution of the Mean）。

例如，从 5 个数值的总体随机抽取固定大小（3 个）样本数的样本，在计算算术平均数后，将样本放回总体；再抽出固定大小（3 个）样本数的样本，计算算术平均数后放回。需要重复进行抽样和计算平均数的操作，如图 12-3 所示。

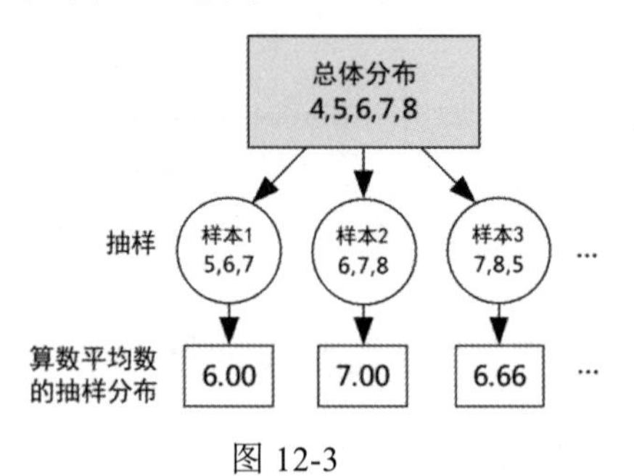

图 12-3

当图 12-3 中的抽样次数很多时，总会抽出和总体特征相同的样本，而且因为样本的组成不同，可以分别计算出平均数 6.00、7.00、6.66 的发生概率，这就是第 11.6 节的概率分布。

事实上，所有可能得到的样本统计值就是一种随机变量 X 的概率分布。但是，不可能无限次地进行抽样，所以这是一个理论上的概率分布。由于此例是使用平均数，所以称为算术平均数的抽样分布，当然样本统计量也可以是方差或比例等。

2．正态分布的抽样分布

如果总体是一个正态分布，总体的平均数是 μ，标准差是 σ，当重复从总体抽出 n 个样本数的样本时，所有样本平均数 x 组成的抽样分布也是一种正态分布，而且分布的平均数也是 μ（和总体平均数相同），标准差是 $\frac{\sigma}{\sqrt{n}}$。

因为样本平均数的抽样分布是一种正态分布，所以可以使用已知的正态分布特性来进行估计，详见第 12.2 节和第 12.4 节。

12.2 标准正态分布与数据标准化

在第 11.6.6 节已经介绍过正态分布的概率分布，本节将进一步说明正态分布的特性和标准正态分布，使用的是数据标准化的 Z 分数（Z-score）。

12.2.1 标准正态分布

正态分布是统计学中最重要的概率分布，所有的统计分析都是基于正态分布。标准正态分布是平均数为 0、标准差为 1 的特殊的正态分布。

1. 正态分布的特性

正态分布的曲线以总体平均数（期望值）为中心，因为左右对称，任何位于中心左边的点与 x 轴之间在正态曲线下的面积和中心右侧同距离的点与 x 轴之间的面积相等，如图 12-4 所示。

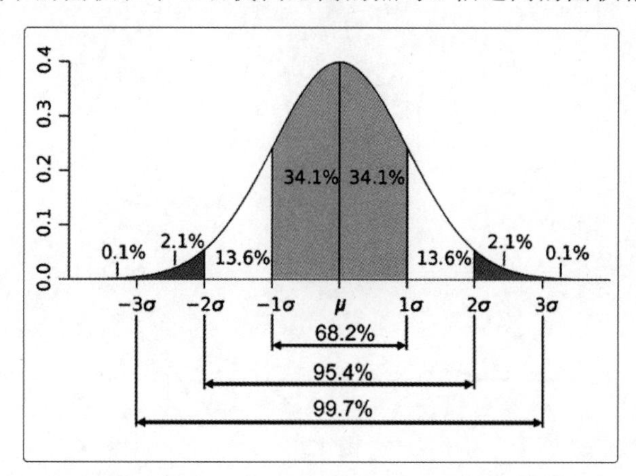

图 12-4

图片来源: http://www.muelaner.com/wp-content/uploads/2013/07/Standard_deviation_diagram.png

由图 12-4 可以看出，总体平均数 μ 和标准差 σ 所占面积的比例有一定的关系，如下所示。

- 68.2%面积位于 $\mu \pm \sigma$ 区间，即总体平均数加减 1 个标准差。
- 95.4%面积位于 $\mu \pm 2\sigma$ 区间，即总体平均数加减 2 个标准差。
- 99.7%面积位在 $\mu \pm 3\sigma$ 区间，即总体平均数加减 3 个标准差。

当随机变量的分布是正态分布时，其面积的比例就是样本比例。例如，样本数为 1000，样本平均数加减 1 个标准差大约是 682（$1000 \times 68.2\%$），所以绝大部分样本平均数会落在总体平均数加减 2 个标准差之内，只有极少数样本平均数会落在总体平均数加减 3 个标准差之外。也就是说，样本平均数极少数会比总体平均数加 3 个标准差大，或比总体平均数减 3 个标准差小。

2. 标准正态分布

在了解正态分布的特性后，可以进一步将分布使用第 12.2.2 节的数据标准化转换成为标准正态分布，即平均数 μ=0 和标准差 σ=1 的正态分布，如下所示：

$$\text{标准正态分布}\mathrm{f}(x) = \frac{1}{\sqrt{2\pi}}\mathrm{e}^{-\frac{x^2}{2}}$$

上述公式和第 11.6.6 节中的公式类似，只是该公式中，μ =0，σ =1。Python 程序：Ch12_2_1.py 绘制的就是标准正态分布曲线，如图 12-5 所示。

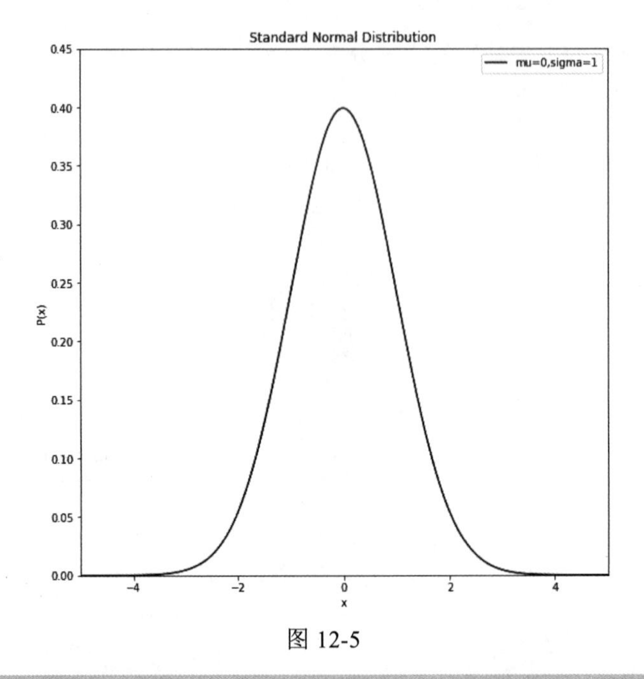

图 12-5

12.2.2 数据标准化

因为从样本计算出的平均数和标准差会因为单位的不同而造成数值上的变化，如米、厘米或千克、克等，所以可能造成统计分析时产生完全不同的结果，数据标准化就是在解决此问题。

数据标准化删除数据原来的单位，统一使用标准分数（Standard Score）或称为 Z 分数作为单位，在转换成 Z 分数后，平均数成为 0，标准差成为 1，其公式如下所示：

$$\text{标准化 } z = \frac{x_i - \overline{x}}{s}$$

从上述公式可知，当变量 x 等于平均数时，$z = 0$，所以标准正态分布下的平均数是 0。原式变量 x 等于 $\overline{x} + s$ 时，转换后 $z = 1$，如右所示：$z = \frac{(\overline{x} + s) - \overline{x}}{s} = 1$。

标准化的目的是将原来的数据转换成一种标准分数，这样不同的样本分布在经过标准化后，因为拥有相同单位的 Z 分数，所以就可以进行比较。

例如，在某社交软件随机选择 24 位朋友的样本，并且一一记下其朋友数。首先查看样本的统计量（Python 程序：Ch12_2_2.py），如下所示：

```
import pandas as pd

friends = [110, 1017, 1127, 417, 624, 957, 89,
           951, 947, 797, 981, 125, 455, 731,
           1641, 486, 1307, 472, 1131, 1771, 905,
           532, 742, 622]
```

```
s_friends = pd.Series(friends)
print(s_friends.describe())
```

上述程序代码中，friends 列表是样本数据，调用 describe() 函数输出相关的统计量。其运行结果如下所示：

```
count    24.000000
mean    789.041667
std     434.014173
min      89.000000
25%     482.500000
50%     769.500000
75%     990.000000
max    1771.000000
dtype: float64
```

现在，根据上述公式进行标准化（Python 程序：Ch12_2_2a. py），如下所示：

```
s_friends = pd.Series(friends)
m = s_friends.mean()
print("平均数: ", m)
s = s_friends.std()
print("标准差: ", s)

z_scores = []
for x in friends:
    z = (x - m)/s             # 公式
    z_scores.append(z)
print(z_scores)
```

上述程序代码计算出样本平均数和标准差后，在 for 循环中使用公式计算标准化后的 Z 分数。其运行结果如下所示：

```
平均数 : 789.0416666666666
标准差 : 434.01417319741057
[-1.5645610410925583, 0.5252324633869663, 0.7786804077009107,
-0.8572108692345495, -0.38026791948012656, 0.38698813012481464,
-1.6129465577343114, 0.3731636967985995, 0.36394740791445607,
0.018336574759077136, 0.4422858634296753, -1.5299999577770205,
-0.7696561248351869, -0.13373219182928958, 1.9629735293133426,
-0.6982298859830752, 1.1934134074873655, -0.7304868970775772,
0.7878966965850542, 2.2625029180480043, 0.26717637463094995,
-0.5922425638154256, -0.10838739739789514, -0.3848760639221983]
```

Python 程序 Ch12_2_2b.py 绘制的 Z 分数的直方图如图 12-6 所示。

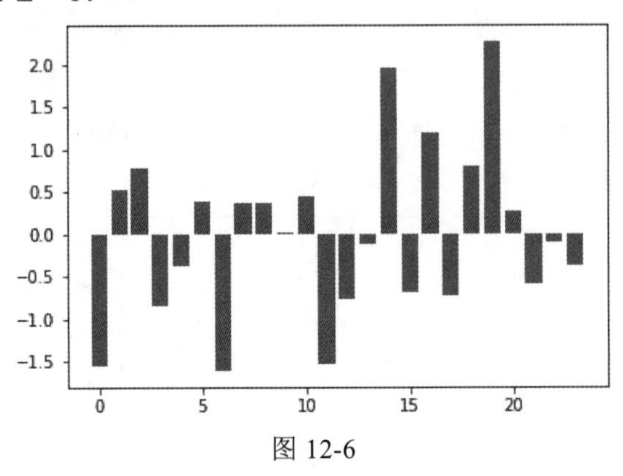

图 12-6

图 12-6 中，负值表示数据小于平均数，正值表示数据大于平均数；直方图中的长方形并不是朋友数，而是朋友数和平均数相差的程度。

12.3 中心极限定理

中心极限定理（Central Limit Theorem）是第 12.1.3 节中算术平均数抽样分布的重要定理，因为统计分析的理论基础是正态分布，而中心极限定理可以证明算术平均数的抽样分布是一种正态分布。

1. 认识中心极限定理

无论总体是哪一种分布，算术平均数的抽样分布就是一种正态分布，其定理如下：

总体平均数是 μ，标准差是 σ，从总体重复抽出 n 个样本数的样本，当 n 越大时，样本平均数 $\bar{X}$ 组成的抽样分布会近似正态分布，此分布的平均数也是 μ（和总体平均数相同），标准差 s 是 $\frac{\sigma}{\sqrt{n}}$。

上述定理和第 12.1.3 节的差异在于不用考虑总体是否为正态分布，当样本数 n 够大时（通常 n 大于 100），算术平均数的抽样分布就是一种正态分布。

中心极限定理的 n 越大是指样本数要够大，并不是指每次抽样的样本数越来越大，每一次抽样仍然使用固定样本数 n。

2. 掷骰子的中心极限定理

以掷骰子为例来说明中心极限定理。当掷一个“公正”骰子时，随机变量 X 的点数都拥有相同的概率 1/6，称为均匀分布（Uniform Distribution），即掷骰子的总体是均匀分布，并非正态分布。

现在，从掷骰子的总体重复抽出数个样本来计算样本平均数。首先使用的样本数是 1，并且重复掷 100 次骰子来计算样本平均数（Python 程序：Ch12_3.py），如下所示：

```
import pandas as pd
import numpy as np

dice = [1, 2, 3, 4, 5, 6]
sample_means = []
for x in range(100):
    sample = np.random.choice(a=dice, size=1)
    sample_means.append(sample.mean())

df = pd.DataFrame(sample_means)
df.plot(kind="density")
```

上述程序代码中，dice 列表是骰子的点数，sample_means 列表是 100 次的样本平均数，for 循环共重复掷 100 次骰子，调用 np.random.choice() 函数（参数 size 是样本数）来仿真掷骰子。

建立 DataFrame 对象后，调用 plot() 函数来绘图，参数 kind 是 density，即 Kernel Density Estimation（KDE），KDE 是使用非参数方法来估计随机变量的概率密度函数，如图 12-7 所示。

Python 程序：Ch12_3a.py 的样本数是 10，图表的曲线已经很像正态分布，如图 12-8 所示。

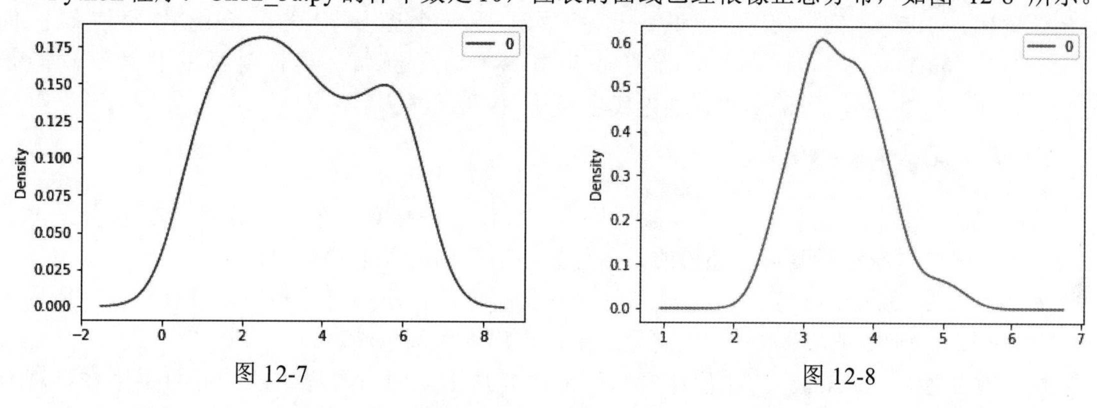

图 12-7　　图 12-8

Python 程序：Ch12_3b.py 的样本数是 100，图表的曲线会更接近正态分布，如图 12-9 所示。

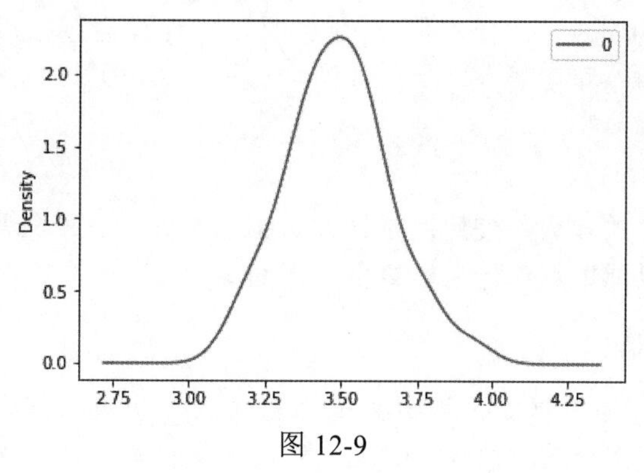

图 12-9

12.4 估计

在了解抽样分布和中心极限定理后，就可以根据样本计算出统计量，然后进一步推估出总体的参数，这就是估计（Estimate）。

12.4.1 认识估计

估计即推测总体的性质。例如，从样本平均数推测出总体平均数，或从样本比例推测出总体比例。例如，从样本的客家人比例推测全国的客家人比例等。

1. 估计的种类

估计可以分为两种，如下所示。

- 点估计（Point Estimate）：根据从样本得到的统计量来估计参数。例如，男性身高的总体平均数是 170 cm，民意调查结果全部选民有 45% 会投给 1 号候选人。
- 区间估计（Interval Estimate）：对于统计来说，区间是指一个范围值，如平均数落在 10～100 之间。换句话说，区间估计是一个范围，这个范围称为信赖区间（Confidence Intervals），而点估计是单一值。例如，男性身高的总体平均数是 161～179 cm，39%～48% 的选民会投给 1 号候选人。

2. 估计使用的估计量

无论采用点估计还是区间估计，都是从样本统计量来推算参数的估计量（Estimators）。至于样本的哪一些统计量是可以使用的好估计量，需要满足以下 3 大特性。

- 不偏性（Unbiased）：不偏性估计量是指样本统计量和总体相等，没有误差，所以不偏。目前知道有样本平均数满足不偏性，样本比例也满足。
- 有效性（Efficiency）：估计量的标准差要最小，即所有样本的估计量集中在抽样分布的参数平均量附近。
- 一致性（Consistency）：样本数 n 越大时，估计量会越接近参数，即当样本数大时，估计量与参数的差异会减少。

12.4.2 点估计

点估计估计的是总体的参数，使用的是样本数据的统计量。即只需计算出样本的平均数和标准差等统计量，就可以使用点估计来推算出总体的参数。

1. 样本平均数的点估计

样本平均数的点估计是以样本平均数来推算总体的平均数。例如，使用掷骰子（每次掷 100 次计算平均）建立正态分布的总体 10000，然后随机抽样来计算样本平均（Python 程序：Ch12_4_2.py），如下所示：

```
import numpy as np

dice = [1, 2, 3, 4, 5, 6]
population = []
for x in range(10000):
    sample = np.random.choice(a=dice, size=100)
    population.append(sample.mean())
print("总体平均数:", sum(population)/10000.0)
```

上述程序代码建立总体 population 列表后，计算总体平均数，然后使用 for 循环分别从总体抽样 10、100 和 1000 个样本来计算样本平均数，如下所示：

```
size_range = [10, 100, 1000]
for sample_size in size_range:
    sample = np.random.choice(a=population, size=sample_size)
    sample_mean = sample.mean()
    print(sample_size, "样本平均数:", sample_mean)
```

上述程序代码可以计算 10、100 和 1000 样本的平均数，其运行结果如下所示：

```
总体平均数: 3.5021849999999906
10 样本平均数: 3.549000000000001
100 样本平均数: 3.4867000000000004
1000 样本平均数: 3.50371
```

从上述运行结果中可以看出，当样本数越大时，样本平均数就越接近总体平均数。

2. 样本比例的点估计

样本比例的点估计是以样本的比例来推算总体的比例。例如，我国台湾地区的方言比例是闽南语占 73.3%、客家语占 12%、其他汉语方言占 13% 及原住民语占 1.7%。使用方言比例来仿真样本比例的点估计（Python 程序：Ch12_4_2a.py），如下所示：

```
import random

population = (["闽南语"]*7330) + (["客家语"]*1200) + \
             (["其他汉语方言"]*1300) + (["原住民语"]*170)
sample_size = 1000
sample = random.sample(population, sample_size)
for lang in set(sample):
    print(lang+"比例估计:", sample.count(lang)/sample_size)
```

上述程序代码建立总体列表后，抽样 1000 个样本来计算方言比例，当样本数够大时，从运行结果中可以看出和总体比例相近，如下所示：

```
客家语比例估计: 0.117
原住民语比例估计: 0.024
闽南语比例估计: 0.727
其他汉语方言比例估计: 0.132
```


12.4.3 区间估计的基础

点估计是数值预测，当样本数越大时，估计的效果越好，但是仍然有可能会非常不准。区间估计是一种比较保险的做法，推论的总体是一个包含信赖度的区间范围。

1. 信赖系数与信赖区间

当使用点估计预测“男性身高的平均数是 170 cm”后，如果换成区间估计，其结果是“男性身高有 95% 的概率是在 161～179 cm”，95% 的概率是信赖系数（Confidence Coefficient）或称为信赖水平，161～179 cm 的范围称为信赖区间（Confidence Intervals），信赖区间的两端值 161 和 179 称为信赖界限（Confidence Limit），如图 12-10 所示。

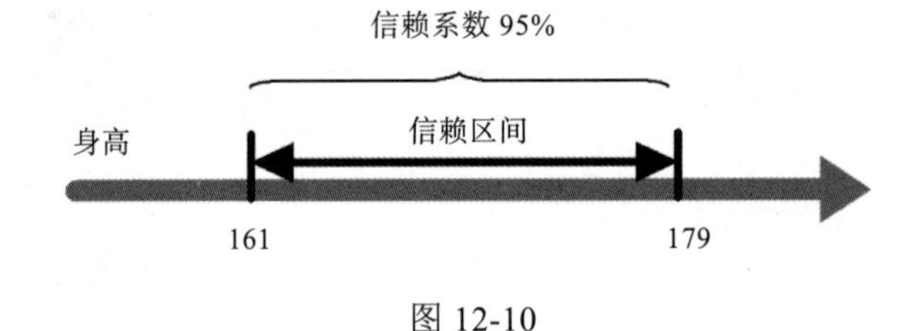

图 12-10

上述信赖系数是 95%，表示准确度是 95%；剩下的 5% 会不准，称为显著水平（Significance Level）。实际上，如果信赖系数越高，信赖区间就越大；反之，如果降低信赖系数，信赖区间就会变小。

2. 区间估计的基本步骤

区间估计无论使用哪一种分布、平均数或比例，其基本步骤都是相同的，如下所示。

Step1 决定信赖系数：需要确认允许不准的错误概率有多少，称为 α，通常取 0.05，即 95%信赖系数。

Step2 查询 Z 分布表：在决定信赖系数后，传统做法是查分布表（Python可以使用 scipy.stats 包）。以 α=0.05（95%）为例，因为正态分布是对称的两边，所以除以2，$\alpha/2$=0.025，可以查出Z分数是±1.96，即第12.2.1节的正态分布特性，位于 $\mu\pm 1.96\sigma$区间。

Step3 建立信赖区间：随机抽取样本数 n 的样本，然后从样本推论出总体平均数 μ的信赖范围，其公式如下所示：

$$信赖区间c.i. = \bar{x} \pm Z\frac{\sigma}{\sqrt{n}}$$

上述公式中的样本数 n 和样本平均数 x 已知，Z 可查出，唯一未知的是 σ（总体标准差）。此时可以使用样本标准差 s（使用第 11.5.2 节的公式）来估计，但是因为有偏差，样本数需要使用自由度，此时的公式如下所示：

$$信赖区间c.i. = \bar{x} \pm Z\frac{s}{\sqrt{n-1}}$$

上述公式中的 n-1 是自由度（Degrees of Freedom），这是因为样本平均数 x 已知，计算时实际只有 n-1 个样本可以随机选择，最后 1 个 n 不用选，可以从平均数反推而得，即最后 1 个样本并非随机，所以自由度是 n-1。

样本比例的区间估计步骤和上述相同，因为样本比例的抽样分布也是一种正态分布，信赖区间的公式如下所示：

$$信赖区间c.i. = P_s \pm Z\sqrt{\frac{P_u(1-P_u)}{n}}$$

上述公式中，P_s 是样本比例，P_u 是总体比例（可以使用点估计获取），n 是样本数，Z 是 Z 分数。在第 12.4.4 节和 12.4.5 节将使用本节中的公式来进行大样本和小样本总体平均数的区间估计。

12.4.4 大样本的区间估计

估计时假设总体是正态分布，如果样本数够大（30 个以上），区间估计就是使用正态分布来进行估计。

使用和第 12.4.2 节相同的正态总体来进行大样本的区间估计，样本数是 100（Python 程序：Ch12_4_4.py），如下所示：

```
import numpy as np
from scipy import stats
import math

dice = [1, 2, 3, 4, 5, 6]
population = []
for x in range(10000):
    sample = np.random.choice(a=dice, size=100)
    population.append(sample.mean())
print("总体平均:", sum(population)/10000.0)
```

上述程序代码通过掷骰子（每次掷 100 次计算平均）建立正态分布的总体 10000 后，计算总体平均数，然后抽取 100 个样本，如下所示：

```
sample_size = 100
```

```
sample = np.random.choice(a=population, size=sample_size)

sample_mean = sample.mean()
print("样本平均:", sample_mean)
sample_stdev = sample.std()
print("样本标准差:", sample_stdev)
sigma = sample_stdev/math.sqrt(sample_size-1)
print("样本计算出的总体标准差:", sigma)
```

上述程序代码依次计算样本平均数和样本标准差后，使用第 12.4.3 节的公式从样本计算总体标准差，可以看到 sample_size-1 的自由度。调用 stats.norm.ppf() 函数获取 Z 分数，如下所示：

```
z_critical = stats.norm.ppf(q=0.975)
print("Z 分数:", z_critical)
```

上述程序代码中，参数 q 值是 0.975，因为是两边双尾，一边是 0.025，这是正的 95%，即 1.959963984540054；另一边的 q 值是 0.025（负值）。计算出信赖区间，如下所示：

```
margin_of_error = z_critical * sigma
confidence_interval = (sample_mean - margin_of_error,
                       sample_mean + margin_of_error)
print(confidence_interval)
conf_int = stats.norm.interval(alpha=0.95,
                               loc=sample_mean,
                               scale=sigma)
print(conf_int[0], conf_int[1])
```

上述程序代码共计算 2 次，第 1 次是自行套用第 12.4.3 节的公式，第 2 次是调用 stats.norm.interval() 函数（参数 alpha 是信赖系数，loc 是样本平均数，scale 是标准差）。其运行结果如下所示：

```
总体平均: 3.500872000000006
样本平均: 3.5057
样本标准差: 0.17721881954239513
样本计算出的总体标准差: 0.017811161521570536
Z 分数: 1.959963984540054
(3.4707907648948964, 3.5406092351051037)
3.4707907648948964 3.5406092351051037
```

上述运行结果的最后 2 个信赖区间是相同的，只是一个是自己算的，另一个使用了 Scipy 包的函数。

以 95% 信赖系数来说，信赖区间的真正意义是指有 95% 的概率，得到的样本经估计算出的信赖区间会包含总体平均数 μ；5% 的概率会不包含总体平均数 μ，如图 12-11 所示。

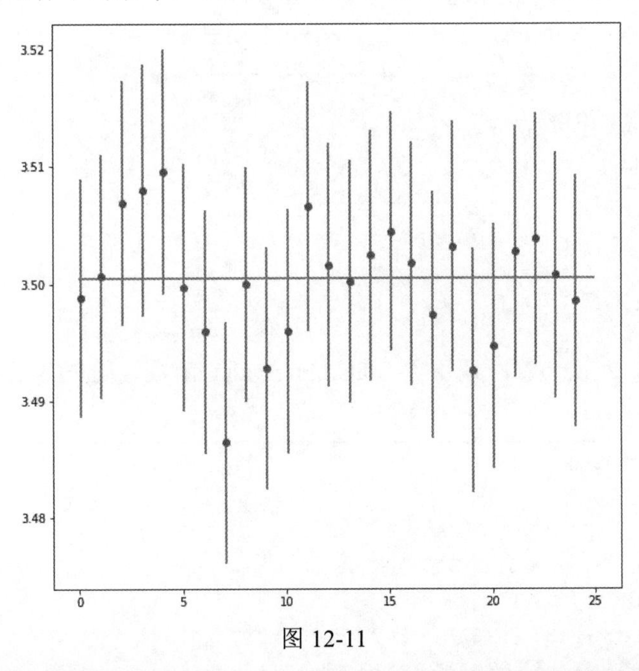

图 12-11

12.4.5 小样本的区间估计

第 12.4.4 节是大样本的区间估计，但如果样本数不够大（30 个以下），可能会产生误差，此时可使用 t 分布（Student's t-distribution）来进行估计。

本节的 Python 程序和第 12.4.4 节相似，只是样本数改为 20 且使用 t 分数来进行小样本的区间估计（Python 程序：Ch12_4_5.py），如下所示：

```
sample_size = 20
sample = np.random.choice(a=population, size=sample_size)

sample_mean = sample.mean()
print("样本平均:", sample_mean)
sample_stdev = sample.std()
print("样本标准差:", sample_stdev)
sigma = sample_stdev/math.sqrt(sample_size-1)
print("样本计算出的总体标准差:", sigma)
t_critical = stats.t.ppf(q=0.975, df=sample_size-1)
print("t 分数:", t_critical)
```

上述程序代码获取 t 分数，stats.t.ppf() 函数多了 1 个 df 参数的自由度，即

sample_size-1。同样使用两种方式来计算信赖区间，如下所示：

```
margin_of_error = t_critical * sigma
confidence_interval = (sample_mean - margin_of_error,
                       sample_mean + margin_of_error)
print(confidence_interval)
conf_int = stats.t.interval(alpha=0.95,
                            df=sample_size-1,
                            loc=sample_mean,
                            scale=sigma)
print(conf_int[0], conf_int[1])
```

上述程序代码第 2 次计算时调用了 stats.t.interval() 函数，同样多了 df 自由度参数。其运行结果如下所示：

```
总体平均: 3.4993149999999886
样本平均: 3.4685
样本标准差: 0.14398871483557318
样本计算出的总体标准差: 0.03303327668308206
t 分数: 2.093024054408263
(3.3993605573063856, 3.5376394426936146)
3.3993605573063856 3.5376394426936146
```

12.5 假设检验

第 12.4 节的点估计和信赖区间是基本的推论工具，也是统计假设检验（Statistical Hypothesis Testing）推论技术的基础，可以帮助查明观察到的样本是否偏离所期望的总体。

12.5.1 认识假设检验

统计上的假设检验可以查明样本数据是否真的来自预期的总体，或根本是来自一个不同的总体。

虽然抽样的样本是来自同一个总体，但是因为信赖区间，观察到的样本统计量仍然有可能和预期总体不符，如同是一个来自其他总体的样本数据，假设检验就是在查明是否有此问题。

1. 假设与检验的关系

统计上的假设是指针对总体性质的推论。例如，成年男性平均身高是 170cm、交换生的成绩和全校平均成绩相同、成年女性的平均体重位于 46～56kg 等。检验则是根据抽样的样本来检验这些针对总体性质的假设是否正确，如果检验结果成立，则接受（Accept）假设；反之拒绝（Reject）假设。

在第 12.4.3 节中，当区间估计的信赖系数是 95% 时，表示准确度是 95%；剩下 5% 会不准，称为显著水平，就是根据这 5% 的显著水平来判定检验的结果的。

现在，假设“成年男性平均身高是 170cm”，接着从总体抽出样本并计算出平均身高。此时有两种情况，如下所示。

- 落在 5% 的显著水平：因为这种概率很少见却发生了，表示假设有误，所以应该拒绝假设。5% 的区域称为临界区（Critical Region）或拒绝区（Region of Rejection）。
- 落在信赖系数 95%：表示样本真的是来自预期的总体，所以应该接受假设。

回顾第 12.2.1 节正态分布的特性：绝大部分样本平均数会落在总体平均数加减 2 个标准差之内。如果样本平均数落在 5% 显著水平，表示这并不是随机结果，已经离开太远了，远到出现的概率太小，所以抽出的样本并不能代表总体，应该拒绝假设。

2. 虚无假设与对立假设

检验的目的是验证提出的假设。一般来说，需要建立两种互相对立的假设，如下所示。

- 虚无假设（Null Hypothesis）：也称为零假设。假设样本是来自总体，样本的特性是从总体而来，这也是目前状态或预设正确的答案（包含等于“=”的值），使用 H_0 表示，如下所示。
  - ➢ H_0：成年男性平均身高是 170cm。
  - ➢ H_0：交换生的成绩和全校平均成绩相同。
- 对立假设（Alternative Hypothesis）：对立假设和虚无假设互相对立，对立假设表示样本和总体之间的差异真的存在，样本并不是来自总体（所以不包含等于“=”的值），使用 H_a 表示，如下所示。
  - ➢ H_a：成年男性平均身高不是 170cm。
  - ➢ H_a：交换生的成绩和全校平均成绩不相同。

所以，当拒绝虚无假设时，就表示接受对立假设；反之接受虚无假设，就表示拒绝对立假设。

3. 单尾检验与双尾检验

统计的假设检验需要使用虚无假设和对立假设，当提出虚无假设：成年男性平均身高是 170cm 后，共有 3 种方式来提出对立假设，如下所示。

- 成年男性平均身高不是 170cm。
- 成年男性平均身高大于 170cm。
- 成年男性平均身高小于 170cm。

第 1 种情况是“不是”，因为包含“大于”和“小于”，如果显著水平是 5%，需除以 2，即左右两侧的拒绝域各 2.5%，称为双尾检验（Two-tailed Test）。

第 2 种情况是“大于”，显著水平 5% 的临界区是右侧 5%（不需要除以 2）。

第 3 种情况是“小于”，显著水平 5% 的临界区是左侧 5%。因为只有左或右单侧，所以称为单尾检验（One-tailed Test）。

12.5.2 假设检验的基本步骤

一般来说，因为研究者的结论是对立假设，假设检验的目的是希望可以拒绝虚无假设，接受对立假设，即结论成立，所以需要认真思考如何定出对立假设，并设定拒绝虚无假设所需的拒绝域。例如，当显著水平是 5% 时，对立假设使用双尾检验，就是左右两侧各 2.5%；单尾检验是一侧 5%。

例如，学校最近几年来了很多交换生，有人认为交换生的成绩比较好，有人认为比较差。所以，使用随机抽样从交换生中抽出 100 位（样本数 n）学生，得到平均成绩 $\bar{x}$ 是 71.5 分，并且从学校教务处得知全校学生的平均成绩是 70（总体平均数 μ），总体标准差 σ 是 2.5。其假设检验的基本步骤如下所示。

1．步骤 1：提出假设

首先需要提出虚无假设和对立假设，如下所示。

- H_0：交换生的成绩和全校平均成绩相同。
- H_a：交换生的成绩和全校平均成绩不相同。

2．步骤 2：选择抽样分布和决定临界区

抽样分布有很多种，此例中是使用平均数的抽样分布，并且选择正态分布的 Z 分布。在决定信赖系数 95%后，即 5%的显著水平（α =0.05），可以使用查表或 Scipy 包得知 Z 分数，如下所示：

$$Z_{(critical)} = \pm 1.96$$

因为对立假设是不相同，所以是双尾检验。

3．步骤 3：计算检验统计量

将样本平均数 71.5 转换成 Z 分数（使用第 11.5.2 节的公式，$s = \frac{\sigma}{\sqrt{n}}$），称为检验统计量（Test Statistic），也称为 $Z_{(obtained)}$。其计算过程如下所示：

$$Z_{(obtained)} = \frac{\bar{x} - \mu}{\frac{\sigma}{\sqrt{n}}} = \frac{71.5 - 70}{\frac{2.5}{\sqrt{100}}} = \frac{1.5}{0.25} = 6$$

上述公式中，$Z_{(obtained)}$=6，表示 71.5 离虚无假设的预设参数平均数 70 有 6 个标准差之远。使用 Python 程序计算上述检验统计量（Python 程序： Ch12_5_2.py），如下所示：

```
import numpy as np
from scipy import stats
import math

population_mean = 70
sample_size = 100
```

```
sample_mean = 71.5
print("样本平均:", sample_mean)
sigma = 2.5
print("总体标准差:", sigma)
z_obtained = (sample_mean- population_mean)/(sigma/math.sqrt(sample_size))
print("Z 检验统计量:", z_obtained)
z_critical = stats.norm.ppf(q=0.975)
print("Z 分数:", z_critical)
```

上述程序代码根据上述公式计算出 $Z_{(obtained)}=6$，其运行结果如下所示：

```
样本平均: 71.5
总体标准差: 2.5
Z 检验统计量: 6.0
Z 分数: 1.959963984540054
```

4. 步骤 4：解释假设检验的结果

因为 $Z_{(critical)} = \pm 1.96$，而 $Z_{(obtained)}=6$，位于正态分布右侧的临界区内（6>1.96），即样本平均数 71.5 落在临界区内，这不是随机结果，而是样本来自不同的总体，所以必须拒绝虚无假设，接受对立假设。研究者的结论成立，交换生的成绩和全校平均成绩不相同。

本节范例总体标准差 σ 是 2.5，如果是 25，此时的 $Z_{(obtained)}=0.6$， 没有落在临界区内（0.6 < 1.96），此时必须接受虚无假设，即在 5% 的显著水平下，交换生和全校学生成绩之间的差异并未达到统计上的显著差异。

12.5.3 t 检验

t 检验是使用 t 分布的假设检验，这是一种小样本（样本数小于 30）的检验。使用 Scipy 的 stats 模块进行总体平均数的 t 检验。

1. t 检验的范例

某家饮料瓶工厂生产平均容量为 500ml 的饮料瓶，管理人员为了验证饮料瓶的容量是否为 500，随机抽样了 9 个饮料瓶，如下所示：

```
502.2, 501.6, 499.8, 502.8, 498.6, 502.2, 499.2, 503.4, 499.2
```

根据上述结果，以 5% 显著水平，提出了虚无假设和对立假设，如下所示。

- H_o：饮料瓶容量是 500ml。
- H_a：饮料瓶容量不是 500ml。

Python 程序 Ch12_5_3.py 分别使用 NumPy 和 Scipy 的 stats 模块来计算范例的检验统计量，如下所示：

```
import numpy as np
```

```
from scipy import stats
import math

population_mean = 500
sample = np.array([502.2, 501.6, 499.8, 502.8,
                   498.6, 502.2, 499.2, 503.4,
                   499.2])
sample_size = len(sample)
```

上述程序代码指定总体平均数 500ml，然后建立 NumPy 数组并计算样本数，接着依次计算样本平均数和标准差，如下所示：

```
sample_mean = sample.mean()
print("样本平均:", sample_mean)
sample_stdev = sample.std()
print("样本标准差:", sample_stdev)
sigma = sample_stdev/math.sqrt(sample_size-1)
print("样本计算出的总体标准差:", sigma)
```

上述程序代码从样本计算出总体标准差后，就可以计算出检验统计量 $T_{(obtained)}$，因为是 t 检验，如下所示：

```
t_obtained = (sample_mean-population_mean)/sigma
print("t 检验统计量:", t_obtained)
print(stats.ttest_1sample(a=sample, popmean=population_mean))
```

上述程序代码首先使用第 12.5.2 节的公式计算检验统计量，然后调用 stats.ttest.1sample() 函数计算检验统计量（参数 a 是样本，popmean 是总体平均数）。在计算出检验统计量后，可以使用 stats.t.ppf() 函数计算出 t 分数，如下所示：

```
t_critical = stats.t.ppf(q=0.975, df=sample_size-1)
print("t 分数:", t_critical)
```

上述程序代码计算 5% 显著水平的 t 分数，其运行结果如下所示：

```
样本平均: 501.0
样本标准差: 1.6970562748477092
样本计算出的总体标准差: 0.5999999999999982
检验统计量: 1.6666666666666716
Ttest _1sampResult(statistic=1.6666666666666714, pvalue=0.1341406410741751)
t 分数: 2.3060041350333704
```

从上述运行结果中可以看出，检验统计量是 1.667 左右，右侧 t 分数是 2.306，左侧 t

分数是 -2.306。当检验统计量 ≥2.306 或 ≤-2.306，就表示落在临界区内。但是，计算出的检验统计量并没有落在临界区内（因为 -2.306 < 1.667 < 2.306），所以必须接受虚无假设，即饮料瓶容量是 500ml。

当 t 检验的样本数大于 30 时，其样本分布就会接近正态分布，即大样本的总体平均数检验也可以调用 stats.ttest.1sample() 函数来计算检验统计量。

2. p 值

在调用 stats.ttest.1sample() 函数计算检验统计量后，返回的值除了检验统计量外，还有 pvalue=0.1341406410741751，pvalue 就是 p 值。

对于虚无假设来说，在计算出检验统计量后，可以得到相对于对立假设来说有利的概率，这就是 p 值。其判断条件是当 p 值小于显著水平（如 5% 就是 0.05）时，必须拒绝虚无假设，接受对立假设。

以本节饮料瓶范例来说，使用 p 值的双尾检验和单尾检验如下所示。

- 双尾检验：对立假设是“饮料瓶容量不是 500ml”，因为 p 值约为 0.134，明显大于显著水平 0.05，所以必须接受虚无假设。
- 单尾检验：对立假设是“饮料瓶容量大于 500ml”，p 值除以 2，即 0.134/2=0.067，仍然大于显著水平 0.05，所以必须接受虚无假设。

12.5.4 型 1 和型 2 错误

因为假设检验的显著水平决定是否拒绝虚无假设的概率，再加上无法得知获取的样本是否真的是具代表性的样本，所以假设检验永远拥有不确定性，而且可能犯错，即型 1 错误（Type Ⅰ Error）和型 2 错误（Type Ⅱ Error），如表 12-1 所示。

表 12-1 型 1 和型 2 错误

虚 无 假 设	检验后接受虚无假设	检验后拒绝虚无假设
虚无假设为真	正确决策	型 1 错误
虚无假设为假	型 2 错误	正确决策

1. 型 1 错误

当虚无假设为真时，因为抽样检验有偏差而让统计检验量落在临界区内，所以拒绝虚无假设，但是虚无假设是真，所以犯了错误，不应该拒绝虚无假设，此种错误称为型 1 错误。

为了避免型 1 错误，应该使用较小的显著水平（如 5%），即减少临界区的面积。事实上，当决定了显著水平时，就已经将统计检验量分成两类，如下所示。

- 统计检验量落在临界区内：因为认为不太可能发生，所以拒绝虚无假设。
- 统计检验量落在非临界区：因为认为这很容易发生，所以接受虚无假设。

2. 型 2 错误

当虚无假设是假时，因为抽样检验有偏差而让统计检验量没有落在临界区内，所以接受虚无假设，但是虚无假设为假，所以犯了错误，不应该接受虚无假设，此种错误称为型 2 错误。

当使用较小的显著水平来避免型 1 错误发生时，相对增加了型 2 错误发生的可能，因为临界区的面积变少，非临界区的面积增加，即统计检验量不容易落在临界区内，反而增加了型 2 错误的可能。

12.6 卡方检验

卡方检验（Chi-square Test）也称为 x^2 检验，是进行适合度检验（Test of Goodness of Fit）和独立性检验（Test of Independence）经常使用的统计方法之一，这是一种 2 个名目尺度变量之间的假设检验方法。

12.6.1 适合度检验

卡方检验的适合度检验用来判断样本数据的分布是否和预期分布相同，即判断每一个字段的观测值是否与期望值相同。

例如，比萨店希望各种比萨的销售量相同，即期望值是 30，以方便备料，而不会造成过多库存。现在，有某假日的比萨销量如表 12-2 所示。

表 12-2　比萨店某假日比萨销量

比　萨	蔬　菜	地中海	总　汇	夏威夷	海　鲜	熏　鸡	总　计
销售量	20	16	34	40	38	32	180
期望量	30	30	30	30	30	30	180

表 12-2 中共有 6 个字段，使用卡方检验运行适合度检验，以 5% 显著水平，虚无假设和对立假设如下所示。

- H_o：比萨销售量和期望销售量相同。
- H_a：比萨销售量和期望销售量不相同。

如果可以推翻虚无假设，就表示接受对立假设。接着，需要计算卡方检验统计量，其公式如下所示：

$$\text{卡方检验统计量}\chi^2=\sum_{i=1}^{n}\frac{(\text{观测值}_i-\text{期望值})^2}{\text{期望值}}$$

上述公式中，观测值就是表 12-2 中的销售量，期望值是 30，n 是字段数 6。可以计算出卡方检验统计量，如下所示：

$$\frac{(20-30)^2}{30}+\frac{(16-30)^2}{30}+\frac{(34-30)^2}{30}+\frac{(40-30)^2}{30}+\frac{(38-30)^2}{30}+\frac{(32-30)^2}{30}=16$$

上述计算结果是 16，也可以使用 Python 程序 Ch12_6_1.py 计算卡方检验统计量。首先建立观测值和期望值的 NumPy 数组，自由度是字段数减 1，如下所示：

```
observed = np.array([20, 16, 34, 40, 38, 32])
expected = np.array([30, 30, 30, 30, 30, 30])

df = len(observed) - 1
print("自由度:", df)
chi_squared_stat = (((observed-expected)**2)/expected).sum()
print("卡方检验统计量:", chi_squared_stat)

chi_squared, p_value = stats.chisquare(f_obs=observed, f_exp=expected)
print(chi_squared, p_value)

crit = stats.chi2.ppf(q = 0.95, df=df)
print("临界区: ", crit)
```

上述程序代码首先使用上述公式计算卡方检验统计量，然后调用 stats.chisquare() 函数再计算该统计量，最后调用 stats.chi2.ppf() 函数计算临界区（参数 df 是自由度）。其运行结果如下所示：

```
自由度: 5
卡方检验统计量: 16.0
16.0 0.006844073922420431
临界区: 11.070497693516351
```

从上述运行结果中可以看到，卡方检验统计量是 16.0，p 值约 0.0068，临界区是 11.07。可以分别使用 p 值或临界区来解释假设检验的结果，如下所示。

- p 值：p 值约 0.0068，小于显著水平 0.05，所以必须拒绝虚无假设，接受对立假设。
- 临界区：临界区在右侧是 11.07，卡方检验统计量 16.0 落在临界区中，所以必须拒绝虚无假设，接受对立假设。

12.6.2 独立性检验

概率的独立性（Independence）是指当知道一个变量值后，对于另一个变量值依然一无所知，即 2 个变量之间没有任何关联性。例如，性别和网站喜好之间拥有关联性，出生月份和喜好哪一种浏览器之间没有关联性，这就是独立性。卡方检验的独立性检验用于判断 2 个分类变量之间是否拥有独立性。

因为卡方检验的独立性检验会使用交叉分析表，所以应首先建立交叉分析表，再来进行卡方检验的独立性检验。

1. 建立交叉分析表

交叉分析是使用统计方法来了解 2 个变量之间的关联性，必须将收集的数据区分成 2 个变量的数据，然后使用交叉分析表来呈现。例如，产品新口味的好恶调查结果的交叉分析表，共进行 1215 人的调查，如表 12-3 所示。

表 12-3 调查分析表

性别 \ 好恶	喜欢	不喜欢
男	331	217
女	315	352

然后，分别针对行和列进行小计的加总，如表 12-4 所示。

表 12-4 调查分析总和表

性别 \ 好恶	喜欢	不喜欢	小计
男	331	217	548
女	315	352	667
小计	646	569	1215

Python 程序：Ch12_6_2.py 是使用 DataFrame 对象建立上述表格，如下所示：

```
import numpy as np
import pandas as pd

voter_gender = np.array((["男"]*352)+(["男"]*315)+ \
                    (["女"]*217)+(["女"]*331))
voter_favorite = np.array((["喜欢"]*352)+(["不喜欢"]*315)+ \
                    (["喜欢"]*217)+(["不喜欢"]*331))
voters = pd.DataFrame({"gender":voter_gender,
                    "favorite":voter_favorite})
voter_tab = pd.crosstab(voters.gender, voters.favorite, margins=True)
voter_tab.columns = ["喜欢", "不喜欢", "小计"]
voter_tab.index = ["男", "女", "小计"]
observed = voter_tab.iloc[0:3, 0:3]
print(observed)
```

上述程序代码依据出现次数建立 2 个 NumPy 数组后，使用这 2 个数组建立 DataFrame 对象，调用 pd.crosstab() 函数建立交叉分析表，在指定索引和字段名后，只输出需要的数据。其运行结果如下所示：

```
        喜欢    不喜欢    小计
男      331     217       548
女      315     352       667
小计    646     569       1215
```


2．计算期望次数

在建立交叉分析表后，需要针对每一个单元格计算期望次数，其公式如下所示：

$$E_{i,j} = n \times \frac{\text{Cell}_{i,\text{小计}}}{n} \times \frac{\text{Cell}_{\text{小计},j}}{n}$$

上述公式是计算单元格（i,j）的期望次数，Cell 是指最后 1 行或最后 1 列小计的单元格，第 1 个 $\text{Cell}_{i,\text{小计}}$是指第 i 行最后 1 个小计列的值，第 2 个 $\text{Cell}_{\text{小计},j}$是指最后 1 行小计行第 j 列的值。

例如，值 331 单元格（1, 1）的期望次数计算如下所示：

$$\text{E}_{1,1} = 1215 \times \frac{548}{1215} \times \frac{646}{1215} \approx 291.4$$

上述公式中，548 是第 1 行最后 1 个值，646 是最后 1 行的第 1 个值。Python 程序：Ch12_6_2a.py 是使用上述公式计算单元格的期望次数，如下所示：

```
expected = np.outer(voter_tab["小计"][0:2],
                    voter_tab.loc["小计"][0:2]) / 1215
expected = pd.DataFrame(expected)
expected.columns = ["喜欢", "不喜欢"]
expected.index = ["男", "女"]
print(expected)
```

上述程序代码调用 np.outer() 函数计算期望次数，其运行结果如下所示：

```
    喜欢          不喜欢
男  291.364609    256.635391
女  354.635391    312.364609
```

3．卡方检验的独立性检验

在成功建立期望次数表格后，使用卡方检验来运行独立性检验，使用 5% 显著水平，虚无假设和对立假设如下所示。

- H_o：对于产品新口味的好恶不会因为男女而不同。
- H_a：对于产品新口味的好恶会因为男女而有差异。

使用 Python 程序计算卡方检验统计量（Python 程序：Ch12_6_2b. py），如下所示：

```
rows = 2
columns =2
df = (rows-1)*(columns-1)
print("自由度:", df)
```

上述程序代码计算自由度，即行数和列数减 1 后相乘，此例为(2-1)*(2-1)=1。然后使用检验统计量公式计算卡方检验统计量，如下所示：

```
chi_squared_stat = (((observed-expected)**2)/expected).sum().sum()
print("卡方检验统计量:", chi_squared_stat)

chi_squared, p_value, degree_of_freedom, matrix = \
        stats.chi2_contingency(observed=observed)
print(chi_squared, p_value)

crit = stats.chi2.ppf(q = 0.95, df=df)
print("临界区: ", crit)
```

上述程序代码调用 stats.chi2_contingency()函数来计算检验统计量，最后调用 stats.chi2.ppf()函数计算临界区（参数 df 是自由度）。其运行结果如下所示：

```
自由度: 1
卡方检验统计量: 20.972198011409198
20.972198011409198 0.0003207137800216429
临界区: 3.8414588206941236
```

从上述运行结果中可以看到，卡方检验统计量是 20.972，p 值约 0.00032，临界区是 3.84。可以分别使用 p 值和临界区来解释假设检验的结果，如下所示。

- p 值：p 值为 0.00032，小于显著水平 0.05，所以必须拒绝虚无假设，接受对立假设。
- 临界区：临界区在右侧是 3.84，卡方检验统计量 20.972 落在临界区中，所以必须拒绝虚无假设，接受对立假设。

◇ 学习检测 ◇

1. 什么是参数与统计量？
2. 举例说明什么是抽样分布。
3. 什么是标准正态分布？什么是 Z 分数？
4. 举例说明中心极限定理。
5. 什么是估计？
6. 简单说明什么是点估计和区间估计。
7. 统计上假设与检验有什么关系？什么是虚无假设与对立假设？
8. 单尾检验与双尾检验有什么不同？什么是 t 检验？什么是 p 值？
9. 什么是型 1 错误和型 2 错误？
10. 简单介绍卡方检验。

CHAPTER 13

第13章

探索性数据分析实战案例

13.1 找出数据的关联性

数据科学的目标是数据，探索数据的目的是要找出数据背后的故事，这不仅可以让我们进一步了解数据，还可以帮助找出数据趋势的线索，这个线索就是数据之间的关联性（Relationship）。

实际上，可以使用多种方法找出数据之间的线性关系（Linear Relationship），这是 2 个变量之间走势是否一致的关系，也是第 15 章线性回归的基础。

13.1.1 使用散布图

基本上，只需将 2 个变量的数据绘制成散布图，即可从图表中观察出 x 和 y 两轴变量的关系。例如，手机使用时长和工作效率的数据如表 13-1 所示。

表 13-1　手机使用时长和工作效率的数据

使用时长	0	0	0	1	1.3	1.5	2	2.2	2.6	3.2	4.1	4.4	4.4	5
工作效率	87	89	91	90	82	80	78	81	76	85	80	75	73	72

表 13-1 是手机使用时长和工作效率的分数（满分 100 分），可以依据该表数据绘制散布图（Python 程序：Ch13_1_1.py），如下所示：

```
hours_phone_used = [0, 0, 0, 1, 1.3, 1.5, 2, 2.2, 2.6, 3.2, 4.1, 4.4, 4.4, 5]
work_performance = [87, 89, 91, 90, 82, 80, 78, 81, 76, 85, 80, 75, 73, 72]

df = pd.DataFrame({"hours_phone_used":hours_phone_used,
                "work_performance":work_performance})

df.plot(kind="scatter", x="hours_phone_used", y="work_performance")
```

上述程序代码建立 2 个列表后，建立 DataFrame 对象，并调用 plot() 函数绘制散布图，如图 13-1 所示。

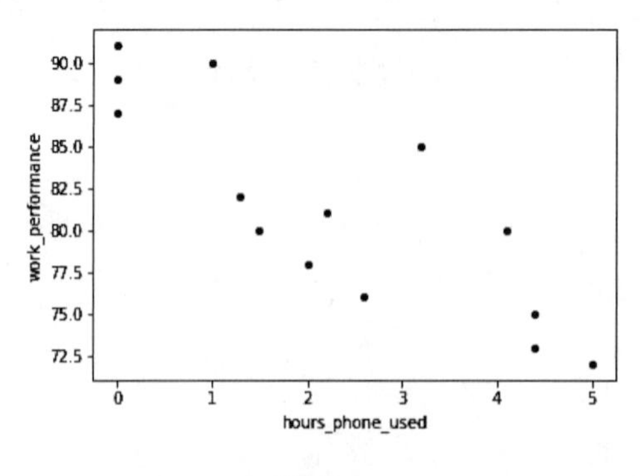

图 13-1

图 13-1 所示散布图的数据点可以帮助我们找出 x 和 y 轴数据是正相关（Positive Relation）、负相关（Negative Relation）还是无相关（No Relation），其说明如下所示。

- 正相关：图表显示当一轴增加时，另一轴也增加，数据排列成一条往右斜向上的直线。例如，身高增加，体重也同时增加，如图 13-2 所示。
- 负相关：图表显示当一轴增加时，另一轴却减少，数据排列成一条往右斜向下的直线。例如，打手游的时间增加，读书的时间就会减少，如图 13-3 所示。

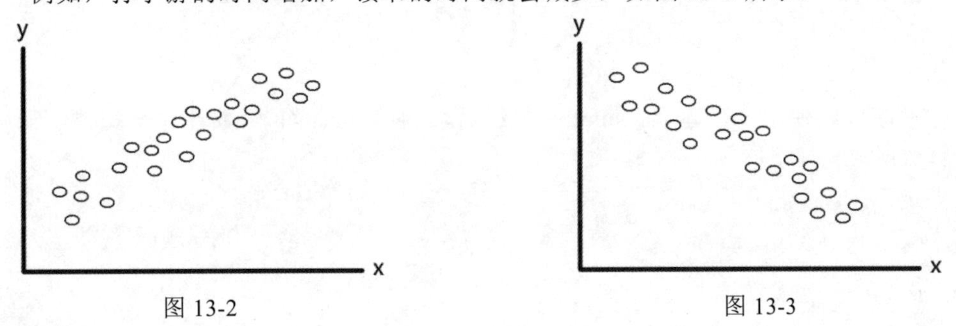

图 13-2　　图 13-3

- 无相关：图表显示的数据点十分分散，看不出有任何直线的趋势，如学生身高和期中考试成绩，如图 13-4 所示。

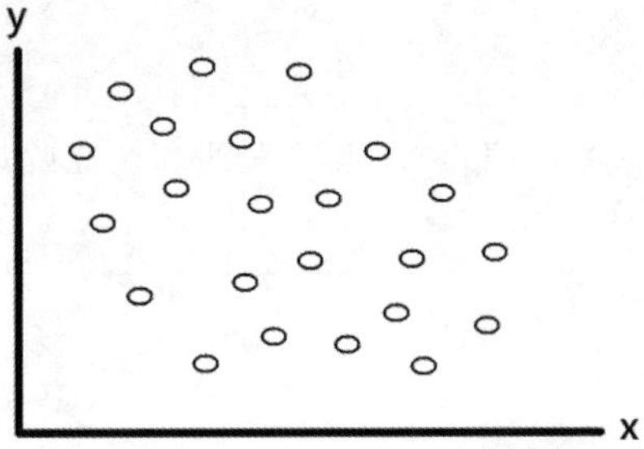

图 13-4

观察上述散布图的数据点，目的就是找出 2 个数据之间是否呈现出一条直线关系，这种关系就是线性关系。当 2 个数据具有线性关系时，就可以从一个数据来预测另一个数据。

13.1.2 使用协方差

在统计上，协方差（Covariance）用来测量 2 个随机变量之间的关系，特别是指线性关系的强弱。第 11.5.2 节的方差（Variance）可以呈现单一变量的离散程度，而协方差多了“协”，可以呈现 2 个变量一起的离散程度。

协方差和第 11.5.2 的方差公式有些相似，其公式如下所示：

$$\text{协方差}S_{xy}=\frac{(x_1-\overline{x})(y_1-\overline{y})+(x_2-\overline{x})(y_2-\overline{y})+\cdots+(x_n-\overline{x})(y_n-\overline{y})}{n}$$

上述公式中，n 是数据数，$\overline{x}$ 和 $\overline{y}$ 是平均数。

使用第 13.1.1 节的数据，使用 NumPy 包计算协方差（Python 程序：Ch13_1_2.py），如下所示：

```
hours_phone_used = [0, 0, 0, 1, 1.3, 1.5, 2, 2.2, 2.6, 3.2, 4.1, 4.4, 4.4, 5]
work_performance = [87, 89, 91, 90, 82, 80, 78, 81, 76, 85, 80, 75, 73, 72]

x = np.array(hours_phone_used)
y = np.array(work_performance)
n = len(x)
x_mean = x.mean()
y_mean = y.mean()
```

上述程序代码使用列表建立 NumPy 数组后，调用 mean() 函数计算平均数，调用 len() 函数计算数据数，如下所示：

```
print("数据数:", n)
print("x 平均:", x_mean)
print("y 平均:", y_mean)

diff = (x-x_mean)*(y-y_mean)
print("x 偏差*y 偏差和:", diff.sum())
covar = diff.sum()/n
print("协方差:", covar)
```

上述程序代码使用公式计算“x 偏差*y 偏差”的和，在除以 n 后，即可计算出协方差。其运行结果如下所示：

```
数据数: 14
x 平均: 2.264285714285714
y 平均: 81.35714285714286
x 偏差*y 偏差和: -119.42142857142856
协方差: -8.530102040816326
```

上述运行结果的协方差值是 -8.53，其判断原则如下。

- 负相关：协方差值小于 0 是负相关。此例为 -8.53，所以是负相关。
- 正相关：协方差值大于 0 是正相关。
- 无相关：协方差值约等于 0 就是无相关。

但是，因为协方差的范围和使用的单位有关，所以无法从协方差值的大小看出相关性（Correlation）的强弱。例如，体重和身高数据，如果身高单位从厘米改为米，协方差值马上变成 1/100。此时，需要使用第 13.1.3 节的相关系数（Correlation Coefficient）来判断相关性的强弱。

13.1.3 使用相关系数

相关系数也称为皮尔逊相关系数（Pearson Correlation Coefficient）或皮尔逊积矩相关系数（Pearson Product-Moment Correlation Coefficient），可以计算 2 个变量的线性相关性有多强（其

值的范围是 -1～+1）。但是，在介绍相关系数之前，需要先了解相关性和因果关系（Causation）。

1. 相关性和因果关系

实际上，如果 2 个变量有因果关系，则表示一定有相关性；反之，有相关性，并不表示 2 个变量之间有因果关系，如下所示。

- 相关性：量化相关性的值范围为 -1 ～ +1，即相关系数，可以使用相关系数的值来测量 2 个变量的走势如何相关和其强度。例如，相关系数的值接近 1，表示一个变量增加，另一个变量也增加；接近 -1，表示一个变量增加，另一个变量减少。
- 因果关系：一个变量真的影响另一个变量，即一个变量真的可以决定另一个变量的值。

简单地说，如果变量 X 影响变量 Y，相关性只是 X 导致 Y 的原因之一（可能还有其他原因），而因果关系是指变量 X 是变量 Y 的决定因素。至于要如何证明 2 个变量之间的因果关系，则需要使用第 12 章的检验。

2. 相关系数

相关系数是一种统计检验方法，可以测量 2 个变量之间线性关系的强度和方向。相关系数的公式是 x 和 y 的协方差除以 x 和 y 的标准差，如下所示：

$$\text{相关系数} r_{xy} = \frac{S_{xy}}{S_x S_y}$$

上述公式中，S_{xy} 是协方差，S_x 和 S_y 分别是变量 x 和 y 的标准差。

使用第 13.1.1 节的数据，分别使用 NumPy 和 Pandas 包来计算相关系数（Python 程序：Ch13_1_3.py），如下所示：

```
hours_phone_used = [0, 0, 0, 1, 1.3, 1.5, 2, 2.2, 2.6, 3.2, 4.1, 4.4, 4.4, 5]
work_performance = [87, 89, 91, 90, 82, 80, 78, 81, 76, 85, 80, 75, 73, 72]

x = np.array(hours_phone_used)
y = np.array(work_performance)
n = len(x)
x_mean = x.mean()
y_mean = y.mean()

diff = (x-x_mean)*(y-y_mean)
covar = diff.sum()/n
print("协方差:", covar)

corr = covar/(x.std()*y.std())
print("相关系数:", corr)
```

上述程序代码首先使用 NumPy 包计算相关系数，在计算出协方差后，调用 std() 函数计算标准差，即可计算出相关系数。其运行结果如下所示：

```
协方差: -8.530102040816326
相关系数: -0.8384124440330989
```

DataFrame 对象可以调用 corr() 函数计算每一个字段之间的相关系数，如下所示：

```
df = pd.DataFrame({"hours_phone_used":hours_phone_used,
                   "work_performance":work_performance})
print(df.corr())
```

上述程序代码使用列表建立 DataFrame 对象后，调用 corr() 函数计算相关系数，如图 13-5 所示。

	hours_phone_used	work_performance
hours_phone_used	1.000000	-0.838412
work_performance	-0.838412	1.000000

图 13-5　调用 corr() 函数计算相关系数

表 13-2 中，从左上至右下的对角线值是 1.000000，因为这是自己和自己字段计算的相关系数；其他是各字段之间互相计算的相关系数，可以看到值是 -0.838，属于高度负相关。相关系数的判断标准如表 13-2 所示。

表 13-2　相关系数的判断标准

相 关 性	相关系数值
完美（Perfect）	接近 1 或 -1，这是完美的正相关或负相关
高度（High）	0.5 ～ 1 和 -0.5 ～ -1，表示很强的相关性
中等（Moderate）	0.3 ～ 0.49 和 -0.3 ～ -0.49，表示中等相关性
低度（Low）	值低于 -0.29 和 0.29，表示有一些相关性
无（No）	值是 0，表示无相关

13.2 特征缩放与标准化

在了解数据之间的线性关系后，接下来面对的问题是单位不同。当数据的单位不同时，数据之间很难进行比较。所以，需要标准化比较的基准，以便可以在同一标准下进行比较，这就是特征缩放与标准化（Feature Scaling and Normalization）。

13.2.1 数据标准化

数据标准化（Standardization）就是通过 12.2.2 节介绍的 Z 分数，可以位移数据分配的平均值是 0，标准差是 1。实际上，如果机器学习算法是根据数据分配，就可以使用数据标准化。

实际上，可以自行使用第 12.2.2 节的公式进行数据标准化，另一种方式是使用第 15 章 Scikit-learn 包的 preprocessing 模块进行数据标准化。例如，标准化某社交软件朋友的追踪数和快乐程度的调查数据（Python 程序：Ch13_2_1.py），如下所示：

```
import pandas as pd
from sklearn import preprocessing

f_tracking = [110, 1018, 1130, 417, 626,
              957, 90, 951, 946, 797,
              981, 125, 456, 731, 1640,
              486, 1309, 472, 1133, 1773,
              906, 532, 742, 621, 855]
happiness = [0.3, 0.8, 0.5, 0.4, 0.6,
             0.4, 0.7, 0.5, 0.4, 0.3,
             0.3, 0.6, 0.2, 0.8, 1,
             0.6, 0.2, 0.7, 0.5, 0.7,
             0.1, 0.4, 0.3, 0.6, 0.3]
```

上述程序代码导入 Scikit-learn 包的 preprocessing 模块后，建立数据的 2 个 Python 列表。然后建立 DataFrame 对象，如下所示：

```
df = pd.DataFrame({"f_tracking" : f_tracking,
                   "happiness" : happiness})
print(df.head())
```

上述程序代码建立 DataFrame 对象 df 后，输出前 5 项数据，如图 13-6 所示。

从图 13-6 中可以看出，2 个变量的单位差异很大。所以，需要使用 Z 分数来进行数据标准化，如下所示：

```
df_scaled = pd.DataFrame(preprocessing.scale(df),
                         columns=["f_tracking_s", "happiness_s"])
print(df_scaled.head())
```

上述程序代码调用 preprocessing.scale() 函数进行数据标准化，并且建立新的 DataFrame 对象 df_scaled 后，输出前 5 项，如图 13-7 所示。

	f_tracking	happiness
0	110	0.3
1	1018	0.8
2	1130	0.5
3	417	0.4
4	626	0.6

图 13-6

	f_tracking_s	happiness_s
0	-1.636807	-0.870370
1	0.541891	1.444444
2	0.810629	0.055556
3	-0.900176	-0.407407
4	-0.398692	0.518519

图 13-7

现在，因为数据已经标准化，所以可以绘制散布图，如下所示：

```
df_scaled.plot(kind="scatter", x="f_tracking_s", y="happiness_s")
```

上述程序代码绘制数据标准化后 DataFrame 对象的散布图，如图 13-8 所示。

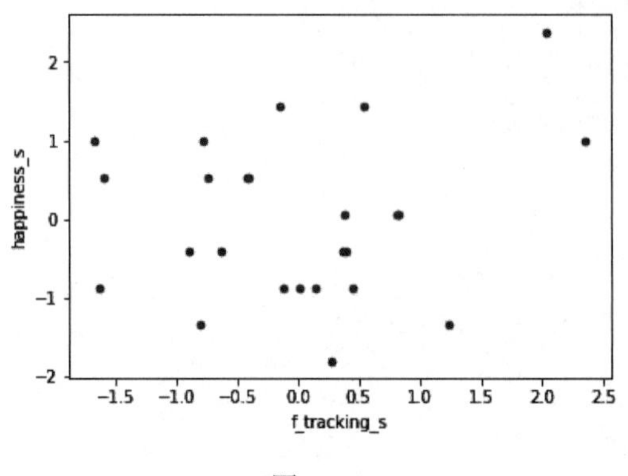

图 13-8

Python 程序：Ch13_2_1a.py 是使用 StandardScaler 对象来进行数据标准化，如下所示：

```
scaler = preprocessing.StandardScaler()
np_std = scaler.fit_transform(df)
df_std = pd.DataFrame(np_std, columns=["f_tracking_s", "happiness_s"])
print(df_std.head())
```

上述程序代码首先建立 StandardScaler 对象，然后调用 fit_transform() 函数进行数据转换，即标准化 DataFrame 对象的数据。

13.2.2 最小-最大值缩放

最小-最大值缩放（Min-Max Scaling）是另一种常用的特征缩放方法，也称为正规化（Normalization），可以将数值数据转换成 0～1 区间，可以使用在第 15 章的线性回归和第 16 章的 K 近邻算法（K Nearest Neighbor Algorithm，KNN）。

数据正规化是使用以下公式进行最小-最大值缩放，如下所示：

$$X_{\text{norm}} = \frac{X - X_{\min}}{X_{\max} - X_{\min}}$$

上述公式的分母是最大值和最小值的差，分子是与最小值的差。使用和第 13.2.1 节相同的数据来进行最小-最大值缩放（Python 程序：Ch13_2_2. py），如下所示：

```
...
scaler = preprocessing.MinMaxScaler(feature_range=(0, 1))
np_minmax = scaler.fit_transform(df)
df_minmax = pd.DataFrame(np_minmax, columns=["f_tracking_m",
"happiness_m"])
print(df_minmax.head())

df_minmax.plot(kind="scatter", x="f_tracking_m", y="happiness_m")
```

上述程序代码建立 MinMaxScaler 对象，参数指定范围是 0～1，然后调用 fit_transform() 函数进行数据转换，即正规化 DataFrame 对象的数据并绘制散布图，如图 13-9 所示。

	f_tracking_m	happiness_m
0	0.011884	0.222222
1	0.551396	0.777778
2	0.617944	0.444444
3	0.194296	0.333333
4	0.318479	0.555556

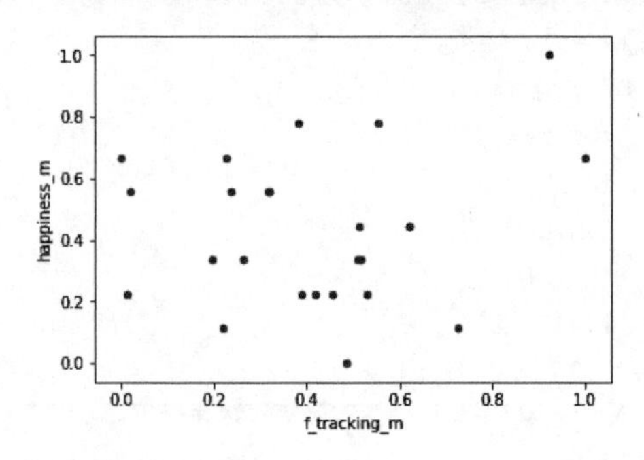

图 13-9

从图 13-9 中可以看出，转换后的数据和标准化不同，但是在绘制的散布图中可以看到数据点的分布相同。

13.3 数据清理与转换

数据处理是指数据清理和转换，即将数据清理和转换成可以阅读的数据，以便进行数据分析。

13.3.1 处理遗漏值

数据清理（也称数据清洗）主要的工作之一就是处理遗漏值（Missing Data），因为这些数据无法进行运算，所以需要针对遗漏值进行特别处理。处理遗漏值有两种方式，如下所示。

- 删除遗漏值：如果数据量够大，则可以直接删除遗漏值。
- 补值：将遗漏值填补成固定值、平均值、中位数和随机数值等。

DataFrame 对象的字段值如果是 NumPy 的 nan（NaN），表示此字段是遗漏值。Python 程序：Ch13_3_1.py 是载入 test.csv 文件建立 DataFrame 对象，如下所示：

```
df = pd.read_csv("test.csv")
print(df)
```

上述程序代码读取 test.csv 文件建立 DataFrame 对象后，输出数据内容，可以看到很多 NaN 字段值的遗漏值，如图 13-10 所示。

	A	B	C	D
0	0.5	0.9	0.4	NaN
1	0.8	0.6	NaN	NaN
2	0.7	0.3	0.8	0.9
3	0.8	0.3	NaN	0.2
4	0.9	NaN	0.7	0.3
5	0.2	0.7	0.6	NaN

图 13-10

本节即使用上述数据介绍如何处理遗漏值。

1. 输出遗漏值的信息：Ch13_3_1a.py

可以输出每一字段有多少个非 NaN 字段值，调用 info() 函数，如下所示：

```
df.info()
```

上述程序代码可以输出每一字段有多少个非 NaN 值，其运行结果如下所示：

```
<class 'pandas.core.frame.DataFrame'>
RangeIndex: 6 entries, 0 to 5
Data columns (total 4 columns):
A 6 non-null float64
B 5 non-null float64
C 4 non-null float64
D 3 non-null float64
dtypes: float64(4)
memory usage: 272.0 bytes
```

上述字段有 6 项，少于 6 就表示有 NaN 的字段值。

2. 删除 NaN 的记录：Ch13_3_1b.py

因为 NaN 记录并不能进行运算，所以最简单的方式就是调用 dropna() 函数将它们都删除，如下所示：

```
df1 = df.dropna()
print(df1)
```

上述程序代码中，dropna() 函数没有参数，表示删除全部 NaN 记录。也可以加上参数 how，如下所示：

```
df2 = df.dropna(how="any")
print(df2)
```

上述程序代码中，dropna() 函数的参数 how 值是 any，表示删除所有 NaN 记录。其运行结果只剩下 1 项，如图 13-11 所示。

如果 how 参数值是 all，就需要全部字段都是 NaN 才会删除，如下所示：

```
df3 = df.dropna(how="all")
print(df3)
```

上述程序代码删除全部字段都是 NaN 的记录，因为没有这种记录，所以运行结果不会删除任何一项。也可以使用 subset 属性指定某些字段有 NaN 就删除，如下所示：

```
df4 = df.dropna(subset=["B", "C"])
print(df4)
```

上述程序代码中，dropna() 函数的参数 subset 值是列表，表示删除 B 列和 C 列为 NaN 的记录。其运行结果剩下 3 项，如图 13-12 所示。

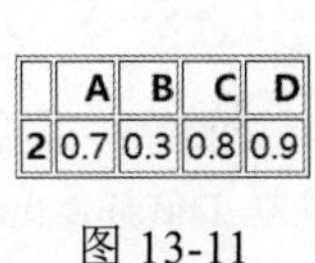

	A	B	C	D
2	0.7	0.3	0.8	0.9

图 13-11

	A	B	C	D
0	0.5	0.9	0.4	NaN
2	0.7	0.3	0.8	0.9
5	0.2	0.7	0.6	NaN

图 13-12

3．填补遗漏值：Ch13_3_1c.py

如果不想删除 NaN 的记录，也可以填补这些遗漏值，将其指定为固定值、平均值或中位数等。例如，将 NaN 值都改为固定值 1，如下所示：

```
df1 = df.fillna(value=1)
print(df1)
```

上述程序代码中，fillna() 函数可以将 NaN 改为参数 value 的值 1。其运行结果如图 13-13 所示。

也可以将遗漏值指定为平均数，如下所示：

```
df["B"] = df["B"].fillna(df["B"].mean())
print(df)
```

上述程序代码将字段 B 的 NaN 值改为字段 B 的平均数，从其运行结果中可以看到字段 B 已经没有 NaN 值，如图 13-14 所示。

同样方式，也可以将遗漏值指定为中位数，如下所示：

```
df["C"] = df["C"].fillna(df["C"].median())
print(df)
```

上述程序代码将字段 C 的 NaN 值改为字段 C 的中位数，从其运行结果中可以看到字段 C 已经没有 NaN 值，如图 13-15 所示。

4．建立布尔屏蔽输出遗漏值：Ch13_3_1d.py

如果需要，也可以调用 Pandas 的 isnull() 函数判断字段值是否为 NaN（notnull() 函数功能与之相反），如下所示：

```
df1 = pd.isnull(df)
print(df1)
```

上述程序代码可以建立相同形状 DataFrame 对象的布尔屏蔽，其运行结果如图 13-16 所示。

	A	B	C	D
0	0.5	0.9	0.4	1.0
1	0.8	0.6	1.0	1.0
2	0.7	0.3	0.8	0.9
3	0.8	0.3	1.0	0.2
4	0.9	1.0	0.7	0.3
5	0.2	0.7	0.6	1.0

图 13-13

	A	B	C	D
0	0.5	0.90	0.4	NaN
1	0.8	0.60	NaN	NaN
2	0.7	0.30	0.8	0.9
3	0.8	0.30	NaN	0.2
4	0.9	0.56	0.7	0.3
5	0.2	0.70	0.6	NaN

图 13-14

	A	B	C	D
0	0.5	0.90	0.40	NaN
1	0.8	0.60	0.65	NaN
2	0.7	0.30	0.80	0.9
3	0.8	0.30	0.65	0.2
4	0.9	0.56	0.70	0.3
5	0.2	0.70	0.60	NaN

图 13-15

	A	B	C	D
0	False	False	False	True
1	False	False	True	True
2	False	False	False	False
3	False	False	True	False
4	False	True	False	False
5	False	False	False	True

图 13-16

13.3.2 处理重复数据

可以调用 DataFrame 对象的 duplicated() 函数和 drop_duplicates() 函数来处理字段或记录的重复值。Python 程序：Ch13_3_2.py 是载入 test2.csv 文件建立 DataFrame 对象，如下所示：

```
df = pd.read_csv("test2.csv")
print(df)
```

上述程序代码读取 test2.csv 文件建立 DataFrame 对象后，输出数据内容，可以看到很多记录和字段值是重复的，如图 13-17 所示。

	A	B	C	D
0	0.7	0.3	0.8	0.9
1	0.8	0.6	0.4	0.8
2	0.7	0.3	0.8	0.9
3	0.8	0.3	0.5	0.2
4	0.9	0.3	0.7	0.3
5	0.7	0.3	0.8	0.9

图 13-17

图 13-16 中的第 0、2 和 5 行是重复记录，各字段也有多个重复值，本节即使用上述数据来介绍如何处理重复数据。

1．输出重复记录和字段值：Ch13_3_2a.py

DataFrame 对象只需调用 duplicated() 函数即可重复记录，如下所示：

```
print(df.duplicated())
```

上述程序代码可以输出有多少重复记录（**注意**：不包含第 1 项），从其运行结果中可以看到第 2 和 5 行是 True，有 2 项重复记录，第 1 项第 0 行是 False，如下所示：

```
0    False
1    False
2    True
3    False
4    False
5    True
dtype: bool
```

在 duplicated() 函数中只需加上字段名（如果有多个，可使用字段列表），即可指定字段的重复值，如下所示：

```
print(df.duplicated("B"))
```

上述程序代码输出字段 B 有多少重复的字段值，True 表示重复，不含第 1 项，如下所示：

```
0    False
1    False
2    True
3    True
4    True
5    True
dtype: bool
```

2．删除重复记录：Ch13_3_2b.py

DataFrame 对象调用 drop_duplicates() 函数删除重复记录，如下所示：

```
df1 = df.drop_duplicates()
print(df1)
```

上述程序代码可以删除重复记录（注意：不包含第 1 项），其运行结果如图 13-18 所示。

3．删除重复的字段值：Ch13_3_2c.py

在 drop_duplicates() 函数中只需加上字段名，就可以删除指定字段的重复值，如下所示：

```
df1 = df.drop_duplicates("B")
print(df1)
```

上述程序代码删除字段 B 的重复字段值，默认保留第 1 项，其运行结果如图 13-19 所示。

因为默认保留第 1 项（索引 0），如果想保留最后 1 项，可使用 keep 属性，如下所示：

```
df2 = df.drop_duplicates("B", keep="last")
print(df2)
```

上述程序代码的 keep 属性值是 last，表示保留最后 1 项，值为 first，表示保留第 1 项。其运行结果如图 13-20 所示。

如果想删除所有的重复字段值，则 keep 属性值是 False，如下所示：

```
df3 = df.drop_duplicates("B", keep=False)
print(df3)
```

上述程序代码的运行结果中不会保留任何一项有重复字段值，如图 13-21 所示。

	A	B	C	D
0	0.7	0.3	0.8	0.9
1	0.8	0.6	0.4	0.8
3	0.8	0.3	0.5	0.2
4	0.9	0.3	0.7	0.3

图 13-18

	A	B	C	D
0	0.7	0.3	0.8	0.9
1	0.8	0.6	0.4	0.8

图 13-19

	A	B	C	D
1	0.8	0.6	0.4	0.8
5	0.7	0.3	0.8	0.9

图 13-20

	A	B	C	D
1	0.8	0.6	0.4	0.8

图 13-21

13.3.3 处理分类数据

DataFrame 对象的字段数据如果是尺寸的 XXL、XL、L、M、S、XS，或性别的 male、female 和 not specified 等，那么这些字段值是分类的目录数据，并非数值。实际上，通常需要使用数值数据建立预测模型，所以这些分类数据需要转换成数值数据。在本节使用的测试数据是 test3.csv，其内容如图 13-22 所示。

	Gender	Size	Price
0	male	XL	800
1	female	M	400
2	not specified	XXL	300
3	male	L	500
4	female	S	700
5	female	XS	850

图 13-22

1. 使用对应值转换表进行分类数据转换：Ch13_3_3.py

可以使用 Python 字典建立对应值转换表来将字段数据转换成数值，如下所示：

```
size_mapping = {"XXL": 5,
                "XL": 4,
                "L": 3,
                "M": 2,
                "S": 1,
                "XS": 0}

df["Size"] = df["Size"].map(size_mapping)
print(df)
```

上述程序代码建立尺寸对应值转换表的字典后，调用 map() 函数将字段值转换成对应值。其运行结果如图 13-23 所示。

2. 使用 Scikit-learn 包的 LabelEncoder：Ch13_3_3a.py

Scikit-learn 包的 preprocessing 模块可以使用 LabelEncoder 对象进行数据的分类转换，如下所示：

```
import pandas as pd
from sklearn import preprocessing

df = pd.read_csv("test3.csv")

label_encoder = preprocessing.LabelEncoder()
df["Gender"] = label_encoder.fit_transform(df["Gender"])
print(df)
```

上述程序代码建立 LabelEncoder 对象后，调用 fit_transform() 函数转换 Gender 字段，可以将性别转换成 0～2 的数值数据，如图 13-24 所示。

	Gender	Size	Price
0	male	4	800
1	female	2	400
2	not specified	5	300
3	male	3	500
4	female	1	700
5	female	0	850

图 13-23

	Gender	Size	Price
0	1	XL	800
1	0	M	400
2	2	XXL	300
3	1	L	500
4	0	S	700
5	0	XS	850

图 13-24

13.4 数据预处理与探索性数据分析

数据科学的探索阶段是整理、归纳和描述数据，其主要工作是数据预处理（Data Preprocessing）和探索性数据分析（Exploratory Data Analysis，EDA），如下所示。

- 数据预处理：源于数据挖掘技术，其主要目的是将取得的原始数据转换成可阅读的数据格式，因为真实世界的数据常常有不完整、错误和不一致的情况，数据预处理就是在处理这些问题。实际上，数据预处理的操作非常多，常用的操作有处理遗漏值、处理分类数据和特征缩放与标准化等。
- 探索性数据分析：探索性数据分析是一种数据分析的步骤和观念，可以使用各种不同的技巧，大部分是使用图表方式来深入了解数据本身，找出数据底层的结构，从数据中取出重要的变量，侦测异常值（Outlier），并且找出数据趋势的线索，提出假设（Hypotheses）。例如，解释为什么此群组客户的业绩会下滑，目标客户不符合年龄层造成产品销售不佳等。

实际上，当取得一份全新的数据集后，无论是否已经熟悉这些数据，都可以使用下列问题的指引来帮助进行数据探索，其包含数据预处理的清理、转换和探索性数据分析，如下所示。

- 是不是有组织的数据？数据是不是行/列结构的结构化数据？如果是非结构化数据或半结构化数据，则需要将数据转换成类似电子表格行/列结构的结构化数据，以 Python 语言来说，就是建立 Pandas 包的 DataFrame 对象。
- 数据的每一行代表什么？在成功转换成结构化数据的数据集后，就可以开始了解这个数据集。第一步是了解每一行数据是什么，即每一项记录是什么样的数据。
- 数据的每一列代表什么？在了解每一项记录后，可以开始了解每一个字段是什么、字段值是哪一种尺度的数据、字段值是质的数据还是量的数据。
- 是否有遗漏值？如果数据集有遗漏值，则需要了解哪些字段有遗漏值、遗漏值数据有多少项，以及如何处理这些遗漏值，是直接删除数据还是改为平均值、中位数或随机值等。
- 是否需要进行字段数据转换？当知道字段是哪一种尺度的数据后，需要判断字段数据是否需要进行转换。例如，分类数据是否需转换成数值数据；当单位差异太大时，是否需要标准化数据或正规化数据。

- 数据描述是什么？数据如何分布？如果数据集本身已经提供了数据描述，可详细阅读数据描述内容；如果没有，则需要自行使用描述统计的摘要信息，如最大值、最小值、平均值、标准差等来描述数据，并使用可视化图表（如直方图、散布图和箱形图）显示数据分布，并且进一步找出数据中的异常值。
- 数据之间是否存在关系？可以使用第 13.1 节介绍的方法，即散布图、协方差和相关系数来找出数据之间的关系。

13.5 实战案例：泰坦尼克号数据集的探索性数据分析

泰坦尼克号（Titanic）是 1912 年 4 月在大西洋旅程中撞上冰山沉没的一艘著名客轮，这次意外事件造成 2224 名乘客和船员中的 1500 多人丧生。泰坦尼克号数据集（Titanic Dataset）就是船上乘客的相关数据。

本节将使用探索性数据分析来探索泰坦尼克号数据集，在第 15 章和第 16 章会分别使用 Logistic 回归和决策树算法进行泰坦尼克号的生存预测。

1. 载入数据集：Ch13_5.py

泰坦尼克号数据集是一个 CSV 文件，可以建立 DataFrame 对象来加载数据集，如下所示：

```
titanic = pd.read_csv("titanic_data.csv")
print(titanic.shape)
```

上述程序代码载入 CSV 文件 titanic_data.csv 后，使用 shape 属性输出数据集的形状。其运行结果如下所示：

```
(1313, 6)
```

上述泰坦尼克号数据集是 1313 项和 6 个字段，每一行是一个乘客，乘客数为 1313 人。

2. 描述数据：Ch13_5a.py

在成功加载数据集后，首先看看前几项数据，如下所示：

```
print(titanic.head())
```

上述程序代码调用 head() 函数输出前 5 项数据，其运行结果如图 13-25 所示。

	PassengerId	Name	PClass	Age	Sex	Survived
0	1	Allen, Miss Elisabeth Walton	1st	29.00	female	1
1	2	Allison, Miss Helen Loraine	1st	2.00	female	0
2	3	Allison, Mr Hudson Joshua Creighton	1st	30.00	male	0
3	4	Allison, Mrs Hudson JC (Bessie Waldo Daniels)	1st	25.00	female	0
4	5	Allison, Master Hudson Trevor	1st	0.92	male	1

图 13-25

图 13-25 中的每一行是一个乘客的数据，各字段的说明如下所示。

- PassengerId：乘客编号是乘客唯一的识别编号。因为数据有顺序性，所以这是第 1.2.3 节介绍的顺序尺度数据。
- Name：乘客姓名。该字段除了姓名外，还包含 Miss、Mrs 和 Mr 等信息，这是一种名目尺度数据。
- PClass：乘客等级。等级 1 的字段值是 1st，等级 2 的字段值是 2nd，等级 3 的字段值是 3rd，这是顺序尺度数据。
- Age：乘客年龄。乘客年龄是整数数据，这是比率尺度数据。
- Sex：乘客性别。字段值 male 表示男，字段值 female 表示女，这是名目尺度数据。
- Survived：字段值是 0 或 1，代表乘客生存或丧生，值 1 是生存，0 是丧生。因为值只有 2 种，所以这是名目尺度数据。

接着，可以使用 describe() 函数输出数据描述，如下所示：

```
print(titanic.describe())
```

上述程序代码输出描述统计的摘要信息，其运行结果如图 13-26 所示。

	PassengerId	Age	Survived
count	1313.000000	756.000000	1313.000000
mean	657.000000	30.397989	0.342727
std	379.174762	14.259049	0.474802
min	1.000000	0.170000	0.000000
25%	329.000000	21.000000	0.000000
50%	657.000000	28.000000	0.000000
75%	985.000000	39.000000	1.000000
max	1313.000000	71.000000	1.000000

图 13-26

图 13-26 中输出的 3 个字段是量的数据，可以看到字段值的数据量、平均值、标准差、最小和最大等数据描述，其中 Age 字段只有 756 项，表示有遗漏值。可以使用 info() 函数进一步检验各字段是否有遗漏值，如下所示：

```
print(titanic.info())
```

上述程序代码输出各字段的相关信息，其运行结果如下所示：

```
<class 'pandas.core.frame.DataFrame'>
RangeIndex: 1313 entries, 0 to 1312
Data columns (total 6 columns):
PassengerId                1313 non-null int64
Name                       1313 non-null object
PClass                     1313 non-null object
Age                        756 non-null float64
Sex                        1313 non-null object
Survived                   1313 non-null int64
dtypes: float64(1), int64(2), object(3)
memory usage: 61.6+ KB
None
```

从上述字段信息中可以看出只有 Age 字段有遗漏值。

3. 数据预处理：Ch13_5b.py

在检验数据集的描述数据后，可知目前需要处理的工作如下所示。

- PassengerId 字段是不是流水号，如果是，则可以将此字段改为索引字段。
- Sex 字段是名目尺度数据，需要处理分类数据转换成数值的 0 和 1（1 是女，0 是男）。
- PClass 字段是名目尺度数据，需要处理分类数据转换成数值的 1、2 和 3（1 是 1st，2 是 2nd，3 是 3rd）。
- Age 字段有很多遗漏值，准备使用 Age 字段的平均值来补值。
- Name 字段值包含 Miss、Mrs 和 Mr 等信息，可以新增 Title 字段，区分乘客是先生、女士或小姐等。

首先，调用 NumPy 包的 unique() 函数检查字段值是不是唯一，如下所示：

```
print(np.unique(titanic["PassengerId"].values).size)
```

上述程序代码调用 unique() 函数检查 PassengerId 字段是否唯一，通过 size 属性可以知道有多少个不同值。其运行结果如下所示：

```
1313
```

上述运行结果和数据集的行数相同，表示是唯一的流程编号。可以指定此字段为索引，如下所示：

```
titanic.set_index(["PassengerId"], inplace=True)
print(titanic.head())
```

上述程序代码指定索引字段，参数 inplace 值为 True，表示直接取代目前的 DataFrame 对象。其运行结果如图 13-27 所示。

	Name	PClass	Age	Sex	Survived
PassengerId					
1	Allen, Miss Elisabeth Walton	1st	29.00	female	1
2	Allison, Miss Helen Loraine	1st	2.00	female	0
3	Allison, Mr Hudson Joshua Creighton	1st	30.00	male	0
4	Allison, Mrs Hudson JC (Bessie Waldo Daniels)	1st	25.00	female	0
5	Allison, Master Hudson Trevor	1st	0.92	male	1

图 13-27

接着新增 SexCode 字段，将 Sex 字段改为数值 0 和 1（1 是女，0 是男），如下所示：

```
titanic["SexCode"] = np.where(titanic["Sex"]=="female", 1, 0)
print(titanic.head())
```

上述程序代码调用 NumPy 包的 where() 函数取代字段值，第 1 个参数是条件，条件成立指定成第 2 个参数值，条件失败则指定成第 3 个参数值。其运行结果如图 13-28 所示。

	Name	PClass	Age	Sex	Survived	SexCode
PassengerId						
1	Allen, Miss Elisabeth Walton	1st	29.00	female	1	1
2	Allison, Miss Helen Loraine	1st	2.00	female	0	1
3	Allison, Mr Hudson Joshua Creighton	1st	30.00	male	0	0
4	Allison, Mrs Hudson JC (Bessie Waldo Daniels)	1st	25.00	female	0	1
5	Allison, Master Hudson Trevor	1st	0.92	male	1	0

图 13-28

PClass 字段值是分类数据，可以使用第 13.3.3 节的方法将其转换成数值数据，如下所示：

```
class_mapping = {"1st": 1,
                 "2nd": 2,
                 "3rd": 3}
titanic["PClass"] = titanic["PClass"].map(class_mapping)
print(titanic.head())
```

上述程序代码将 3 种等级转换成数值 1、2、3。处理 Age 字段的遗漏值，首先检查 Age 字段的遗漏值到底有多少个，如下所示：

```
print(titanic.isnull().sum())
print(sum(titanic["Age"].isnull()))
```

上述程序代码先调用 isnull() 函数检查所有字段是否有 NaN 值，再调用 sum() 函数计算总数，第 2 行是计算 Age 字段的遗漏值。

其运行结果如下所示：

```
Name        0
PClass      0
Age         557
Sex         0
Survived    0
SexCode     0
dtype: int64
557
```

上述运行结果显示只有 Age 字段有遗漏值，共 557 项。现在，可以将这些遗漏值补值成 Age 字段的平均值，如下所示：

```
avg_age = titanic["Age"].mean()
titanic["Age"].fillna(avg_age, inplace=True)
print(sum(titanic["Age"].isnull()))
```

上述程序代码计算平均值后，调用 fillna() 函数将遗漏值取代为平均值。最后计算一次 Age 字段的遗漏值，其运行结果如下所示：

```
0
```

上述运行结果是 0，表示已经没有遗漏值。在完成补值后，计算不同性别人数和男女的平均年龄，如下所示：

```
print("性别人数:")
print(titanic["Sex"].groupby(titanic["Sex"]).size())
print(titanic.groupby("Sex")["Age"].mean())
print(titanic.groupby("Sex")["Age"].mean())
```

上述程序代码调用 groupby() 函数来群组 Sex 字段，首先计算各群组的人数，然后计算 Age 字段的平均值。其运行结果如下所示：

```
性别人数:
Sex
female     462
male       a851
Name: Sex, dtype: int64
Sex
female     29.773637
male       30.736945
Name: Age, dtype: float64
```

上述运行结果显示女性有 462 人，平均年龄是 29.77；男性有 851 人，平均年龄是 30.7。

在数据集的 Name 字段值中包含 Miss、Mrs 和 Mr 等信息，可以使用正则表达式取出这些数据来新增 Title 字段，如下所示：

```
import re
patt = re.compile(r"\, \s(\S+\s)")
titles = []
for index, row in titanic.iterrows():
    m = re.search(patt, row["Name"])
    if m is None:
        title = "Mrs" if row["SexCode"] == 1 else "Mr"
    else:
        title = m.group(0)
        title = re.sub(r",", "", title).strip()
        if title[0] != "M":
            title = "Mrs" if row["SexCode"] == 1 else "Mr"
        else:
          if title[0] == "M" and title[1] == "a":
            title = "Mrs" if row["SexCode"] == 1 else "Mr"
    titles.append(title)
titanic["Title"] = titles
```

上述程序代码建立正则表达式的模板字符串后，使用 for 循环访问 DataFrame 对象的每一行，以便使用模板字符串取出 Title 字段值，因为有不完整的数据，所以用 if/else/if 条件判断这些异常情况，删除多余字符并依据 SexCode 字段判断男性是 Mr，女性是 Mrs，最后新增 Title 字段。

在成功新增 Title 字段后，需要再次确认 Title 字段取出的类别种类，如下所示：

```
print("Title 类别:")
print(np.unique(titles).shape[0], np.unique(titles))
```

上述程序代码显示 Title 字段的类别有几种，其运行结果如下所示：

```
Title 类别:
5 ['Miss' 'Mlle' 'Mr' 'Mrs' 'Ms']
```

上述执行结果显示多出 Mlle 和 Ms 两类，所以准备修正这两个错误，如下所示：

```
titanic["Title"] = titanic["Title"].replace("Mlle", "Miss")
titanic["Title"] = titanic["Title"].replace("Ms", "Miss")
titanic.to_csv("titanic_pre.csv", encoding="utf-8")
```

上述程序代码调用 replace() 函数取代 Mlle 和 Ms 成为 Miss，数据集的数据预处理完成，最后将其导出为 titanic_pre.csv 的 CSV 文件。

现在，乘客已经可以区分为先生、女士或小姐，下面计算各类别的人数和生存率，如下所示：

```
print("Title 人数:")
print(titanic["Title"].groupby(titanic["Title"]).size())
print("平均生存率:")
print(titanic[["Title", "Survived"]].groupby(titanic["Title"]).mean())
```

上述程序代码使用 Title 字段群组数据，可以计算各类别的人数和生存率，即 Survived 字段的平均值。其运行结果如下所示：

```
Title 人数:
Title
Miss   250
Mr     851
Mrs    212
Name:Title, dtype:int64
平均生存率:
       Survived
Title
Miss   0.604000
Mr     0.166863
Mrs    0.740566
```

4．探索性数据分析：Ch13_5c.py

在完成数据预处理后，已经成功建立 titanic_pre.csv 的 CSV 文件。接下来加载此文件，进行探索性数据分析，分别使用散布图和直方图来探索各字段的数据，如下所示：

```
titanic = pd.read _ csv("titanic_pre.csv")
titanic["Died"] = np.where(titanic["Survived"]==0, 1, 0)
print(titanic.head())
```

上述程序代码加载 titanic_pre.csv 文件后，为了方便绘制图表，笔者新增 Died 字段，域值和 Survived 相反。其运行结果如图 13-29 所示。

	PassengerId	Name	PClass	Age	Sex	Survived	SexCode	Title	Died
0	1	Allen, Miss Elisabeth Walton	1.0	29.00	female	1	1	Miss	0
1	2	Allison, Miss Helen Loraine	1.0	2.00	female	0	1	Miss	1
2	3	Allison, Mr Hudson Joshua Creighton	1.0	30.00	male	0	0	Mr	1
3	4	Allison, Mrs Hudson JC (Bessie Waldo Daniels)	1.0	25.00	female	0	1	Mrs	1
4	5	Allison, Master Hudson Trevor	1.0	0.92	male	1	0	Mr	0

图 13-29

由图 13-29 所示字段值可知，只有 Age 字段是比率尺度数据，绘制直方图来显示各种年龄的分布，如下所示：

```
titanic["Age"].plot(kind="hist", bins=15)
df = titanic[titanic.Survived == 0]
df["Age"].plot(kind="hist", bins=15)
df = titanic[titanic.Survived == 1]
df["Age"].plot(kind="hist", bins=15)
```

上述程序代码绘制 3 个直方图，第 1 个是年龄分布（蓝色），第 2 个是各年龄层的丧生人数（橙色），第 3 个是生存人数（绿色）。其运行结果如图 13-30 所示。

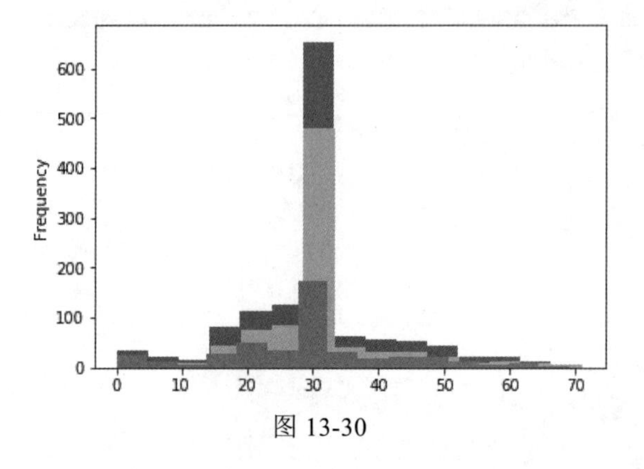

图 13-30

数据集的 Title、Sex 和 PClass 字段是名目或顺序尺度数据，可以使用直方图来分类显示生存和丧生人数与比率。首先是 Title 字段，如下所示：

```
fig, axes = plt.subplots(nrows=1, ncols=2)
df = titanic[["Survived", "Died"]].groupby(titanic["Title"]).sum()
df.plot(kind="bar", ax=axes[0])
df = titanic[["Survived", "Died"]].groupby(titanic["Title"]).mean()
df.plot(kind="bar", ax=axes[1])
```

上述程序代码调用 matplotlib.pyplot 的 subplots() 函数建立 2 张水平子图（参数 nrows 是行数，ncols 是列数）；然后群组 Title 字段计算生存和丧生的人数和比率（平均数）；plot() 函数的参数 kind 值 bar 表示直方图，ax 参数指定显示位置。其运行结果如图 13-31 所示。

接着是 Sex 字段的性别，如下所示：

```
fig, axes = plt.subplots(nrows=1, ncols=2)
df = titanic[["Survived", "Died"]].groupby(titanic["Sex"]).sum()
df.plot(kind="bar", ax=axes[0])
df = titanic[["Survived", "Died"]].groupby(titanic["Sex"]).mean()
df.plot(kind="bar", ax=axes[1])
```

上述程序代码输出水平 2 张直方图，是群组 Sex 字段计算生存和丧生的人数和比率（平均数）。其运行结果如图 13-32 所示。

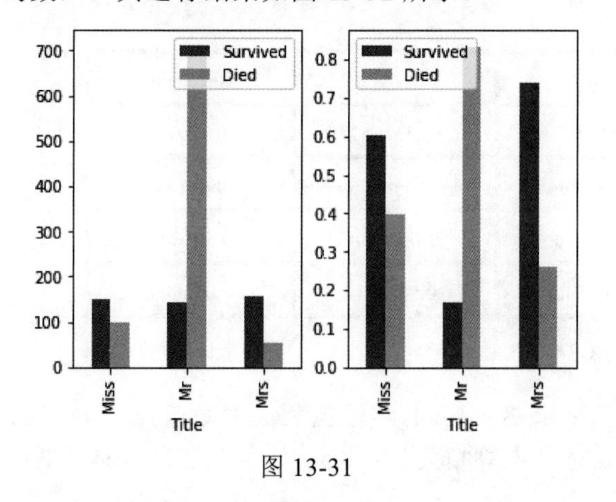

图 13-31

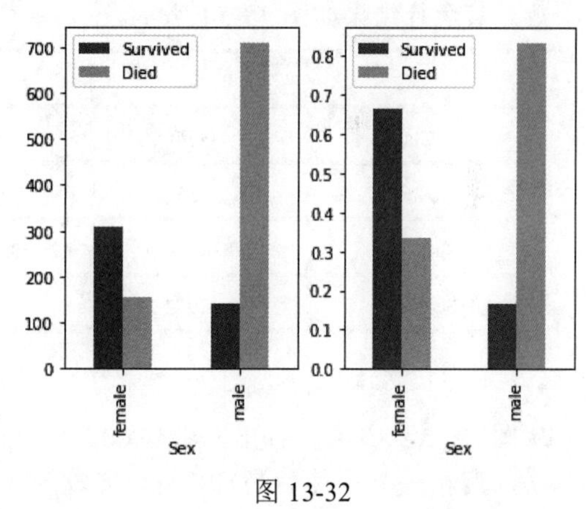

图 13-32

然后是 PClass 字段的等级，如下所示：

```
df = titanic[['Survived', "Died"]].groupby(titanic["PClass"]).sum()
df.plot(kind="bar")
df = titanic[['Survived', "Died"]].groupby(titanic["PClass"]).mean()
df.plot(kind="bar")
```

上述程序代码输出 2 张直方图，群组 PClass 字段计算生存和丧生的人数和比率（平均数）。其运行结果如图 13-33 所示。

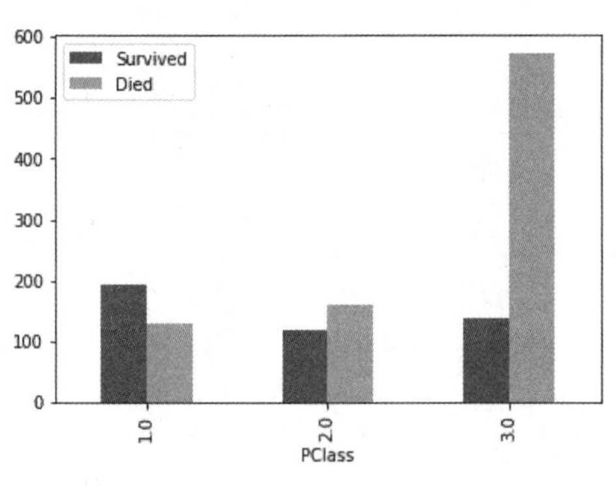

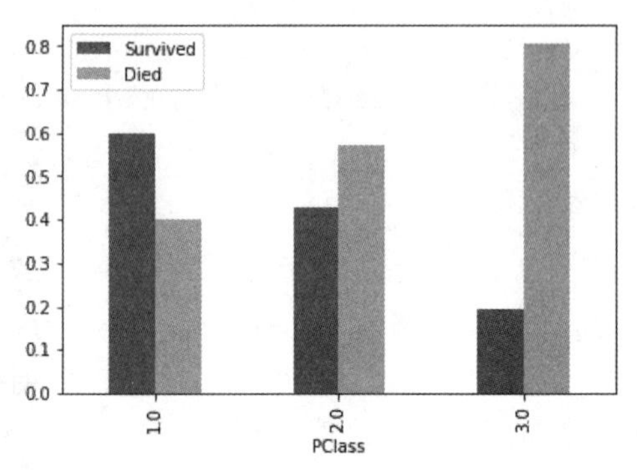

图 13-33

现在，可以计算各字段之间的相关系数，如下所示：

```
df = titanic.drop("PassengerId", axis=1)
df = df.drop("Died", axis=1)
df = df.drop("Title", axis=1)
print(df.corr())
df.to_csv("titanic_train.csv", encoding="utf-8")
```

上述程序代码删除不需要的 PassengerId、Died 和 Title 字段后，调用 corr() 函数计算相关系数。其运行结果如图 13-34 所示。

	PClass	Age	Survived	SexCode
PClass	1.000000	-0.315551	-0.361741	-0.129711
Age	-0.315551	1.000000	-0.048236	-0.042546
Survived	-0.361741	-0.048236	1.000000	0.502891
SexCode	-0.129711	-0.042546	0.502891	1.000000

图 13-34

从图 13-34 中可以看出，SexCode 性别字段和 Survived 字段的相关系数最高，为 0.50 左右（高度相关）；然后是 PClass 字段的 -0.36（中等相关）；Age 字段只有 -0.04（低度相关）。

◇ 学习检测 ◇

1. 有几种方法可以找出数据之间的关联性？
2. 什么是因果关系和相关性？其差异是什么？
3. 特征缩放与标准化是什么？
4. 数据清理和转换主要是完成什么工作？

5．数据预处理与探索性数据分析是什么？

6．本书配套资源中有 anscombe_i.csv、anscombe_ii.csv、anscombe_iii.csv、anscombe_iv.csv 四个 CSV 文件，请一一绘制散布图来检验 x 和 y 数据之间是否有线性相关。

7．参考第 16.1.3 节的说明进行 iris.csv 数据集的探索性数据分析。

8．参考 http://archive.ics.uci.edu/ml/datasets/Wine 网站的数据集说明，使用 wine_data.csv 数据集进行探索性数据分析。

第 4 篇

人工智能与机器学习
——预测数据

CHAPTER 14

第14章

人工智能与机器学习概论

14.1 人工智能概论

随着数据科学的发展，人工智能（Artificial Intelligence，AI）和机器学习（Machine Learning）成为信息科学界热门的研究项目。实际上，人工智能本身只是一个泛称，所有能够让计算机有智慧的技术都可以称为人工智能。

14.1.1 人工智能简介

人工智能在信息科学中并不算是一个很新的领域，因为早期计算机的运算效能不佳，人工智能受限于计算机运算能力，实际应用非常有限；直到 CPU 性能大幅提升和绘图 GPU 应用在人工智能，再加上深度学习（Deep Learning）的重大突破，才让人工智能的梦想逐渐成真。

1. 认识人工智能

人工智能是让机器变得更聪明的一种科技，即让机器具备和人类一样的思考逻辑与行为模式。简单地说，人工智能就是让机器展现出人类的智慧，像人类一样思考。实际上，人工智能是一个让计算机执行人类工作的广义名词术语，其衍生的应用和变化至今仍然没有定论。

人工智能是计算机科学领域的范畴，其发展过程包括学习（大量读取信息和判断何时及如何使用该信息）、感知、推理（使用已知信息来做出结论）、自我校正和操纵或移动物品等。

知识工程（Knowledge Engineering）是过去人工智能主要研究的核心领域，让机器大量读取数据后，机器就能够自行判断对象、进行归类、分群和统整，并且找出规则来判断数据之间的关联性（Relationships），进而建立知识。在知识工程的发展下，人工智能可以让机器具备专业知识。

事实上，现在开发的人工智能系统都属于弱人工智能（Narrow AI）的形式，机器拥有能力做一件或几件事情，而且做这些事的智能程度与人类相当，甚至可能超越人类（**注意：只限这些事**），如自动驾驶、人脸识别、下棋和自然语言处理等。当然，在计算机游戏中加入的人工智能或机器学习也都属于弱人工智能。

2. 从原始数据转换成智能的过程

人工智能是研究如何从原始数据转换成智能的过程，需要经过多个不同层次的处理步骤，如图 14-1 所示。

由图 14-1 可以看出，原始数据经过处理后成为信息；信息在认知后成为知识；知识在模式抽取后变得可理解；最后进行推论，就成为智能。

3. 图灵测试

图灵测试（Turing Test）是计算机科学和人工智能之父——艾伦•图灵（Alan Turing）在 1950 年提出的一个判断机器是否拥有智慧、是否能够思考的著名试验。

图灵测试引出了人工智能的概念，并且让我们相信机器有可能具备智慧的能力。简单地说，图灵测试是测试机器是否能够表现出与人类相同或无法区分的智能表现，如图 14-2 所示。

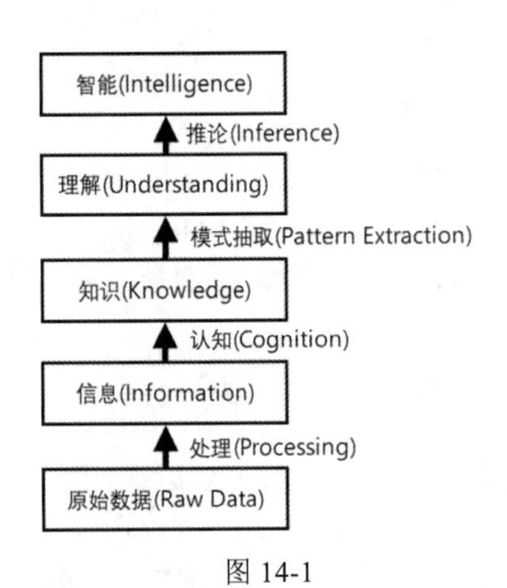

图 14-1

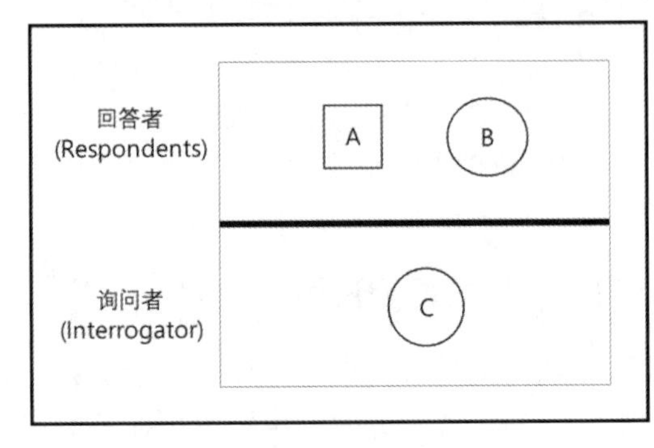

图 14-2

图 14-2 中，正方形 A 代表一台机器，圆形 B 代表人类，这两位是回答者（Respondents）；人类 C 是一位询问者（Interrogator）。C 展开与 A 和 B 的对话，这是通过文本模式的键盘输入和屏幕输出来进行对话，如果 A 不会被辨别出是一台机器的身份，就表示这台机器 A 具有智慧。

很明显，创建一台具备智慧的机器 A 并不是一件简单的事，因为在整个对话的过程中会遇到很多情况。机器 A 至少需要拥有下列能力，如下所示。

- 自然语言处理（Natural Language Processing）：机器 A 因为需要和询问者进行文字内容的对话，因此需要将输入的文字内容进行句子剖析，抽出内容进行分析，然后组成合适且正确的句子来回答询问者。
- 知识表示法（Knowledge Representation）：机器 A 在进行对话前需要储存大量知识，并且从对话过程中学习和追踪信息，让程序能够处理知识，实现如同人类一般回答问题。

14.1.2 人工智能的应用领域

目前人工智能在真实世界应用的领域有很多，一些比较普遍的应用领域如下所示。

- 手写识别（Handwriting Recognition）：这是大家经常使用的人工智能应用领域。智能手机或平板计算机的手写输入法就是手写识别，系统可以辨识写在纸上或触控屏幕的笔迹，根据外形和笔画等特征将笔迹转换成可编辑的文字内容。
- 语音识别（Speech Recognition）：能够听懂和了解语音说话内容的系统，还能分辨出人类口语的不同音调、口音、背景噪声或感冒鼻音等。例如，Apple 公司智能语音助理系统 Siri 等。
- 计算机视觉（Computer Vision）：一个处理多媒体图片或影片的人工智能系统，能够根据需求抽取特征来了解这些图片或影片的内容是什么。例如，Google 搜索相似图片、人脸辨别犯罪预防或公司门禁管理等。
- 专家系统（Expert Systems）：使用人工智能技术提供建议和做决策的系统，通常是使用数据库储存大量财务、营销、医疗等不同领域的专业知识，以便依据这些数据来提供专业的建议。

- 自然语言处理：能够了解自然语言（人类语言）的文字内容，可以输入自然语言的句子和系统直接对谈。例如，Google 搜索引擎。
- 计算机游戏（Game）：人工智能早已应用在计算机游戏中，只要是拥有计算机代理人（Agents）的各种棋类游戏都属于人工智能的应用，其中最著名的是 AlphaGo 人工智能围棋程序。
- 智能机器人（Intelligent Robotics）：智能机器人是涉及多个领域的人工智能，可以完成不同任务。依赖安装在机器人上的多种传感器来检测外部环境，可以让机器人模拟人类的行为或表情等。

14.1.3 人工智能的研究领域

人工智能的研究领域非常广泛，一些主要的人工智能研究领域如下所示。

- 机器学习和模式识别（Machine Learning and Pattern Recognition）：这是目前人工智能最主要和普遍的研究领域，可以让我们设计和开发软件从数据中学习，并建立学习模型，然后使用此模型来预测未知的数据。其最大的限制是数据量，机器学习需要大量数据进行学习，如果数据量不大，相对的预测准确度就会大幅下降。
- 逻辑基础的人工智能（Logic-based Artificial Intelligence）：逻辑基础的人工智能程序是针对特别问题领域的一组逻辑格式的事实和规则描述，简单地说，就是使用数学逻辑来执行计算机程序，其特别适用于样式比对（Pattern Matching）、语言剖析（Language Parsing）和语法分析（Semantic Analysis）等。
- 搜索（Search）：搜索技术也常常应用在人工智能中，可以在大量的可能结果中找出一条最佳路径。例如，下棋程序找到最佳的下一步、优化网络资源分配和调度等。
- 知识表示法（Knowledge Representation，KR）：知识表示法研究世界上围绕我们的各种信息和事实是如何来表示的，以便计算机系统可以了解和看懂。如果知识表示法有效率，机器将会变得聪明且有智慧，可以解决复杂的问题。例如，诊断疾病情况或进行自然语言的对话。
- AI 规划（AI Planning）：正式的名称是自动化规划和调度（Automated Planning and Scheduling），规划是一个决定动作顺序的过程，以成功执行所需的工作；调度是在特定日期时间限制下，组成充足的可用资源来完成规划。自动化规划和调度专注于使用智能代理人（Intelligent Agents）来优化动作顺序，简单地说，就是建立最小成本和最大回报的优化规划。
- 启发法（Heuristics）：启发法应用于快速反应，其可以依据有限知识（不完整数据）在短时间内找出问题可用的解决方案，但不保证是最佳方案。例如，搜索引擎和智能机器人。

- 基因程序设计（Genetic Programming，GP）：一种能够找出优化结果的程序技术，使用基因组合、突变和自然选择的进化方式，从输入数据的可能组合经过如同基因般的进化后，找出最佳的输出结果。例如，超市找出最佳的商品上架排列方式，以提升超市的业绩。

14.2 机器学习

机器学习应用统计学习技术（Statistical Learning Techniques）自动找出数据中隐藏的规则和关联性，建立预测模型来准确地进行预测。

14.2.1 机器学习简介

机器学习就是从过往数据和经验中自我学习并找出其运行的规则，以达到人工智能的方法。事实上，机器学习就是目前人工智能发展的核心研究领域之一。

1. 认识机器学习

机器学习是一种人工智能，也是一种数据科学的技术，可以让计算机使用现有数据进行训练和学习，以便建立预测模型。当成功建立模型后，我们就可以使用此模型来预测未来的行为、结果和趋势，如图 14-3 所示。

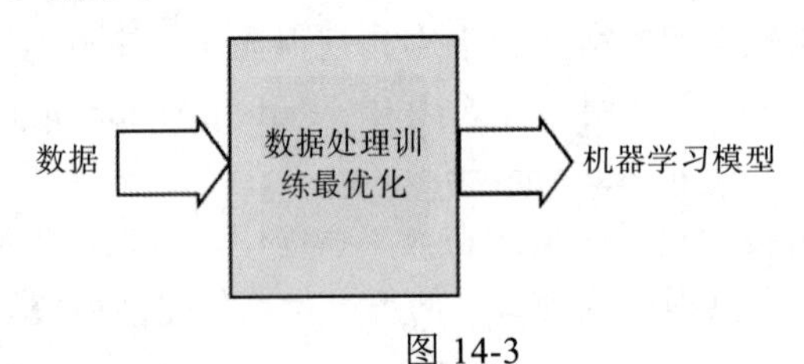

图 14-3

图 14-3 中的核心概念是数据处理、训练和最优化，属于数据科学领域的分支。通过机器学习的帮助，我们可以处理常见的分类和回归问题（属于监督式学习，详见第 14.3.1 节的介绍），如下所示。

- 分类问题：将输入数据区分成不同类别。例如，垃圾邮件过滤可以区分哪些是垃圾邮件，哪些不是。
- 回归问题：从输入数据找出规律，并且使用统计的回归分析来建立对应的方程，以便做出准确的预测。例如，预测假日的饮料销售量等。

机器学习是通过数据来训练机器可以自行辨识出运作模式，这不是一些写死在程序代码的规则。事实上，机器学习也是一种弱人工智能，可以从数据得到复杂的函数或方程来学习建立出算法的规则，然后通过预测模型对未来进行预测。

2．从数据中自我训练学习

机器学习的主要目的是预测数据，其重要之处在于可以自主学习，以及找出数据之间的关系和规则，如图 14-4 所示。

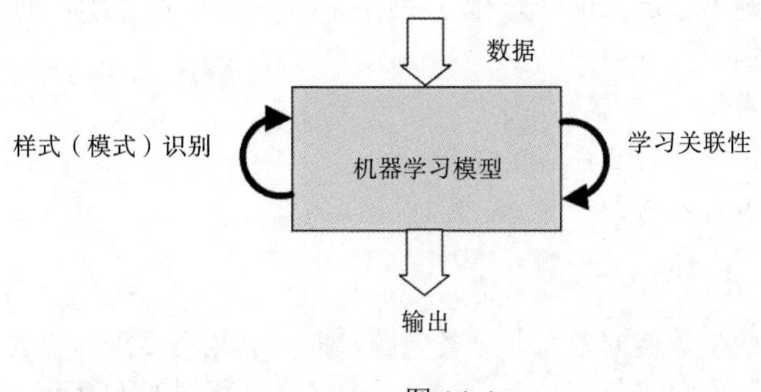

图 14-4

图 14-4 中，当数据送入机器学习模型后，就会自行找出数据之间的关联性并识别出样式，其输出结果是已经学会知识的模型。机器学习主要是通过下列方式进行训练。

- 需要大量数据训练模型。
- 从数据中自行学习来找出关联性并识别出样式。
- 根据自行学习和识别出样式获得的经验，即可对未来的新数据进行分类，并且推测其行为、结果和趋势。

14.2.2 机器学习可以解决的问题

机器学习可以解决五种问题：分类、异常值判断、预测性分析、分群和协助决策。

1．分类

分类算法用来解决只有 2 种或多种结果的问题。二元分类（Two-class Classification）算法是将问题结果区分成 A 或 B 类、是或否、开或关、抽烟或不抽烟等两种结果。一些常见范例如下所示。

- 客户是否会续约？
- 图片是猫还是狗？
- 回馈 10 元或打 75 折，哪一种促销方法更能提升业绩？

多元分类（Multi-class Classification）是二元分类的扩展，可以用来解决有多种结果的问题，如哪种口味、哪家公司或哪一位参选人等。一些常见范例如下所示。

- 哪种动物的图片？哪种植物的图片？
- 雷达信号来自哪一种飞机？
- 录音里的说话者是谁？

2. 异常值判断

异常值判断算法用来检测异常情况（Anomaly Detection），简单地说，就是辨认不正常数据，找出奇怪的地方。实际上，异常值判断和二元分类看起来虽然十分相似，但是二元分类一定有2种结果，而异常值判断则不一定，可以只有1种结果。一些常见范例如下所示。

- 信用卡是否被盗刷？
- 网络信息是否正常？
- 这些消费和之前消费行为是否落差很大？
- 管道压力大小是否有异常？

3. 预测性分析

预测性分析算法解决的是数值问题而非分类问题，即预测量有多少、需要多少钱、未来是涨价还是跌价等，此类算法称为回归（Regression）。一些常见范例如下所示。

- 下星期四的气温是多少摄氏度？
- 北京市长城汽车第二季度的销售量有多少？
- 下周公众号会新增几位粉丝？
- 下周日可以卖出多少个产品？

4. 分群

分群算法解决的是数据是如何组成的问题，属于第14.3.2节的非监督式学习。其基本做法是测量数据之间的距离或相似度，即距离度量（Distance Metric），如智商的差距、相同基因组的数量、两点之间的最短距离，然后据此将数据分成均等的群组。一些常见范例如下所示。

- 哪些消费者对水果有相似的喜好？
- 哪些观众喜欢同一类型的电影？
- 哪些型号的手机有相似的故障？
- 微博访客可以分成哪些不同类别的群组？

5. 协助决策

协助决策算法用于决定下一步做什么，属于第14.3.4节的强化学习。其基本原理源于大脑对惩罚和奖励的反应机制，可以决定奖励最高的下一步和避开惩罚的选择。一些常见范例如下所示。

- 网页广告置于哪一个位置才能让访客最容易点击？
- 看到黄灯时，应该保持当前速度、刹车还是加速通过？
- 温度是调高、调低还是不动？
- 下围棋时下一步棋的落子位置在哪里？

14.2.3 人工智能、机器学习和深度学习的关系

实际上，人工智能并不是一个新概念，这个概念最早可以追溯到20世纪50年代。到了1980年，机器学习开始受到欢迎；大约到了2010年，深度学习（详见第14.4节）在弱人工

智能系统方面终于有了重大进展，如 Google DeepMind 开发的人工智能围棋软件 AlphaGo。人工智能的发展历程如图 14-5 所示。

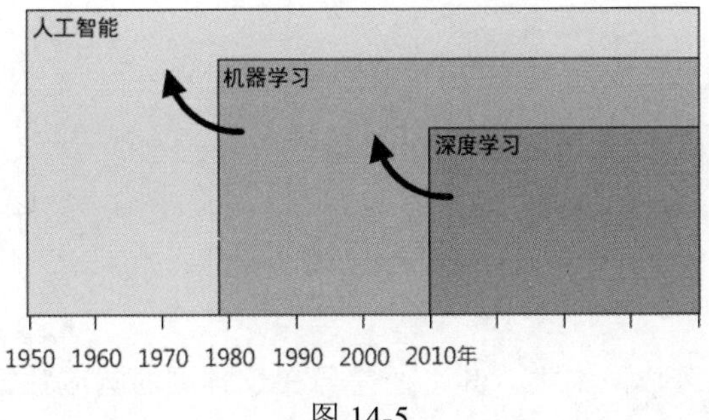

图 14-5

事实上，人工智能包含机器学习，机器学习本身也是一种数据科学的重要技术，而且包含深度学习。人工智能、机器学习和深度学习的关系（最下层是各种算法）如图 14-6 所示。

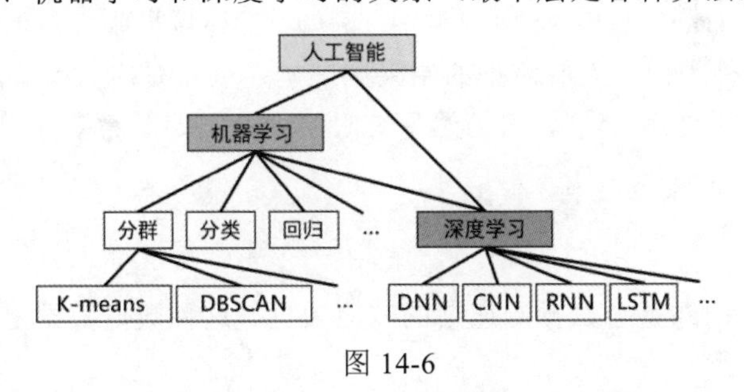

图 14-6

从图 14-6 中可以发现人工智能、机器学习和深度学习三者彼此之间的关联性，基本上，它们彼此互为子集。简单地说，深度学习推动机器学习的发展，最后实现人工智能。

14.3 机器学习的种类

机器学习根据训练方式的不同，可以分成需要答案的监督式学习（Supervised Learning）、不需要答案的非监督式学习（Unsupervised Learning）、半监督式学习（Semisupervised Learning）和强化学习（Reinforcement Learning）。

14.3.1 监督式学习

监督式学习是一种机器学习方法，可以根据训练数据（Training Data）建立学习模型（Learning Model），并且依据此模型来推测新数据是什么。

实际上，在监督式学习的训练过程中，需要告诉机器答案 [称为有标签数据（Labeled Data）]。因为该学习方式仍然需要老师提供答案，所以其称为监督式学习。例如，垃圾邮件过滤的机器学习，在输入 1000 封电子邮件且告知每一封是垃圾邮件（Y）或不是垃圾邮件（N）后，即可根据这些训练数据建立学习模型，然后就可以询问模型一封新邮件是否是垃圾邮件，如图 14-7 所示。

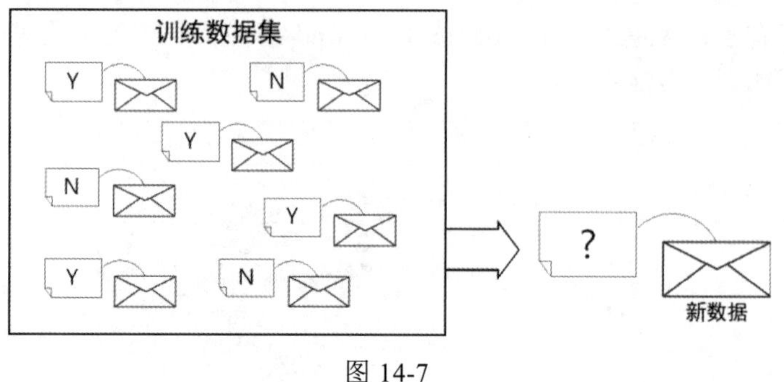

图 14-7

监督式学习主要可以分成两大类，其主要差异在于预测的响应数据不同，如下所示。

1. 分类

分类（Classification）问题是尝试预测可分类的响应数据，这是一些有限集合，如下所示。

- 是非题：只有 True 或 False 两种类别。例如，上述垃圾邮件过滤只有是垃圾邮件或不是垃圾邮件两种类别，人脸辨识的结果则是本人或不是本人等。
- 分级：虽然不只 2 种类别，但仍然是有限集合。例如，癌症分成第 1～4 期，满意度分成 1～10 级等。

2. 回归

回归（Regression）问题是尝试预测连续的响应数据，这种数值数据是在一定范围之内拥有无限个数的值，如下所示。

- 价格：预测工资、价格和预算等。例如，给予一些二手车的基本数据，即可预测其车价。
- 温度和时间（单位是秒或分）。

以二手车估价系统为例，只需提供车辆特征（Features）的厂牌、里程和年份等信息，称为预报器（Predictors）。当使用回归来训练机器时，就是使用多台现有二手车的特征和标签（价格）来找出符合的方程，如图 14-8 所示。

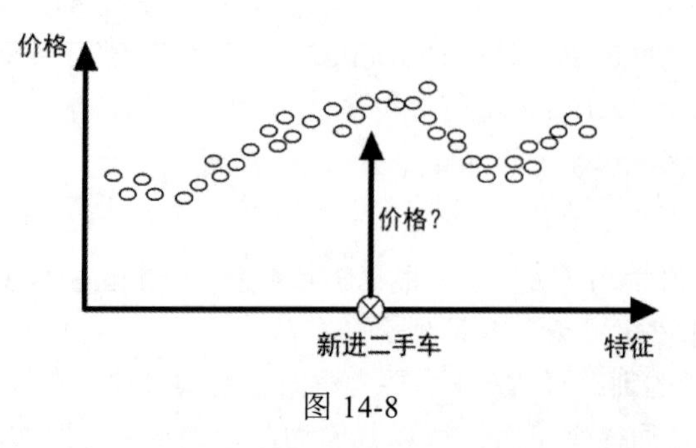

图 14-8

当机器从训练数据找出规律，并成功地使用统计的回归分析建立对应的方程后，只需输入新进的二手车特征，就可以预测二手车的价格。

14.3.2 非监督式学习

非监督式学习和监督式学习的最大差异是训练数据不需有答案（标签），即机器是在没有老师告知答案的情况下进行学习。例如，博客访客的训练数据集是没有标签的数据，如图 14-9 所示。

图 14-9 所示训练数据集是博客的多位访客，既没有标准答案，也没有任何标签。在训练时只需提供上述输入数据，机器就会自动从这些数据中找出潜在规则和关联性。例如，使用分群（Clustering）算法将博客访客分成几个相似的群组，如图 14-10 所示。

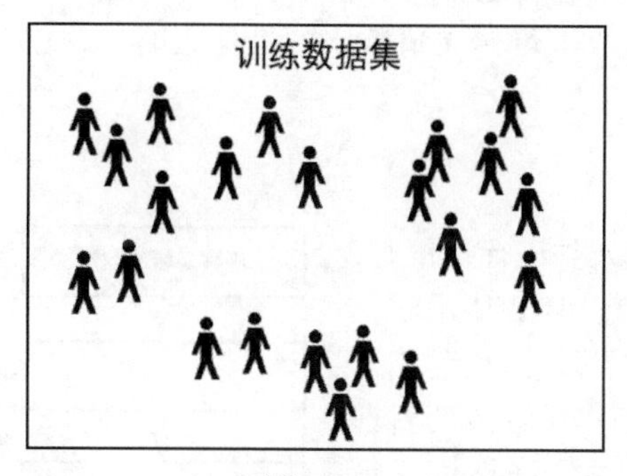

图 14-9

图 14-10

简单来说，如果训练数据有标签，需要老师提供答案，就是监督式学习；如果训练数据没有标签，不需要老师提供答案，机器能够自行摸索出数据的规则和关联性，就是非监督式学习。

14.3.3 半监督式学习

半监督式学习是介于监督式学习与非监督式学习之间的一种机器学习方法，此方法使用的训练数据大部分是没有标签的数据，只有少量数据有标签。

因为机器学习的研究者发现如果同时使用少量标签数据和大量的无标签数据，可以大幅提高机器学习的正确度，如图 14-11 所示。

图 14-11 中，首先使用少量有标签数据割切出一条分界的分隔线来分成群组，然后将大量无标签数据根据整体分布来调整成 2 个群组，建立出新分界的分隔线。如此，只需通过少量的有标签数据，就可以大幅提高分群的正确度。

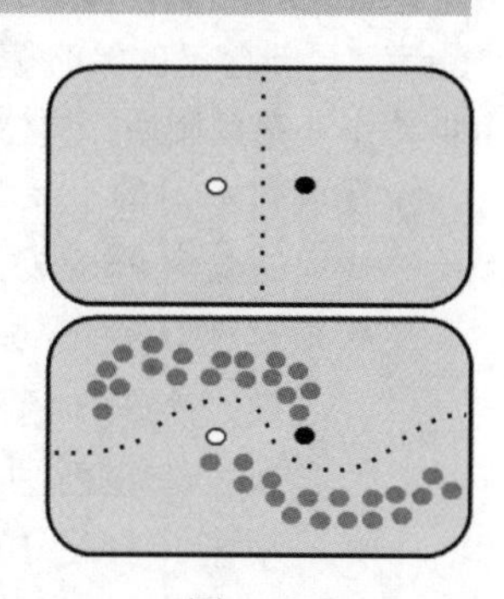

图 14-11

Google 相册就是半监督式学习的实例，当上传家庭全部成员的照片后，Google 相册就会学习分辨照片 1、2、5、11 有成员 A，照片 4、5、11 有成员 B，照片 3、6、9 有成员 C 等，这是使用第 14.3.2 节非监督式学习的分群结果；当输入成员 A 的姓名后（有标签数据），Google 相册马上就可以在有此成员的照片上标示姓名，这就是一种半监督式学习。

14.3.4 强化学习

如果机器学习没有明确答案，而是一系列的连续决策，即决定下一步做什么，如下棋需要依据对手的棋路来决定下一步棋和是否需改变战略，即需要随着环境的变动来改变做法，此时使用的是强化学习。

强化学习是边做边学，同时使用尝试错误方式来进行学习。其类似于玩猜数字游戏，随机产生 0～100 的整数，当输入数字后，系统会响应太大、太小或猜中，当太大或太小时，机器需要依目前的情况来改变猜测策略，如下所示。

- 猜测值太大：因为值太大，机器需要调整策略，决定下一步输入一个更小的值。
- 猜测值太小：因为值太小，机器需要调整策略，决定下一步输入一个更大的值。

最后，机器可以在猜测过程中累积输入值的经验，学习建立猜数字的最佳策略，这就是强化学习的基本原理。

1. 人类做决策的方式

实际上，强化学习是在模拟人类做决策的方式。当人类进行决策时，会根据目前环境的状态来执行所需的动作，其流程如图 14-12 所示。

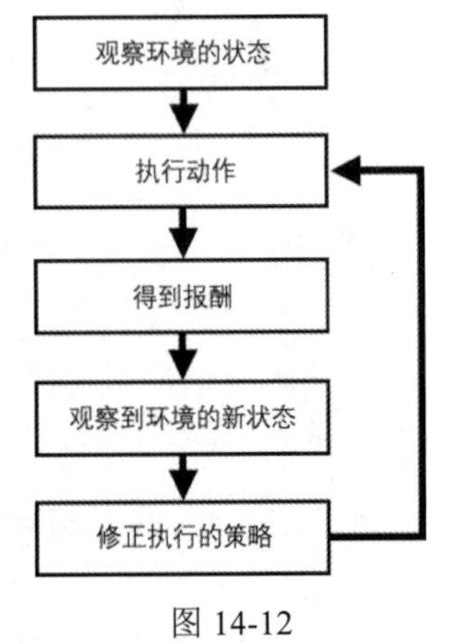

图 14-12

如图 14-12 所示，首先根据目前环境的状态执行第 1 次动作，在得到环境的回馈，即报酬（Reward）后，因为执行动作已经改变目前环境，成为一个新环境，需要观察新环境的新状态，并且修正执行策略，执行下一次动作。这个流程会重复执行直到满足预期报酬，人类决策的主要目的就是试图极大化预期的报酬。

2. 强化学习的代理人

强化学习是让代理人模拟人类的决策，采用边做边学方式，在获得报酬后，更新自己的策略模型，然后使用目前模型来决定下一步动作；下一步动作获得报酬后，再次更新模型，不断重复直到这个模型建立完成。

在强化学习的一系列决策过程中，一位好的代理人需要具备三项元素，如下所示。

- 政策（Policy）：代理人执行动作的依据。例如，执行此动作可以将价值函数最大化。
- 价值函数（Value Function）：评估执行动作后目前环境的价值。实际上，价值函数是一个未知函数，需要通过不断地执行动作来取得报酬，即收集数据，然后使用这些数据来重新估计价值函数。
- 模型（Model）：模型是在预测环境的走势。以下棋来说，就是预测下一步棋的走法。因为代理人在执行动作后就会发生 2 件事，一是环境状态的改变，二是报酬，模型就是在预测这个走势。

不仅如此，强化学习还有两个非常重要的概念：探索（Exploration）和开发（Exploitation），如下所示。

- 探索：如果是从未执行过的动作，可以让机器进而探索出更多的可能性。
- 开发：如果是已经执行过的动作，可以从已知动作来更新模型，以便开发出更完善的模型。

例如，小朋友学走路时可能有多种不同的走法，如小步走、大步走、滑步走、踮起脚尖走、转左走、转右走、直行和往后退等。当练习走路是在马路上、楼梯、山坡和有障碍环境时，这些环境因为有不同的状态，所以小朋友在学习走路时需要探索环境来尝试不同的动作，但是不能常常跌倒。开发出一种走路方法，让小朋友走得顺利，这就是机器学习的强化学习。

14.4 深度学习

深度学习是机器学习的分支，其使用的算法是模仿人类大脑功能的类神经网络（Artificial Neural Networks，ANNS）。以机器学习的分类来说，深度学习是一种能够自我学习的非监督式（如样式分析）或监督式（如分类）机器学习。

1. 认识深度学习

深度学习的定义很简单：一种实现机器学习的技术。所以，深度学习就是一种机器学习。

深度学习的目的就是训练机器的直觉（**注意：这是直觉训练，并非知识的学习**）。例如，人脸辨识的深度学习，为了进行深度学习，需要使用大量现成的人脸数据，如果机器训练的数据比你一辈子看过的人脸还多很多，那么深度学习训练出来的机器当然经验丰富，在人脸辨识的准确度上一定比你还强。

实际上，大部分深度学习方法是使用模仿人类大脑神经元传输的神经网络架构（Neural Network Architectures），在深度学习中使用的神经网络称为深度神经网络（Deep Neural Networks，DNNs），这是因为传统神经网络的隐藏层（Hidden Layers）只有 2～3 层，深度学习的隐藏层有很多层，很深（Deep），可以高达 150 层隐藏层。

深度学习在实际操作时只有 3 个步骤：建构神经网络、设定目标和开始学习。例如，图 14-13 所示为 TensorFlow 范例网站展示的深度学习范例，其 URL 网址为 http://playground.tensorflow.org/。

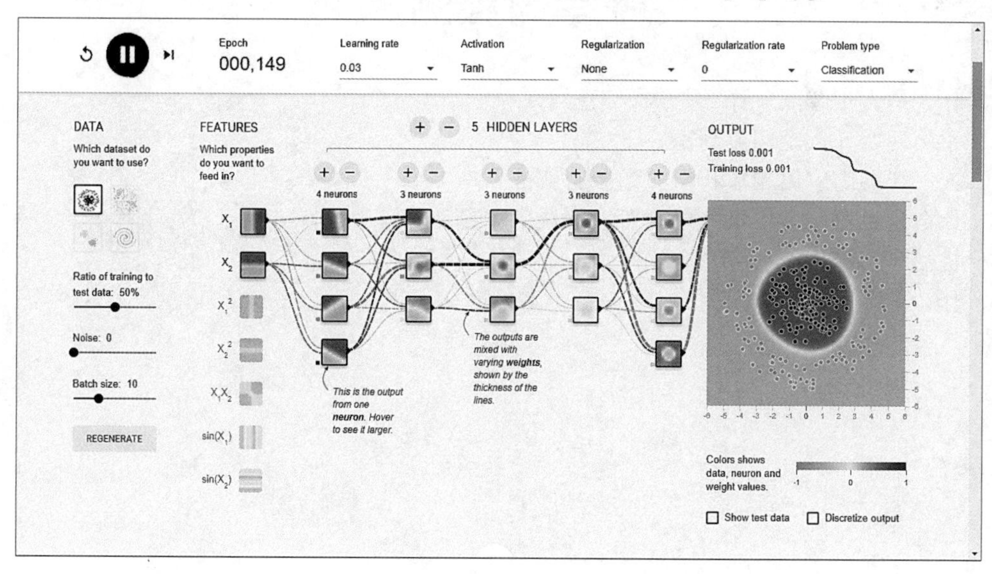

图 14-13

图 14-13 中间是神经网络示意图，是共有 5 层隐藏层的非线性处理单元，每一层拥有多个小方框的神经元（Neuron）以进行特征抽取（Feature Extraction）和转换（Transformation），位于上一层的输出结果就是接着下一层的输入数据，直到最终得到一组结果。

2．深度学习就是一个函数集

深度学习是一个神经网络，神经网络就是一组函数集。将一堆特征值送入神经网络，经过每一层神经元的输入和输出，整个神经网络可以输出一组最后的结果，并且从其中找出一个最好的结果，即最佳解（也称最优解）。例如，深度学习的下棋程序可以依据最佳解来决定下一步棋走哪里，人类也可以使用最佳解的建议来做出商业上的决策。

例如，一个公司生产营销一个产品是一个函数集，这个函数集如同深度学习的神经网络一般，可以在函数集中加入各种变量，包含竞争对手、生产流程、产品研发和产品营销等多种考虑，在经过神经网络每一层神经元的运算后，最后函数集的输出结果就是此函数集提出的最佳生产和营销产品决策。

事实上，现实世界的公司生产和营销产品的函数集更为复杂，可能需要花费数个月的时间才能看到决策结果。深度学习可以快速建构出神经网络、设定目标和开始学习，如果输出的决策结果不佳，也可以马上调整函数集内容来产生其他结果，这个过程就是在学习。在经过大量训练过程后，最终深度学习可以找出一个最佳函数集，并得到最佳解。

例如，Google DeepMind 开发的人工智能围棋软件 AlphaGo，在建构神经网络、设定目标和开始学习后，需要将大量现成棋谱数据输入网络，让 AlphaGo 自行学习下围棋的方法。在训练完成后，AlphaGo 可以自行判断棋盘上的各种情况，并且根据对手的落子来做出最佳的响应。

◇ 学习检测 ◇

1．什么是人工智能？什么是知识工程？
2．举例说明什么是图灵测试。
3．人工智能的应用领域和研究领域有哪些？
4．什么是机器学习？机器学习可以解决的问题有哪些？
5．机器学习的种类有哪些？
6．什么是深度学习？

CHAPTER 15

第 15 章

机器学习算法实战案例——回归

15.1 认识机器学习算法

机器学习算法是一种从数据中学习，完全不需要人类干预，就可以自行从数据中取得经验，并且从经验中提升能力的算法。简单地说，机器学习使用的算法就是机器学习算法。

15.1.1 机器学习算法的种类

随着人工智能的快速发展，人们已经开发出许多种针对不同问题使用的机器学习算法，可以根据第 14.3 节中介绍的机器学习的种类来简单区分机器学习算法，如下所示。

1. 监督式学习

监督式学习的问题基本上分成 2 类，如下所示。

- 回归问题：预测连续的响应数据，这是一种数值数据，可以预测商店的营业额、学生的身高和体重等。回归问题常用算法有线性回归、SVR 等。
- 分类问题：预测可分类的响应数据，这是一些有限集合，可以分类成男与女、成功与失败、癌症分成第 1～4 期等。分类问题常用算法有 Logistic 回归、决策树、K 近邻算法、CART、朴素贝叶斯等。

2. 非监督式学习

非监督式学习的问题基本上分成 3 类，如下所示。

- 关联问题：找出各种现象同时出现的概率，称为购物篮分析（Market-basket Analysis）。例如，当顾客购买米时，78%可能会同时购买鸡蛋。关联问题常用算法有 Apriori 算法等。
- 分群问题：将样本分成相似的群组，这是数据如何组成的问题，可以帮助分群出喜欢同一类电影的观众。分群问题常用算法有 K-means 算法等。
- 降维问题：减少数据集中变量的个数，但是仍然保留主要信息而不失真，通常是使用特征提取和选择方法来实现。降维问题常用算法有主成分分析算法等。

15.1.2 Scikit-learn 介绍

Scikit-learn 是 scikits.learn 的正式名称，是一套支持 Python 2 和 Python 3 语言且完全免费的机器学习函数库，内置多种回归、分类和分群等机器学习算法，其官网（网址为 http://scikit-learn.org/stable）如图 15-1 所示。

在 Scikit-learn 官网可以免费下载和安装 Scikit-learn，因为 Anaconda 整合安装包已经内置 Scikit-learn，所以可以在 Spyder 的 Python 程序代码中直接导入 Scikit-learn 包，如下所示：

```
from sklearn.linear_model import LinearRegression
```

上述程序代码导入 Scikit-learn 包的线性回归模型。Scikit-learn 官网中提供了完整联机帮助文件，以及各种机器学习算法的学习地图，如图 15-2 所示。

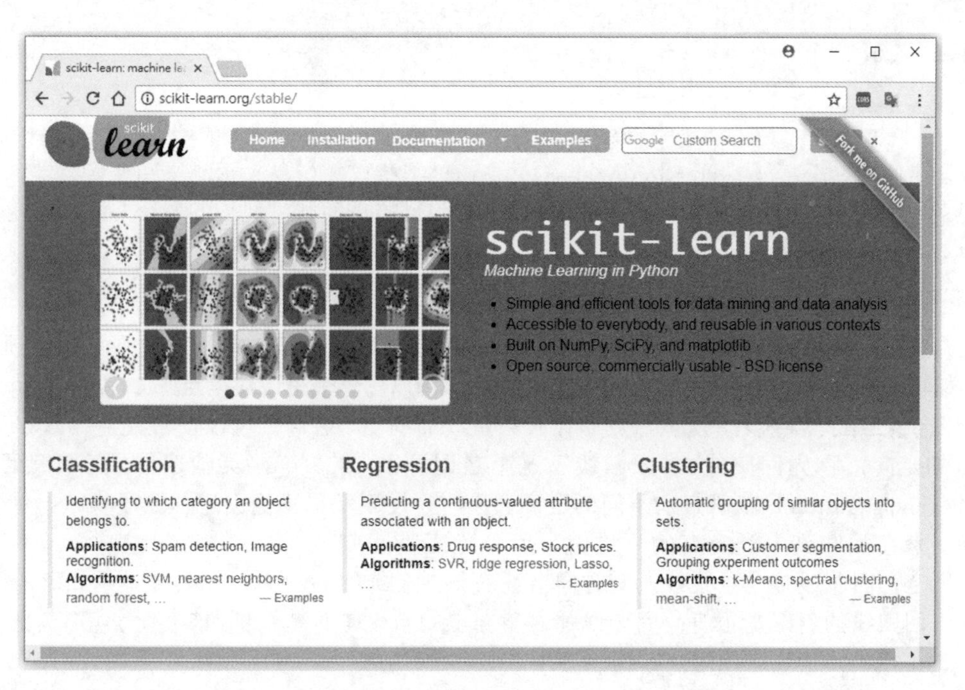

图 15-1

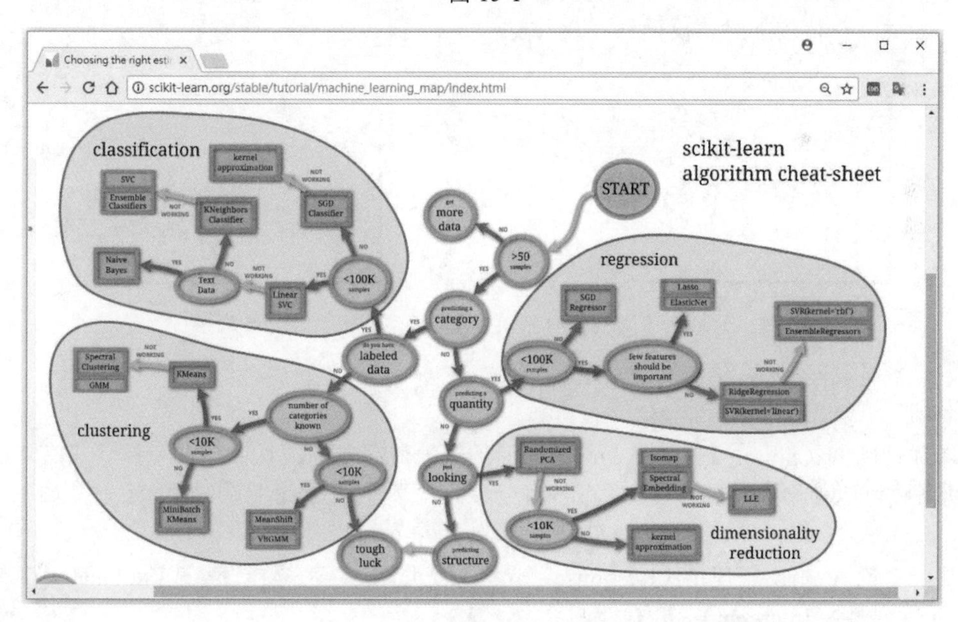

图 15-2

图 15-2 中包括 Scikit-learn 包支持的各种机器学习算法，因为算法有很多种，所以第 15 章和第 16 章将介绍常见的机器学习算法，并使用 Scikit-learn 包来实现各种算法的预测模型。

15.2 线性回归

统计中的回归分析（Regression Analysis）是通过某些已知信息来预测未知变量。实际上，回归分析是一个大家族，包含多种不同的分析模式，其中最简单的就是线性回归（Linear Regression）。

15.2.1 认识回归线

在介绍线性回归之前，我们需要先认识什么是回归线（Regression Line）。实际上，当预测市场走向，如物价、股市、房市和车市时，都会使用散布图以图形来呈现数据点，如图 15-3 所示。

从图 15-3 中可以看出，众多点分布在一条直线的周围，这条线可以使用数学公式来表示和预测点的走向，称为回归线。“回归线”这个名词源于 1877 年，英国遗传学家弗朗西斯•高尔顿（Francis Galton）在研究亲子间的身高关系时，发现父母身高会遗传到子女，但是子女身高最后仍然会回归到人类身高的平均值，所以称之为回归线。

实际上，回归线是一条直线，其方向会往右斜向上或往右斜向下，具体说明如下所示。

- 回归线的斜率是正值：回归线往右斜向上的斜率是正值（图 15-3），x 和 y 的关系是正相关，x 值增加时，y 值也会增加。
- 回归线的斜率是负值：回归线往右斜向下的斜率是负值（图 15-4），x 和 y 的关系是负相关，x 值增加时，反而 y 值会减少。

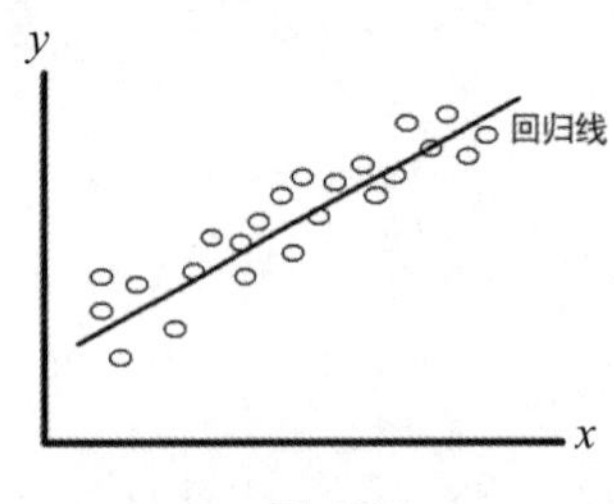

图 15-3

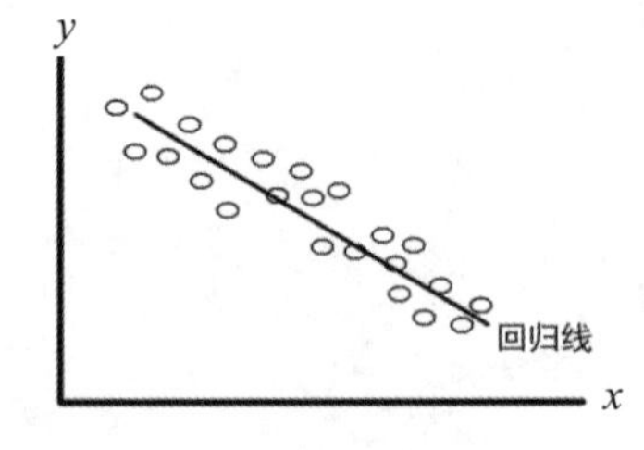

图 15-4

15.2.2 简单线性回归

简单线性回归（Simple Linear Regression）是一种最简单的线性回归分析法，只有 1 个解释变量，这条线可以使用数学的一次方程式来表示，即 2 个变量之间关系的数学公式，如下所示：

$$\text{回归方程式} y = a + bX$$

式中，变量 y 是反应变量（Response，或称应变量）；X 是解释变量（Explanatory，或称自变量）；a 是截距（Intercept）；b 是回归系数。

当从训练数据找出截距 a 和回归系数 b 的值后，就完成预测公式。只需使用新值 X，即可通过公式来预测 y 值。

案例 1：使用当日气温预测当日的业绩

在本市某地铁站旁有一家饮料店，店长记录的在不同气温时的日营业额如表 15-1 所示。

表 15-1　某饮料店不同气温时的日营业额

气温（℃）	29	28	34	31	25	29	32	31	24	33	25	31	26	30
营业额（千元）	7.7	6.2	9.3	8.4	5.9	6.4	8.0	7.5	5.8	9.1	5.1	7.3	6.5	8.4

准备建立简单线性回归的预测模型，若店长提供当日气温，即可预测出当日的营业额（Python 程序：Ch15_2_2.py），如下所示：

```
import numpy as np
import pandas as pd
from sklearn.linear_model import LinearRegression

temperatures = np.array([29, 28, 34, 31,
                         25, 29, 32, 31,
                         24, 33, 25, 31,
                         26, 30])
drink_sales = np.array([7.7, 6.2, 9.3, 8.4,
                        5.9, 6.4, 8.0, 7.5,
                        5.8, 9.1, 5.1, 7.3,
                        6.5, 8.4])
X = pd.DataFrame(temperatures, columns=["Temperature"])
target = pd.DataFrame(drink_sales, columns=["Drink_Sales"])
y = target["Drink_Sales"]
```

上述程序代码导入 Scikit-learn 包的线性回归模块后，建立气温和营业额的 NumPy 数组，接着建立 *X* 解释变量的 DataFrame 对象，*y* 反应变量是 DataFrame 对象 target 的 Drink_Sales 字段。然后可以训练预测模型，如下所示：

```
lm = LinearRegression()
lm.fit(X, y)
print("回归系数:", lm.coef_ )
print("截距:", lm.intercept_ )
```

上述程序代码建立 LinearRegression 对象后，调用 fit() 函数（第 1 个参数是解释）变量，第 2 个参数是反应变量）来训练模型，完成后，依次可以输出回归系数和截距。建立好预测模型后，只需输入新温度即可预测当日的营业额，如下所示：

```
# 预测气温 26℃、30℃的业绩
new_temperatures = pd.DataFrame(np.array([26, 30]))
predicted_sales = lm.predict(new_temperatures)
print(predicted_sales)
```

上述程序代码新增 2 个新温度后，调用 predict() 函数预测营业额。其运行结果如下所示：

```
回归系数: [[0.37378855]]
截距: [-3.63612335]
[[6.08237885]
 [7.57753304]]
```

可以将原始 X 解释变量使用预测模型来输出预测值，并且使用图表来绘制这条回归线（Python 程序：Ch15_2_2a.py），如下所示：

```
plt.scatter(temperatures, drink_sales) # 绘点
regression_sales = lm.predict(X)
plt.plot(temperatures, regression_sales, color="blue")
plt.plot(new_temperatures, predicted_sales,
     color="red", marker="o", markersize=10)
plt.show()
```

上述程序代码使用 Matplotlib 绘制各点的散布图后，再使用 X 解释变量计算预测的 y 值，即可绘制这条蓝色线，接着是 2 个预测的新温度。其运行结果如图 15-5 所示。

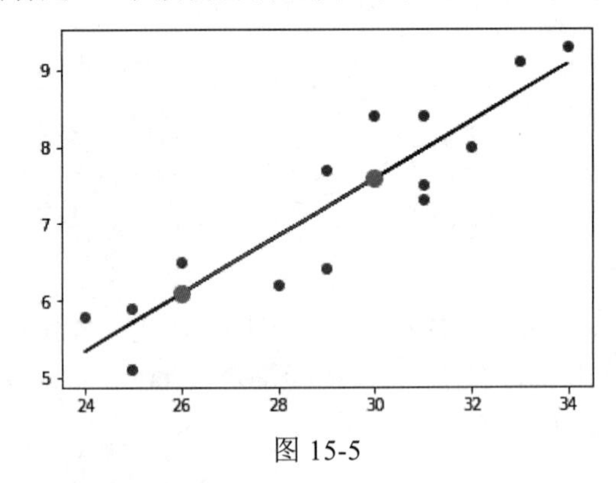

图 15-5

案例 2：使用学生的身高来预测体重

在某高中调查 10 位女学生的身高和体重数据，如表 15-2 所示。

表 15-2 某高中 10 位女学生的身高和体重数据

身高（cm）	147.9	163.5	159.8	155.1	163.3	158.7	172.0	161.2	153.9	161.6
体重（kg）	41.7	60.2	47.0	53.2	48.3	55.2	58.5	49.0	46.7	52.5

建立简单线性回归的预测模型，只需输入女学生的身高，就可以预测女学生的体重（Python 程序：Ch15_2_2b.py），如下所示：

```
import numpy as np
import pandas as pd
from sklearn.linear_model import LinearRegression
```

```
import matplotlib.pyplot as plt

heights = np.array([147.9, 163.5, 159.8, 155.1,
                    163.3, 158.7, 172.0, 161.2,
                    153.9, 161.6])
weights = np.array([41.7, 60.2, 47.0, 53.2,
                    48.3, 55.2, 58.5, 49.0,
                    46.7, 52.5])
X = pd.DataFrame(heights, columns=["Height"])
target = pd.DataFrame(weights, columns=["Weight"])
y = target["Weight"]
lm = LinearRegression()
lm.fit(X, y)
print("回归系数:", lm.coef_ )
print("截距:", lm.intercept_ )

# 预测身高为 150cm、160cm、170cm 时的体重
new_heights = pd.DataFrame(np.array([150, 160, 170]))
predicted_weights = lm.predict(new_heights)
print(predicted_weights)

plt.scatter(heights, weights) # 绘点
regression_weights = lm.predict(X)
plt.plot(heights, regression_weights, color="blue")
plt.plot(new_heights, predicted_weights,
         color="red", marker="o", markersize=10)
plt.show()
```

上述程序代码和 Ch15_2_2a.py 结构相似，只是 X 和 y 变量值不同。其运行结果如下所示：

```
回归系数: [[0.62513172]]
截距: [-48.6035353]
[[45.16622234]
 [51.41753952]
 [57.66885669]]
```

上述运行结果可以预测身高为 150cm、160cm 和 170cm 时的体重，其散布图的图表如图 15-6 所示。

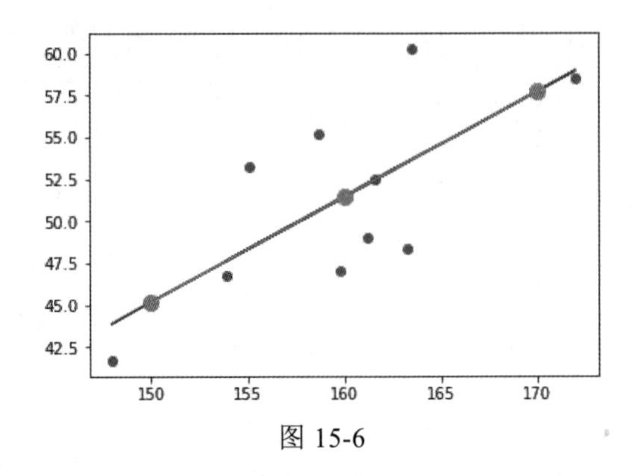

图 15-6

15.3 复回归

复回归（Multiple Regression）是第 15.2.2 节简单线性回归的扩充，预测模型的线性方程不只有 1 个解释变量 X，而是有多个解释变量 X_1、X_2 等。

15.3.1 线性复回归

第 15.2.2 节的简单线性回归研究的是“1 因 1 果”的问题；线性复回归（Multiple Linear Regression）研究的是一个反应变量 y 和多个解释变量 X_1、X_2、…、X_k 的关系，即“多因 1 果”的问题。

Python 程序只需将原来解释变量的 DataFrame 对象 X 从 1 字段扩充成多字段，每一个字段是一个解释变量，即可使用和第 15.2.2 节相同的方式来建立复回归方程。

案例 1：使用身高和腰围来预测体重

在某大学调查 10 位大学生的腰围、身高和体重数据，如表 15-3 所示。

表 15-3 某大学 10 位大学生的腰围、身高和体重数据

腰围（cm）	67	68	70	65	80	85	78	79	95	89
身高（cm）	160	165	167	170	165	167	178	182	175	172
体重（kg）	50	60	65	65	70	75	80	85	90	81

表 15-3 中的解释变量共有 2 个，即腰围和身高。建立线性复回归的预测模型，只需输入大学生的腰围和身高，就可以预测其体重（Python 程序：Ch15_3_1.py），如下所示：

```
import numpy as np
import pandas as pd
from sklearn.linear_model import LinearRegression

waist_heights = np.array([[67, 160], [68, 165], [70, 167],
```

```
                   [65, 170], [80, 165], [85, 167],
                   [78, 178], [79, 182], [95, 175],
                   [89, 172]])
weights = np.array([50, 60, 65, 65,
                    70, 75, 80, 85,
                    90, 81])
X = pd.DataFrame(waist_heights, columns=["Waist", "Height"])
target = pd.DataFrame(weights, columns=["Weight"])
y = target["Weight"]
```

上述程序代码建立 1 个二维和 1 个一维 NumPy 数组，然后建立 2 个 DataFrame 对象，X 对象有 2 列，y 是字段 Weight，然后训练线性复回归的预测模型，如下所示：

```
lm = LinearRegression()
lm.fit(X, y)
print("回归系数:", lm.coef_ )
print("截距:", lm.intercept_ )

# 预测腰围和身高[66, 164] [82, 172]的体重
new_waist_heights = pd.DataFrame(np.array([[66, 164],
                                           [82, 172]]))
predicted_weights = lm.predict(new_waist_heights)
print(predicted_weights)
```

上述程序代码在成功建立预测模型后，使用新的腰围和身高数据 [66, 164] 和[82, 172]，即可调用 predict() 函数预测 2 位大学生的体重。其运行结果如下所示：

```
回归系数: [0.71013574 1.07794276]
截距: -166.3645973065058
[57.28697457 77.2726885 ]
```

案例 2：使用店面面积和距车站距离来预测单月营业额

在某地铁站附近开设的连锁饮料店准备再新开一家分店，目前已知现有各分店的面积、距地铁站距离和分店的单月营业额，如表 15-4 所示。

表 15-4　某饮料连锁店信息

店面积（坪）	10	8	8	5	7	8	7	9	6	9
距地铁站（m）	80	0	200	200	300	230	40	0	330	180
月营收（万元）	46.9	36.6	37.1	20.8	24.6	29.7	36.6	43.6	19.8	36.4

注：1 坪=3.30378 平方米。

表 15-4 中的解释变量有 2 个，即分店面积和距地铁站距离。建立线性复回归的预测模型，只需输入新店的面积和距地铁站的距离，就可以预测新店的月营业额（Python 程序：Ch15_3_1a.py），如下所示：

```
import numpy as np
import pandas as pd
from sklearn.linear_model import LinearRegression

area_dists = np.array([[10, 80], [8, 0], [8, 200],
                       [5, 200], [7, 300], [8, 230],
                       [7, 40], [9, 0], [6, 330],
                       [9, 180]])
sales = np.array([46.9, 36.6, 37.1, 20.8,
                  24.6, 29.7, 36.6, 43.6,
                  19.8, 36.4])
X = pd.DataFrame(area_dists, columns=["Area", "Distance"])
target = pd.DataFrame(sales, columns=["Sales"])
y = target["Sales"]
```

上述程序代码同样是建立 1 个二维和 1 个一维 NumPy 数组，然后建立 2 个 DataFrame 对象，X 对象有 2 列，y 是字段 Sales，然后就可以训练线性复回归的预测模型，如下所示：

```
lm = LinearRegression()
lm.fit(X, y)
print("回归系数:", lm.coef_ )
print("截距:", lm.intercept_ )

# 预测店面积和距地铁站距离[10, 100]的营业额
new_area_dists = pd.DataFrame(np.array([[10, 100]]))
predicted_sales = lm.predict(new_area_dists)
print(predicted_sales)
```

上述程序代码在成功建立预测模型后，使用新的面积和距地铁站距离数据 [10, 100]，即可调用 predict() 函数预测新店的月营业额。其运行结果如下所示：

```
回归系数: [ 4.12351586 -0.03452946]
截距: 6.8455233843927275
[44.62773616]
```

15.3.2 使用波士顿数据集预测房价

对于机器学习的初学者来说，除了使用网络爬虫来搜集数据外，Scikit-learn 包本身的 datasets 对象也内置有一些现成的数据集，可以用来学习如何训练所需的预测模型。本节使用波士顿数据集来预测波士顿近郊的房价。

1. 载入波士顿数据集

Scikit-learn 内置数据集是 datasets 对象，Python 程序只需导入 datasets，就可以调用相关函数来加载数据集。例如，载入波士顿数据集（Python 程序：Ch15_3_2.py），如下所示：

```
from sklearn import datasets

boston = datasets.load_boston()
```

上述程序代码导入 datasets 对象后，调用 load_boston() 函数加载波士顿数据集。另外，load_iris() 函数是加载鸢尾花数据集，load_diabetes() 函数是加载糖尿病患数据集。

在成功加载波士顿数据集后，因为是字典，所以可以先探索此数据集。首先输出字典的键值列表，如下所示：

```
print(boston.keys())
```

上述程序代码可以输出键值列表，其运行结果如下所示：

```
dict_keys(['data', 'target', 'feature_names', 'DESCR'])
```

上述运行结果中，data 是房屋特征数据，target 是房价，feature_names 是特征名称，DESCR 是数据集描述。然后输出特征数据的尺寸和形状，如下所示：

```
print(boston.data.shape)
```

上述程序代码输出数据有几行和几列，即形状。其运行结果输出 13 个字段共 506 笔，如下所示：

```
(506, 13)
```

数据的字段名是 feature_names 键，如下所示：

```
print(boston.feature_names)
```

上述程序代码可以输出字段名列表，其运行结果如下所示：

```
['CRIM' 'ZN' 'INDUS' 'CHAS' 'NOX' 'RM' 'AGE' 'DIS' 'RAD' 'TAX' 'PTRATIO'
 'B' 'LSTAT']
```

上述列表是 data 的 13 个字段名，关于这些字段是什么，可以输出 DESCR 的数据集描述，如下所示：

```
print(boston.DESCR)
```

上述程序代码输出数据集的完整描述和各字段数据的说明，如图 15-7 所示。

```
Boston House Prices dataset
===========================

Notes
------
Data Set Characteristics:

    :Number of Instances: 506

    :Number of Attributes: 13 numeric/categorical predictive

    :Median Value (attribute 14) is usually the target

    :Attribute Information (in order):
        - CRIM     per capita crime rate by town
        - ZN       proportion of residential land zoned for lots over 25,000 sq.ft.
        - INDUS    proportion of non-retail business acres per town
        - CHAS     Charles River dummy variable (= 1 if tract bounds river; 0
otherwise)
        - NOX      nitric oxides concentration (parts per 10 million)
        - RM       average number of rooms per dwelling
        - AGE      proportion of owner-occupied units built prior to 1940
        - DIS      weighted distances to five Boston employment centres
        - RAD      index of accessibility to radial highways
        - TAX      full-value property-tax rate per $10,000
        - PTRATIO  pupil-teacher ratio by town
        - B        1000(Bk - 0.63)^2 where Bk is the proportion of blacks by town
        - LSTAT    % lower status of the population
        - MEDV     Median value of owner-occupied homes in $1000's

    :Missing Attribute Values: None

    :Creator: Harrison, D. and Rubinfeld, D.L.

This is a copy of UCI ML housing dataset.
http://archive.ics.uci.edu/ml/datasets/Housing
```

图 15-7

2. 建立 DataFrame 对象

在了解波士顿数据集的内容后，就可以将数据建为 DataFrame 对象。首先是 data 房屋特征数据（Python 程序：Ch15_3_2a.py），如下所示：

```
import pandas as pd
from sklearn import datasets

boston = datasets.load_boston()

X = pd.DataFrame(boston.data, columns=boston.feature_names)
print(X.head())
```

上述程序代码加载波士顿数据集后，使用 data 建立 DataFrame 对象，字段名是 feature_names，这时解释变量 X_1、X_2、…、X_{13} 共 13 个。其运行结果如图 15-8 所示。

	CRIM	ZN	INDUS	CHAS	NOX	RM	AGE	DIS	RAD	TAX	PTRATIO	B	LSTAT
0	0.00632	18.0	2.31	0.0	0.538	6.575	65.2	4.0900	1.0	296.0	15.3	396.90	4.98
1	0.02731	0.0	7.07	0.0	0.469	6.421	78.9	4.9671	2.0	242.0	17.8	396.90	9.14
2	0.02729	0.0	7.07	0.0	0.469	7.185	61.1	4.9671	2.0	242.0	17.8	392.83	4.03
3	0.03237	0.0	2.18	0.0	0.458	6.998	45.8	6.0622	3.0	222.0	18.7	394.63	2.94
4	0.06905	0.0	2.18	0.0	0.458	7.147	54.2	6.0622	3.0	222.0	18.7	396.90	5.33

图 15-8

接着建立反应变量 y 的 DataFrame 对象，如下所示：

```
target = pd.DataFrame(boston.target, columns=["MEDV"])
print(target.head())
```

上述程序代码使用 target 键的房价建立 DataFrame 对象，字段名是 MEDV，这是数据集完整描述的最后一个属性。其运行结果如图 15-9 所示。

	MEDV
0	24.0
1	21.6
2	34.7
3	33.4
4	36.2

图 15-9

3．训练预测模型

现在，可以使用波士顿数据集来训练线性复回归的预测模型（Python 程序：Ch15_3_2b.py），如下所示：

```
boston = datasets.load_boston()

X = pd.DataFrame(boston.data, columns=boston.feature_names)
target = pd.DataFrame(boston.target, columns=["MEDV"])
y = target["MEDV"]

lm = LinearRegression()
lm.fit(X, y)
print("回归系数:", lm.coef_ )
print("截距:", lm.intercept_ )
```

上述程序代码调用 fit() 函数训练模型后，输出回归系数和截距。其运行结果如下所示：

```
回归系数: [-1.07170557e-01 4.63952195e-02 2.08602395e-02 2.68856140e+00
 -1.77957587e+01 3.80475246e+00 7.51061703e-04 -1.47575880e+00
  3.05655038e-01 -1.23293463e-02 -9.53463555e-01 9.39251272e-03
 -5.25466633e-01]
截距: 36.49110328036238
```

上述回归系数因为有 13 个解释变量，所以有 13 个系数。可以建立 DataFrame 对象来输出每一个特征的系数，如下所示：

```
coef = pd.DataFrame(boston.feature_names, columns=["features"])
coef["estimatedCoefficients"] = lm.coef_
print(coef)
```

上述程序代码建立 DataFrame 对象（包括 feature_names 字段）后，新增系数的字段。其运行结果如图 15-10 所示。

从图 15-10 中可以看出 RM 特征的系数最大，表示 RM 与房价高度相关。所以，接下来绘制这 2 个数据的散布图，如下所示：

```
plt.scatter(X.RM, y)
plt.xlabel("Average numbwer of rooms per dwelling(RM)")
plt.ylabel("Housing Price(MEDV)")
plt.title("Relationship between RM and Price")
plt.show()
```

上述程序代码是以 X.RM 为横轴，y（房价）为纵轴来绘制散布图，可以看出 RM 与房价呈正相关，如图 15-11 所示。

	features	estimatedCoefficients
0	CRIM	-0.107171
1	ZN	0.046395
2	INDUS	0.020860
3	CHAS	2.688561
4	NOX	-17.795759
5	RM	3.804752
6	AGE	0.000751
7	DIS	-1.475759
8	RAD	0.305655
9	TAX	-0.012329
10	PTRATIO	-0.953464
11	B	0.009393
12	LSTAT	-0.525467

图 15-10

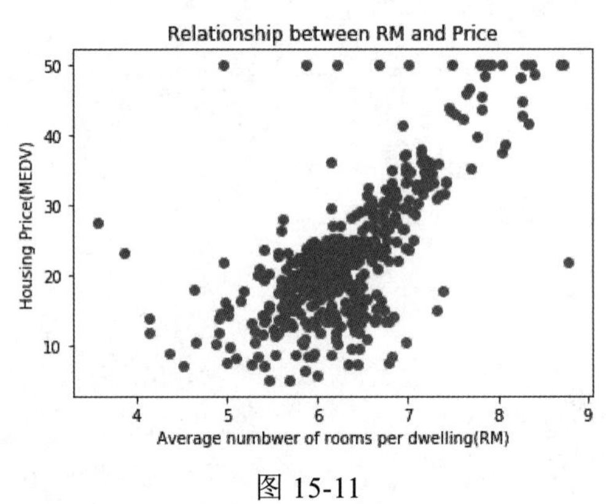

图 15-11

4．使用预测模型预测房价

在成功训练线性复回归的预测模型后，可以使用线性复回归模型来预测房价（Python 程序：Ch15_3_2c.py），如下所示：

```
...
lm = LinearRegression()
lm.fit(X, y)

predicted_price = lm.predict(X)
print(predicted_price[0:5])
```

上述程序代码调用 predict() 函数预测房价，其参数就是训练数据。其运行结果可以显示前 5 项数据，如下所示：

```
[30.00821269 25.0298606 30.5702317 28.60814055 27.94288232]
```

接着绘制散布图来比较原来房价和预测房价，如下所示：

```
plt.scatter(y, predicted_price)
plt.xlabel("Price")
```

```
plt.ylabel("Predicted Price")
plt.title("Price vs Predicted Price")
plt.show()
```

上述程序代码可以绘制原来房价和预测房价的散布图，如图 15-12 所示。

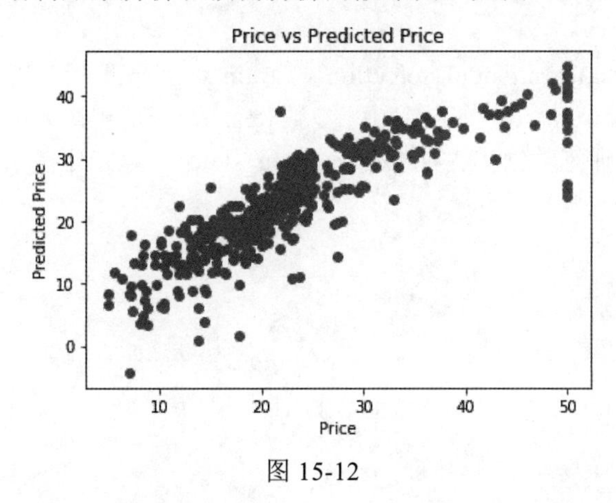

图 15-12

从图 15-12 中可以看出，当房价增加时，有一些预测房价是错误数据。例如，在 Price 约 50 时，其预测房价垂直排成一条线，这时就可以使用第 15.3.4 节的残差图（Residual Plots）来找出导致这些异常值（Outlier）的错误数据。

15.3.3 训练数据集和测试数据集

实际上，对于取得的数据集，我们并不会使用整个数据集来训练预测模型，通常会使用随机方式先将其切割成训练数据集（Training Dataset）和测试数据集（Test Dataset），使用训练数据集训练预测模型后，再使用测试数据集来验证模型的绩效。

1. 调用 train_test_split() 函数随机切割数据集

Scikit-learn包中的train_test_split()函数可以帮助指定比例来随机切割数据集（Python程序：Ch15_3_3.py），如下所示：

```
import pandas as pd
from sklearn import datasets
from sklearn.linear_model import LinearRegression
from sklearn.model_selection import train_test_split
import matplotlib.pyplot as plt

boston = datasets.load_boston()

X = pd.DataFrame(boston.data, columns=boston.feature_names)
```

```
target = pd.DataFrame(boston.target, columns=["MEDV"])
y = target["MEDV"]

XTrain, XTest, yTrain, yTest = train_test_split(X, y, test_size=0.33,
                                                random_state=5)
```

上述程序代码导入 sklearn.model_selection 的 train_test_split 后，即可调用 train_test_split() 函数来随机切割数据集。train_test_split() 中，参数 test_size 是测试数据集的切割比例；0.33 是指测试数据集占 33%，训练数据集占 67%；random_state 可以指定随机数的种子数。使用训练数据集来训练预测模型，如下所示：

```
lm = LinearRegression()
lm.fit(XTrain, yTrain)

pred_test = lm.predict(XTest)

plt.scatter(yTest, pred_test)
plt.xlabel("Price")
plt.ylabel("Predicted Price")
plt.title("Price vs Predicted Price")
plt.show()
```

上述程序代码调用 predict() 函数使用测试数据集来预测房价，最后绘制测试数据集的原来房价和预测房价的散布图，如图 15-13 所示。

2. 预测模型的绩效

预测模型的绩效用来评量训练出的模型是否是一个好的预测模型，如图 15-14 所示。

图 15-13

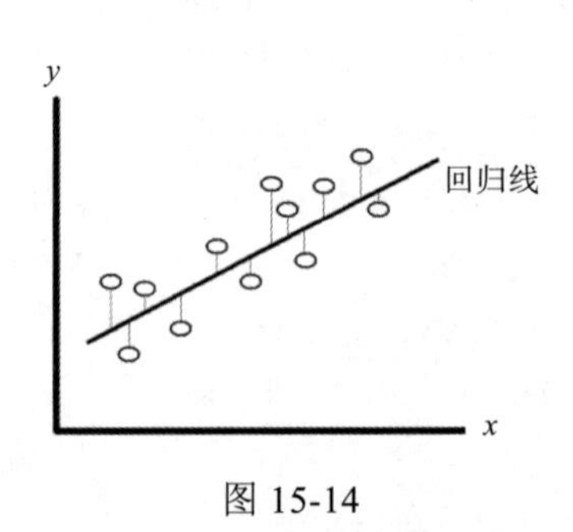

图 15-14

图 15-14 以简单线性回归为例，一个好模型的回归方程应该最小化各数据点至回归线距离的总和，即观察值和其模型的预测值差是最小的。可以使用 2 种方式来呈现预测模型的绩效，

如下所示。

- MSE（Mean Squared Error）：MSE 可以告诉我们数据集的点如何接近回归线，即测量各点至回归线的距离（这些距离称为误差）的平方和后，计算出平均值。因为是误差，所以值越小，模型越好。
- R- squared（R^2）：R-squared 也称为决定系数（Coefficient of Determination），可以告诉我们数据集如何符合回归线，R-squared 的值是 0～1，即反应变量的变异比例。可以使用 Scikit-learn 的 score() 函数计算 R-squared，其值越大，模型就越好。

现在，可以计算 MSE 和 R-squared 来输出预测模型的绩效（Python 程序：Ch15_3_3a.py），如下所示：

```
...
lm = LinearRegression()
lm.fit(XTrain, yTrain)

pred_train = lm.predict(XTrain)
pred_test = lm.predict(XTest)

MSE_train = np.mean((yTrain-pred_train)**2)
MSE_test = np.mean((yTest-pred_test)**2)
print("训练数据的 MSE:", MSE_train)
print("测试数据的 MSE:", MSE_test)
```

上述程序代码分别计算训练数据集和测试数据集的 MSE，yTrain 和 yTest 是房价，在减去 pred_train 和 pred_test 且平方后，调用 mean() 函数计算算术平均值。然后计算 R-squared，如下所示：

```
print("训练数据的 R-squared:", lm.score(XTrain, yTrain))
print("测试数据的 R-squared:", lm.score(XTest, yTest))
```

上述程序代码调用 score() 函数计算训练数据集和测试数据集的 R-squared，其运行结果如下所示：

```
训练数据的 MSE: 19.54675847353467
测试数据的 MSE: 28.541367275619667
训练数据的 R-squared: 0.7551332741779998
测试数据的 R-squared: 0.6955388005506267
```

Python 程序：Ch15_3_3b.py 是修改第 15.3.2 节的 Ch15_3_2c.py 程序，新增计算 MSE 和 R-squared 的程序代码，如下所示：

```
MSE = np.mean((y-predicted_price)**2)
print("MSE:", MSE)
```

```
print("R-squared:", lm.score(X, y))
```

上述程序代码的运行结果如下所示：

```
MSE: 21.897779217687493
R-squared: 0.7406077428649427
```

15.3.4 残差图

对于线性回归的预测模型来说，异常值会大幅影响模型的绩效，此时可以使用残差图找出这些异常值。首先需要先计算出残差值（Residual Value），其公式如下所示：

残差值=观察值（Observed）－ 预测值（Predicted）

上述公式中的残差值是原来测试数据和预测数据的差，最佳情况是等于 0，即预测值符合测试数据；为正值时表示预测值太低；为负值时表示预测值太高。可以使用残差值作为纵轴，默认值是横轴来绘制散布图，这就是残差图（Python 程序：Ch15_3_4.py），如下所示：

```
...
plt.scatter(pred_train, pred_train-yTrain,
          c="b", s=40, alpha=0.5, label="Training Data")
plt.scatter(pred_test, pred_test-yTest,
          c="r", s=40, label="Test Data")
plt.hlines(y=0, xmin=0, xmax=50)
plt.title("Residual Plot")
plt.ylabel("Residual Value")
plt.legend()
plt.show()
```

上述程序代码绘制残差图的散布图，hlines() 函数可以在 y=0 位置绘出一条 0～50 的水平线。其运行结果如图 15-15 所示。

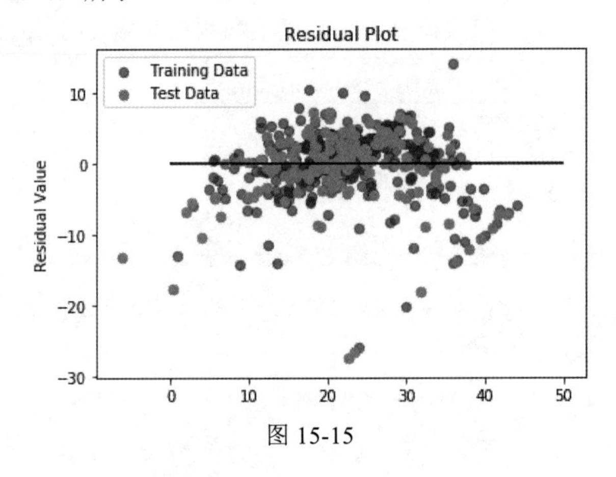

图 15-15

图 15-15 中，红色点是测试数据集，蓝色点是训练数据集。数据偏离中间水平线很远的点，如下方 y=−20 上下附近的红色点和蓝色点，就是异常值。

15.4 Logistic 回归

Logistic 回归（Logistic Regression，也称逻辑回归）也属于回归分析大家族的一员，不同于线性回归是解决连续数值的评估和预测，Logistic 回归用于解决分类问题。

15.4.1 认识 Logistic 回归

Logistic 回归和线性回归虽使用相同的观念，不过其主要应用的是二元性数据，如男或女、成功或失败、真或假等。所以，Logistic 回归和线性回归的不同是它在解决分类问题。

实际上，Logistic 回归的做法和线性回归相同，只不过其结果需要使用 logistic 函数或称 sigmoid 函数（S 函数）转换成 0～1 的概率，其公式如下所示：

$$S(t)=\frac{1}{(1+\mathrm{e}^{-t})}$$

上述 sigmoid 函数可以使用 Matplotlib 包绘制图形（Python 程序：Ch15_4_1.py），如下所示：

```
import numpy as np
import matplotlib.pyplot as plt

t = np.arange(-6, 6, 0.1)
S = 1/(1+(np.e**(-t)))

plt.plot(t, S)
plt.title("sigmoid function")
plt.show()
```

上述程序代码运用之前公式，从其运行结果中可以看到 sigmoid 函数的图形，如图 15-16 所示。

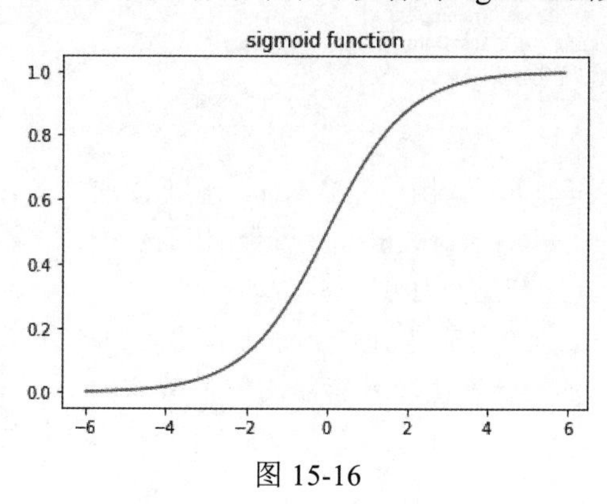

图 15-16

上述 sigmoid 函数是一条曲线，其值为 0～1。Logistic 回归就是将函数值解释成概率，可以分类成大于 0.5 或小于 0.5。

15.4.2 泰坦尼克号的生存预测

著名的泰坦尼克号乘客数据集是一份公开信息（本书泰坦尼克号数据集取自 R 语言的内置数据集），本节将使用 Logistic 回归进行泰坦尼克号的生存预测。泰坦尼克号数据集的字段说明如表 15-5 所示。

表 15-5 泰坦尼克号数据集的字段说明

字 段	说 明
PassengerId	乘客编号
Name	乘客姓名
PClass	乘客等级（等级 1 是 1st，2 是 2nd，3 是 3rd）
Age	乘客年龄
Sex	乘客性别，值是 female 和 male
Survived	是否生存（ 0 是丧生，1 是生存）
SexCode	性别码（ 1 是女，0 是男）

1. 训练 Logistic 回归预测模型

使用 Pandas 包加载配套资源中的 titanic.csv 文件成为 DataFrame 对象后，使用年龄、性别和乘客等级 3 个字段来训练 Logistic 回归预测模型（其做法和复回归相同）。

但是，因为泰坦尼克号数据集的 Age 年龄字段有遗漏值，PClass 乘客等级不是数值数据（Scikit-learn 机器学习模型只能使用数值数据），所以需要先处理数据后，才能开始训练预测模型（Python 程序：Ch15_4_ 2.py），如下所示：

```
import pandas as pd
import numpy as np
from sklearn import preprocessing, linear_model

titanic = pd.read_csv("titanic.csv")
print(titanic.info())
```

上述程序代码导入相关包后，调用 read_csv() 函数读取 titanic.csv 文件成为 DataFrame 对象 titanic，然后调用 info() 函数输出是否有 NaN 值。其运行结果如图 15-17 所示。

```
<class 'pandas.core.frame.DataFrame'>
RangeIndex: 1313 entries, 0 to 1312
Data columns (total 7 columns):
PassengerId     1313 non-null int64
Name            1313 non-null object
PClass          1313 non-null object
Age             756 non-null float64
Sex             1313 non-null object
Survived        1313 non-null int64
SexCode         1313 non-null int64
dtypes: float64(1), int64(3), object(3)
memory usage: 71.9+ KB
None
```

图 15-17

上述 Age 字段只有 756 项（全部是 1313 项），有些 Age 字段值是 NaN。将 Age 字段的 NaN 值填入年龄的中位数，如下所示：

```
age_median = np.nanmedian(titanic["Age"])
print("年龄中位数", age_median)
new_age = np.where(titanic["Age"].isnull(),
                   age_median, titanic["Age"])
titanic["Age"] = new_age
```

上述程序代码调用 nanmedian() 函数计算中位数，此方法不会计入 NaN 值；然后调用 where() 函数判断 Age 字段是否是 NaN 值，如果是 NaN 值，就填入中位数；如果不是 NaN 值，就保留原来值。接着处理 PClass 字段，因为其不是数值字段，所以需要转换字段值成为数值，如下所示：

```
label_encoder = preprocessing.LabelEncoder()
encoded_class = label_encoder.fit_transform(titanic["PClass"])
```

上述程序代码使用 Scikit-learn 包 preprocessing 预先处理的 LabelEncoder 对象，可以调用 fit_transform() 函数将分类字符串编码成数值数据，即将 PClass 字段的 1st、2nd 和 3rd 转换成数值，然后可以建立训练数据集的 X 和 y，如下所示：

```
X = pd.DataFrame([encoded_class,
                  titanic["SexCode"],
                  titanic["Age"]]).T
y = titanic["Survived"]

logistic = linear_model.LogisticRegression()
logistic.fit(X, y)
print("回归系数:", logistic.coef_)
print("截距:", logistic.intercept_)
```

上述程序代码建立 LogisticRegression 对象 logistic 后，调用 fit() 函数训练模型，完成后输出回归系数和截距。其运行结果如下所示：

```
回归系数: [[-1.13783737 2.38318898 -0.03158675]]
截距: [1.78908284]
```

2. Logistic 回归预测模型的准确度

在成功训练 Logistic 回归预测模型后，可以使用训练数据集 X 进行生存预测，只需和实际生存值进行比较，就可以计算出模型预测的准确度（Python 程序：Ch15_4_2a.py），如下所示：

```
...
logistic = linear_model.LogisticRegression()
logistic.fit(X, y)

preds = logistic.predict(X)
print(pd.crosstab(preds, titanic["Survived"]))
```

上述程序代码调用 predict() 函数进行训练数据集的生存预测，参数是训练数据；然后调用 crosstab() 函数建立交叉分析表，如图 15-18 所示。

Survived	0	1
row_0		
0	804	185
1	59	265

图 15-18

上述交叉分析表显示了预测分类是否存活和实际生存的比较，称为混淆矩阵（Confusion Matrix），只需看最后的 2 行和 2 列，其说明如下所示。

- 左上角 804：预测丧生，实际也是丧生人数，预测正确。
- 右上角 185：预测丧生，实际存活人数，预测错误。
- 左下角 59：预测生存，实际丧生人数，预测错误。
- 右下角 265：预测生存，实际也是存活人数，预测正确。

从上述预测正确的人数是 804+265，可以计算预测的正确率，如下所示：

```
print((804+265)/(804+185+59+265))
print(logistic.score(X, y))
```

上述程序代码中，第 1 行用预测正确人数除以全部人数，第 2 行调用 score() 函数计算正确率，其运行结果都是相同的 81% 正确率，如下所示：

```
0.8141660319878141
0.8141660319878141
```

从第 13.5 节探索性数据分析的结果可知，Age 和 Survived 字段的相关系数很低。事实上，生存预测只需使用 PClass 和 SexCode 两个字段就会得到较好的正确率。

◇ 学习检测 ◇

1．简单介绍机器学习算法的种类和 Scikit-learn。

2．绘图介绍回归线和线性回归。

3．什么是复回归？复回归和简单线性回归的区别在哪里？

4．MSE 和 R-squared 是什么？什么是残差图？

5．什么是 Logistic 回归？

6．Logistic 回归和线性回归的区别在哪里？

7．使用 anscombe_i.csv 文件的数据集建立线性回归的预测模型，可以使用 x 坐标来预测 y 坐标。

8．本书配套资源 iris.csv 文件的数据集有 3 种鸢尾花（target 字段），准备使用 Logistic 回归预测是否是 virginica 类的鸢尾花。请将 target 字段值 virginica 转换成 1，其他类是 0，然后使用 Logistic 回归进行鸢尾花的分类预测。

CHAPTER 16

第16章

机器学习算法实战案例
——分类与分群

16.1 决策树

第 15 章的 Logistic 回归并不用来预测连续的数值数据，而是预测二元分类（Binary Classification），可以分类成男或女、成功或失败、真或假等。实际上，回归与分类算法都属于监督式学习。

本章将介绍另外两种分类算法：决策树（Decision Tree）和 K 近邻算法（K Nearest Neighbor Algorithm，KNN），这两种都是多元分类（Multiclass Classification）算法，可以进行多种类别的分类，如多种类型电影、多种花等。

16.1.1 认识树状结构和决策树

树（Trees）是一种模拟现实生活中树干和树枝的数据结构，属于阶层架构的非线性数据结构，如家族族谱，如图 16-1 所示。

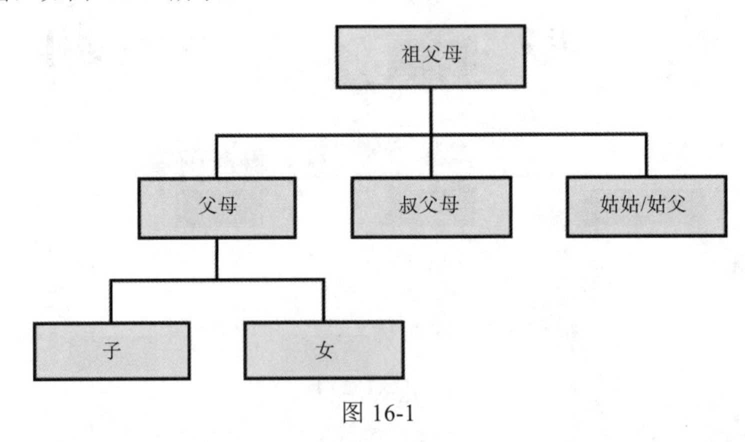

图 16-1

图 16-1 中，位于最上层的数据类似于树的树根，称为根节点（Root）；根节点下是树的树枝，拥有 0 ～ n 个子节点（Children），称为树的分支（Branch）；每一个分支的最后 1 个节点称为叶节点（Leaf Node）。

决策树（也称为判定树）是使用树状结构显示所有可能结果和其概率，可以帮助我们进行所需的决策，换一个角度，也就是将我们观察到的现象进行分类。所以，决策树就是一种特殊类型的概率树（Probability Tree）。

决策树实际上由一系列是与否的条件决策所组成，每一个分支代表一个可能的决策、事件或反应，这是一个互斥选项，拥有不同的概率和分类来决定下一步。决策树可以用来显示如何和为什么一个选择可以导致下一步的选择。

例如，电子邮件管理的决策树，当信箱收到新邮件后，导致 2 个分支，需要决策是否需要立即回复邮件。如果是，就马上回复邮件；如果不是，将导致另一个分支，是否在 2 分钟内回复邮件。如果是，就在 2 分钟内回复邮件；如果不是，就标记回复邮件的时间，如图 16-2 所示。

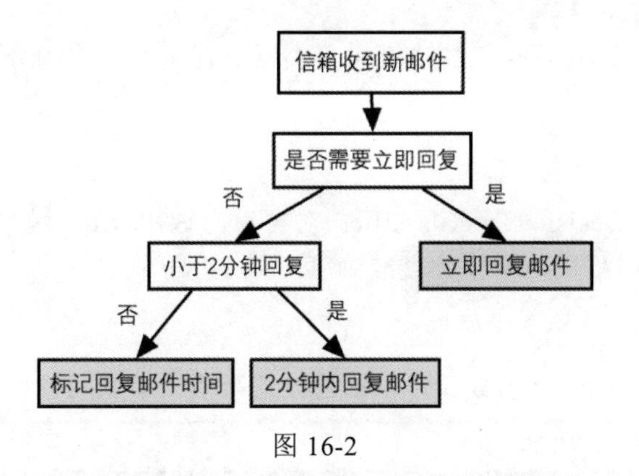

图 16-2

上述决策树事实上是将信箱的邮件分成 3 类：立即回复邮件、2 分钟内回复邮件和标记回复时间邮件（树的叶节点），这就是一种多元分类问题。

16.1.2 案例——使用决策树的泰坦尼克号生存预测

第 15.4.2 节使用的 Logistic 回归进行泰坦尼克号的生存预测，本节将改用 Scikit-learn 包的决策树分类器来重新进行泰坦尼克号的生存预测（Python 程序：Ch16_1_2.py），如下所示：

```
import pandas as pd
from sklearn import preprocessing, tree
from sklearn.cross_validation import train_test_split

titanic = pd.read_csv("titanic.csv")
# 转换字段值成为数值
label_encoder = preprocessing.LabelEncoder()
encoded_class = label_encoder.fit_transform(titanic["PClass"])
```

上述程序代码导入相关包模块后，调用 read_csv() 函数加载泰坦尼克号数据集，并且将 PClass 字段转换成数值后，就可以建立 DataFrame 对象，如下所示：

```
X = pd.DataFrame([titanic["SexCode"],
              encoded_class]).T
X.columns = ["SexCode", "PClass"]
y = titanic["Survived"]

XTrain, XTest, yTrain, yTest = train_test_split(X, y, test_size=0.25,
                                                random_state=1)
```

上述程序代码的 DataFrame 对象 X 有 2 个字段，即 SexCode 和编码后的 PClass，columns 属性指定字段名，变量 y 是字段 Survived，然后切割成 75%的训练数据集和 25%的测试数据集。

现在，可以使用 Scikit-learn 包的决策树分类器进行生存与否的分类，如下所示：

```
dtree = tree.DecisionTreeClassifier()
dtree.fit(XTrain, yTrain)
```

上述程序代码建立 DecisionTreeClassifier 对象后，调用 fit() 函数使用训练数据集来训练模型，完成后就可以使用测试数据集检查准确度，如下所示：

```
print("准确度:", dtree.score(XTest, yTest))
```

上述程序代码调用 score() 函数计算预测模型的准确度，其运行结果如下所示：

```
准确度: 0.8419452887537994
```

然后，建立预测概率的交叉分析表，如下所示：

```
preds = dtree.predict_proba(X=XTest)
print(pd.crosstab(preds[:, 0], columns=[XTest["PClass"],
                                        XTest["SexCode"]]))
```

上述程序代码调用 predict_proba() 函数，其返回值是一个 n 行 k 列的矩阵，在 i 行 j 列的值是模型预测第 i 个样本为 j 的概率，然后就可以建立交叉分析表，如图 16-3 所示。

PClass	1		2		3	
SexCode	0	1	0	1	0	1
row_0						
0.100000	0	53	0	0	0	0
0.112676	0	0	0	36	0	0
0.603774	0	0	0	0	0	53
0.666667	41	0	0	0	0	0
0.853147	0	0	29	0	0	0
0.882199	0	0	0	0	117	0

图 16-3

图 16-3 中的第 1 行是 PClass 字段的等级 1、2 和 3；第 2 行是性别，1 是女，0 是男。从图 16-3 中可以看出，第 3 等级的女性死亡率超过 60%，第 1 等级是 10%；所有男性的死亡率无论哪一个等级都超过 66%。

Python 程序：Ch16_1_2a.py 建立的 tree.dot 文件是使用 GraphViz 绘制的决策树图形，如图 16-4 所示。

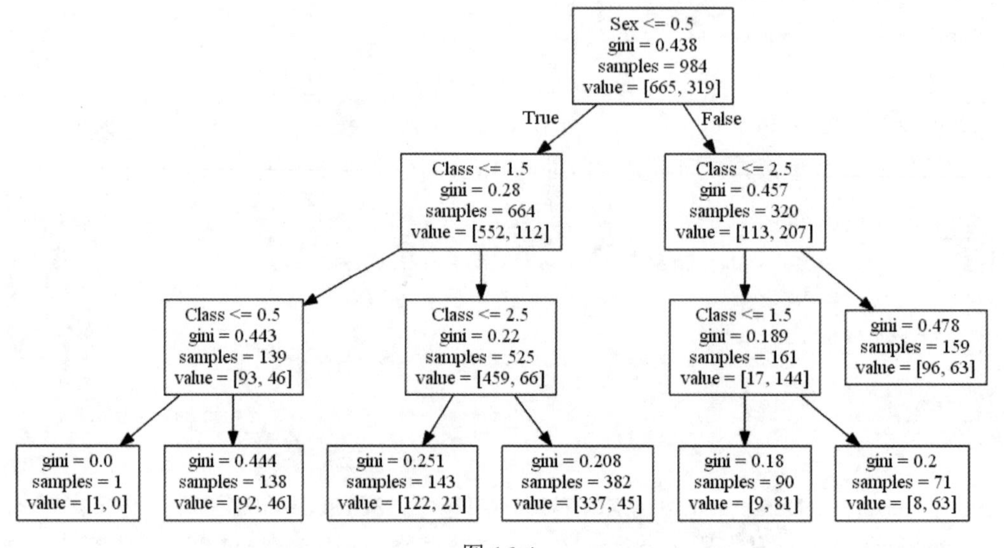

图 16-4

16.1.3 案例——使用决策树分类鸢尾花

在 Scikit-learn 包内置的 Iris 数据集是鸢尾花的数据，可以让训练模型使用花瓣和花萼来分类鸢尾花。

1. 探索鸢尾花数据集

Scikit-learn 内置数据集是 datasets 对象，Python 程序只需导入 datasets，就可以调用相关方法来加载数据集。例如，载入鸢尾花数据集（Python 程序：Ch16_1_3.py），如下所示：

```
from sklearn import datasets

iris = datasets.load_iris()
```

上述程序代码导入 datasets 对象后，调用 load_iris()函数加载鸢尾花数据集。在成功载入鸢尾花数据集后，因为是字典，所以可以先探索此数据集。首先输出字典的键值列表，如下所示：

```
print(iris.keys())
```

上述程序代码可以输出键值列表，其运行结果如下所示：

```
dict_keys(['data', 'target', 'target_names', 'DESCR', 'feature_names'])
```

上述程序代码中，data 是鸢尾花的特征数据，target 是分类（分为 Iris-Setosa、Iris-Versicolour 和 Iris-Virginica 3 类），feature_names 是特征名称，DESCR 是数据集描述。然后输出特征数据的形状，如下所示：

```
print(iris.data.shape)
```

上述程序代码输出数据有几行和几列，即形状。其运行结果 4 个字段共 150 项，如下所示：

```
(150, 4)
```

数据的字段名是 feature_names 键，如下所示：

```
print(iris.feature_names)
```

上述程序代码可以输出字段名列表，其运行结果如下所示：

```
['sepal length (cm)', 'sepal width (cm)', 'petal length (cm)', 'petal width (cm)']
```

上述列表是 data 的 4 个字段名，分别是花瓣（Petal）和花萼（Sepal）的长和宽，单位是厘米。可以使用 DESCR 输出数据集的描述，如下所示：

```
print(iris.DESCR)
```

上述程序代码输出数据集的完整描述、各字段数据说明和基本统计数据，如图 16-5 所示。

```
Iris Plants Database
====================

Notes
-----
Data Set Characteristics:
    :Number of Instances: 150 (50 in each of three classes)
    :Number of Attributes: 4 numeric, predictive attributes and the class
    :Attribute Information:
        - sepal length in cm
        - sepal width in cm
        - petal length in cm
        - petal width in cm
        - class:
                - Iris-Setosa
                - Iris-Versicolour
                - Iris-Virginica
    :Summary Statistics:

    ============== ==== ==== ======= ===== ====================
                    Min  Max   Mean    SD   Class Correlation
    ============== ==== ==== ======= ===== ====================
    sepal length:   4.3  7.9   5.84   0.83    0.7826
    sepal width:    2.0  4.4   3.05   0.43   -0.4194
    petal length:   1.0  6.9   3.76   1.76    0.9490  (high!)
    petal width:    0.1  2.5   1.20  0.76     0.9565  (high!)
    ============== ==== ==== ======= ===== ====================
```

图 16-5

2. 建立决策树模型分类鸢尾花

现在，可以使用决策树进行 Scikit-learn 内置鸢尾花 Iris 数据集的分类预测（Python 程序：Ch16_1_3a.py），如下所示：

```
import pandas as pd
from sklearn import datasets
from sklearn import tree
from sklearn.model_selection import train_test_split

iris = datasets.load_iris()

X = pd.DataFrame(iris.data, columns=iris.feature_names)
target = pd.DataFrame(iris.target, columns=["target"])
y = target["target"]
```

上述程序代码导入相关包模块后，调用 load_iris() 函数加载鸢尾花数据集，然后建立 DataFrame 对象，DataFrame 对象 X 有 4 个字段，columns 属性指定字段名，变量 y 是字段 target。

然后切割成 67% 的训练数据集和 33% 的测试数据集后，开始训练模型，如下所示：

```
XTrain, XTest, yTrain, yTest = train_test_split(X, y, test_size=0.33,
                                                random_state=1)

dtree = tree.DecisionTreeClassifier(max_depth = 8)
dtree.fit(XTrain, yTrain)
```

上述程序代码建立 DecisionTreeClassifier 对象，参数 max_depth 是决策树的最大深度；然后调用 fit() 函数使用训练数据集来训练模型，完成后，即可使用测试数据集检查准确度，如下所示：

```
print("准确度:", dtree.score(XTest, yTest))
```

上述程序代码调用 score() 函数计算预测模型的准确度，其执行结果如下所示：

```
准确度: 0.96
```

然后，输出测试数据集的原始值和预测值，如下所示：

```
print(dtree.predict(XTest))
print(yTest.values)
```

上述程序代码中，第 1 行是测试数据集的预测分类，第 2 行是原始分类。其运行结果如下所示：

```
[0 1 1 0 2 1 2 0 0 2 1 0 2 1 1 0 1 1 0 0 1 1 2 0 2 1 0 0 1 2 1 2 1 2 2 0 1
 0 1 2 2 0 1 2 1 2 0 0 0 1]
[0 1 1 0 2 1 2 0 0 2 1 0 2 1 1 0 1 1 0 0 1 1 1 0 2 1 0 0 1 2 1 2 1 2 2 0 1
 0 1 2 2 0 2 2 1 2 0 0 0 1]
```

上述列表的 0、1、2 代表 3 种类别，仔细检查可以找出预测分类和原始分类的不同之处。

Python 程序：Ch16_1_3b.py 建立的 tree2.dot 文件是使用 GraphViz 绘制的决策树图形，如图 16-6 所示。

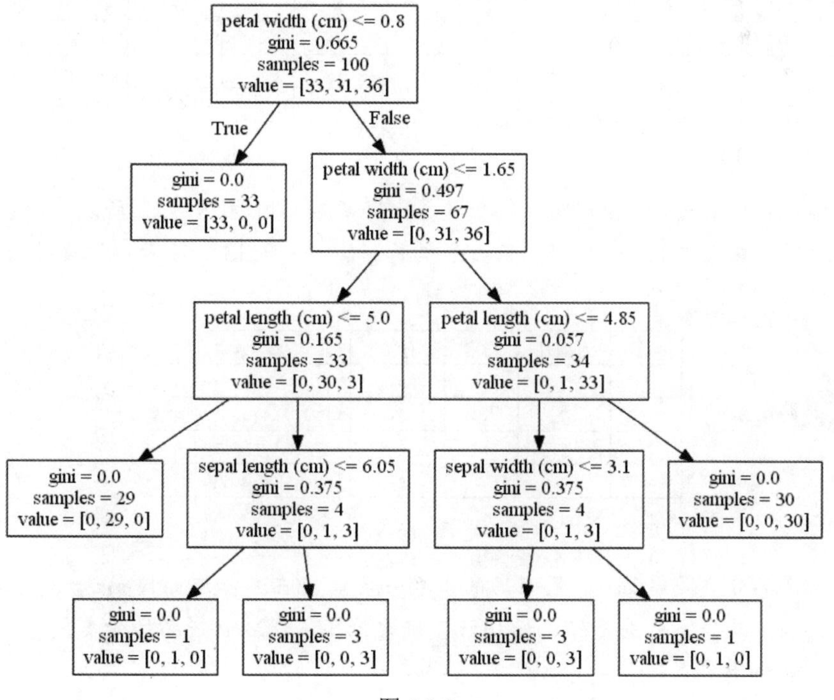

图 16-6

16.2 K 近邻算法

简单地说，分类预测就是使用已知的分类数据建立预测模型来预测未知数据所属的类别，除了使用第 15.4 节的 Logistic 回归、第 16.1 节的决策树外，另一个常见的分类算法是 K 近邻算法。

16.2.1 认识 K 近邻算法

K 近邻算法是使用 K 个最接近目标数据的数据来预测目标数据所属的类别。

通过一个简单实例的计算过程来说明 K 近邻算法。例如，某家面纸厂商使用问卷调查客户对面纸的好恶，问卷共使用 2 个属性（耐酸性、强度）判断面纸的好或坏，如图 16-7 所示。

厂商在今年开发出一种面纸的新产品，其实验室测试结果的耐酸性是 3，强度是 7。在 $K = 3$ 的情况下，请使用 K 近邻算法判断新产品是好面纸还是坏面纸，其步骤如下所示。

Step1 计算新产品与所有数据集的距离。需要计算新产品与所有数据集其他面纸产品的距离，其公式是各属性与新产品属性差的平方和。例如，编号 1 是 (7, 7)，新产品是 (3, 7)，各属性差的平方和是 $(7-3)^2 + (7-7)^2 = 4^2 = 16$，如图 16-8 所示。

编号	耐酸性	强度	分类
1	7	7	坏
2	7	4	坏
3	3	4	好
4	1	4	好

图 16-7

编号	耐酸性	强度	分类	距离（3, 7）
1	7	7	坏	$(7-3)^2 + (7-7)^2 = 16$
2	7	4	坏	$(7-3)^2 + (4-7)^2 = 25$
3	3	4	好	$(3-3)^2 + (4-7)^2 = 9$
4	1	4	好	$(1-3)^2 + (4-7)^2 = 13$

图 16-8

Step2 排序找出最近的 K 笔距离。在计算出距离后，因为 $K=3$，所以可以找出距离最近 3 笔的编号是1、3 和 4，距离分别是 16、9 和 13，距离 25 被排除，如图 16-9 所示。

编号	耐酸性	强度	分类	距离（3, 7）
1	7	7	坏	$(7-3)^2 + (7-7)^2 = 16$
2	7	4	坏	$(7-3)^2 + (4-7)^2 = 25$
3	3	4	好	$(3-3)^2 + (4-7)^2 = 9$
4	1	4	好	$(1-3)^2 + (4-7)^2 = 13$

图 16-9

Step3 新产品分类是最近 K 笔距离的多数分类。现在，知道距离最近 3 笔编号是 1、3 和 4，其分类分别是坏、好和好，好比较多，所以新产品的分类是“好”，这就是 K 近邻算法。

案例：分类面纸是好或坏

在了解 K 近邻算法的运算过程后，可以自行建立 Python 程序来实现 K 近邻算法。这里直接使用 Scikit-learn 包的 K 近邻分类器（Python 程序：Ch16_2_1.py），如下所示：

```
import pandas as pd
import numpy as np
from sklearn import neighbors

X = pd.DataFrame({
    "durability": [7, 7, 3, 1],
    "strength":   [7, 4, 4, 4]
})

y = np.array([0, 0, 1, 1])
k = 3
```

上述程序代码导入相关包后，建立训练数据 X 和 y，其数据就是之前的范例数据，变量 k 即 $K = 3$。然后，可以使用 K 近邻分类器来进行分类， 如下所示：

```
knn = neighbors.KNeighborsClassifier(n_neighbors=k)
knn.fit(X, y)

# 预测新产品[3, 7]的分类，1 为好，0 为坏
new_tissue = pd.DataFrame(np.array([[3, 7]]))
pred = knn.predict(new_tissue)
print(pred)
```

上述程序代码建立 KNeighborsClassifier 对象，参数是 K 值；然后调用 fit() 函数训练模型，完成后使用新产品数据进行预测分类，其运行结果的分类如下所示：

```
[1]
```

上述预测结果中，1 就是好，0 就是坏。

16.2.2 案例——使用 K 近邻算法分类鸢尾花

本节使用 K 近邻算法来分类鸢尾花，使用的是花瓣和花萼的尺寸。在实际分类之前，先用可视化方式来探索鸢尾花数据集。

1. 使用散布图探索鸢尾花数据集

鸢尾花 Iris 数据集的内容是花瓣和花萼尺寸的长和宽，在第 16.1.3 节已经探索过数据集，这节将使用可视化方式来探索数据，即输出花瓣和花萼长宽的散布图，并且套上已知分类的色彩（Ch16_2_2.py），如下所示：

```
import pandas as pd
import numpy as np
from sklearn import datasets
import matplotlib.pyplot as plt

iris = datasets.load_iris()

X = pd.DataFrame(iris.data, columns=iris.feature_names)
X.columns = ["sepal_length", "sepal_width", "petal_length", "petal_width"]
target = pd.DataFrame(iris.target, columns=["target"])
y = target["target"]
```

上述程序代码加载数据集后，建立 DataFrame 对象且更改字段名。然后建立 2 个子图，调用 subplots_adjust() 函数调整间距，如下所示：

```
colmap = np.array(["r", "g", "y"])
plt.figure(figsize=(10, 5))
plt.subplot(1, 2, 1)
plt.subplots_adjust(hspace = .5)
plt.scatter(X["sepal_length"], X["sepal_width"], color=colmap[y])
plt.xlabel("Sepal Length")
plt.ylabel("Sepal Width")
plt.subplot(1, 2, 2)
plt.scatter(X["petal_length"], X["petal_width"], color=colmap[y])
plt.xlabel("Petal Length")
plt.ylabel("Petal Width")
plt.show()
```

上述程序代码分别绘制以花萼和花瓣的长和宽为坐标(x, y) 的散布图，其运行结果如图 16-10 所示。

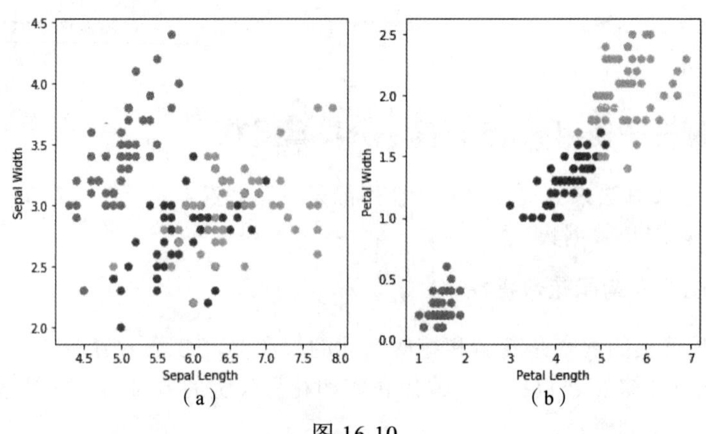

（a） （b）

图 16-10

图 16-10 所示的散布图已经显示了一些分类的线索。在图 16-10（b）中可以看出红色点的 Iris-Setosa 花瓣比较小，绿色点的 Iris-Versicolour 是中等尺寸，最大的是黄色点的 Iris-Virginica。Iris-Setosa、Iris-Versicolour 和 Iris-Virginica 是 3 种鸢尾花的分类。

在图 16-10（a）中可以看出 Setosa 的花萼（Sepal）明显比另外两类的尺寸较短且较宽。

2. 建立 K 近邻模型分类鸢尾花

现在，可以使用 K 近邻算法分类 Scikit-learn 内置的鸢尾花 Iris 数据集（Python 程序：Ch16_2_2a.py），如下所示：

```
import pandas as pd
from sklearn import datasets
from sklearn import neighbors
from sklearn.model_selection import train_test_split

iris = datasets.load_iris()

X = pd.DataFrame(iris.data, columns=iris.feature_names)
X.columns = ["sepal_length", "sepal_width", "petal_length", "petal_width"]
target = pd.DataFrame(iris.target, columns=["target"])
y = target["target"]
```

上述程序代码导入相关包模块后，调用 load_iris() 函数加载鸢尾花数据集；然后建立 DataFrame 对象，DataFrame 对象 X 有 4 个字段，变量 y 是字段 target。将数据集切割成 67% 的训练数据集和 33% 的测试数据集后，开始训练模型，如下所示：

```
XTrain, XTest, yTrain, yTest = train_test_split(X, y, test_size=0.33,
                                                random_state=1)
k = 3

knn = neighbors.KNeighborsClassifier(n_neighbors=k)
knn.fit(X, y)
```

上述程序代码建立 KNeighborsClassifier 对象，参数 n_neighbors 是 K 值；然后调用 fit() 函数使用训练数据集来训练模型，完成后即可使用测试数据集检查准确度，如下所示：

```
print("准确度:", knn.score(XTest, yTest))
```

上述程序代码调用 score() 函数计算预测模型的准确度，其运行结果如下所示：

```
准确度: 0.98
```

然后，输出测试数据集的原始值和预测值，如下所示：

```
print(knn.predict(XTest))
print(yTest.values)
```

上述程序代码中，第 1 行是测试数据集的预测分类，第 2 行是原始分类。其运行结果如下所示：

```
[0 1 1 0 2 1 2 0 0 2 1 0 2 1 1 0 1 1 0 0 1 1 1 0 2 1 0 0 1 2 1 2 1 2 2 0 1
 0 1 2 2 0 1 2 1 2 0 0 0 1]
[0 1 1 0 2 1 2 0 0 2 1 0 2 1 1 0 1 1 0 0 1 1 1 0 2 1 0 0 1 2 1 2 1 2 2 0 1
 0 1 2 2 0 2 2 1 2 0 0 0 1]
```

上述列表中的 0、1、2 代表 3 种类别，仔细检查可以找出预测分类和原始分类的不同之处。

3. 如何选择 *K* 值

因为 K 近邻算法的 *K* 值会影响分类的准确度，所以可以使用循环执行多次不同 *K* 值的分类来找出最佳的 *K* 值。一般来说，*K* 值的上限是训练数据集的 20%（Python 程序：Ch16_2_2b.py），如下所示：

```
import pandas as pd
import  numpy as np
from sklearn import datasets
from sklearn import neighbors
from sklearn.model_selection import train_test_split
import matplotlib.pyplot as plt

iris = datasets.load_iris()

X = pd.DataFrame(iris.data, columns=iris.feature_names)
X.columns = ["sepal_length", "sepal_width", "petal_length", "petal_width"]
target = pd.DataFrame(iris.target, columns=["target"])
y = target["target"]

XTrain, XTest, yTrain, yTest = train_test_split(X, y, test_size=0.33,
                                        random_state=1)

Ks = np.arange(1, round(0.2*len(XTrain) + 1))
accuracies=[]
for k in Ks:
    knn = neighbors.KNeighborsClassifier(n_neighbors=k)
    knn.fit(X, y)
```

```
    accuracy = knn.score(XTest, yTest)
    accuracies.append(accuracy)

plt.plot(Ks, accuracies)
plt.show()
```

上述程序代码建立 K 值范围，Ks 是从 1 至训练数据集的 20%。在使用 for 循环计算不同 K 值的准确度后，绘制折线图。其运行结果如图 16-11 所示。

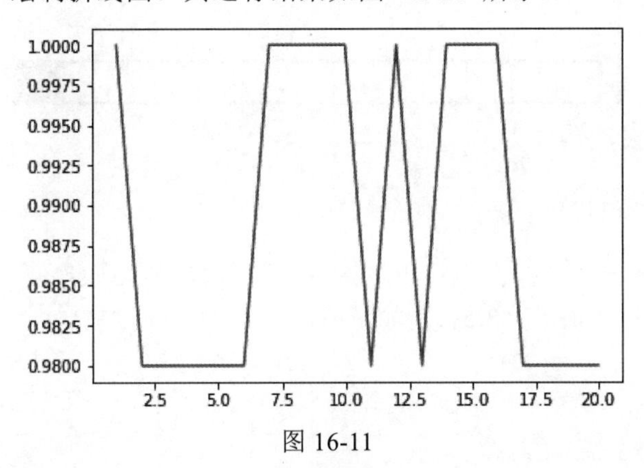

图 16-11

从图 16-11 中可以看出，很多 K 值的准确度都在 98% 以上，变动并非很大，并不容易通过观察 K 值走势来找出最佳 K 值的区间。因此，需要使用第 16.2.3 节的交叉验证（Cross Validation）来找出最佳 K 值。

16.2.3 交叉验证的 K 值优化

第 15.3.3 节是将数据集分割成训练数据集和测试数据集，使用训练数据集训练模型，使用测试数据集验证模型，这种方式称为持久性验证（Holdout Validation）。该方式的缺点是有些数据并没有用来训练，单纯只用在验证，即并没有使用完整的数据集来进行模型的训练。

1. K-fold 交叉验证

交叉验证用于解决持久性验证的问题，其将数据集分割成 2 个或更多的分隔区（Partitions），并且将每一个分隔区都作为测试数据集，将其他分隔区作为训练数据集。最常用的交叉验证是 K-fold 交叉验证（K-fold Cross Validation）。

图 16-12 中，K-fold 将数据集随机分割成相同大小的 K 个分隔区，或称为折（Folds），第 1 次使用第 1 个分隔区作为测试数据集来验证模型，其他 K-1 个分隔区用来训练模型；第 2 次是使用第 2 个分隔区作为测试数据集来验证模型，其他 K-1 个分隔区用来训练模型。重复执行 K 次，即可组合出最后的模型。所以，交叉验证可以让使用数据集的所有数据来训练和建立模型。

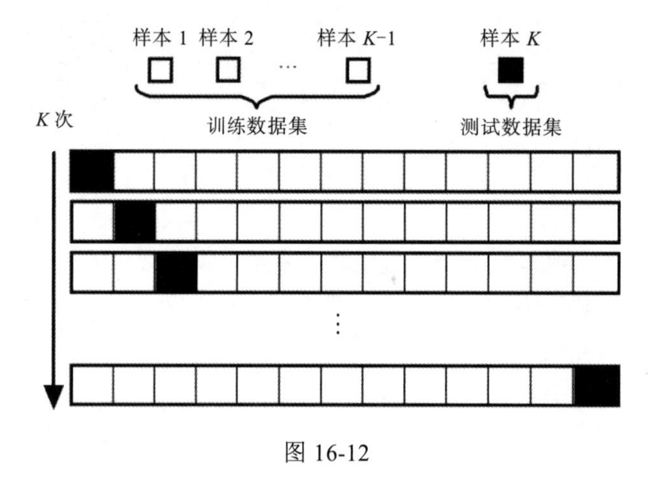

图 16-12

2. 交叉验证的 *K* 值优化

在了解 K-fold 交叉验证后，可以调用 K-fold 交叉验证的 cross_val_score() 函数来找出最佳 *K* 值（Python 程序：Ch16_2_3.py），如下所示：

```
import pandas as pd
import numpy as np
from sklearn import datasets
from sklearn import neighbors
from sklearn.model_selection import cross_val_score
import matplotlib.pyplot as plt

iris = datasets.load_iris()

X = pd.DataFrame(iris.data, columns=iris.feature_names)
X.columns = ["sepal_length", "sepal_width", "petal_length", "petal_width"]
target = pd.DataFrame(iris.target, columns=["target"])
y = target["target"]

Ks = np.arange(1, round(0.2*len(X) + 1))
accuracies=[]
for k in Ks:
    knn = neighbors.KNeighborsClassifier(n_neighbors=k)
    scores = cross_val_score(knn, X, y, scoring="accuracy",
                             cv=10)
    accuracies.append(scores.mean())
```

```
plt.plot(Ks, accuracies)
plt.show()
```

上述 for 循环调用 cross_val_score() 函数计算出不同 K 值的准确度后，绘制折线图。其运行结果如图 16-13 所示。

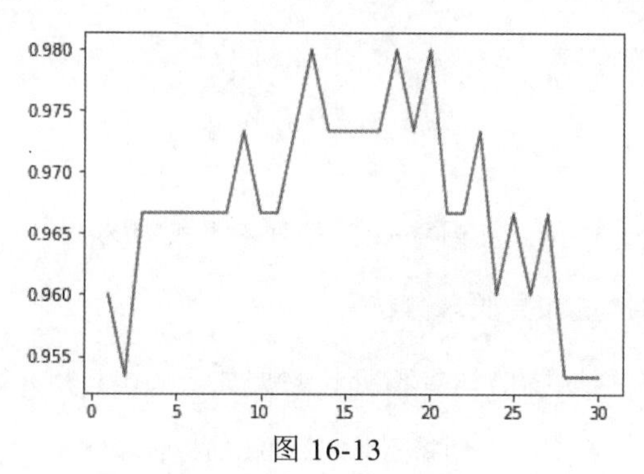

图 16-13

从图 16-13 中可以看出，K 值在 12～18 最好，超过 18 准确度就会开始下降。

16.3 K-means 算法

分群和分类的差异在于：分类是在已知数据集分类的情况下，替新东西进行分类；分群是在根本不知道数据集分类的情况下，直接使用特征来进行分类。K-means 算法就是机器学习常用的一种分群算法。

16.3.1 认识 K-means 算法

K-means 分群（K-means Clustering）也称为 K 平均数分群，其在不知道数据集分类的情况下即可进行分群，这是一种非监督式学习。

1. K-means 算法的基本步骤

K-means 分群的做法是先找出 K 个群组的重心（Centroid），数据集以距离最近的重心分成群组；重新计算群组的新重心，再分群一次。以此类推，重复操作，完成分群，其步骤如下所示。

Step1 根据数据集数决定适当的 K 个重心，如 2 个。

Step2 计算数据集和重心的距离（公式和 K 近邻算法相同），然后以距离最近重心的数据来分成群组，如图 16-14 所示。

Step3 重新计算群组数据集各特征的算术平均数，将其作为新的重心，如图 16-15 所示。

Step4 再次计算数据集和重心的距离，然后以距离最近重心的数据来分成群组，如图 16-16 所示。

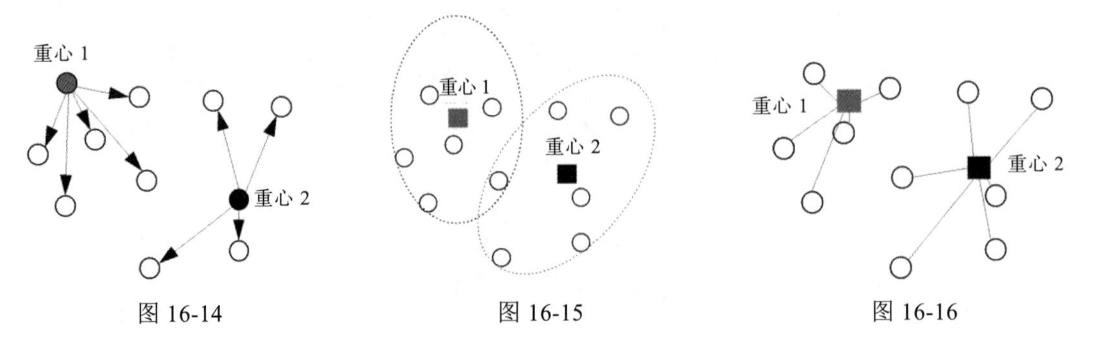

图 16-14　　图 16-15　　图 16-16

Step5 重复操作 Step 3～4，直到重心和群组不再改变为止。

2．范例：根据动物的体重和身长来分群

在动物园收集到的 14 只动物的体重和身长数据如表 16-1 所示。

表 16-1　动物园 14 只动物的身长和体重

序　号	1	2	3	4	5	6	7	8	9	10	11	12	13	14
身长（cm）	51	46	51	45	51	50	33	38	37	33	33	21	23	24
体重（kg）	10.2	8.8	8.1	7.7	9.8	7.2	4.8	4.6	3.5	3.3	4.3	2.0	1.0	2.0

在 K=3 的情况下，使用 K-means 算法对 14 只动物进行分群（Python 程序：Ch16_3_1.py），如下所示：

```
import pandas as pd
import numpy as np
from sklearn import cluster
import matplotlib.pyplot as plt

df = pd.DataFrame({
    "length": [51, 46, 51, 45, 51, 50, 33,
               38, 37, 33, 33, 21, 23, 24],
    "weight": [10.2, 8.8, 8.1, 7.7, 9.8, 7.2, 4.8,
               4.6, 3.5, 3.3, 4.3, 2.0, 1.0, 2.0]
})
k = 3
```

上述程序代码导入相关包后，建立 14 只动物体重和身长数据的 DataFrame 对象，并且指定 $K=3$。然后建立 K-means 模型，如下所示：

```
kmeans = cluster.KMeans(n_clusters=k, random_state=12)
kmeans.fit(df)
print(kmeans.labels_)
```

上述程序代码建立 KMeans 对象，参数 n_clusters 是 K 值，random_state 是随机数种子；

然后调用 fit() 函数训练模型，完成后输出 labels_属性的分群结果。其运行结果如下所示：

```
[1 1 1 1 1 1 2 2 2 2 2 2 0 0 0]
```

接着，使用散布图来可视化分群的结果，如下所示：

```
colmap = np.array(["r", "g", "y"])
plt.scatter(df["length"], df["weight"], color=colmap[kmeans.labels_])
plt.show()
```

上述程序代码中，colmap 是 3 种点的色彩，scatter()函数的 color 参数根据分群结果输出不同的点色彩。其运行结果如图 16-17 所示。

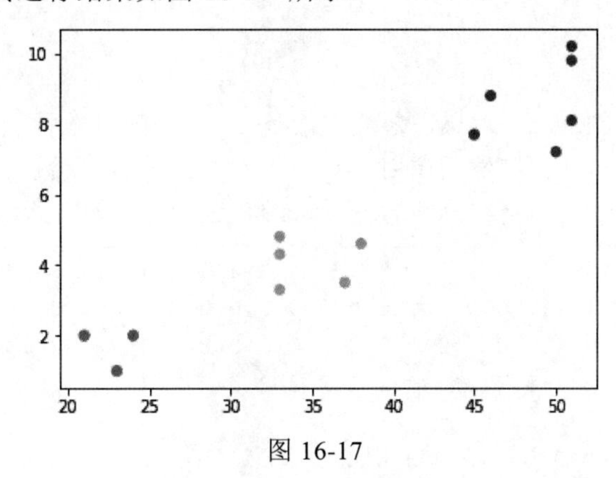

图 16-17

从图 16-17 中可以明显分辨出红、黄和绿 3 种不同色彩点的群组，这就是 K-means 算法的分群结果。事实上，K-means 就是在分类，只不过我们并不知道各群组是哪一类动物。

16.3.2 使用 K-means 算法分群鸢尾花

第 16.2.2 节使用 K 近邻算法分类鸢尾花，并使用散布图来可视化输出鸢尾花数据集，本节将使用 K-means 算法来分群鸢尾花，事实上，这也是在分类鸢尾花。

1. 建立 K-means 模型，分群鸢尾花

因为 K-means 算法是非监督式学习，所以并不需要答案的标签，只需训练数据集 X 即可（Python 程序：Ch16_3_2.py），如下所示：

```
import pandas as pd
import numpy as np
from sklearn import datasets
from sklearn import cluster
import matplotlib.pyplot as plt

iris = datasets.load_iris()
```

```
X = pd.DataFrame(iris.data, columns=iris.feature_names)
X.columns = ["sepal_length", "sepal_width", "petal_length", "petal_width"]
y = iris.target
k = 3
```

上述程序代码加载相关包后，建立 DataFrame 对象 *X*，这是训练数据集，变量 *y* 只是用来验证分类结果，变量 *k* 就是 *K* 值。然后，建立 K-means 模型，如下所示：

```
kmeans = cluster.KMeans(n_clusters=k , random_state=12)
kmeans.fit(X)
print(kmeans.labels_)
print(y)
```

上述程序代码建立 KMeans 对象，参数依次是 *K* 值和随机数种子（指定随机数种子是为了让每一次的执行结果都相同）；然后调用 fit() 函数训练模型，参数只有 *X*，完成后分别输出 K-means 分类结果的 labels_和真实分类的变量 *y*。其运行结果如下所示：

```
[1 1 1 1 1 1 1 1 1 1 1 1 1 1 1 1 1 1 1 1 1 1 1 1 1 1 1 1 1 1 1 1 1 1 1 1 1
 1 1 1 1 1 1 1 1 1 1 1 1 1 0 0 2 0 0 0 0 0 0 0 0 0 0 0 0 0 0 0 0 0 0 0
 0 0 0 2 0 0 0 0 0 0 0 0 0 0 0 0 0 0 0 0 0 0 0 0 0 0 2 0 2 2 2 2 0 2 2 2 2
 2 2 0 0 2 2 2 2 0 2 0 2 0 2 2 0 0 2 2 2 2 2 0 2 2 2 2 0 2 2 2 0 2 2 2 0 2
 2 0]
[0 0 0 0 0 0 0 0 0 0 0 0 0 0 0 0 0 0 0 0 0 0 0 0 0 0 0 0 0 0 0 0 0 0 0 0 0
 0 0 0 0 0 0 0 0 0 0 0 0 0 1 1 1 1 1 1 1 1 1 1 1 1 1 1 1 1 1 1 1 1 1 1 1 1
 1 1 1 1 1 1 1 1 1 1 1 1 1 1 1 1 1 1 1 1 1 1 2 2 2 2 2 2 2 2 2 2 2
 2 2 2 2 2 2 2 2 2 2 2 2 2 2 2 2 2 2 2 2 2 2 2 2 2 2 2 2 2 2 2 2 2 2 2 2 2
 2 2]
```

从上述运行结果中可以看出分群成了 0、1 和 2，但是因为没有答案，标签名称并不一致。下面使用可视化方式的散布图来呈现，如下所示：

```
colmap = np.array(["r", "g", "y"])
plt.figure(figsize=(10, 5))
plt.subplot(1, 2, 1)
plt.subplots_adjust(hspace = .5)
plt.scatter(X["petal_length"], X["petal_width"],
            color=colmap[y])
plt.xlabel("Petal Length")
plt.ylabel("Petal Width")
plt.title("Real Classification")
plt.subplot(1, 2, 2)
plt.scatter(X["petal_length"], X["petal_width"],
```

```
        color=colmap[kmeans.labels_])
plt.xlabel("Petal Length")
plt.ylabel("Petal Width")
plt.title("K-means Classification")
plt.show()
```

上述程序代码绘制 2 张花瓣尺寸长和宽的子图，其中图 16-18（a）是真实分类；图 16-18（b）是 K-means 分类。

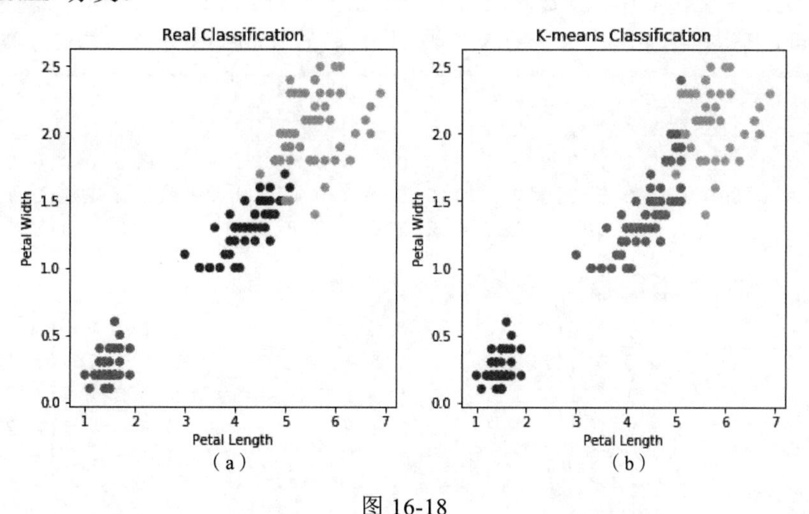

图 16-18

图 16-18 所示的 2 张子图的花瓣尺寸都分成 3 类，但是其色彩标示有误，并不相同。现在，你应该了解了为什么之前运行结果的比较，分类都是 0、1 和 2，但是排列顺序并不相同。

2．修正分群标签错误，重绘散布图

因为 K-means 分群算法并没有标签，所以分类结果的标签并不对。下面修正分群标签的错误，然后重新绘制散布图（Python 程序：Ch16_3_2a. py），如下所示：

```
...
kmeans = cluster.KMeans(n_clusters=k, random_state=12)
kmeans.fit(X)
print("K-means Classification:")
print(kmeans.labels_)
# 修正标签错误
pred_y = np.choose(kmeans.labels_, [1, 0, 2]).astype(np.int64)
print("K-means Fix Classification:")
print(pred_y)
print("Real Classification:")
print(y)
```

上述程序代码在输出 K-means 分类后，调用 NumPy 的 choose() 函数来更改对应的列表值，如下所示：

```
pred_y = np.choose(kmeans.labels_, [1, 0, 2]).astype(np.int64)
```

上述程序代码中，choose() 函数的第 1 个参数是欲修改的数据，第 2 个参数是修正对应的列表，如下所示：

[0, 1, 2]→[1, 0, 2]

上述对应是将原来顺序 0、1、2 对应成 1、0、2，即 0 改成 1，1 改成 0，2 不变。最后修改类型为 np.int64。其运行结果输出 K-means 分类、修正后的 K-means 分类和真实分类，如下所示：

```
K-means Classification:
[1 1 1 1 1 1 1 1 1 1 1 1 1 1 1 1 1 1 1 1 1 1 1 1 1 1 1 1 1 1 1 1 1 1 1 1 1
 1 1 1 1 1 1 1 1 1 1 1 1 1 0 0 2 0 0 0 0 0 0 0 0 0 0 0 0 0 0 0 0 0 0 0 0 0
 0 0 0 2 0 0 0 0 0 0 0 0 0 0 0 0 0 0 0 0 0 0 0 0 0 0 2 0 2 2 2 2 0 2 2 2 2
 2 2 0 0 2 2 2 2 0 2 0 2 0 2 2 0 0 2 2 2 2 2 0 2 2 2 2 0 2 2 2 0 2 2 2 0 2
 2 0]
K-means Fix Classification:
[0 0 0 0 0 0 0 0 0 0 0 0 0 0 0 0 0 0 0 0 0 0 0 0 0 0 0 0 0 0 0 0 0 0 0 0 0
 0 0 0 0 0 0 0 0 0 0 0 0 0 1 1 2 1 1 1 1 1 1 1 1 1 1 1 1 1 1 1 1 1 1 1 1 1
 1 1 1 2 1 1 1 1 1 1 1 1 1 1 1 1 1 1 1 1 1 1 1 1 1 1 2 1 2 2 2 2 1 2 2 2 2
 2 2 1 1 2 2 2 2 1 2 1 2 1 2 2 1 1 2 2 2 2 2 1 2 2 2 2 1 2 2 2 1 2 2 2 1 2
 2 1]
Real Classification:
[0 0 0 0 0 0 0 0 0 0 0 0 0 0 0 0 0 0 0 0 0 0 0 0 0 0 0 0 0 0 0 0 0 0 0 0 0
 0 0 0 0 0 0 0 0 0 0 0 0 0 1 1 1 1 1 1 1 1 1 1 1 1 1 1 1 1 1 1 1 1 1 1 1 1
 1 1 1 1 1 1 1 1 1 1 1 1 1 1 1 1 1 1 1 1 1 1 1 1 1 1 2 2 2 2 2 2 2 2 2 2 2
 2 2 2 2 2 2 2 2 2 2 2 2 2 2 2 2 2 2 2 2 2 2 2 2 2 2 2 2 2 2 2 2 2 2 2 2 2
 2 2]
```

从上述运行结果中可以看到，最后 2 个分类值十分接近。现在，就可以使用可视化的散布图来输出分类结果，如下所示：

```
colmap = np.array(["r", "g", "y"])
plt.figure(figsize=(10, 5))
plt.subplot(1, 2, 1)
plt.subplots_adjust(hspace = .5)
plt.scatter(X["petal_length"], X["petal_width"],
            color=colmap[y])
plt.xlabel("Petal Length")
plt.ylabel("Petal Width")
plt.title("Real Classification")
plt.subplot(1, 2, 2)
```

```
plt.scatter(X["petal_length"], X["petal_width"],
            color=colmap[pred_y])
plt.xlabel("Petal Length")
plt.ylabel("Petal Width")
plt.title("K-means Classification")
plt.show()
```

上述程序代码和 Ch16_3_2.py 的最后只差第 2 个子图的 color 属性是使用 pred_y，而不是 kmeans.labels_，从其运行结果中可以看出色彩分类十分相似，如图 16-19 所示。

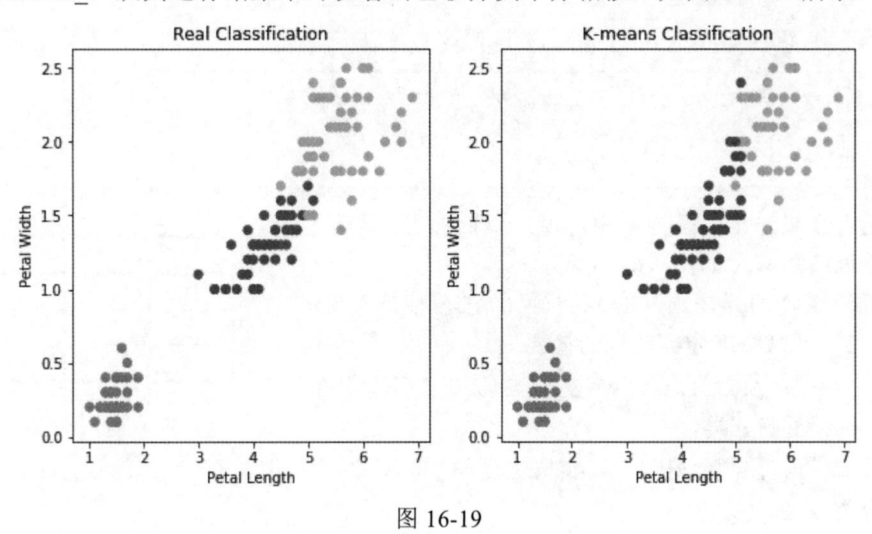

图 16-19

3. K-means 模型的绩效测量

在完成分群标签的修正后，就可以计算 K-means 模型的绩效。使用 Scikit-learn 包的 metrics 对象运行模型绩效测量，如下所示：

```
import sklearn.metrics as sm
```

上述程序代码导入 metrics 对象后，可以使用准确度（Accuracy）和混淆矩阵（Confusion Matrix）来进行模型的绩效测量。首先计算模型的准确度（Python 程序：Ch16_3_2b.py），如下所示：

```
...
kmeans = cluster.KMeans(n_clusters=k, random_state=12)
kmeans.fit(X)
# 修正标签错误
pred_y = np.choose(kmeans.labels_, [1, 0, 2]).astype(np.int64)
# 绩效矩阵
print(sm.accuracy_score(y, pred_y))
```

上述程序代码在修正标签错误后，调用 accuracy_score() 函数（第 1 个参数是真实的分类值，第 2 个是模型的分类值）计算准确度。其运行结果如下所示：

```
0.8933333333333333
```

从上述运行结果中可以看到准确度约 89%。如果需要详细研究准确度是如何计算出的，需要使用混淆矩阵，如下所示：

```
# 混淆矩阵
print(sm.confusion_matrix(y, pred_y))
```

上述程序代码的 confusion_matrix() 函数可以产生混淆矩阵，其运行结果如下所示：

```
[[50 0  0]
[ 0  48  2]
[ 0 14 36]]
```

上述运行结果输出的是混淆矩阵值，我们加上字段说明来重新建立混淆矩阵，如图 16-20 所示。

预测分类＼真实分类	0	1	2
0	50	0	0
1	0	48	2
2	0	14	36

图 16-20

上述混淆矩阵的行是预测的分类值 0～2，列是真实的分类值 0～2，可以输出分类结果的摘要信息，如下所示。

- 第 1 行：预测值是 0，真实值也是 0 的有 50 个，100% 正确分类。
- 第 2 行：预测值是 1，真实值也是 1 的有 48 个，但是有 2 个错误，应该是 1 的被分类成 2。
- 第 3 行：预测值是 2，真实值也是 2 的有 36 个，但是有 14 个错误，应该是 2 的被分类成 1。

◇ 学习检测 ◇

1. 什么是树状结构和决策树？
2. 举例说明如何使用决策树进行分类。
3. 简单说明 K 近邻算法。其步骤是什么？
4. 什么是 K-fold 交叉验证？如何进行 *K* 值优化？
5. 本章的决策树和 K 近邻算法都是分类问题，这和第 15 章的 Logistic 回归有何差异？
6. 简单说明 K-means 算法。其步骤是什么？
7. 比较 K 近邻算法和 K-means 算法。
8. 在第 16.3.1 节有 14 只动物的体重和身长数据，如果身长 40cm 以上的是狗，身长 30～40cm 的是猫，身长 20～30cm 的是兔，请改用 K 近邻算法预测动物是狗、猫或兔。